21 世纪全国高等院校物流专业创新型应用人才培养规划教材

物联网基础与应用

主　编　杨　扬

北京大学出版社
PEKING UNIVERSITY PRESS

内容简介

本书系统地介绍了物联网的概念、发展概况、体系结构、关键技术、典型应用、物联网安全和标准化等内容。本书从物联网基本概念入手，将物联网分为感知层、网络层与应用层3个层次，突出了物联网的系统性与体系架构，强调了物联网的关键技术及安全标准体系，通过实际案例详细介绍了物联网技术在交通运输、智能物流、公共信息平台等方面的具体应用。本书系统性与实用性兼顾，重点突出行业典型应用，阐述物联网应用的集成技术和所涉及的概念。

本书可作为物联网工程、物流工程、物流管理、交通运输、信息技术等专业的本科生和研究生物联网课程的入门教材，也可作为工程技术人员了解物联网整体概况和具体技术实现的参考书。

图书在版编目(CIP)数据

物联网基础与应用/杨扬主编. —北京：北京大学出版社，2015.1

（21世纪全国高等院校物流专业创新型应用人才培养规划教材）

ISBN 978-7-301-25395-3

Ⅰ. ①物… Ⅱ. ①杨… Ⅲ. ①互联网络—应用—高等学校—教材②智能技术—应用—高等学校—教材 Ⅳ. ①TP393.4②TP18

中国版本图书馆CIP数据核字（2015）第018004号

书　　名　物联网基础与应用
著作责任者　杨　扬　主编
策划编辑　李　虎　刘　丽
责任编辑　刘　丽
标准书号　ISBN 978-7-301-25395-3
出版发行　北京大学出版社
地　　址　北京市海淀区成府路205号　100871
网　　址　http://www.pup.cn　新浪微博：@北京大学出版社
电子信箱　pup_6@163.com
电　　话　邮购部 62752015　发行部 62750672　编辑部 62750667
印 刷 者　三河市博文印刷有限公司
经 销 者　新华书店
787毫米×1092毫米　16开本　18印张　408千字
2015年1月第1版　2016年12月第2次印刷
定　　价　36.00元

21世纪全国高等院校物流专业创新型应用人才培养规划教材

编写指导委员会

丛 书 总 序

物流业是商品经济和社会生产力发展到较高水平的产物，它是融合运输业、仓储业、货代业和信息业等的复合型服务产业，是国民经济的重要组成部分，涉及领域广，吸纳就业人数多，促进生产、拉动消费作用大，在促进产业结构调整、转变经济发展方式和增强国民经济竞争力等方面发挥着非常重要的作用。

随着我国经济的高速发展，物流专业在我国的发展很快，社会对物流专业人才需求逐年递增，尤其是对有一定理论基础、实践能力强的物流技术及管理人才的需求更加迫切。同时随着我国教学改革的不断深入以及毕业生就业市场的不断变化，以就业市场为导向，培养具备职业化特征的创新型应用人才已成为大多数高等院校物流专业的教学目标，从而对物流专业的课程体系以及教材建设都提出了新的要求。

为适应我国当前物流专业教育教学改革和教材建设的迫切需要，北京大学出版社联合全国多所高校教师共同合作编写出版了本套“21 世纪全国高等院校物流专业创新型应用人才培养规划教材”。其宗旨是：立足现代物流业发展和相关从业人员的现实需要，强调理论与实践的有机结合，从“创新”和“应用”两个层面切入进行编写，力求涵盖现代物流专业研究和应用的主要领域，希望以此推进物流专业的理论发展和学科体系建设，并有助于提高我国物流业从业人员的专业素养和理论功底。

本系列教材按照物流专业规范、培养方案以及课程教学大纲的要求，合理定位，由长期在教学第一线从事教学工作的教师编写而成。教材立足于物流学科发展的需要，深入分析了物流专业学生现状及存在的问题，尝试探索了物流专业学生综合素质培养的途径，着重体现了“新思维、新理念、新能力”三个方面的特色。

1. 新思维

(1) 编写体例新颖。借鉴优秀教材特别是国外精品教材的写作思路、写作方法，图文并茂、清新活泼。

(2) 教学内容更新。充分展示了最新最近的知识以及教学改革成果，并且将未来的发展趋势和前沿资料以阅读材料的方式介绍给学生。

(3) 知识体系实用有效。着眼于学生就业所需的专业知识和操作技能，着重讲解应用型人才培养所需的内容和关键点，与就业市场结合，与时俱进，让学生学而有用，学而能用。

2. 新理念

(1) 以学生为本。站在学生的角度思考问题，考虑学生学习的动力，强调锻炼学生的思维能力以及运用知识解决问题的能力。

(2) 注重拓展学生的知识面。让学生能在学习到必要知识点的同时也对其他相关知识有所了解。

(3) 注重融入人文知识。将人文知识融入理论讲解，提高学生的人文素养。

3. 新能力

(1) 理论讲解简单实用。理论讲解简单化，注重讲解理论的来源、出处以及用处，不做过多的推导与介绍。

(2) 案例式教学。有机融入了最新的实例以及操作性较强的案例，并对案例进行有效的分析，着重培养学生的职业意识和职业能力。

(3) 重视实践环节。强化实际操作训练，加深学生对理论知识的理解。习题设计多样化，题型丰富，具备启发性，全方位考查学生对知识的掌握程度。

我们要感谢参加本系列教材编写和审稿的各位老师，他们为本系列教材的出版付出了大量卓有成效的辛勤劳动。由于编写时间紧、相互协调难度大等原因，本系列教材肯定还存在不足之处。我们相信，在各位老师的关心和帮助下，本系列教材一定能不断地改进和完善，并在我国物流专业的教学改革和课程体系建设中起到应有的促进作用。

齐二石

2009 年 10 月

齐二石 本系列教材编写指导委员会主任，博士、教授、博士生导师。天津大学管理学院院长，国务院学位委员会学科评议组成员，第五届国家 863/CIMS 主题专家，科技部信息化科技工程总体专家，中国机械工程学会工业工程分会理事长，教育部管理科学与工程教学指导委员会主任委员，是最早将物流概念引入中国和研究物流的专家之一。

前　言

当前，物联网技术已经成为我国战略性新兴产业，被称为继计算机、互联网之后，世界信息产业的第三次浪潮。物联网技术的发展已经引起了各国政府和学术界的重视，从 IBM 提出的“智慧地球”，到我国倡导的“感知中国”，物联网技术正不断改变着人类生活的方方面面。

有关物联网定义的争论还在进行之中，泛在网、传感网、M2M、下一代互联网等的目标都是物与物的通信，信息世界与真实世界的融合。此外，不同领域的研究者也把物联网概念融入自身研究领域，探究物联网技术在不同领域的实际应用。从物联网技术的发展趋势看，物联网将广泛应用于工业、农业、物流、交通、医疗卫生、环境保护、防灾救灾等各个方面，而且应用范围和深度还在不断拓展，在推动生产力发展、提高生活质量、保障生产安全、支持可持续发展战略决策等方面发挥重要的作用。由于物联网一方面尚处于起步阶段，另外一方面其跨多学科的特征，需要梳理其基本概念、主要技术体系、发展现状与趋势及行业应用。基于此，编者根据多年教学和相关物联网工程实践经验，并参考了大量的参考文献，编写此书，以求较为全面阐述物联网技术的基本技术原理与方法，为相关从业者进行物联网技术的行业应用提供思路与方法指导。

全书共分 9 章，第 1 章简要介绍物联网的基本概念、本质和特征，以及发展概况和体系框架；第 2 章介绍物联网的基本构成及其技术架构，典型物联网技术的特点及应用；第 3 章分析智能交通的主要内容，介绍物联网环境下智能交通系统的模型和架构；第 4 章分析智能物流的发展现状及趋势，介绍基于物联网技术的智能物流关键技术和系统结构；第 5 章介绍物联网与物流公共信息平台的关系，云计算和数据挖掘等技术在公共信息平台体系结构中的应用；第 6 章介绍物联网管理的概念和特征，物联网标准化管理的内容和方法；第 7 章介绍电子收费的种类和原理，采用 RFID 技术在电子收费系统中的实际应用；第 8 章介绍铁路物联业务流程及物联网技术在铁路运输的应用领域，并对安全监管、物流运输等实际应用进行详细方案介绍；第 9 章介绍物联网技术在其他典型行业中的典型应用。

本书主要具有以下特点。

(1) 内容丰富，贴近技术发展的前沿。在编写过程中，广泛吸收了当前物联网的成果、技术，参阅了大量同类教材、专著、网上资料，并结合编者的教学和工程实践经验，力图阐述清楚物联网的基本知识体系。

(2) 讨论技术内容尽量使用准确和易懂的语言表达，借助大量图片、案例和阅读材料，以便加深和拓展学习者的视野并巩固、运用所学知识。

(3) 紧密结合本课程教学基本要求，内容完整系统、重点突出，所用资料力求更新、更准确地解读问题点。在注重物联网理论知识的同时，可与专业课程设计内容结合在一起，强调知识的应用性，具有较强的针对性。

本书建议授课总学时为36学时，各章分学时安排见下表。

教学内容	建议学时安排
第1章　绪论	2
第2章　物联网基本构成及工作原理	4
第3章　基于物联网技术的智能交通系统	4
第4章　基于物联网技术的智能物流系统	4
第5章　物联网与物流公共信息平台	6
第6章　物联网系统管理	4
第7章　基于物联网技术的电子收费系统	4
第8章　基于物联网技术的铁路物流系统	4
第9章　物联网技术在其他行业中的典型应用	4

本书由杨扬(昆明理工大学)任主编，负责全书结构设计、草拟写作提纲和最后统稿定稿工作。各章具体分工如下：第1、8、9章由杨扬和范君艳(上海师范大学天华学院)编写；第2、4章由李杰梅(昆明理工大学)和王孝坤(大连交通大学)编写；第3、7章由税文兵(昆明理工大学)编写；第5章由王清蓉(昆明理工大学)编写；第6章由伍景琼(昆明理工大学)编写。

本书在编写过程中参考了大量有关书籍和资料，在此向其作者表示衷心的感谢！同时还得到了许多院校、科研机构及企业的大力支持，在书稿整理和资料收集过程中，得到了研究生喻庆芳、车文、张玲瑞、谭慧芳和袁媛的大力帮助，在此致以深切的谢意！

物联网的概念仍在不断演变之中，各种新技术发展很快。编者限于水平和时间，对物联网各种专业技术的理解难免存在偏差和疏漏之处，敬请广大读者不吝赐教，以便进一步修改完善。

编　者

2014年11月

目　录

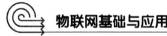

第1章 绪 论

【教学目标】

- 掌握物联网基本概念和本质，了解与传感网、泛在网等相关概念间的关系；
- 掌握物联网技术特点；
- 了解物联网在国内外的发展现状和未来趋势；
- 掌握物联网体系框架；
- 熟悉物联网的应用领域与发展前景。

【章前导读】

进入21世纪以来，随着感知识别技术的快速发展，信息从传统的人工生成的单通道模式转变为人工生成和自动生成的双通道模式。以传感器和智能识别终端为代表的信息自动生成设备可以实时准确地开展对物理世界的感知、测量和监控。2009年1月，IBM首席执行官彭明盛提出“智慧地球”的构想，其中物联网成为“智慧地球”不可或缺的一部分。智慧地球就是把传感器嵌入到各种物体中，物体之间普遍连接，形成所谓“物联网”，然后将物联网与现有的互联网整合起来，实现人类社会与物理系统的整合。在此基础上，人类可以以更加精细和动态的方式管理生产和生活，达到智慧状态，提高资源利用率和生产力水平，改善人与自然间的关系。

思考题：试描述未来智慧地球的发展愿景。

1.1 物联网概述

近几年来物联网技术受到了人们的广泛关注,"物联网"被称为继计算机、互联网之后,世界信息产业的第三次浪潮。目前在通信、互联网、自动化识别等新技术的推动下，一种能够实现人与人、人与机器、人与物乃至物与物之间直接沟通的全新网络构架——物联网(Internet of Things)正日渐清晰。然而在物联网不断发展过程中，在不同的阶段或从不同的角度出发，对于物联网有着不同的理解和解释。目前，有关物联网定义的争论还在进行之中，尚不存在一个世界范围内认可的权威定义。为了尽量准确地表达物联网内涵，需要比较全面地分析其实质性技术要素，以便给出一个较为客观的诠释。

1.1.1 物联网的起源与发展

物联网并不是最近才出现的新概念，早在比尔·盖茨 1995 年出版的《未来之路》一书中，已经提及“物联网”概念，只是当时受限于无线网络、硬件及传感设备而并未引起世人的重视。

1998 年，美国麻省理工学院(Massachusetts Institute of Technology，MIT)创造性地提出了当时被称为电子产品编码(Electronic Product Code，EPC)系统的物联网的构想。1999 年在美国召开的移动计算和网络国际会议上就提出“传感网是下一个世纪人类面临的又一个发展机遇”。1999 年 MIT 成立 Auto-ID 研究中心，进行射频识别(Radio Frequency Identification，RFID)技术研发，在美国统一代码委员会(Uniform Code Council，UCC)的支持下，将 RFID 与互联网结合，提出了 EPC 解决方案，即物联网主要建立在物品编码、RFID 技术和互联网的基础上，最初定义为“把所有物品通过射频识别等信息传感设备与互联网连接起来，实现智能化识别和管理”。也就是说，物联网是指各类传感器和现有的互联网相互衔接的一种技术。

2005 年 11 月，国际电信联盟(International Telecommunications Union，ITU)发布了《ITU 互联网报告 2005：物联网》，正式提出了物联网的概念，包括所有物品的联网和应用。例如，为了保证危险品运输中物品在运送过程中的安全，可以利用物联网实施对物品状态的全程监控，这时通过分布在危险品周围的温度、湿度、气压、振动等传感器探头和 GPS 定位模块等，定期或不定期地采集危险品温度、湿度、气压、振动、位置等信息，然后通过通信网络将信息发送到远程的集中监控处理系统，由该系统进行信息处理，并根据处理结果实施相应的控制处理。再如，当司机出现操作失误时汽车能够自动报警；公文包能够提醒主人忘了带什么东西；衣服能够告诉洗衣机对水温的要求等，这些都是物联网所能实现的基本功能。射频识别技术、传感器技术、纳米技术、智能嵌入技术将得到更加广泛的应用。

2008 年 3 月在苏黎世举行了全球首个国际物联网会议“物联网 2008”，探讨了“物联网”的新理念和技术，以及如何推进“物联网”的发展。奥巴马就任美国总统后，与美国工商业领袖举行了一次“圆桌会议”，作为仅有的两名代表之一——IBM 首席执行官彭明盛首次提出“智慧地球”的概念，建议新政府投资新一代的智慧型基础设施，并阐明了其短期和长期效益。奥巴马对此给予积极回应：“经济刺激资金将会投入到宽带网络等新兴技术中去，毫无疑问，这就是美国在21世纪保持和夺回竞争优势的方式。”“智慧地球”的概念一经提出，就得到了美国各界的高度关注；甚至有分析认为，IBM公司的这一构想将有可能上升至美国的国家战略高度，并在世界范围内引起轰动。

2009年8月，温家宝在无锡微纳传感网工程技术研发中心视察并发表重要讲话，“在传感网发展中，要早一点谋划未来，早一点攻破核心技术”，提出了“感知中国”的理念，这标志着政府对物联网产业的关注和支持力度已提升到国家战略层面。之后，“传感网”、“物联网”成为热门名词术语。2009年11月，中国移动与无锡市人民政府签署“共同推进TD-SCDMA与物联网融合”战略合作协议，中国移动将在无锡成立中国移动物联网研究院，重点开展TD-SCDMA与物联网融合的技术研究与应用开发。

2010年年初，我国正式成立了传感(物联)网技术产业联盟。同时，工业和信息化部也宣布将牵头成立一个全国推进物联网的部级领导协调小组，以加快物联网产业化进程。2010年3月，上海物联网中心正式揭牌。在《2010年政府工作报告》中明确提出：“要大力培育战略性新兴产业；要大力发展新能源、新材料、节能环保、生物医药、信息网络和高端制造产业；积极推进新能源汽车和电信网、广播电视网与互联网的三网融合取得实质性进展，加快物联网的研发应用；加大对战略性新兴产业的投入和政策支持。”

2011年11月，工业和信息化部正式发布了我国《物联网“十二五”发展规划》。该规划要求到2015年，我国要在核心技术研发与产业化、关键标准研究与制定、产业链建立与完善、重大应用示范与推广等方面取得显著成效，初步形成创新驱动、应用牵引、协同发展、安全可控的物联网发展格局。

国际电联曾预测，未来世界是无所不在的物联网世界，到2017年将有7万亿传感器为地球上的70亿人口提供服务，未来10年内物联网在全球将大规模普及。目前，美国、欧盟、日本等都投入巨资，深入研究探索物联网。当前我国物联网发展与全球同处于起步阶段，在安防、电力、交通、物流、医疗、环保等领域已经得到应用，并且应用模式正日趋成熟，呈现出良好的发展态势。

1.1.2 物联网的概念及与传感网、泛在网的关系

由于物联网的概念被提出不久，其内涵还在不断发展并完善。目前，对于“物联网”这一概念的准确定义尚未形成比较权威的表述。

1. 物联网的概念

目前，物联网的精确定义并未统一。从广义来讲，物联网是一个未来发展的愿景，等同于“未来的互联网”或“泛在网络”，能够实现人在任何时间地点，使用任何网络与任何人与物的信息交换以及物与物之间的信息交换；狭义来讲，物联网是物品之间通过传感器连接起来的局域网，不论接入互联网与否，都属于物联网的范畴。

关于物联网比较准确的定义之一是：物联网是通过各种信息传感设备及系统(传感器、射频识别系统、红外感应器、激光扫描器等)、条码与二维码、全球定位系统，按约定的协议，将物与物、人与物、人与人连接起来，通过各种接入网、互联网进行信息交换，以实现智能化识别、定位、跟踪、监控和管理的一种网络。该定义的核心是：物联网的主要特征是每一个物品都可以寻址，每一个物品都可以控制，每一个物品都可以通信。

2. 物联网的其他代表性定义

1) MIT 提出的物联网概念

早在 1999 年，MIT 的 Auto-ID 研究中心首先提出：把所有物品通过 RFID 和条码等信息传感设备与互联网连接起来，实现智能化识别和管理。这种表述的核心是 RFID 技术和互联网的综合应用。RFID 标签可谓是建立物联网最为关键的技术与产品，当时认为物联网最大规模、最有前景的应用就是在零售和物流领域。利用 RFID 技术，通过计算机互联网实现物品(商品)的自动识别、互联与信息资源共享。

2) 国际电信联盟(ITU)对物联网的定义

2005 年，ITU 对物联网概念进行了扩展，提出了任何时刻、任何地点、任意物体之间的互联，无所不在的网络和无所不在的计算的发展前景。物联网是在任何时间、环境，任何物品、人、企业、商业，采用任何通信方式(包括汇聚、连接、收集、计算等)，以满足所提供的任何服务的要求。按照 ITU 给出的这个定义，物联网主要解决物品到物品(Thing to Thing，T2T)、人到物品(Human to Thing，H2T)、人到人(Human to human，H2H)之间的互联。这里与传统互联网最大的区别是：H2T 是指人利用通用装置与物品之间的连接，H2H 是指人与人之间不依赖于个人计算机而进行的互联。需要利用物联网才能解决的是传统意义上的互联网没有考虑的、对于任何物品连接的问题。

3) 欧洲智能系统集成技术平台(the European Technology Platform on Smart Systems Integration，EPoSS)报告对物联网的阐释

2008 年 5 月 27 日，EPoSS 在其发布的报告“Internet of Things in 2020”中，分析预测了物联网的发展趋势。该报告认为：由具有标识、虚拟个性的物体/对象所组成的网络，这些标识和个性等信息在智能空间使用智慧的接口与用户、社会和环境进行通信。显然，对物联网的这个阐述说明 RFID 和相关的识别技术是未来物联网的基石，并侧重于 RFID 的应用及物体的智能化。

4) 欧盟第 7 框架下 RFID 和物联网研究项目组对物联网给出的解释

欧盟第 7 框架下 RFID 和物联网研究项目组对 RFID 和物联网进行了比较系统的研究后，在其 2009 年 9 月 15 日发布的研究报告中指出：物联网是未来互联网的一个组成部分，可以定义为基于标准的和交互通信协议的且具有自配置能力的动态全球网络基础设施，在物联网内物理和虚拟的“物件”具有身份、物理属性、拟人化等特征，它们能够被一个综合的信息网络所连接。

欧盟第 7 框架下 RFID 和物联网研究项目组的主要任务是：实现欧洲内部不同 RFID 和物联网项目之间的组网；协调包括 RFID 在内的物联网的研究活动；对专业技术平衡，以使得研究效果最大化；在项目之间建立协同机制。

总而言之，通过以上对物联网的几种表述可知，“物联网”的内涵起源于由 RFID 对客观物体进行标识并利用网络进行数据交换这一概念，不断扩充、延展、完善而逐步形成。无论哪一种概念，物联网都需要对物体具有全面感知能力，对信息具有可靠传送和智能处理能力，从而形成一个连接物流与物体的信息网络。也就是说，全面感知、可靠传送和智能处理是物联网的基本特征。“全面感知”是指利用 RFID、二维码、GPS、摄像头、传感器、传感器网络等感知、捕获、测量的技术手段，随时随地对物体进行信息采集和获取；“可靠传送”是指通过各种通信网络与互联网的融合，将物体接入信息网络，随时随地进行

可靠的信息交互和共享；“智能处理”是指利用云计算、数据挖掘、模糊识别等各种智能计算技术，对海量的跨地域、跨行业、跨部门的数据和信息进行分析处理，提升对物理世界、经济社会各种活动和变化的洞察力，实现智能化的决策和控制。

3. 物联网与传感网、泛在网的关系

1) 物联网与传感网的关系

传感网(Sensor Network)的概念最早由美国军方提出，起源于 1978 年美国国防部高级研究计划局(Defense Advanced Research Projects Agency，DARPA)开始资助卡耐基梅隆大学进行分布式传感器网络的研究项目，当时此概念局限于由若干具有无线通信能力的传感器节点自组织构成的网络。随着近年来互联网技术和多种接入网络以及智能计算技术的飞速发展，2008 年 2 月，ITU-T 发表了《泛在传感器网络》(Ubiquitous Sensor Networks)研究报告。在报告中，ITU-T 指出传感网已经向泛在传感网的方向发展，它是由智能传感器节点组成的网络，可以以“任何地点、任何时间、任何人、任何物”的形式被部署。该技术可以在广泛的领域中推动新的应用和服务，从安全保卫和环境监控到推动个人生产力和增强国家竞争力。我国信息技术标准化技术委员会所属传感器网络标准工作组在 2009 年 9 月的工作文件中，认为传感网以对物理世界的数据采集和信息处理为主要任务，以网络为信息传递载体，实现物与物、物与人之间的信息交互，提供信息服务的智能网络信息系统。从以上定义可以看出，传感网其内涵起源于“由传感器组成通信网络，对所采集到的客观物体信息进行交换”这一概念。

显然，由传感器、通信网络和信息处理系统为主构成的传感网，具有实时数据采集、监督控制和信息共享与存储管理等功能，它使目前的网络技术的功能得到极大拓展，使通过网络实时监控各种环境、设施及内部运行机理等成为可能。也就是说，原来与网络相距甚远的家电、交通管理、农业生产、建筑物安全、旱涝预警等都能够得到有效的网络监测，有的甚至能够通过网络进行远程控制。目前，无线传感网络仍旧处在闭环环境下应用的阶段，比如用无线传感器监控金门大桥在强风环境下的摆幅；而基于传感技术的物联网主要采用嵌入式技术(嵌入式 Web 传感器)，给每个传感器赋予一个 IP 地址，应用于远程防盗、基础设施监控与管理、环境监测等领域。

物联网和传感网主要存在以下差异。

(1) 早期的传感网所指的主要标的器件是传感器，而当今的物联网所指的主要标的器件是电子标签。

(2) 早期的传感网所指的应用范围较窄，主要指的是在零售和物流行业的应用，而当今物联网的应用范围已经扩展到众多的行业和十分广泛的领域。

(3) 最根本的差异在于信息的存储方式和系统的开放性不同。早期的和当前的大量传感器，大都是在特定领域的应用，其本质上大都是利用传感器的自组网特征的一种闭环应用。由于分属于不同领域的应用，有着不同的协议和标准，因此这种闭环应用、标准和协议很难兼容，信息也难以共享。

而物联网其本质特征是基于通用协议和标准的开环应用。其数据可以存放在 RFID 芯片中，也可以集成在云端，从而在更大范围内，可以按照权限实现对标的物品和关键环节的自动控制和远端管理，还可以实现云端的信息共享。这种物联网的云存储模式，不仅简化了 RFID 的标签和读写设备的功能，降低了成本，而且还使跨领域信息共享成为可能。

2) 物联网与泛在网的关系

泛在网是指无所不在的网络，又称泛在网络(Ubiquitous，U)。最早提出 U 战略的日本和韩国给出的定义是："无所不在的网络社会将是由智能网络、最先进的计算技术以及其他领先的数字技术基础设施武装而成的技术社会形态。"根据这样的构想，泛在网络将以"无所不在""无所不包""无所不能"为基本特征，帮助人类实现"4A"化通信，即在任何时间、任何地点、任何人、任何物都能顺畅地通信。故相对于物联网技术的当前可实现性来说，泛在网属于未来信息网络技术发展的理想状态和长期愿景。

泛在网与传感网和物联网的不同点之一表现在应用包容的泛在性。就其地域和空间而言，物联网指的是整个地球的范围，而泛在网则指的是更广义的地域范围，包括卫星通信、宇航通信等宇宙领域。不仅如此，泛在网还十分注重"人机的普遍交互和异构的网络融合"，更强调和注重人的智能化思考及对周边环境部署的作用。

泛在网与传感网和物联网的不同点之二表现在内涵上。从泛在网的内涵上看，它关注的不仅是人与物的交互，还包括了人与物交互中与周边关系的和谐。泛在网强调了在人机交互中，注重与自然的融合，更注重和强调了应用的普遍性和广泛性；而物联网强调的只是物联网向末端和节点延伸的可能性，这种延伸还并不具有普遍性的特征。

3) 三者间的关系

目前对于支持人与物、物与物广泛互联，实现人与客观世界的全面信息交互的全新网络命名，有着物联网、传感网和泛在网 3 个概念之争。三者间的关系如图 1.1 所示。

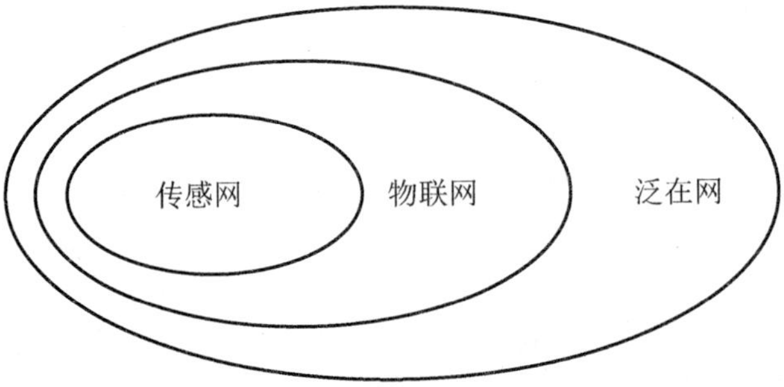

图 1.1　物联网、传感网和泛在网之间的关系

传感网、物联网和泛在网具有某些同一性，但又各自具有独有的个性化特征，不能把它们等同起来。三者间的技术与应用比较见表 1-1。

表 1-1　传感网、物联网和泛在网在技术与应用上的比较

网络名称	末端网/终端	网络设施与应用	主要通信对象
传感网	传感器、近距离无线通信(低速、低功耗)	不包括	物与人
物联网	传感器、近距离无线通信、RFID、二维码、近距离中高速通信、内置移动通信模块各种终端等	前期一个或多个网络；后期包括多网络协作	物与人 物与物
泛在网	传感器、近距离无线通信、RFID、二维码、近距离中高速通信、内置移动通信模块各种终端等； 通信终端：手机、PDA、上网卡等	多网络、多技术异构协同智能：跨技术、跨网络、跨行业、跨应用	物与人 物与物 人与人

总之，物联网技术的研发经过了近十年的历程，正在走向大规模的推广应用。特别是当前无线技术得到了快速发展，激活了大量物联网应用的消费需求，引领和带动了软件和中间件的快速发展，这就为物联网快速发展提供了众多的商业机会和广阔的市场前景。

1.2　物联网应用的特点

应用是物联网发展的动力。物联网应用是以 RFID 技术、传感技术、中间件技术及网络和移动通信技术为支撑，通过对标的物进行全面感知，获取的各种数据和信息进行可靠传递，对已经获取的有效数据和信息进行有效识别，并运用各种智能计算技术进行分析和处理，进而对标的物实施智能化控制及联动控制的一个完整的智能处理过程；它是一个动态的、延续的、完整的应用实现活动。

1.2.1　物联网应用的主要特征

1. 应用广泛性

由于物联网具有普适化因子，因此，物联网的应用范围十分广泛。其在智能家居、智能医疗、智能城市、智能交通、智能物流、智能民生、智能校园等领域都会得到广泛应用。不仅如此，许多未知的应用领域，随着物联网技术的普及，以及中间件技术的发展，也会找到物联网技术和这些创新领域的结合点。

2. 连续性控制

物联网应用具有连续性工作过程和连续性控制能力。这种控制是以感知信息的获取为基础、为前提、为手段、为目标的一种动态的、连续的、有效的直到设定过程完结的完整的应用控制过程。下面以仓储物流的流转过程为例说明这一点，当仓储物流运输车进入仓库后，仓库门口的地埋天线发出信号，激活电子标签开始工作，天线接收到响应信息，并将其发射给阅读器。阅读器获取信息后，按照设定的程序，智能地指挥下一步的进程。仓储货物开始了自动有序的流转，并能自动卸货入库。这是与以往的传感网根本不同的，以往的传感网完成的多是单节点控制、单元控制、局部控制；而物联网应用实现的是对感知获取的数据，进行分析和处理后，能有针对性地对标的物进行连续控制、整体控制、动态控制、有效控制。它是一个完整的、流程化的全自动控制过程。正是这种物联网应用的连续性控制能力和程序化控制特征，为物联网与工业自动化的结合敞开了大门。

3. 创新性

物联网应用具有明显的创新特征，主要表现为以下两个方面。

1) 从技术上看

物联网充分地利用了云计算、模糊识别、并行技术等各种智能计算技术和中间件技术，不仅对海量的数据和信息进行集成、分析和处理，而且还实现了对感知的节点信息进行智能开发和管理提升。这就把简单技术变成了整合技术，把单一功能变成了多维功能，把对感知的简单反馈提升为对感知信息有针对性地进行管理和控制。

2) 从资源的开发利用上看

物联网具有资源整合能力，它能够把简单信息变成综合信息，把单点感知变成全面感知，把局部需求变成综合需求、连贯需求，进而能根据感知的基础数据进行有效管理和控制。

4. 增值性

由于物联网能使网络中或系统中的普遍资源和存量资源找到应用的切入点和能量的释放点，因此，物联网具有明显的增值性。这种增值性表现在：它不仅可以把感应和传输过来的若干节点信息进行整合汇总，连同网络或系统中的存量资源一起变成增量资源，而且还可以把感应和传输接收的若干节点信息整合汇总后，运用网络化、系统化的智能管控能力，对需要进行有效管控的方位和部位进行智能化处理。正是这种经过资源集中、功能集成、智能开发深层处理的应用，物联网才能产生增值效益。

5. 生态关联特征

物联网涉及的技术门类多，延伸和扩展的范围广，产业链绵长，相互之间由多种生态因子和关联因素共同组成了一个完整的、可扩展的、应用领域十分广泛的、增值效益明显的产业生态链。从技术上看，相互之间既具有技术上的交互性和连接性，又具有技术上的衔接性、动态传输性和程序上的可控性。从应用上看，既有节点信息的感知能力，又有集成信息的决策能力；既有微观获取信息的能力，又有入云检测的验证能力；既有近端应用的现实性，又有远程控制的可控性；既有连续应用的能力，又有延伸控制的管控能力。其相互之间、物与物之间、人与物之间都会通过旺盛的生态因子而互动、而活化、而出新、而运作。正是这种极强的生态关联特征推动和促进了物联网的发展，引领和促进了物联网与电子商务的融合、与 ERP 的融合、与商务智能的融合、与云计算的融合。

1.2.2 物联网的本质和精髓

物联网作为新兴技术，其应用领域很广，其中一个应用领域就是为实现供应链中物品自动化的跟踪和追溯提供基础平台。物联网可以在全球范围内对每个物品实施跟踪监控，从根本上提高对物品产生、配送、仓储、销售等环节的监控水平，成为继条码技术之后，再次变革商品零售、物流配送及物品跟踪管理模式的一项新技术。它从根本上改变供应链流程和管理手段，对于实现高效的物流管理和商业运作具有重要的意义；对物品相关历史信息的分析有助于库存管理、销售计划，以及生产控制的有效决策；通过分布于世界各地的销售商可以实时获取其商品的销售和使用情况，生产商则可及时调整其生产量和供应量。由此，所有商品的生产、仓储、采购、运输、销售，以及消费的全过程将发生根本性的变化，全球供应链的性能将获得极大的提高。

物联网的关键不在“物”，而在“网”。实际上，早在物联网这个概念被正式提出之前，网络就已经将触角伸到了“物”的层面，如交通警察通过摄像头对车辆进行监控，通过雷达对行驶中的车辆进行车速的测量等。然而，这些都是互联网范畴之内的一些具体应用。此外，还有人们在多年前就已经实现了对物的局域性联网处理，如自动化生产线等。物联网实际上指的是在网络的范围之内，可以实现人对人、人对物，以及物对物的互联互通，在方式上可以是点对点，也可以是点对面或面对点，它们经由互联网，通过适当的平台，可以获取相应的资讯或指令，或者传递相应的资讯或指令。比如，通过搜索引擎来获取资讯或指令，当某一数字化的物体需要补充电能时，它可以通过网络搜索到自己的供应商，并发出需求信号，当收到供应商的回应时，能够从中寻找到一个优选方案来满足自我需求。而这个供应商，既可以由人控制，也可以由物控制。这样的情形类似于人们现在利用搜索引擎进行查询，得到结果后再进行处理一样。具备了数据处理能力的传感器，可以根据当前的状况作出判断，从而发出供给或需求信号，而在网络上对这些信号的处理，成为物联网的关键所在。仅仅将物连接到网络，还远远没有发挥出它最大的威力。网的意义不仅是连接，更重要的是交互，以及通过互动演生出来的种种可利用的特性。

物联网的精髓不仅是对物实现连接和操控，它通过技术手段的扩张，赋予网络新的含义，实现人与物、物与物之间的相融与互动，甚至是交流与沟通。物联网并不是互联网的翻版，也不是互联网的一个接口，而是互联网的一种延伸。作为互联网的扩展，物联网具备互联网的特性，但也具有互联网当前所不具有的特征。物联网不仅能够实现由人找物，而且能够实现以物找人，通过对人的规范性回复进行识别，还能够作出方案性的选择。

另外，合作性与开放性以及长尾理论的适用性，是互联网在应用中的重要特征，引发了互联网经济的蓬勃发展。对物联网来说，通过人物一体化，就能够在性能上对人和物的能力都进行进一步的扩展，就犹如一把宝剑能够极大地增加人类的攻击能力与防御能力；在网络上可以增加人与人之间的接触，从中获得更多的商机，就好像通信工具的出现，可以增加人们之间的交流与互动，而伴随着这些交流与互动的增加，产生出了更多的商业机会；如同在人物交汇处建立起新的节点平台，使得长尾在节点处显示出最高的效用，如在互联网时代，各式各样的大型网站由于汇聚了大量的人气，从而形成了一个个的节点，通过对这些节点进行利用，使得长尾理论的效应得到大幅的提高，就好像亚马逊作为一个节点在图书销售中所起到的作用一样。

合作性与开放性指的是不仅仅是物与物之间，而且发生在人与物之间。互联网之所以有现在的繁荣，是与它的合作性与开放性这两大特征分不开的，开放性使得无数人通过互联网得以实现了他们的梦想，可以说没有开放性所带来的创新激励机制，就不可能有互联网今天的多姿多彩；合作性使得互联网的效用得到了倍增，使得其运作更加符合经济原则，从而给它带来竞争上的先天优势，没有合作性，互联网就不可能大面积地取代传统行业成为主流。这样一来，在“物联”之后，就不仅能够产生出新的需求，而且还能够产生新的供给，更可以让整个网络在理论上获得进一步的扩展和提高，从而创造出更多的机会。正是由于这些特性，将使物联网在功能上得到更大的扩展，而并不仅仅局限于传感功能。

1.3　物联网发展概况

1.3.1　物联网国外发展概况

在当前的经济危机影响尚未完全消退的时期，许多发达国家将发展物联网视为新的经济增长点。近几年，物联网日趋成熟，其相关产业在当前的技术、经济环境的助推下，在世界范围内已成潮流趋势，因此物联网也被视为“危机时代的救世主”。

1. 美国

美国许多大学在无线传感器网络方面已经开展了大量工作，如加州大学洛杉矶分校的嵌入式网络感知中心实验室、无线集成网络传感器实验室、网络嵌入系统实验室等。另外，麻省理工学院从事着极低功耗的无线传感器网络方面的研究；奥本大学也从事了大量关于自组织传感器方面的研究，并完成了一些实验系统的研制；宾汉顿大学计算机系统研究实验室在移动自组织网络协议、传感器网络系统的应用层设计等方面做了很多研究工作；州立克利夫兰大学(俄亥俄州)的移动计算实验室在基于 IP 的移动网络和自组织网络方面结合无线传感器网络技术进行了研究。

除了高校和科研院所之外，国外的各大知名企业也都先后参与开展了无线传感器网络的研究。克尔斯博公司是国际上进行无线传感器网络研究的先驱之一，为全球超过 2 000 所高校及上千家大型公司提供了无线传感器解决方案；Crossbow 公司与软件巨头微软、传感器设备巨头霍尼韦尔、硬件设备制造商英特尔、网络设备制造巨头、著名高校加州大学伯克利分校等都建立了合作关系。

此外，美国在物联网产业上的优势正在加强与扩大。美国国防部的“智能微尘”(Smart Dust)、国家科学基金会的“全球网络研究环境”等项目提升了美国的创新能力；由美国主导的 EPC global 标准在 RFID 领域中呼声最高；IBM、微软在通信芯片及通信模块设计制造上全球领先；物联网已经开始在美国的军事、工业、农业、环境监测、建筑、医疗、空间和海洋探索等领域投入应用。

2. 欧盟

欧盟将信息通信技术(Information Communication Technology，ICT)作为促进欧盟从工业社会向知识型社会转型的重要工具，致力于推动 ICT 在欧盟经济、社会、生活各领域的应用，提升欧盟在全球的数字竞争力。在物联网及相关技术发展方面，欧盟在 RFID 和物联网方面进行了大量研究和应用，通过 FP6、FP7 框架下的 RFID 和物联网专项研究进行技术研发，通过竞争和创新框架项目下的 ICT 政策支持项目推动并开展应用试点。

欧盟于 2009 年 9 月发布《欧盟物联网战略研究路线图》，提出了欧盟到 2010 年、2015 年、2020 年 3 个阶段物联网研发路线图，并提出物联网在航空航天、汽车、医药、能源等 18 个主要应用领域和识别、数据处理、物联网架构等 12 个方面需要突破的关键技术。目前，除了进行大规模的研发之外，作为欧盟经济刺激计划的一部分，欧盟物联网已经在智能汽车、智能建筑等领域进行应用。

3. 日本

日本是世界上第一个提出“泛在(Ubiquitous)”概念的国家，并制定了“U-Japan”战略，其战略理念是“以人为本，实现所有人与人、物与物、人与物之间的链接(即 4U：Ubiquitous、Universal、User-oriented、Unique)”，并将日本建设成一个“随时、随地、任何物体、任何人均可连接的泛在网络社会”。

物联网包含在泛在网的概念中，并服务于 U-Japan 及后续的信息化战略。通过这些战略，日本开始推广物联网在电网、远程监测、智能家居、汽车联网和灾难应对等方面的应用。

2009年7月，日本IT战略本部颁布了日本新一代的信息化战略——“i-Japan”战略，为了让数字信息技术融入每一个角落，首先应将政策目标聚焦在三大公共事业上：电子化政府治理、医疗健康信息服务、教育与人才培育，提出到2015年，通过数位技术达到“新的行政改革”，使行政流程简化、效率化、标准化、透明化，同时推动电子病历、远程医疗、远程教育等应用的发展。

4. 韩国

韩国是目前全球宽带普及率最高的国家，同时它的移动通信、信息家电、数字内容等也居世界前列。面对全球信息产业的物联网趋势，韩国制定了为期十年的U-Korea战略，目标是“在全球最优的泛在基础设施上，将韩国建设成全球第一个泛在社会”。

U-Korea主要分为发展期与成熟期两个执行阶段。

(1) 发展期(2006—2010年)的重点任务是基础环境的建设、技术的应用及U社会的建立。

(2) 成熟期(2010—2015年)的重点任务是推广U化服务。

自1997年起，韩国的RFID发展已经从先导应用开始了全面推广；而USN也进入了实验性应用阶段。图1.2为韩国RFID/USN发展计划概况。

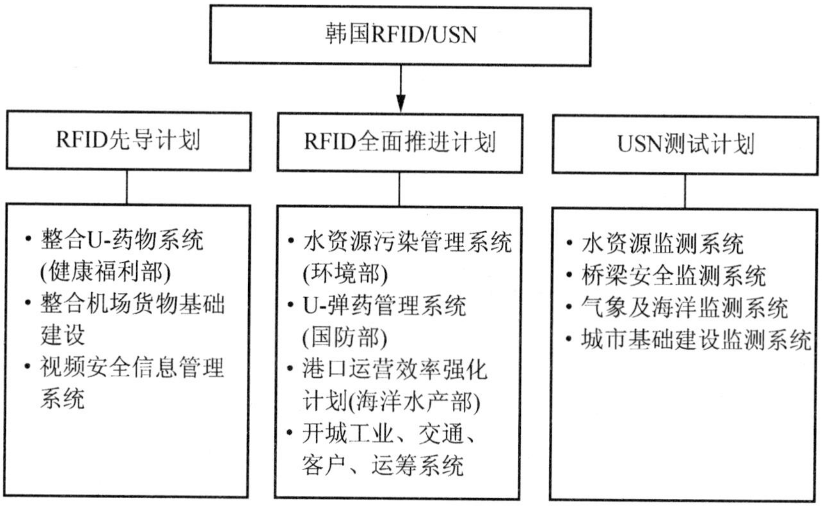

图1.2　韩国RFID/USN发展计划

2009年10月，韩国通信委员会出台了《物联网基础设施构建基本规划》，将物联网市场确定为新增长动力。该规划提出，到2012年实现“通过构建世界最先进的物联网基础实施，打造未来广播通信融合领域超一流信息通信技术强国”的目标，并确定了构建物联网基础设施、发展物联网服务、研发物联网技术、营造物联网扩散环境四大领域、12项详细课题。

1.3.2　物联网国内发展概况

我国发展建设物联网体系，国家部委以RFID广泛应用作为形成全国物联网的发展基础。自2004年起，国家金卡工程每年都推出新的RFID应用试点工程，该项目涉及电子票证与身份识别、动物与食品追踪、药品安全监管、煤矿安全管理、电子通关与路桥收费、智能交通与车辆管理、供应链管理与现代物流、危险品与军用物资管理、贵重物品防伪、票务及城市重大活动管理、图书及重要文档管理、数字化景区与旅游等。

科技部“863”计划第二批专项课题中就包括了超高频 RFID 空中接口安全机制及其应用，超高频阅读器芯片的研发与产业化，超高频读写功能的移动通信终端开发与产业化，适用于实时定位系统的 RFID 产品研发及其产业化，RFID 标签动态信息实时管理软件的研究与开发，在旅游景区、展览馆、博物馆的应用以及在出口商品质量追溯与监管中的应用这 7 个课题。

铁道部 RFID 应用已基本涵盖了铁路运输的全部业务。目前在全国铁路 1.7 万台机车和 70.8 万辆货车上安装了电子标签，在机务段、局分界站、编组站、区段站、大型货运站、车辆段(厂)安装了地面识别设备 2 000 多套，并开发了综合应用系统，实现了对铁路列车、机车、货车的实时追踪。

卫生部 RFID 主要应用领域有卫生监督管理、医保卡、检验检疫等，已完成了“948”国家牛肉质量追溯系统建设，正在合作开发、建设冷链物流(冷鲜水产品及出口菌菇)示范项目，并在食品药品安全监管，医院对病人、医疗器械、药品及病源的实时动态及可追溯管理，以及电子病历与健康档案管理等方面开展了试点工作。

交通运输行业在高速公路不停车收费、多路径识别、城市交通一卡通等智能交通领域也有所突破，如厦门路桥管理公司在不停车收费系统中应用 RFID 技术发行 RFID 电子标签共 20 万张；广东联合电子收费公司自 2004 年起建立不停车收费系统，发行 16 万张 RFID 电子标签；中集、中远公司则在车辆、集装箱、货物、堆场等运输物流领域的管理方面建立了 RFID 应用示范点。

在国内物联网研究内容的基础上，在全国各省市地区，物联网技术和产业发展也成为振兴地方经济、把握未来经济发展命脉的助推器。

1. 北京：打造中国物联网产业发展中心

北京市高度重视物联网产业的发展，着手打造国内物联网产业发展中心。一是率先成立产学研用相结合的行业组织，如中关村物联网产业联盟的建立，通过加强企业间的协作、创新与联动，推动产业发展壮大；二是着手制定北京市物联网产业规划，统筹协调产业发展与示范应用，不断完善物联网产业发展体系，确保其在国内的中心地位；三是加强与智囊机构的战略合作，北京市先后与中科院高技术局、北京邮电大学签署战略合作协议，充分发挥“外脑”多学科、跨部门、跨行业的综合优势，为北京物联网发展提供战略咨询服务。

2. 上海：顶层规划、示范先行

上海市注重物联网产业发展与信息化建设相结合，加快实现物联网对产业升级和信息化建设的带动作用。一是加强政府顶层规划，上海市发改委、经信委和科委等相关部门已联合开展《上海市物联网产业三年行动计划(2010—2012 年)》的编制工作，以现有产业发展和信息化建设为基础，通过规划引领，加强物联网体系建设，力争使上海在打造“感知中国”的过程中发挥引领作用；二是以筹办世博会为契机，大力推进物联网示范工程建设，推动物联网技术产业化应用，使物联网技术尽早融入上海经济、社会发展的各个领域。

3. 广东：构筑物联网产业发展高地

广东注重通过应用引导、市场驱动、政府扶持及标准体系建设，培育和发展物联网技术研发、设备制造、软件和信息等相关产业，打造物联网产业发展高地。一是成立 RFID 标准化技术委员会，推进标准化体系建设，提升在全国的话语权；二是推进智慧城市试点，与 IBM 合作推进传感器在智能交通、桥梁建筑、水资源利用、电力设施、环境监测、公共安全等领域的应用；三是建设珠三角无线城市群，打造“随时随地随需”的珠江三角洲信息网络。此外，广东省还积极推进南方物流公共信息平台建设，以及通过粤港澳合作开展物联网技术应用。

4. 江苏：政府推动、聚焦无锡

江苏省注重发挥政府推手作用，积极采取措施，努力将无锡建设成为“感知中国”中心。一是加强规划引领，编制《江苏省传感网产业发展规划纲要》，确定以无锡为核心区、苏州和南京为支撑区的产业布局，并提出了 2012 年、2015 年的具体发展目标；二是注重以用促产，率先推出传感网产业十大示范工程，创造需求，牵引产业发展；三是营造良好的技术环境，支撑产业发展，先后与中科院、中国电子科技集团公司进行战略合作，在无锡联合共建中国物联网研究发展中心、中国传感网创新研发中心，并成功推动中国移动、中国联通和中国电信到江苏无锡设立物联网技术研究机构。

此外，山东、浙江、福建、四川、重庆、黑龙江等省市也在积极推进物联网技术及产业发展的相关工作。

1.4　物联网体系框架

1.4.1　物联网及其服务类型

由于物联网应用的专属性，其种类千差万别，分类方式也有不同。例如，类似于计算机网络，物联网可划分为公众网络和专用网络。公众物联网是指为满足大众生活和信息的需求提供的物联网服务；而专用物联网就是满足企业、团体或个人特色应用需求，有针对性地提供的专业性的物联网业务应用。专用物联网可以利用公众网络(如 Internet)、专网(局域网、企业网络或移动通信互联网中公用网络中的专享资源)等进行信息传送。按照接入方式不同可分为简单接入和多跳接入两种；按照应用类型不同可分为数据采集、自动化控制、定位等多种，见表 1-2。

表 1-2　物联网分类方式举例

分类方式	类　型	说　明
接入方式	简单接入 多跳接入	对于某个应用，这两个方式可以混合使用
网络类型	公众物联网 专用物联网	从承载的类型区分，不同的网络将影响到用户的使用服务

续表

分类方式	类　型	说　明
应用类型	数据采集应用 自动化控制应用 定位型应用 日常便利性应用	按照应用主要的功能类型进行划分

根据物联网自身的特征，物联网应该提供以下 5 类服务。

(1) 联网类服务：物品标识、通信和定位。

(2) 信息类服务：信息采集、存储和查询。

(3) 操作类服务：远程配置、监测、远程操作和控制。

(4) 安全类服务：用户管理、访问控制、事件报警、入侵检测和攻击防御。

(5) 管理类服务：故障诊断、性能优化、系统升级和计费管理服务。

以上介绍的通用物联网的服务类型集合，在实际设计中可以根据不同领域的物联网应用需求，针对以上服务类型进行相应的扩展或裁剪。物联网的服务类型是设计、验证物联网体系结构与物联网系统的主要依据。

1.4.2　物联网系统技术框架

物联网系统复杂，不仅涉及射频识别、硬件、软件、网络等众多技术领域，而且涉及 IPv6、IPv9 等新一代互联网，还涉及新的跨网运行技术，以及云计算、云服务等创新技术。物联网的体系框架包括感知层技术、网络层技术、应用层技术和公共技术，如图 1.3 所示。

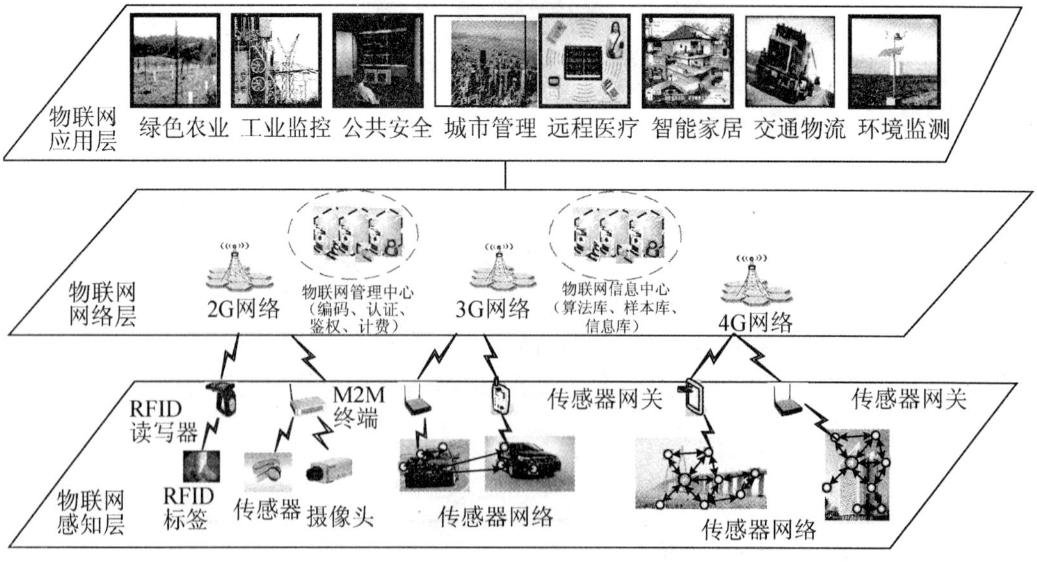

图 1.3　物联网技术体系框架

(1) 感知层：包括信息采集和组网与协同信息处理，通过传感器、RFID、二维码、多媒体信息采集和实时定位等技术采集物理世界中发生的物理事件和数据信息，利用组网和协同信息处理技术实现采集信息的短距离传输、自组织组网，以及多个传感器对数据的协同信息处理过程。感知层的作用相当于人的眼耳鼻喉和皮肤等神经末梢，它是物联网获识别物体、采集信息的来源，其主要功能是识别物体、采集信息，并且将信息传递出去。

(2) 网络层：主要指由移动通信网、互联网和其他专网组成的网络体系，实现更加广泛的互联功能，能够把感知到的信息无障碍、高可靠性、高安全性地进行传送。网络层的作用相当于人的神经中枢和大脑，负责传递和处理感知层获取的信息。

(3) 应用层：包括物联网应用的支撑平台子层和应用服务子层。应用支撑平台子层用于支撑跨行业、跨应用、跨系统之间的信息协同、共享和互通；应用服务子层包括环境监测、智能电力、智能医疗、智能家居、智能交通和工业监控等。应用层实现了物联网的最终目的，将人与物、物与物紧密结合在一起。

(4) 公共技术：公共技术不属于物联网技术的某个特定层面，而是与物联网技术架构的 3 个层面都有关系，它包括标识与解析、安全技术、服务质量(QoS)管理和网络管理。

1.5 物联网应用发展及挑战

1.5.1 物联网应用现状

在国家大力推动工业化与信息化融合的大背景下，物联网将是工业乃至更多行业信息化过程中一个较为现实的突破口。一旦物联网大规模普及，无数的物品需要加装更加小巧、智能的传感器，用于动物、植物、机器等物品的传感器与电子标签及配套的接口装置数量将大大超过目前的手机数量。物联网未来应用场景全视图如图 1.4 所示。

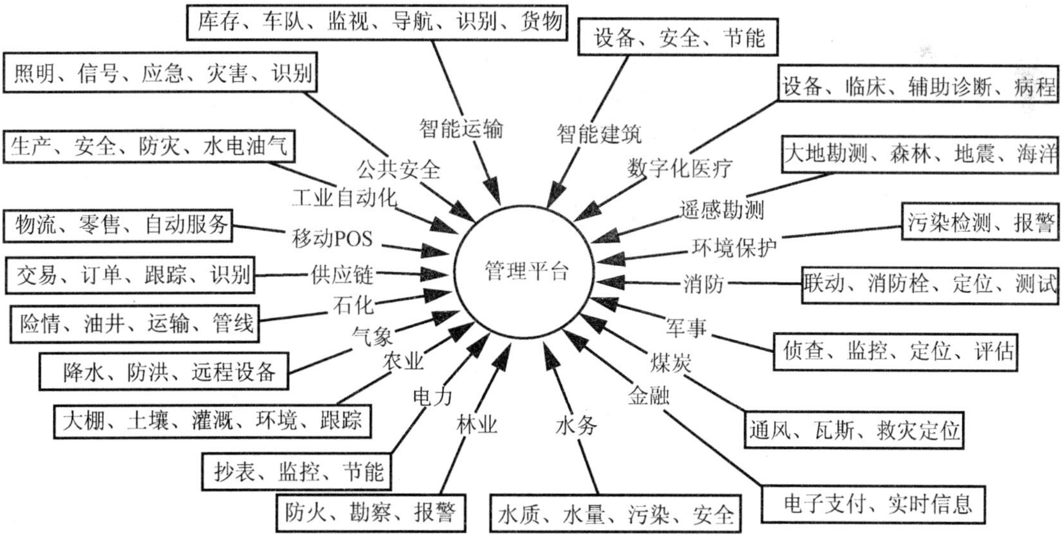

图 1.4 物联网未来应用场景全视图

目前，物联网的行业应用主要包括交通运输、物流、电力、建筑、医疗及居民日常生活等方面，如图 1.5 所示。

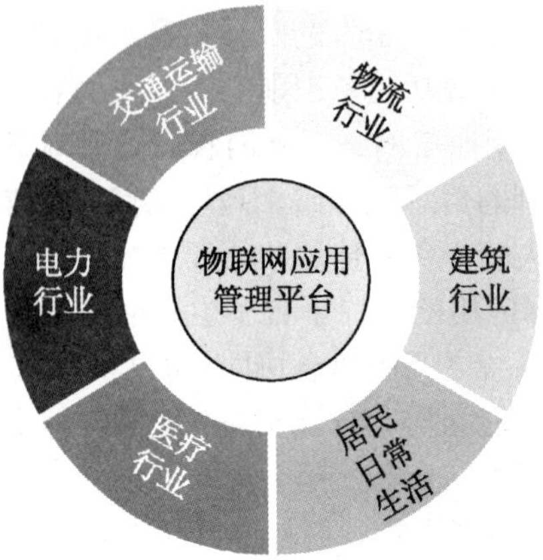

图 1.5 物联网应用场景全视图

1. 交通运输行业

交通运输部于 2009 年 10 月发布了《关于推动公路水路交通运输行业 IC 卡和 RFID 技术应用的指导意见》。该文件为智能交通、现代物流中的 RFID 应用提供了系统性指南。在智能交通方面，轨道交通(包括火车、城市轨道)是局部范围的物联网应用；而汽车本身的智能化程度较好，如果把汽车联成网，交通就可以实现完全的智能化。

目前，物联网还在车载和船载定位系统、高速公路电子不停车收费、交通基础设施运行监控等方面有了一定的研究和实践经验。全国已经有 20 多个省、区、市实现了公路联网监控、交通事故检测、路况气象等应用，路网检测信息采集设备的设置密度在逐步加大，有些高速公路已经实现了全程监控，并可以对长途客运危险货物运输车辆进行动态监管。截至 2013 年 12 月，全国电子不停车收费(Electronic Toll Collection，ETC)车道数已达到 5 500 多条，ETC 用户超过 600 万人，客户服务网点近 600 个，ETC 交易量约占全国收费公路总交易量的 8%～9%，ETC 及其相关产业的总产值已超过 20 亿元，并且还在加大力度推进 ETC 系统在高速公路上的应用。此外，2014 年 12 月，我国 14 个省市高速公路 ETC 联网已正式开通，到 2015 年将基本实现全国 ETC 联网的总目标。我国也开发了拥有完全自主知识产权的车路协同系统，实现了车辆、车道自动保持及车路信息交互等功能，这些技术已经在新疆地区开始实验性应用。

2. 物流行业

物联网结合 RFID、EPC、互联网技术等相关内容，可以对物流过程中的物品信息实现自动、快速、并行、实时、非接触式处理，并通过网络实现信息共享，从而达到对供应链实现高效管理的目的。物流行业利用物联网平台进行信息增值业务的拓展，主要体现在通过获取准确、全面和及时的信息来提供独一无二的服务，因此，提高物流企业的信息获取能力是物联网在行业应用中的主要任务。

1) 物联网在智能物流中的应用

智能物流系统(Intelligent Logistics System，ILS)是在智能交通系统(Intelligent Transportation System，ITS)和相关信息技术的基础上，以电子商务(Electronic Commerce，EC)方式运作的现代物流服务体系。

我国智能物流信息化在经过一段时期的基础性研究和建设后，已经进入一个以整合为目标的新阶段。在传统物流快速发展的基础上，物流行业的趋势已经向现代电子交易中心转变，钢铁、煤炭、粮食等大宗商品交易内容也纷纷建立网络商务平台，将金融、信息、物流及技术等多方面内容融为一体，在进行电子商务贸易的同时，也加强了智能物流相关业务的主导作用。

2) 物联网在 EPC 物流全球供应链中的应用

物联网与 EPC 都具有可扩展性，商品信息将被动态扩展的物联网络覆盖，而 EPC 技术革命性地解决了商品的识别与追踪，它为每个商品建立了全球性的、开放性的标准，因此，以 EPC 技术为基础构成的物联网能够使商品在生产、仓储、采购、运输、销售及消费等各物流过程中进行实时追踪查询，从而极大地提高全球供应链的性能。

3. 电力行业

物联网在电力系统已经得到了广泛应用，国家电网公司设立过很多物联网的项目，如变电站的巡检、高压气象状态检测、高压电器设备检测、智能电网和智能家居等。其中智能电网作为电网行业新技术应用的核心产物，在生产、生活中起着不可替代的作用。

智能电网是以物理电网为基础，将先进的传感测量技术、通信技术、信息技术、计算机技术和控制技术等与物理电网高度集成而形成的新型电网。智能电网是未来电网的发展趋势，提高电网接纳清洁能源的能力，是智能电网的主要工作，这离不开物联网的作用。智能电网与物联网互通，网络的初级层面包括智能家居、配电自动化、电力抢修、资产管理等，为信息传输和应用提供基础。目前，国家电网公司智能电网的发展和物联网相同，智能电网的重点是通过信息化和互动化实现信息流、电子流、业务流的融合。

4. 建筑行业

物联网使智能建筑与数字城市进一步融合。例如，在楼控系统中，包含浏览器、故障分析、能耗管理、设备监控、物业管理，通过建筑设备网站对这些进行监控和管理，可以为空调通暖、排水、电梯、照明、供配电进行能耗计量。如果能实现集成管理，智能建筑的门户网站还可以对楼控、安防、一卡通等进行统一管理。要实现智能建筑和数字城市的进一步融合管理，可以在家居、楼控、工控、保卫、交通等设备上嵌入传感器，再与互联网相连，实现设备管理、能耗管理、库存管理、生产管理、服务管理等。

如果智能建筑维护管理广泛应用物联网，用一个云架构就可以进行统一管理，非常方便。云计算在智能建筑中多用于建筑群能耗计量与节能管理系统，只要用一个云计算平台，就可以对智能建筑进行综合集成、维护和管理。

5. 医疗行业

物联网在医疗行业的应用重点是公共卫生和医药卫生安全。

(1) 在公共卫生方面，通过 RFID 技术建立医疗卫生的监督和追溯体系，可以实现检疫检验过程中病源追踪的功能，并能对病菌携带者进行管理，为患者提供更加安全的医疗卫生服务。在社区医疗方面，通过物联网形成完整的网络平台，做到整个区域的资源共享，让医疗资源的利用率最大化，做到 20%的高精尖卫生专家能够为 80%的患者所共享。具体地说，这个平台可以通过标签、腕带识别患者的身份，获取患者以往的就医信息，从而为患者提供及时、准确和公平的医疗卫生服务。

(2) 在医药卫生安全方面，RFID 在技术上给予了很大的支撑。通过药品的标签识别，为药品的购买和使用提供安全与有效的保障。此外，通过 RFID 技术就可以实现对医疗器械的安全管理和追踪管理。

6. 居民日常生活

随着物联网在人们的生活中的日益普及，家庭以计算机技术和网络技术为基础，包括各类消费电子产品、通信产品、信息家电及智能家居等，通过不同的互联方式进行通信及数据交换，实现家庭网络中各类电子产品之间的“互联互通”的一种服务。数字家庭提供信息、通信、娱乐和生活等功能。

阅读材料 1-1

荷兰采用 RFID 进行花卉生产和物流的自动化管理

鲜花是荷兰重要的经济命脉，占农产品收入的 25%。荷兰花卉市场是目前世界上最大、最先进的花卉交易市场，据统计全世界花市的鲜花有六成来自荷兰。全国约有 1 500 家花卉培育商，花卉温室占地约 1 000 公顷，鲜花为荷兰带来将近 60 亿美元的财富。阿斯米尔鲜花有三分之二外销到世界各地。以欧洲国家需求量最大，其次是美国、加拿大。每天在阿斯米尔的鲜花销售量就高达 1 400 万朵鲜花、50 万盆植物。

作为世界著名的花卉交易市场，荷兰还独创了“时钟”拍卖法，已经成为阿斯米尔主要的鲜花销售方式。鲜花卖场的墙上安置一个巨钟，巨钟对面设看台，看台上每个位置都有按钮，当指针从最高价格“正午”开始，依顺时针方向移动到买方心目中价格时，买方可按动按钮将指针按停，这样就达成了一笔交易。阿尔斯美尔联合花卉拍卖中心作为荷兰最大的花卉交易市场，每年完成的交易额占荷兰全国 7 大花卉交易市场的 43%。其建筑物面积达 71.5 万平方米，相当于 120 个足球场，来自国内和世界 80 多个国家的花卉批发商进场交易，如图 1.6 所示。大厦离斯基浦国际机场仅几步之遥，成交的花卉当天就可以装机运往世界各地。

图 1.6　荷兰鲜花交易市场实景

这样巨大的交易量，要求极高的精准管理，才能保障从订购开始到收款、供货、交运直到物流运送到机场环环衔接有序，不出差错地将 1 400 万朵鲜花、50 万盆植物运往世界各地。为此，荷兰在鲜花订货中心的 1 万个托盘上应用 RFID 技术，使鲜花的订购准确率达到 99%，减少了交易成本，降低了生产和配送的时间。不仅如此，荷兰 WPS Horti Systems 公司与 TAGSYS、Zetes 公司还联手向花卉培育经营者提供 RFID 解决方案，用以提高作物从播种到销售期间的质量和产量。根据该方案，花卉培育者把盆栽植物放到一个更大的塑料容器中，该容器底部贴有无源 RFID 标签，工作频率为高频(13.56MHz)。RFID 阅读器采用固位式工作方式，安装在温室的传送装置下面，用来识读从一个生长区域运送到另一个区域的植物栽种盆上贴加的 RFID 标签信息。在植物生长的不同阶段，在传送带附近安装的数码相机会为每一棵植物进行拍照。系统负责把盆栽的相片同相应的 RFID 标签 ID 关联起来，然后把这些数据传送给计算机程序，对作物照片的特性进行分析，通过分析植株大小、形状及颜色，以此认定该植物是否健康。例如，若植物图像显示该植物需要更多营养，系统就会自动将其送至施肥部；一旦盆栽长成，温室工作人员就会把盆栽物从容器中挪走，将该容器给另一棵盆栽作物使用。

塑料盆底部贴加的 RFID 标签，除了用以观察每一棵植物的健康状况之外，植物生长控制系统还可自动盘点和更新盆栽数量，并增强工作程序的透明度，让花卉培植商进一步增加产量，减少损失。温室工人可以根据系统提示去照顾生病的或者需要施肥的盆栽植物。利用 RFID 技术实现了对植物的整个生长过程自动优化管理，从而节省了花商在培育过程中所需的资源。

(资料来源：王汝林. 物联网基础及应用[M]. 北京：清华大学出版社，2011.)

1.5.2 物联网应用发展模式

物联网应用发展面临互联网发展初期相似的问题，如何解决内容应用丰富和商业运营模式的问题，互联网虽然到目前为止尚无一个固定的发展模式，但通过开放的内容和形式、采用传统电视广告模式，以及投资者着眼于长线发展等方式逐步解决了整个互联网发展瓶颈。物联网是通信网络的应用延伸，是信息网络上的一种增值应用，其有别于语音电话、短信等基本的通信需求，因此物联网发展初期面临着广泛开展需求挖掘及投资消费引导的工作。

在目前技术背景、政府高度重视的大环境下，需要产业链各方深度挖掘物联网的优势和价值。对于消费者来说，物联网可以提供以下功能优势。

(1) 自动化，降低生产成本和提高效率，提升企业综合竞争能力。

(2) 信息实时性，借助通信网络，及时地获取远端的信息。

(3) 提高便利性，如 RFID 电子支付交易业务。

(4) 有利于安全生产，及时发现和消除安全隐患，便于实现安全监控监管。

(5) 提升社会的信息化程度等。

总体来说，物联网将在提升信息传送效率、改善民生、提高生产率、降低企业管理成本等方面发挥重要的作用。从实际价值和购买能力来看，企业将有望成为物联网应用的第一批用户，其应用也将是物联网发展初期的主要应用。从企业点点滴滴应用开始，逐步延伸扩大，推进产业链成熟和应用的成熟。其次，物联网应用极其广泛，从日常的家庭个人应用，到用于工业自动化应用。目前，比较典型的应用包括水电行业无线远程自动抄表系统、数字城市系统、智能交通系统、智能物流系统、危险源和家居监控系统、产品质量监管系统等，见表 1-3。

表 1-3　物联网主要应用类型

应用分类	用户/行业	典型应用
数据采集应用	公共事业基础设施	自动远程水电抄表 智能停车场 环境自动监控
	机械制造	电梯监控
	零售连锁行业	货物信息跟踪 自动售货机
	质量监管行业	产品质量监督等

续表

应用分类	用户/行业	典型应用
自动化控制应用	医疗	医疗远程监控
	机械制造	危险源集中监控
	建筑	路灯监控
	公共事业基础设施	智能信号灯控制
	家庭	智能电网等
日常便利性应用	个人	智能交通卡 新型支付 智能家居 工业和楼宇自动化等
定位类应用	交通运输	危险品运输车辆定位
	物流	快递包裹及车辆跟踪等

当前有一些应用取得了较好的示范效果。例如，国内电表抄送应用；雀巢公司 2004 年在英法建立冰激凌销售机；加拿大 cStar 无现金自动贩卖机；London Waste 公司应用 Orange 公司的 Fleet Link 系统为其在伦敦提供废物回收处理服务汽车进行跟踪定位服务。智能停车场系统能够及时、准确地提供车位使用情况及停车收费等应用，北京奥运会期间实行的奥运路线交通流信息实时监测系统；家庭安防应用通过感应设备和图像系统相结合，实现对家居安全的远程监控；水电表抄送通过远程电子抄表，减少抄表时间间隔，对企业用电情况能够及时掌握；危险区域/危险源监控用于一些危险的工业环境(如矿井、核电厂等)，工作人员可以通过它来实施安全监测，以有效遏制和减少恶性事故的发生。

1.5.3 物联网发展面临的问题

物联网研究和开发既是机遇，更是挑战。如果能够面对挑战，从深层次解决物联网中的关键理论问题和技术难点，并且能够将物联网研究和开发的成果应用于实际，则就可以在物联网研究和开发中获得发展的机遇。

1. 技术标准问题

标准是一种交流规则，关系着物联网物品间的沟通。物联网的发展必然涉及通信的技术标准，各国存在不同的标准，因此需要加强国家之间的合作，以寻求一个能被普遍接受的标准。但是，各类层次通信协议标准如何统一则是一个十分漫长的过程。以 RFID 标准为例，虽已提及多年，但至今仍未有统一说法，这正是限制中国 RFID 发展的关键因素之一。物联网的各类技术标准与之相似，因此有待中国与日本、美国及欧洲发达国家共同协商，其发展之路仍很漫长。

2. 协议与安全问题

物联网是互联网的延伸，在物联网核心层面是基于 TCP/IP，但在接入层面，协议类别包括 GPRS、短信、TD-SCDMA、有线等多种通道，需要一个统一的协议。

与此同时，物联网中的物品间联系更紧密，物品和人也连接起来，使得信息采集和交换设备大量使用，数据泄密也成为越来越严重的问题。如何实现大量的数据及用户隐私的保护，成为亟待解决的问题。

3. 终端与地址问题

物联网终端除具有本身功能外还拥有传感器和网络接入等功能，且不同行业需求各异，如何满足终端产品的多样化需求，对运营商来说是一大挑战。

另外，每个物品都需要在物联网中被寻址，因此物联网需要更多的 IP 地址。IPv4 资源即将耗尽，IPv6 是满足物联网的资源。但 IPv4 向 IPv6 过渡是一个漫长的过程，且存在与 IPv4 的兼容性问题。

4. 费用与规模化问题

要实现物联网，首先必须在所有物品中嵌入电子标签等存储体，并需要安装众多读取设备和庞大的信息处理系统，这必然导致大量的资金投入。因此，在成本尚未降至能普及的前提下，物联网的发展将受到限制。已有的事实均证明，在现阶段物联网的技术效率并没有转化为规模的经济效率。例如，智能抄表系统能将电表的读数通过商用无线系统(如 GSM 短消息)传递到电力系统的数据中心，但电力系统仍没有规模使用这类技术，原因在于这类技术没有经济效率。

为了提高效率，规模化是运营商业绩的重要指标，终端的价格、产品多样性、行业应用的深度和广度都会对用户规模产生影响，如何实现规模化是有待进一步商讨和完善的问题。

5. 商业模式与产业链问题

物联网的产业化必然需要芯片商、传感设备商、系统解决方案商、移动运营商等上下游厂商的通力配合，而在各方利益机制及商业模式尚未成型的背景下，物联网普及仍相当遥远。

物联网所需的自动控制、信息传感、射频识别等上游技术和产业已成熟或基本成熟，而下游的应用也以单体形式存在。物联网的发展需要产业链的共同努力，实现上下游产业的联动，跨专业的联动，从而带动整个产业链，共同推进物联网发展。

6. 配套政策和规范的制定与完善

物联网的实现并不仅仅是技术方面的问题，建设物联网的过程中将涉及许多规划、管理、协调、合作等方面的问题，还涉及个人隐私保护等方面的问题，这就需要有一系列相应的配套政策和规范的制定与完善。

1.5.4 物联网未来发展趋势

物联网被很多国家称为信息技术革命的第 3 次浪潮，有专家预言：未来 10 年间，物联网一定会像现在互联网一样高度普及。物联网的产业链大致可分为 3 个层次：首先是传感网络，以二维码、RFID、传感器为主，实现“物”的识别；其次是传输网络，通过现有的互联网、广电网络、通信网络或者未来的下一代网络(Next Generation Network，NGN)，实现数据的传输与计算；三是应用网络，即输入输出控制终端，可基于现有的手机、PDA、PC 等终端进行。

当前，全球物联网发展很快。美国权威咨询机构 Forrester 认为，到 2020 年，全球物联网的规模将比互联网大 30 倍，成为名副其实的万亿级产业。在美国，基于物联网的应用在物流管理、交通监控、农业生产等领域已经有了相当的应用。在欧盟、日韩等地区，由于信息技术的基础较为良好，在物联网的发展上也已经走得很远了，在应用方面也形成了一定的经验和积累。在日本，物联网应用较为成熟的是在智能家居方面，如可以通过手机和网络用以查看家里冰箱内储存的食品，可以控制电饭煲自动下米做饭，可以提前打开室内的空调设备为房间预先调节气温等。图 1.7 所示为 2007—2015 年全球物联网市场发展趋势图。

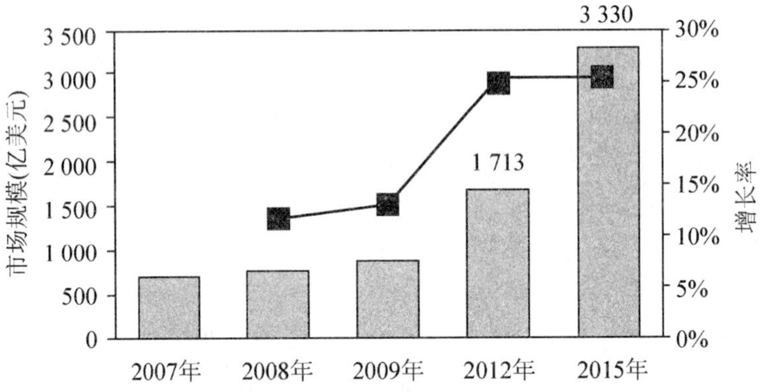

图 1.7　2007—2015 年全球物联网发展趋势图

注：▭ 表示市场规模(亿美元)；-■- 表示增长率。

在国内市场，仅 2009 年 RFID 市场规模就达到 50 亿元，年复合增长率为 33%，其中电子标签超过 38 亿元，阅读器接近 7 亿元，软件和服务达到 5 亿元。由此催生的电信、信息存储处理、IT 服务整体解决方案等市场，更是潜力惊人。目前，我国已经形成一定的市场规模，物联网技术已经应用在公共安全、城市管理、环境监测、节能减排、交通监管等领域，尤其是在 2009 年物联网受到业界前所未有的重视，引发了一波产业热潮。我国无锡、北京等地已经开始重点布局，积极推动行业应用，建设示范工程和示范区，未来预计会有更多的城市开始布局，市场规模将有大幅度增长。根据预测，到 2035 年前后，我国的传感网终端将达到数千亿个；到 2050 年传感器将在生活中无处不在。在物联网普及后，用于动物、植物和机器、物品的传感器与电子标签及配套的接口装置的数量将大大超过手机的数量，将大大推进信息技术元件的生产，增加大量的就业机会。

由此显示出，物联网的发展给我国带来新的机遇，而且物联网的发展可能会引发整个信息领域重新洗牌的机会。如果能够抓住这个机会，将改变我国在前两次信息革命浪潮中落后的局面。令人欣慰的是，在世界物联网领域我国已成为国际标准制定的主导国之一，我国向国际标准化组织提交的多项标准提案已被采纳。

本章小结

本章具体描述了物联网的起源和发展过程，并对物联网的概念及与传感网、泛在网的关系进行了分析。介绍了物联网应用的主要特征和框架体系，对国内外物联网发展概况进行了详细阐述。依据物联网现有的研究基础和应用情况，对物联网在各行业未来的应用进行了前瞻性分析，探讨了物联网应用的发展模式和面临的问题。物联网已成为下一轮世界经济发展的技术驱动力，将促进各个相关行业的智能化，使人类迈入全新的技术时代。

习　题

1. 填空题

(1) 物联网应用的主要特征有：________、________、________、________和________。

(2) 对于支持人与物、物与物广泛互联，实现人与客观世界的全面信息交互的全新网络命名，按照由大到小范围的划分，可分为________、________、________。

(3) 物联网的体系框架包括________、________、________和公共技术。

(4) 物联网的产业链可分为3个层次：________、________和________。

2. 判断题

(1) 物联网就是传感网的一种。　(　　)

(2) 物联网的实际应用目前主要是物流领域。　(　　)

(3) 物联网技术目前已经解决了标准化统一的问题。　(　　)

3. 简答题

(1) 讨论表述物联网的定义，应如何理解物联网的内涵？

(2) 分析已有的物联网体系结构，如何架构物联网体系？

(3) 简述物联网应用的特征和技术框架。

(4) 试比较和分析物联网与传感网、泛在网的关系和异同之处。

(5) 列举一类物联网在行业中的具体应用，并描述其发展前景。

(6) 某矿山生产企业拟利用物联网技术对进出矿山运输车辆进行管理，试提出一个解决方案，用于对运输车辆路径控制、煤炭装载、运输安全等进行有效管理。

(7) 物联网未来面临的机遇和挑战有哪些？

案例分析

RFID助力北京2008奥运会

2008年第29届奥运会已在中国成功举行，近几届奥运会表明，奥运会已经不仅是一场体育盛会，也是一场展示一个国家科技实力的技术盛会。中国政府为把本次奥运会办成一届奥运历史上最成功的体育盛会，提出了“科技奥运、绿色奥运、人文奥运”的主题和宗旨。在北京2008年奥运会上大量成熟、先进的科学技术已被采用，其中近几年成为 IT 技术应用热点的 RFID 技术也将在门票、身份识别及人员安全跟踪、食品安全监控、资产管理等领域大展身手。

1. RFID 在奥运电子门票的应用

奥运会是目前世界上规模最宏大的综合性体育赛事，它集体育比赛、休闲、交流、游玩、购物及其他商业活动于一体，因此承载这个赛事的奥运场馆必将接纳庞大的人群，这些人群处于不停地移动之中。电子门票能够有效验证这些人员所持的票卡是有效性的，能够及时跟踪和查询这么庞大数量人员是否进入到指定区域，当人员误入或非法闯入禁入区域时进行警示和并引导其迅速离开，能实时查询某区域人员拥挤程度，能够实时跟踪和查询身份可疑的人员的活动区域及其具体活动情况。

电子门票是一种将 RFID 芯片嵌入纸质门票等介质中，用于快捷检票/验票并能实现对持票人进行实时精准定位跟踪和查询管理的新型门票。在 2004 年上海国际网球大师赛和 2007 年德国足球世界杯比赛中，所有的比赛门票都采用了这种新型的电子门票。

与其他几种介质的门票相比，电子门票还具有以下优势。

(1) 三维的读写方式，读写距离可达到 120cm 以上；读写时不受光线、温度、湿度、声音等环境因素环境影响。

(2) 存储容量大，可根据需求，存储持票者的多种信息，包括消费用的金额。

(3) 有数据锁定功能，有唯一 ID 号，更安全，不可伪造，避免持假票者混入体育场馆内；可以鉴别门票使用的次数，以防止门票被偷递出来再次使用，做到“次数防伪”。

(4) 验证方便、快速，便于人员通过检票口。因允许同时读取多张电子门票，这对于十分拥挤的公共场合是非常重要的。

(5) 方便。即使是放在手包或钱包中的电子门票也可识读。管理人员可用手持机随时随地对发生争议的门票进行现场验证；可轻松实现二次检票；方便实现系统管理。

(6) 使用寿命长。无机械磨损、无机械故障，可在恶劣环境下使用。

(7) 防冲撞技术。与条形码相比，无须直线对准扫描，读写速度快，可多目标识别、运动中识别，每秒最多识别 30 个。

2. RFID 在人员身份识别及安全跟踪方面的应用

奥运期间人数众多的运动员、教练员、赛会管理人员、赛会后勤服务人员、志愿者、媒体记者将会每天出入各个奥运赛场、新闻中心、奥运村、配送中心等重要的奥运场所，采用 RFID 技术的电子门票或身份卡与相关的计算机系统相连将能够有效实现对这些人员的管理。每一位人员(包括观众、嫌疑犯、运动员、工作人员等)都可以被准确地跟踪。

其具体方式有以下几种。

(1) 对一般观众的跟踪定位、查询。通过对电子门票进行授权，从而限定观众在体育场馆中各个区域的准入范围，当观众进入某区域时，附近安装的阅读器将立即以无线通信方式读取其所携带的票卡信息。该信息通过传输通道传入管理中心，主控室工作人员通过管理软件上的电子地图就可界定该观众所处区域位置。如果该观众进入了禁入的区域或位置，监控人员可以通过电话或对讲机通知其附近的安保人员或工作人员出面制止，或进行连续跟踪。

(2) 对于重点区域进行安全控制。通过对局部重点区域所获取的票卡信息进行汇总、分析，从而分析进入该区域人员的情况、时间、频率及相互间的关联等，从而判断该区域的安全状况，如果有发现潜在不安全的因素时，可以加大监控力度或及时调整防范手段。

(3) 对有犯罪倾向或前科的嫌疑人员(如足球流氓)的跟踪和限制。对重要的或容易出现不安全事故隐患的赛事，可以通过提前记录下观众的真实身份等数据，在检票时加以重点验证，从而防止有犯罪倾向或前科的嫌疑人员进入到体育场馆内。或者在其进入体育场馆后，对其进行全程跟踪，及时防范可能出现的犯罪活动。

(4) 对某个区域或通道的人员流动和活动情况数据进行汇总。可及时分析该区域的拥挤程度、人员的类型、人员流动速率、流动时间及规律等，从而判断该区域是否存在因人流过度集中、区域空间狭窄等原因而引起混乱等不安全隐患，从而作出增派工作人员或启用其他通道进行人流疏散的应变决定。

(5) 防止犯罪人员进行恐怖活动。将电子门票系统的阅读器全部安装在建筑设施的墙体内，这样犯罪人员的行动就完全处于无形的跟踪中。

(6) 对安保人员的活动情况进行跟踪、查询。配合巡更管理系统设备使用，可通过票卡授权、数据读取、查阅等方式实时监控安保人员在体育场馆各区域的巡逻情况。

(7) 对运动员教练员工作人员进行定位管理。由于电子门票的可追踪特性，系统可以实现对运动员、教练员、工作人员做到精确定位管理。以便于及时与相关人员联系，提高赛事调度水平。

3. RFID 在奥运食品监控领域的应用

北京奥运会参照国际标准和发达国家标准制定奥运食品安全标准并发布了《2008 北京奥运食品安全行动纲要》，确定奥运食品定点供应基地和企业的要求，这份纲要也将是北京在奥运会前食品安全工作的主要内容。

奥运会期间监控食品将由目前的 37 类 550 多种扩大到 65 类 3 900 种，提前两年对备选的奥运食品定点供应基地进行抽样检测，只有连续检测合格的食品方可供应奥运会。大米、面粉、油、肉、奶制品等重点食品届时都将拥有一个“电子身份证”——RFID 电子标签，并建立奥运食品安全数据库。

奥运期间将提供 1 700 万份食品。按照奥运食品安全标准对出厂产品实行逐批检验；建立奥运食品物流配送中心，实行专车专用、封闭运输，全程监控。 RFID 电子标签从食品种养殖及生产加工环节开始加贴，实现“从农田到餐桌”全过程的跟踪和追溯，包括运输、包装、分装、销售等流转过程中的全部信息，如生产基地、加工企业、配送企业等都能通过电子标签在数据库中查到。

4. RFID 在奥运资产管理领域的应用

奥运会期间将有大量的贵重资产被赛会参与者(运动员、记者等)使用，如计算机、复印机等。通过在贵重资产上粘贴 RFID 标签，系统能够识别未经授权的或非法的资产迁移，从而保障这些资产的安全。

(1) 体育场馆内出入口配合门禁系统设备使用时，通过对人员所持票卡授权、数据读取、比对，可对相关区域人员的出入及区域内设备、资料、物资等进行严密控制。

(2) 体育场馆内设备、器材配合设备计时管理系统使用时，通过金额写入，数据读取、比对、金额扣除等方式对出租设备的预定和使用收费进行管理。

(3) 可用于贵重物品寄存时的防盗、错拿和结算的管理。

(4) 建立统一的奥运 RFID 数据采集平台，实现“一卡通”功能。

射频识别技术推动销售变革是大势所趋，各国企业者已闻风响应。美国商务部的初步调查结果显示：2005—2007 年，制造企业对于电子标签的总投资额达到约 50 亿美元，对于射频识别技术基础设施的总投资额达到 30 亿美元。日本已开发出能够同时读写条码和电子标签的识读设备。平台软件厂商也纷纷在产品中预设了电子标签的标准驱动接口。

北京奥运会期间，全世界都在关注中国。业界相信，射频识别技术已经成熟，而北京奥运会成功启用射频识别技术，表明该技术的推广给 IT 企业带来了整个产业链上的商业机会，包括芯片制造、系统集成、咨询服务等。如今，射频识别系统的诸多零部件制造商正在摩拳擦掌，准备在射频识别技术的市场大战中抢先夺得一杯羹。

分析与讨论：

1. RFID 技术可以应用在哪些场合？

2. 目前制约 RFID 技术发展的主要因素有哪些？

(资料来源：于英，杨扬，孙丽琴. 物流技术装备[M]. 北京：北京大学出版社，2010.)

第2章 物联网基本构成及工作原理

【教学目标】

- 掌握物联网的基本构成及其技术架构；
- 了解EPC产生的背景及管理体制；
- 掌握EPC的定义、特点及EPC系统的构成；
- 掌握RFID的定义、特点；
- 掌握RFID系统构成，熟悉RFID工作原理；
- 掌握物联网信息网络技术构成；
- 熟悉移动通信网络技术、近距离无线通信技术、有线通信网络技术；
- 掌握GIS的概念，了解GIS的特点、分类及应用领域；
- 掌握GPS的概念，熟悉GPS的特点、组成及功能。

【章前导读】

有没有幻想过，在公司快下班的时候或者开车回家的路上就把家里的空调打开，回到家便可感受别样的清爽？有没有幻想过，当你回到家，打开门就有温婉的歌声、温柔的灯光，以及温暖的咖啡？有没有幻想过，不在家也可以做饭，回到家就能吃上热腾腾香喷喷的晚饭？其实这些都已不是幻想，也并不是只有那些超级有钱的亿万富翁才可以享受。物联网概念一经提出，立即受到各国政府、企业和学术界的重视，在需求和研发的相互推动下，迅速热遍全球。

国际电信联盟于2005年的报告曾描绘"物联网"时代的图景：当司机出现操作失误时汽车会自动报警；公文包会提醒主人忘带了什么东西；衣服会告诉洗衣机对颜色和水温的要求等。物联网在物流领域内的应用，如一家物流公司应用了物联网系统的货车，当装载超重时，汽车会自动告诉你超载了，并且超载多少，但空间还有剩余，告诉你轻重货怎样搭配；当搬运人员卸货时，一只货物包装可能会大叫"你扔疼我了"，或者说"亲爱的，请你不要太野蛮，可以吗？"；当司机在和别人扯闲话，货车会装作老板的声音怒吼"笨蛋，该发车了！"

物联网把新一代IT技术充分运用在各行各业之中，具体地说，就是把感应器嵌入和装备到电网、铁路、桥梁、隧道、公路、建筑、供水系统、大坝、油气管道等各种物体中，然后将"物联网"与现有的互联网整合起来，实现人类社会与物理系统的整合，在这个整合的网络当中，存在能力超级强大的中心计算机群，能够对整合网络内的人员、机器、设备和基础设施实施实时的管理和控制，在此基础上，人类可以以更加精细和动态的方式管理生产和生活，达到"智慧"状态，提高资源利用率和生产力水平，改善人与自然间的关系。

思考题：试分析这一切的实现需要用到哪些技术？

物联网是一种关于人与物、物与物广泛互联，实现人与客观世界进行信息交互的信息网络。从物联网本质上看，物联网是现代信息技术发展到一定阶段后出现的一种聚合性应用与技术提升，将各种感知技术、现代网络技术和人工智能与自动化技术聚合与集成应用，使人与物智慧对话，创造出一个智慧的世界。

互联网可以把世界上不同角落、不同国家的人们通过计算机紧密地联系在一起，而采用感知技术的物联网也可以把世界上不同国家、地区的物品联系在一起，彼此之间可以互相"交流"数据信息，从而形成一个全球性物物相互联系的智能社会。

人们可以把物联网看作是传统互联网的自然延伸，因为它的信息传输基础仍然是互联网。物联网是"万物沟通"的，具有全面感知、无缝互连、智能处理特征的连接物理世界的网络，实现任何时间、任何地点及任何物体的连接。

2.1 物联网的基本组成

从物联网的系统组成来看，可以把它分为硬件平台和软件平台两大系统。

2.1.1 物联网硬件平台组成

物联网是以数据为中心的面向应用的网络，主要完成信息感知、数据处理、数据回传，以及决策支持等功能。其硬件平台可由传感部分、核心承载网和信息服务系统等几个大的部分组成。系统硬件平台组成示意图如图2.1所示。其中传感网包括感知节点(数据采集、控制)和末梢网络(汇聚节点、接入网关等)；核心承载网为物联网业务的基础通信网络；信息服务系统主要负责信息的处理和决策支持。

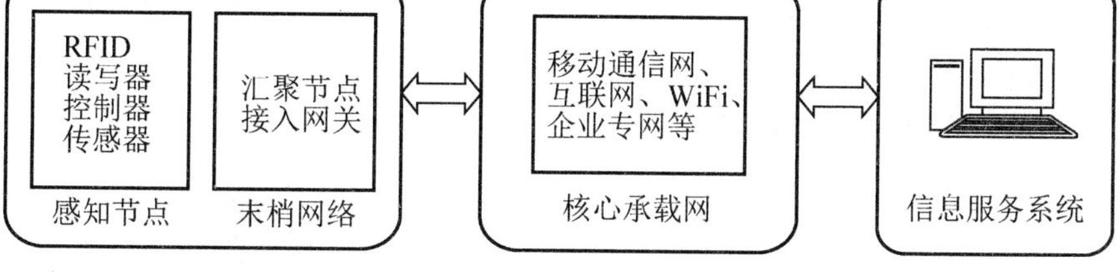

图2.1 物联网硬件平台示意图

1. 感知节点

感知节点由各种类型的采集和控制模块组成，如温度传感器、声音传感器、振动传感器、压力传感器、RFID阅读器、二维码识读器等，完成物联网应用的数据采集和设备控制等功能。

感知节点的组成包括 4 个基本单元：传感单元(由传感器和模数转换功能模块组成，如 RFID、二维码识读设备、温感设备)、处理单元(由嵌入式系统构成，包括 CPU 微处理器、存储器、嵌入式操作系统等)、通信单元(由无线通信模块组成，实现末梢节点间及它们与汇聚节点间的通信)以及电源/供电部分。感知节点综合了传感器技术、嵌入式计算技术、智能组网技术、无线通信技术及分布式信息处理技术等，能够通过各类集成化的微型传感器实时监测、感知和采集各种环境或监测对象的信息，通过嵌入式系统对信息进行处理，并通过随机自组织无线通信网络将所感知信息传送到接入层的基站节点和接入网关，最终到达信息应用服务系统。

2. 末梢网络

末梢网络即接入网络，包括汇聚节点和接入网关等，完成应用末梢感知节点的组网控制和数据汇聚或完成向感知节点发送数据的转发等功能。也就是在感知节点之间组网之后，如果感知节点需要上传数据，则将数据发送给汇聚节点(基站)，汇聚节点收到数据后，通过接入网关完成和承载网络的连接；当用户应用系统需要下发控制信息时，接入网关接收到承载网络的数据后，由汇聚节点将数据发送给感知节点，完成感知节点与承载网络之间的数据转发和交互功能。感知节点与末梢网络承担物联网的信息采集和控制任务，构成传感网，实现传感网的功能。

3. 核心承载网

核心承载网可以有很多种，主要承担接入网与信息服务系统之间的数据通信任务。根据具体应用需要，承载网可以是公共通信网，如 2G、3G、4G 移动通信网，WiFi，WiMAX，互联网，以及企业专用网，甚至是新建的专用于物联网的通信网。

4. 信息服务系统硬件设施

物联网信息服务系统硬件设施由各种应用服务器(包括数据库服务器)组成，还包括用户设备(如 PC、手机)、客户端等，主要用于对采集数据的融合/汇聚、转换、分析，以及对用户呈现的适配和事件的触发等。对于信息采集，由于从感知节点获取的是大量的原始数据，这些原始数据对于用户来说只有经过转换、筛选、分析处理后才有实际价值。对这些有实际价值的信息，由服务器根据用户端设备进行信息呈现的适配，并根据用户的设置触发相关的通知信息；当需要对末端节点进行控制时，信息服务系统硬件设施生成控制指令并发送，以进行控制。针对不同的应用将设置不同的应用服务器。

2.1.2 物联网软件平台组成

软件平台是物联网的神经系统。不同类型的物联网，其用途是不同的，其软件系统平台也不相同，但软件系统的实现技术与硬件平台密切相关。一般来说，物联网软件平台建立在分层的通信协议体系之上，通常包括数据感知系统软件、中间件系统软件、网络操作系统(包括嵌入式系统)，以及物联网管理和信息中心(包括机构物联网管理中心、国家物联网管理中心、国际物联网管理中心及其信息中心)的管理信息系统等。

1. 数据感知系统软件

数据感知系统软件主要完成物品的识别和物品 EPC 码的采集和处理，主要由企业生产的物品、物品电子标签、传感器、阅读器、控制器、物品代码(EPC)等部分组成。存储有 EPC 码的电子标签在经过阅读器的感应区域时，EPC 会自动被阅读器捕获，从而实现 EPC 信息采集的自动化，所采集的数据交由上位机信息采集软件进行进一步处理，如数据校对、数据过滤、数据完整性检查等，这些经过整理的数据可以为物联网中间件、应用管理系统使用。对于物品电子标签，国际上多采用 EPC 标签，用 PML 语言来标记每一个实体和物品。

2. 中间件系统软件

中间件是位于数据感知设施(阅读器)与后台应用软件之间的一种应用系统软件。中间件具有两个关键特征：一是为系统应用提供平台服务，这是一个基本条件；二是需要连接到网络操作系统，并且保持运行工作状态。中间件为物联网应用提供一系列计算和数据处理功能，主要任务是对感知系统采集的数据进行捕获、过滤、汇聚、计算、数据校对、解调、数据传送、数据存储和任务管理，减少从感知系统向应用系统中心传送的数据量。同时，中间件还可提供与其他 RFID 支撑软件系统进行互操作等功能。引入中间件使得原先后台应用软件系统与阅读器之间非标准的、非开放的通信接口，变成了后台应用软件系统与中间件之间、阅读器与中间件之间的标准的、开放的通信接口。

一般来说，物联网中间件系统包含阅读器接口、事件管理器、应用程序接口、目标信息服务和对象名解析服务等功能模块。

3. 网络操作系统

物联网通过互联网实现物理世界中的任何物品的互联，在任何地方、任何时间可识别任何物品，使物品成为附有动态信息的“智能产品”，并使物品信息流和物流完全同步，从而为物品信息共享提供一个高效、快捷的网络通信及云计算平台。

4. 物联网信息管理系统

物联网也要管理，类似于互联网上的网络管理。目前，物联网大多数是基于 SNMP 建设的管理系统，这与一般的网络管理类似，提供对象名解析服务(Object Name Server，ONS)是重要的。ONS 类似于互联网的 DNS，要有授权，并且有一定的组成架构。它能把每一种物品的编码进行解析，再通过 URL 服务获得相关物品的进一步信息。

物联网信息管理系统包括企业物联网信息管理中心、国家物联网信息管理中心，以及国际物联网信息管理中心。企业物联网信息管理中心负责管理本地物联网，它是最基本的物联网信息服务管理中心，为本地用户单位提供管理、规划及解析服务；国家物联网信息管理中心负责制定和发布国家总体标准，负责与国际物联网互联，并且对现场物联网管理中心进行管理；国际物联网信息管理中心负责制定和发布国际框架性物联网标准，负责与各个国家的物联网互联，并且对各个国家物联网信息管理中心进行协调、指导、管理等工作。

2.1.3 物联网的技术架构

从技术层面上来看，物联网是在已有的互联网、计算机技术的基础上，结合一些新兴的感知、无线通信技术形成的。可以将物联网分成三层，如图 2.2 所示。

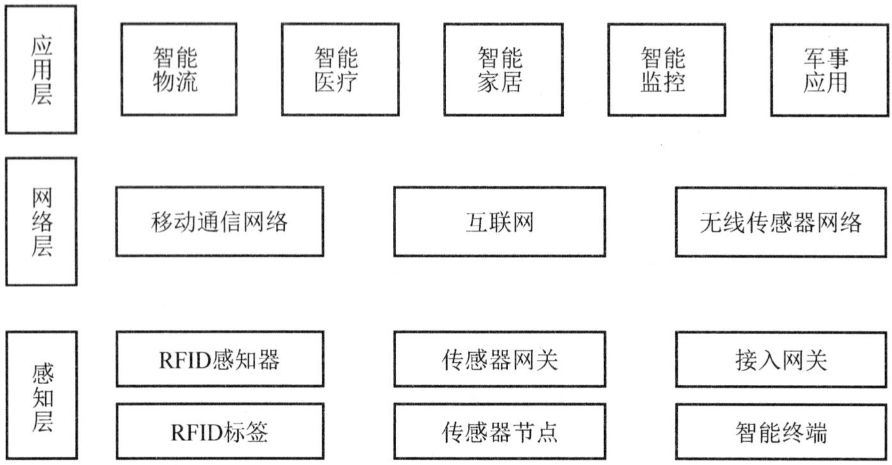

图 2.2 物联网的技术结构

1. 感知层

感知层主要是实现物体上的数据采集与感知。也就是能够识别出物体，能与单个物体连接，获得它的各类物理信息、特定标识、音频视频数据等，然后才能将这个物体加入某个网络。

感知层由各种传感器及传感器网关构成，感知层的作用相当于人的眼耳鼻喉和皮肤等神经末梢，感知节点随时感知、测量、捕获和传递信息，汇接点汇聚、分析、处理和传送数据，是实现物联网全面感知的核心技术。

2. 网络层

物联网的网络层由各种私有网络、互联网、有线和无线通信网、网络管理系统和云计算平台等组成，相当于人的神经中枢和大脑，负责传递和处理感知层获取的信息。实现更加广泛的互联功能，能够把感知到的信息无障碍、高可靠性、高安全性地进行传送，这需要新兴的传感器网络与移动通信技术、互联网技术相融合。

3. 应用层

应用层是物联网和用户(包括人、组织和其他系统)的接口，它与行业需求结合，实现物联网的智能应用。它主要是利用经过分析处理的感知数据，为用户提供丰富的应用，将物联网技术与个人、家庭和行业信息化需求相结合，实现广泛智能化应用解决方案。它包括智能交通、智能医疗、智能家居、智能物流、智能电力、绿色农业、工业监控、公共安全、城市管理、环境监测等行业应用。目前，某些行业已经积累一些成功的案例。

2.2 产品电子编码

2.2.1 EPC 产生的背景

物联网中，大量物品将在各类应用系统中通过各种代码来标识，这既是一种技术，更是一个海量的数据体系，一类极其重要的标准化管理对象，一套涉及全球的管理制度。随着现代化的发展，社会物品种类日益丰富，未来物联网环境中，联网物品的数量将爆炸性增长。据估计，2025年后将有500亿件电子设备被移动互联，如再加上载有电子标签的普通物品，全球互联物品的总量将达到千亿数量级。面对天文数量的物品，对象标识与识别将成一项极其浩繁的工程。

要使每件商品的信息在生产加工、市场流通与后续使用和服务的过程中被精确地记录下来，并通过物联网在全球高速传输，使分布在世界各地的生产企业、销售商家、流通渠道、服务机构等每时每刻都能精确地获得其所需信息，就必须在全球范围内唯一地标识各国各企业生产的商品。

EPC技术由美国麻省理工学院的自动识别研究中心开发，目标是通过互联网平台，利用先进的编码技术、RFID技术、无线数据通信技术等，构造一个覆盖全球物品数据、开放的标识标准，并能为任何应用实时共享的网络标识体系。由于商品生产在人类生活与经济发展中具有第一位的重要性，而EPC体系率先解决了单个商品的识别课题，就能使所有商品的生产、仓储、采购、运输、销售及消费的全过程管理发生根本性的变革，因而EPC技术迅速成为全球商品标识的标准体制而在世界范围内推广普及。

EPC体系为物联网提供了基础性的商品标识的规范体系与代码空间，相当于给每件商品在全球范围内赋予了一个唯一的“身份证”。

2.2.2 EPC的定义与特点

EPC英文是Electronic Product Code，直译是“电子产品代码”，但这容易被误解为是电子类产品的代码，而EPC是针对所有产品的电子代码，故我国标准化管理机构将其定义为“产品电子代码”，同时，在分析其结构时，亦称“产品电子编码”。

之所以称为“电子代码”，是因为EPC的载体为一个面积不足1mm^{2}的芯片，可实现二进制128字节的信息存储，标识数据容量庞大，可逐粒标识全球每年生产的谷物，足够给全球每类产品中的每件单品都赋予一个唯一的代码，形成一个巨大而稳定的标识空间。

与传统的通用商品条形码体系相比，EPC体系具有以下明显的优点。

(1) 条形码只能识别一类商品，无法识别同类商品中的单件；而EPC可识别同品种、同规格、同批号产品下的每一件单品，可真正做到“一物一码”。

(2) EPC比通常商品条形码及其他类型条形码的信息量大，可满足更广泛的系统需求。

(3) 条形码标签只能一次生成，而EPC可读写，可开发基于物联网的多种应用。

(4) 条形码识读时，扫描仪必须“看见”条形码才能读取它，而EPC是利用无线感应方式，可在一定距离外非接触式识读。

(5) EPC系统可识别高速运动物体及同时识别多个物体(一秒钟可达50～150件)，条形码系统则不能。

(6) EPC标签具有抗污染、抗干扰、保密性好等条形码标签所不具备的性能。

2.2.3 EPC管理体制

EPC的全球推行，需要一个世界性的机构来牵头组织。2003年11月欧洲物品编码协会(European Article Number，EAN)和美国统一商品编码委员会(Uniform Commercial Code，UCC)决定成立全球产品电子代码中心(EPCglobal)来统一管理和实施EPC工作(EAN和

UCC 目前已合并，改名为 GS1，即全球第一商贸标准化组织)，以搭建一个可在任何地方、任何时间自动识别任何事物的开放性的全球产品标准化标识体系。

EPCglobal 通过世界各国各地区的编码组织成员来推动本国本地区的 EPC 推广普及与管理工作，并于 2004 年 1 月授权中国物品编码中心(Article Numbering Center of China，ANCC)为其在中国的注册管理和业务推广机构。中国物品编码中心据此以 EPCglobal China 的名义来统一组织、协调和管理全国的 EPC 工作，具体包括 EPC 产品电子代码的注册管理，代表我国参与国际 EPC 相关标准的制定，建立我国的 EPC 标准体系，制定、修订 EPC 相关国家标准及技术规范，组织、建立并维护我国 EPC 信息管理系统，建立 EPC 技术应用示范系统及相关的专业培训与宣传教育工作等。

2.2.4 EPC 系统架构

EPC 系统是一个非常复杂、先进的综合性系统，它的最终目标是为每一件单品建立全球唯一的、开放的标识。它由 EPC 的编码体系、射频识别系统和网络信息系统 3 部分组成，见表 2-1。

表 2-1 EPC 系统的构成

系统的构成	各部分名称	备　　注
EPC 的编码体系	EPC 编码	用来标识目标物品的特定编码
射频识别系统	EPC 标签	贴在物品上或内嵌于物品中
	阅读器	识别读取 EPC 标签的编码
网络信息系统	EPC 中间件	EPC 网络的信息支撑系统
	对象名称解析服务	
	EPC 信息服务	

下面对 EPC 系统构成的 6 个方面进行介绍。

1. EPC 编码

EPC 编码是 EPC 系统的重要组成部分，是 EPC 系统的核心与关键。它是对实体及实体的相关信息进行代码化，通过统一的、规范化的编码来建立全球通用的信息交换语言。

1) EPC 编码特点

EPC 代码是由标头、厂商识别代码、对象分类代码、序列号等数据字段组成的一组数字。在 EPC 系统中，EPC 并不是取代现行的条形码标准，而是由现行的条形码标准逐渐过渡到 EPC 标准或者是与 EAN/UCC 系统共存。EPC 编码具有以下特点。

(1) 科学性：结构明确，易于使用、维护。

(2) 兼容性：兼容了其他贸易流通过程的标识代码，目前广泛使用的 GTIN、SSCC、GLN 等都可以顺利转换到 EPC 中去。

(3) 全面性：可在生产、流通、存储、贸易结算、单品跟踪、召回等供应链各环节全面应用。

(4) 合理性：由 EPCglobal、各国 EPC 管理机构、被标识物品的管理者分段管理，共同维护，统一应用，具有合理性。

(5) 国际性：不以具体国家、企业为核心，编码标准全球协商一致，具有国际性。

(6) 无歧视性：编码采用全数字形式，不受地方色彩、语言、经济水平、政治观点的限制，是无歧视性的编码。

2) EPC 编码规则

EPC 中码段的分配是由 EAN/UCC 来管理的。在我国，EAN IUCC 系统中 GTIN 编码是由中国物品编码中心负责分配和管理。同样，中国物品编码中心也已启动 EPC 服务来满足国内企业使用 EPC 的需求。对于 EPC 编码要符合以下规则。

(1) 唯一性。EPC 提供对物理对象的唯一标识，换句话说，一个 EPC 编码仅仅分配给一个物品使用，同种规格同种产品对应同一个产品代码，同种产品不同规格对应不同的产品代码。根据产品的性质，如质量、包装、颜色、形状、规格、气味等赋予不同的商品代码。

(2) 可扩展性。EPC 地址、空间是可扩展的，从而确保了 EPC 系统的升级和可持续发展。

(3) 兼容性。EPC 兼容了其他贸易流通过程的标识代码。

(4) 保密与安全性。EPC 编码采用安全和加密技术相结合的方式，确保它的保密性和安全性。保密性和安全性是配置高效网络的首要问题之一，安全的传输、存储和实现是 EPC 能否被广泛采用的基础。

(5) 无歧视性。EPC 编码采用全数字形式，不受地方色彩、语言、经济水平、政治观点的限制，是无歧视的编码。

3) EPC 编码结构

EPC 编码是由一个版本号和另外 3 段数据(依次为域名管理、对象种类、序列号)组成的一组数字。其中版本号标识 EPC 的版本号，它使得以后的 EPC 可有不同的长度或类型；域名管理是描述与此 EPC 相关的生产厂商的信息，例如“可口可乐公司”；对象种类记录产品精确类型的信息，例如“美国生产的 300ml 罐装减肥可乐(可口可乐的一种新产品)”；序列号唯一标识货品，它会精确地告诉所说的究竟是哪一罐 300ml 罐装减肥可乐。

目前，EPC 代码有 64 位、96 位、256 位 3 种，至今已经推出 EPC-64 I 型、II 型、III 型，EPC-96 I 型，EPC-256 I 型、II 型、III型等编码方案，其编码结构见表 2-2。

表 2-2 EPC 的编码结构

编码方案	编码类型	版本号	域名管理	对象分类	序列号
EPC-256	I 型	8 位	32 位	56 位	160 位
	II 型	8 位	64 位	56 位	128 位
	III型	8 位	128 位	56 位	64 位
EPC-96	I 型	8 位	28 位	24 位	36 位

续表

编码方案	编码类型	版本号	域名管理	对象分类	序列号
EPC-64	Ⅰ型	2 位	21 位	17 位	24 位
	Ⅱ型	2 位	15 位	13 位	34 位
	Ⅲ型	2 位	26 位	13 位	23 位

EPC-64Ⅰ型编码提供了 2 位版本号编码，提供了 21 位域名管理编码，提供了 17 位对象分类编码与 24 位序列号。其中，域名管理者字段可以允许 2 000 000 个生产厂商使用该类型编码；对象分类字段可以容纳 131 072 个产品种类，因此绝大多数生产厂商的需求能够得到满足；序列号字段可以标识 16 000 000 个独立的产品个体。因此，普通生产商适合使用 EPC-64Ⅰ型编码。而 EPC-96 型编码可以为 2.68 亿家公司提供唯一标识，每个生产厂家可以有 1 600 万个对象种类并且每个对象种类可以有 680 亿个序列号。

2. EPC 标签

EPC 标签是一种内含 EPC 编码的电子标签。它采用 RFID 技术，对每个实体对象，包括集装箱、零售商品等提供唯一性标识。与条形码技术相比，EPC 标签具有更多的优点，比如：信息容量更大、应用更灵活、抗干扰和抗环境污染等。

EPC 标签主要由天线、集成电路、连接集成电路与天线的部分、天线所在的底层 4 部分构成。96 位或者 64 位 EPC 码是存储在 RFID 标签中的唯一信息。EPC 标签有主动型、被动型和半主动型 3 种类型。主动型 RFID 标签有一个电池，这个电池为微芯片的电路运转提供能量，并向阅读器发送信号(同蜂窝电话传送信号到基站的原理相同)；被动型标签没有电池，它从阅读器获得电能。阅读器发送电磁波，在标签的天线中形成了电流；半主动型标签用一个电池为微芯片的运转提供电能，但是发送信号和接收信号时却是从阅读器处获得能量。

3. 阅读器

阅读器是用来识别 EPC 标签的电子装置，与信息系统相连实现数据的交换。阅读器的基本任务就是激活标签，与标签建立通信并且在应用软件和标签之间传送数据。

阅读器由天线(Antenna)、收发器(Transceiver)、解码器(Decoder) 3 个部分组成。当阅读器贴近标签时，盘绕标签的天线与盘绕读取器的天线之间，会产生一个磁场。标签就利用这个磁场发送电磁波给阅读器，返回的电磁波被转换为数据信息，也就是标签中包含的 EPC 代码。

4. EPC 中间件

EPC 中间件是连接标签阅读器和企业应用程序的纽带，它位于阅读器与信息网络的中间部位，加工和处理来自阅读器的数据流和信息流。

在加上 RFID 标签之后，每件产品在流通的过程中，阅读器将不断接收到一连串的 EPC 码信息。在物品流通的过程中，管理和传送这些 EPC 编码数据是比较复杂的，但也很关键。Auto-ID Center 研发了一种称为 Savant 的软件技术，即 EPC 中间件技术，它相当于 EPC 网络的神经系统。

Savant 是一种通用的管理 EPC 数据的架构，被定义成具有一系列特定属性的程序模块或服务，并被用户集成以满足特定需求。这些程序模块设计将能支持不同群体对模块扩展需求，Savant 代表应用程序提供一系列计算功能，如在将数据送至应用系统之前，要对数据进行过滤、汇总和计数、压缩数据容量和减少网络流量。Savant 向上层转发它所关注的事件，并有防止错误识读、漏读和重读数据的功能。

5. 对象名解析服务 ONS

Auto-ID 中心认为一个开放式的、全球性的追踪物品的网络需要一些特殊的网络结构。因为除了将 EPC 码存储在标签中外，还需要一些将 EPC 码与相应商品信息进行匹配的方法。该功能就由 ONS 来实现，它是一个自动的网络服务系统，类似于域名解析服务(DNS)，DNS 是将一台计算机定位到万维网上的某一具体地点的服务。

在 EPC 网络里，阅读器将收集到的 EPC 码传送给 Savant，依据这些数据，Savant 向各处的 ONS 提出询问，由 ONS 找寻存储对应该 EPC 码的产品的有关信息的服务器，并回复给 Savant。由此 Savant 可以找到物品资料并传递给相关单位的资料库或是供应链应用系统。

ONS 运作过程分以下几个步骤，如图 2.3 所示。

(1) 阅读器读取 EPC 代码。

(2) 阅读器将每一件商品的 EPC 码发送到本地服务器。

(3) 本地服务器对 EPC 代码资料进行适当整理与过滤后，将 EPC 代码发送到本地 ONS 解析器。

(4) 本地 ONS 解析器利用格式化转换字符串将 EPC 比特位编码转变成 EPC 域前缀名，再将 EPC 域前缀名与 EPC 域后缀名结合成一个完整的 EPC 域名，然后 ONS 运算器再进行一次 ONS 查询，将 EPC 域名发送到指定 ONS 服务器基础架构，以获得所需要的咨询。

(5) 本地 ONS 解析器接收由基础架构返回的 EPCIS 服务器 IP 地址，该 IP 地址与 EPC 域名对应。

(6) 本地服务器接收本地 ONS 解析器发送的 IP 地址。

(7) 本地服务器根据 IP 地址与正确的 EPCIS 服务器连接，得到物品的相关信息。

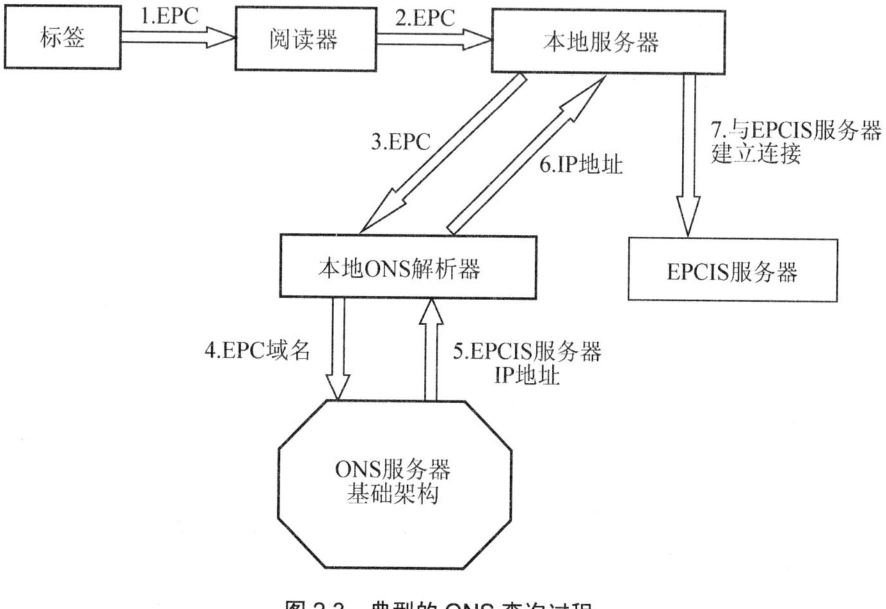

图 2.3 典型的 ONS 查询过程

6. EPC 信息服务(EPCIS)

EPCIS 是 EPC 系统的重要组成部分，利用标准的采集和共享信息方式，为 EPC 数据提供标准接口，供各行业和组织灵活应用。EPCIS 构架在互联网基础上，支持商业多种应用。

EPCIS 针对中间件传递的数据进行 EPCIS 标准转换，通过认证或授权等安全方式与企业内的其他系统或外部系统进行数据交换，符合权限的请求方可能过 ONS 定位向目标 EPCIS 进行查询。所以，能否构建真正开放的 EPC 网络，实现各厂商的 EPC 系统的互联互通，EPCIS 将起决定性作用。

具体来讲，EPCIS 标准主要定义了一个数据模型和两个接口。EPCIS 数据模型用标准的方法来表示实体对象的可视信息，涵盖了对象的 EPC 代码、时间、作业步骤、状态、识读点、交易信息和其他相关附加信息(可概括为“何物”“何地”“何时”“何因”)。随着现实中实体对象状态、位置等属性的改变(称为“事件”)，EPCIS 事件采集接口负责生成如上所述的对象信息。EPCIS 查询接口为内部系统和外部系统提供了向数据库查询有关实体 EPC 信息的方法。

EPCIS 服务器通过发送 XML 文件与其他计算机或信息系统交换商品信息文件。

2.2.5 EPC 系统的工作流程

EPC 系统的工作流程如图 2.4 所示。

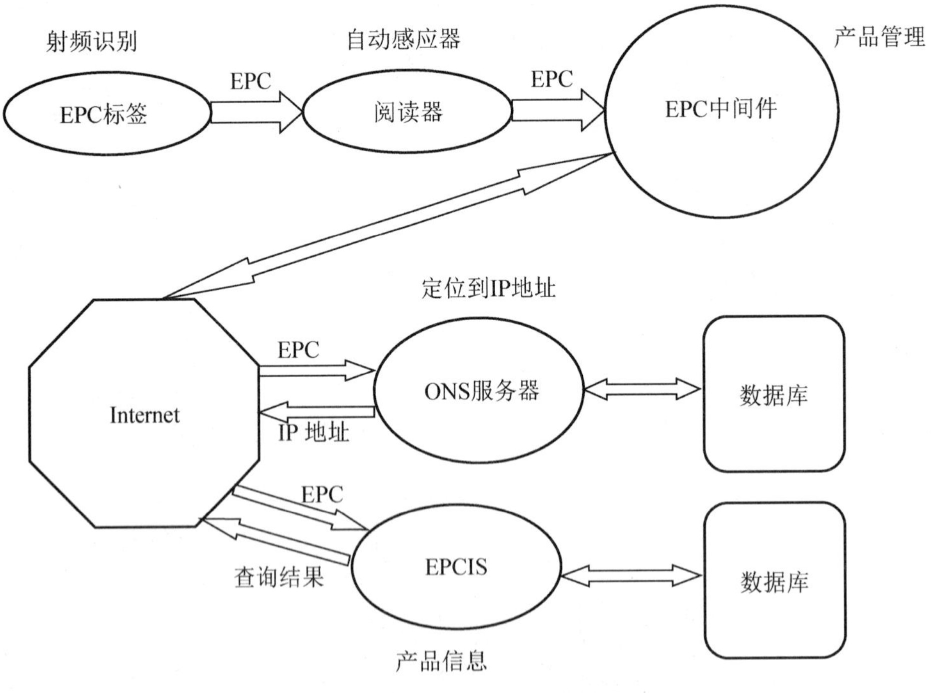

图 2.4 EPC 系统的工作流程

在由 EPC 标签、阅读器、EPC 中间件、互联网、ONS 服务器、EPC 信息服务系统，以及多个数据库组成的物联网系统中，标签上的 EPC 码由读取器读出，由于 EPC 代码只是一个信息的指针，它不包含信息的内容，为了得到与该 EPC 码匹配物品的其他信息，一种自动化的网络数据服务由 ONS 提供。EPC 码通过 EPC 中间件传送给 ONS，EPC 中间件通过 ONS 的指示到一个 EPCIS 服务器查找保存的产品文件，该产品文件可由 EPC 中间件复制，因而文件中的产品信息就能传到各相关应用上。

2.3 RFID 技术

2.3.1 RFID 的定义与特点

1. RFID 的定义

RFID 是 Radio Frequency Identification 的缩写，其中文叫射频识别，或称电子标签。RFID 是一种非接触式的自动识别的技术，它通过射频信息自动识别目标对象并获取相关数据，识别工作无须人工干预，可工作于各种恶劣环境。RFID 技术可识别高速运动物体，并可同时识别多个标签，操作快捷方便。

2. RFID 的特点

相对于传统的条码来说，RFID 技术具备以下几个突出优势。

(1) 快速扫描。条码阅读器一次只能扫描一个条码；而 RFID 阅读器可同时辨识读取数个 RFID 标签。

(2) 体积小型化、形状多样化。RFID 在读取上不受尺寸大小与形状限制，能够轻易嵌入或附着在不同形状、类型的产品上。

(3) 抗污染能力和耐久性。传统条码的载体是纸张，因此容易受到污染；RFID 对水、油和化学药品等物质具有很强的抵抗性。此外，由于条码是附于塑料袋或外包装纸箱上，所以特别容易受到折损；RFID 是将数据存在芯片中，因此可以免受污损。

(4) 可重复使用。条码印刷上去之后就无法更改；而 RFID 标签则可以重复地新增、修改和删除。RFID 标签内储存的数据，可方便信息的更新。

(5) 穿透性和无屏障阅读。在被覆盖的情况下，RFID 能穿透纸张、木材和塑料等非金属或非透明的材质，并能进行穿透性通信；而条码扫描机必须在近距离而且没有物体阻挡的情况下，才可辨读条码。

(6) 数据的记忆容量大。传统一维条码的容量是单字节的，二维条码最大的容量可储存 2～3 000 字符；RFID 最大的容量则有数兆字节。随着记忆载体的发展，数据容量也有不断扩大的趋势。

(7) 安全性。RFID 承载的是电子式信息，其数据内容可经由密码保护，使其内容不易被伪造及更改。

近年来，RFID 因其所具备的远距离读取、高储存量等特性而备受瞩目。它不仅可以帮助企业大幅提高货物、信息管理的效率，还可以使销售企业和制造企业信息互联，从而更加准确地接收反馈信息，控制需求信息，优化整个供应链。在统一的标准平台上，RFID 标签在整条供应链内任何时候都可提供产品的流向信息，让每个产品信息有了共同的沟通语言。通过计算机互联网就能实现物品的自动识别和信息交换与共享，进而实现对物品的透明化管理，实现真正意义上的“物联网”。

3. RFID 的分类

RFID 按应用频率的不同分为低频(LF)、高频(HF)、超高频(UHF)、微波(MW)，相对应的代表性频率分别为：低频 135kHz 以下、高频 13.56MHz、超高频 860～960MHz、微波 2.4GHz、5.8GHz。

RFID 按照能源的供给方式分为无源 RFID、有源 RFID 和半有源 RFID。无源 RFID 读写距离近，价格低；有源 RFID 可以提供更远的读写距离，但是需要电池供电，成本要更高一些，适用于远距离读写的应用场合。

2.3.2 RFID 系统构成及工作原理

一般而言，RFID 系统由 5 个组件构成，包括传送器、接收器、微处理器、天线、标签。传送器、接收器和微处理器通常都被封装在一起，又统称为阅读器(Reader)，所以工业界经常将 RFID 系统分为阅读器、天线和标签三大组件，这三大组件一般都可由不同的生产商生产。

RFID 源于雷达技术，所以其工作原理和雷达极为相似。首先阅读器通过天线发出电子信号，标签接收到信号后发射内部存储的标识信息，阅读器再通过天线接收并识别标签发出的信号，最后阅读器再将识别结果发送给主机，系统体系架构如图 2.5 所示。

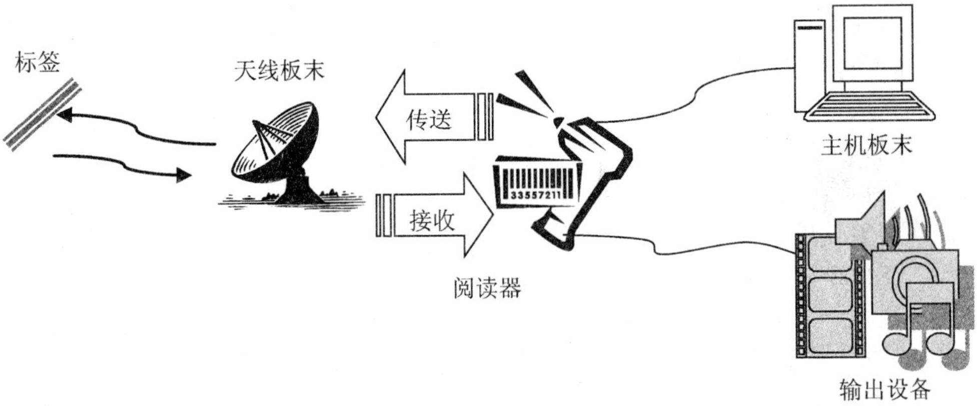

图 2.5 RFID 体系结构

1. RFID 阅读器

阅读器又称读头、查询器、通信器、扫描器、读出设备等，它在射频识别系统中起着举足轻重的作用。阅读器的频率决定了射频识别系统的工作频段，它的功率直接影响射频识别的距离。

1) 阅读器的功能

在射频识别系统中，阅读器是 RFID 构成的主要部件之一。人们能够通过计算机应用软件来对射频标签写入或读取其所携带的数据信息。由于标签的非接触性质，人们必须借助位于应用系统与标签之间的阅读器来实现数据的读写功能。

在射频识别系统工作过程中，通常由阅读器在一个区域内发送射频能量形成电磁场，标签通过这一区域时被触发，并发送储存在标签中的数据，或根据阅读器的指令改写存储在标签中的数据。阅读器可接收标签发送的数据或向标签发送数据，并能通过标准接口与计算机网络进行通信。阅读器主要具有以下功能。

(1) 阅读器与标签之间的通信：在规定的技术条件下，阅读器与标签之间可以进行通信。

(2) 阅读器与计算机之间可以通过标准接口(如 RS-232 等)进行通信：阅读器可以通过标准接口与计算机网络连接，并提供相关信息(包括阅读器的识别码、阅读器识读标签的时间和阅读器读出的标签信息)，以实现多阅读器在系统网络中的运行。

(3) 阅读器可以在读/写区域内实现多标签同时识读，具备防碰撞功能。

(4) 阅读器适用于固定和移动标签识读。

(5) 阅读器能够校验读/写过程中的错误信息。

2) 阅读器的分类

(1) 按通信方式不同分类，RFID 阅读器可以分为阅读器优先和标签优先两类。阅读器优先(RTF)是指阅读器首先向标签发送射频能量和命令，标签只有在被激活且收到完整的阅读器命令后，才对阅读器发送的命令做出响应，返回相应的数据信息。标签优先(TTF)是指对于无源标签系统，阅读器只发送等幅的、不带信息的射频能量。标签被激活后，反向散射标签数据信息。

(2) 按传送方向不同分类，RFID 阅读器可以分为全双工和半双工。全双工方式是指 RFID 系统工作时，允许标签和阅读器在同一时刻双向传送信息。半双工方式是指 RFID 系统工作时，在同一时刻仅允许阅读器向标签传送命令或信息，或者是标签向阅读器返回信息。

(3) 按应用模式不同分类，RFID 阅读器可以分为固定式阅读器、便携式阅读器、一体式阅读器和模块式阅读器。固定式阅读器是指天线、阅读器和主控机分离，阅读器和天线可分别固定安装，主控机一般在其他地方安装或安置，阅读器可有多个天线接口和多种 I/O 接口，如图 2.6 所示；便携式阅读器是指阅读器、天线和主控机集成在一起，阅读器只有一个天线接口，阅读器和主控机的接口与厂家设计有关，如图 2.7 所示；一体式阅读器是指天线和阅读器集成在一个机壳内，固定安装，主控机一般在其他地方安装或安置，一体式阅读器与主控机可有多种接口；模块式阅读器是指阅读器一般作为系统设备集成的一个单元，阅读器与主控机的接口与应用有关。

图 2.6　固定式 RFID 阅读器

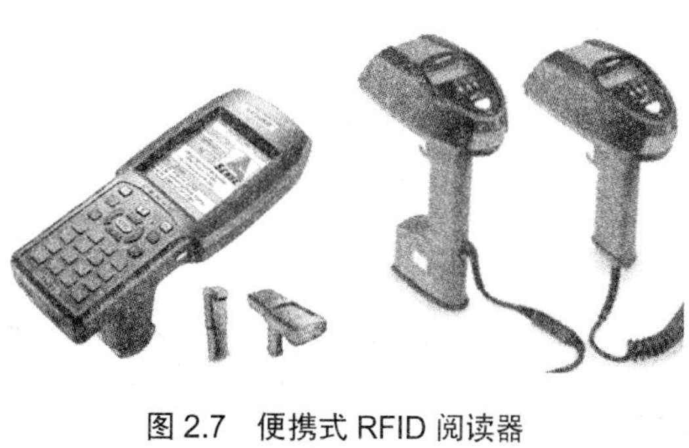

图 2.7　便携式 RFID 阅读器

3) RFID 阅读器工作原理

阅读器与电子标签之间的通信方式是通过无接触耦合，根据时序关系，实现能量传递和数据交换，电子标签天线耦合模式有以下两种通信方式。

(1) 电感耦合。变压器模型，通过空间高频交变磁场实现耦合，依据的是电磁感应定律。电感耦合方式一般适合于中、低频工作的近距离 RFID 系统。典型的工作频率有：125kHz、225kHz 和 13.56MHz。识别作用距离小于 1m，典型作用距离为 10～20cm。

(2) 电磁反向散射耦合。雷达原理模型，发射出去的电磁波碰到目标后反射，同时返回目标信息，依据的是电磁波的空间传播规律。电磁反向散射耦合方式一般适合于高频、微波工作的远距离 RFID 系统。典型的工作频率有：433MHz、915MHz、2.45GHz 和 5.8GHz。识别作用距离大于 1m，典型作用距离为 3～10m。

2. 天线

天线是发射和接收射频载波信号的设备。在确定的工作频率和带宽条件下，天线发射由射频处理模块产生的射频载波，并接收从标签发射或反射回来的射频载波。天线的作用就是产生磁通量，为标签(无源)提供电源，在读写设备和标签之间传送信息。天线的有效电磁场范围就是系统的工作区域。天线包括线圈及匹配电路，这是阅读器实现射频通信必不可少的一部分。阅读器要依靠天线产生的磁通量为电子标签提供电源、在阅读器与电子标签之间传送信息。为使天线正常工作，天线的线圈要通过无源的匹配电路连接射频读写芯片的天线引脚。

3. 标签

1) 概述

RFID 标签(Tag)是由耦合元件、芯片及微型天线组成的，如图 2.8 所示，每个标签内部存有唯一的电子编码，附着在物体上，用来标识目标对象。标签进入 RFID 阅读器扫描场以后，接收到阅读器发出的射频信号，凭借感应电流获得的能量发送出存储在芯片中的电子编码(被动式标签)，或者主动发送某一频率的信号(主动式标签)。

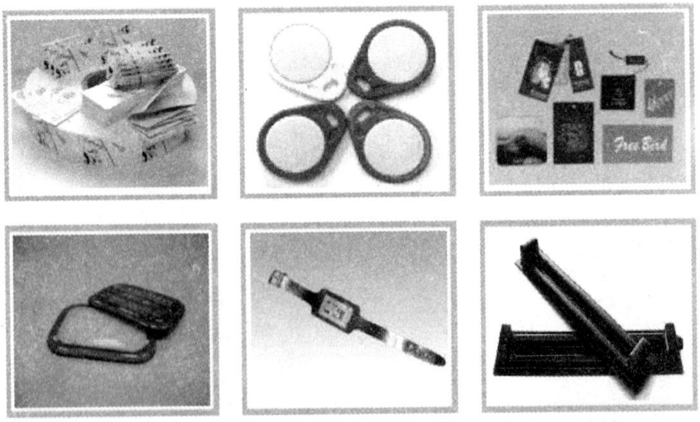

图 2.8　RFID 标签及其封闭

2) 分类

RFID 标签根据是否内置电源，可以分为 3 种类型：被动式标签、主动式标签和半主动式标签。

(1) 被动式标签因内部没有电源设备又被称为无源标签。被动式标签内部的集成电路通过接收由阅读器发出的电磁波进行驱动，向阅读器发送数据。被动式标签的通信频率可以是高频(HF)或超高频(UHF)。第一代被动式标签采用高频通信，其通信频段为13.56MHz。通信距离较短，最长只能到达1m左右，主要用于访问控制和非接触式付款。第二代被动式标签采用超高频通信，其通信频段为860～960MHz。通信距离较长，可达3～5m，并支持多标签识别，即阅读器可同时准确识别多个标签。

(2) 主动式标签因标签内部携带电源又被称为有源标签。电源设备和与其相关的电路决定了主动式标签要比被动式标签体积大、价格昂贵。但主动式标签通信距离更远，可达上百米远。主动式标签有两种工作模式，一种是主动模式，在这种模式下标签主动向四周进行周期性广播，即使没有阅读器存在也会这样做；另一种为唤醒模式，为了节约电源并减小射频信号噪声，标签一开始处于低耗电量的休眠状态，阅读器识别时需先广播一个唤醒命令，只有当标签接收到唤醒命令时才会开始广播自己的编码，这种低能耗的唤醒模式通常可以使主动式标签的寿命长达好几年，如RFCode主动标签就可以使用7年以上。

(3) 半主动式标签兼有被动式标签和主动式标签的所有优点，内部携带电池，能够为标签内部计算提供电源。这种标签可以携带传感器，可用于检测环境参数，如温度、湿度、移动性等。与主动式标签不同的是，它们的通信并不需要电池提供能量，而是像被动式标签一样通过阅读器发射的电磁波获取通信能量。

4. RFID的工作频率及其典型应用

RFID频率是RFID系统的一个很重要的参数指标，它决定了工作原理、通信距离、设备成本、天线形状和应用领域等各种因素。RFID典型的工作频率有125kHz、133kHz、13.56MHz、27.12MHz、433MHz、860～960MHz、2.45GHz、5.8GHz等。按照工作频率的不同，RFID系统集中在低频、高频和超高频3个区域。

(1) 低频(LF)范围为30～300kHz，RFID典型低频工作频率有125kHz和133kHz两个，该频段的波长大约为2 500m。低频标签一般都为无源标签，其工作能量通过电感耦合的方式从阅读器耦合线圈的辐射场中获得，通信范围一般小于1m。除金属材料影响外，低频信号一般能够穿过任意材料的物品而不缩短它的读取距离。工作在低频的阅读器在全球没有任何特殊的许可限制。虽然该频率的电磁场能量下降很快，却能够产生相对均匀的读写区域，非常适合近距离、低速、数据量要求较少的识别应用。相对其他频段的RFID产品而言，该频段数据传输速率比较慢，因标签天线匝数多而成本较高，标签存储数据量也很少。其典型的应用包括畜牧业的管理系统、汽车防盗和无钥匙开门系统的应用、马拉松赛跑系统的应用、自动停车场收费和车辆管理系统、自动加油系统、酒店门锁系统、门禁和安全管理系统等。

(2) 高频(HF)范围为3～30MHz，RFID典型工作频率为13.56MHz，该频率的波长大概为22m，通信距离一般也小于1m。该频率的标签不再需要线圈绕制，可以通过腐蚀活字印刷的方式制作标签内的天线，采用电感耦合的方式从阅读器辐射场获取能量。除金属材料外，该频率的波长可以穿过大多数的材料，但是往往会降低读取距离。同低频一样，该频段在全球都得到了认可，没有任何特殊的限制，能够产生相对均匀的读写区域。它具有防碰撞特性，可以同时读取多个电子标签，并把数据信息写入标签中。另外，高频标签的数据传输率比低频标签高，价格也相对便宜。其典型的应用包括图书管理系统、瓦斯钢瓶管理、服装生产线和物流系统、酒店门锁管理、大型会议人员通道系统、固定资产管理系统、医药物流系统、智能货架的管理等。

(3) 超高频(UHF)范围为 300MHz～3GHz，3GHz 以上为微波范围。采用超高频和微波的 RFID 系统一般统称为超高频 RFID 系统，典型的工作频率为 433MHz、860～960MHz、2.45GHz、5.8GHz，频率波长在 30cm 左右。严格意义上，2.45GHz 和 5.8GHz 属于微波范围。超高频标签可以是有源的，也可以是无源的，通过电磁耦合方式同阅读器通信。通信距离一般大于 1m，典型情况为 4～6m，最大可超过 10m。超高频频段的电波不能通过许多材料，特别是水、灰尘、雾等悬浮颗粒物质。超高频阅读器有很高的数据传输速率，在很短的时间内可以读取大量的电子标签。阅读器一般安装定向天线，只在阅读器天线定向波速范围内的标签才可被读写。标签内的天线一般是长条和标签状，天线有线性和圆极化两种设计，满足不同应用的需求。超高频标签的数据存储量一般限定在 2 048b 以内，再大的存储容量在现阶段而言基本上没有什么意义。从技术及应用角度来说，标签并不适合作为大量数据的载体，其主要功能还是在于标识物品并完成非接触识别过程。典型的数据容量指标有 1 024b、128b、64b 等。EPCgloabl 规定的电子产品码 EPC 的容量为 96b。其典型应用包括供应链管理、生产线自动化、航空包裹管理、集装箱管理、铁路包裹管理、后勤管理系统等。

2.4 物联网信息网络技术

物联网要实现物物相连，需要网络作为连接的桥梁。物联网的通信与组网技术主要完成感知信息的可靠传输。由于物联网连接的物体多种多样，物联网涉及的网络技术也有多种，如可以是有线网络、无线网络；可以是短距离网络和长距离网络；可以是企业专用网络、公用网络；还可以是局域网、互联网等。

2.4.1 移动通信网络技术

1995 年问世的第一代模拟式手机只能进行语音通话，称为第一代移动通信技术(First Generation，1G)，它是以模拟技术为基础的蜂窝无线电话系统，1G 无线系统在设计上只能传输语音流量，并受到网络容量的限制。1996—1997 年出现的第二代 GSM、TDMA 等数字式手机增加了接收数据的功能，称为 2G(Second Generation)，2G 技术基本可分为两种，一种基于 TDMA 所发展出来的以 GSM 为代表，另一种是 CDMA 规格。随着技术的进步，2G 与 3G 之间出现了一种过渡类型的网络技术称为 2.5G，2.5G 功能以 GPRS 技术为代表。相对于 2G 技术而言，2.5G 技术可以提供更高的速率和更多的功能。第三代移动通信技术(Third Generation，3G)是指支持高速数据传输的蜂窝移动通信技术，3G 服务能够同时高速传送声音及数据信息，速率一般在几百 Kb/s 以上。目前 3G 存在四种标准：CDMA 2000、WCDMA、TD-SCDMA、WiMAX。

1. GSM 技术

GSM(Global System for Mobile Communications)全球移动通信系统，俗称“全球通”，是第二代移动通信技术，其开发目的是让全球各地可以共同使用一个移动电话网络标准，让用户使用一部手机就能行遍全球。目前，中国移动、中国联通各拥有一个 GSM 网，为世界最大的移动通信网络。GSM 系统包括 GSM 900：900MHz、GSM 1800：1 800MHz 及

GSM 1900：1 900MHz等几个频段。它是目前3种数字无线电话技术(TDMA、CSM和CDMA)中使用最为广泛的一种。

GSM在技术上具有频谱效率高、容量大、语音质量好、开放的接口、安全性高，以及在SIM卡基础上实现漫游等特点。

2. CDMA技术

CDMA(Code Division Multiple Access，码分多址)，它是在扩频通信技术上发展起来的一种崭新而成熟的无线通信技术。CDMA技术的出现源自于人类对更高质量无线通信的需求。CDMA允许所有的使用者同时使用全部频带(1.228 8MHz)，并且把其他使用者发出的讯号视为杂讯，完全不必考虑到讯号碰撞(Collision)的问题。

CDMA系统是基于码分技术(扩频技术)和多址技术的通信系统，系统为每个用户分配各自特定地址码。地址码之间具有相互准正交性，从而在时间、空间和频率上都可以重叠，将需要传送的具有一定信号带宽的信息数据，用一个带宽远大于信号带宽的伪随机码进行调制，使原有的数据信号的带宽被扩展，接收端进行相反的过程的解扩，增强了抗干扰的能力。

CDMA中所提供的语音编码技术，其通话品质比目前的GSM好，而且可以把用户对话时周围环境的噪音降低，使通话更为清晰。CDMA利用展频的通信技术，因而可以减少手机之间的干扰，并且可以增加用户的容量，而且手机的功率还可以做得比较低，不但可以使使用时间更长，更重要的是可以降低电磁波辐射对人的伤害。CDMA的带宽可扩展性较大，还可以传输影像，这是第三代手机为什么选用CDMA的原因。就安全性能而言，CDMA不但有良好的认证体制，更因为其传输的特性，用码来区分用户，大大地增强防止被人盗听的能力。

3. TD-SCDMA技术

TD-SCDMA(Time Division-Synchronous Code Division Multiple Access，时分同步码分多址存取)，是ITU批准的3个3G标准中的一个，是由中国大陆制定的。TD-SCDMA标准将智能无线、同步CDMA和软件无线电等当今国际领先技术融于其中。

TD-SCDMA在频谱利用率、频率灵活性、对业务支持具有多样性及成本等方面有独特优势。

(1) 完全满足对3G业务与功能的需求。

(2) 能在现有稳定的GSM网络上迅速而直接部署。

(3) 能实现从第二代到第三代的平滑演进。

(4) 完全满足第三代业务的要求。

(5) 突出的频谱利用率和系统容量。

(6) 无须使用成对的频段。

(7) 支持蜂窝组网，可以形成宏小区、微小区及微微小区，每个小区可支持不同的不对称业务。

(8) 灵活、自适应的上下行业务分配，特别适合各种变化的不对称业务(如无线因特网)。

(9) 系统成本低。

4. WCDMA 技术

WCDMA(Wideband Code Division Multiple Access，宽带码分多址)，是一种第三代无线通信技术。它是从 CDMA 演变来的。在标准化论坛中，WCDMA 技术已经成为被广泛采纳的第三代空中接口，其规范已在 3GPP(the 3rd Generation Partnership Project)中制定，在 3GPP 中，WCDMA 被称作 UTRA(Universal Terrestrial Radio Access，通用地面无线接入)、FDD(Frequency Division Duplex，频分双工)和 UTRA TDD(Time Division Duplex，时分双工)，WCDMA 这个名字涵盖了 FDD 和 TDD 两种操作模式。表 2-3 给出了 WCDMA 的主要参数。

表 2-3　WCDMA 的主要参数

主要参数	说　明
多址接入方式	DS-CDMA
双工方式	频分双工/时分双工
基站同步	异步方式
码片速率	3.84Mb/s
帧长	10ms
业务复用	有不同服务质量要求的业务复用到一个连接中
多速率概念	可变的扩频因子和多码
检测	使用导频符号或公共导频进行相关检测
多用户检测，智能天线	标准支持，应用时可选

WCDMA 系统具有业务灵活性、频谱效率高、容量和覆盖范围大、可提供多种业务、网络规模的经济性、卓越的话音能力、无缝的 GSM/UMTS 接入、终端的经济性和简单性等优势。

5. GPRS 技术

GPRS(General Packet Radio Service，通用分组无线业务)，它是在现有的 GSM 网络基础上叠加了一个新的网络，同时在网络上增加一些硬件设备和软件升级，形成了一个新的网络实体，提供端到端的、广域的无线 IP 连接，目的是为 GSM 用户提供分组形式的数据业务。GPRS 在移动用户和数据网络之间提供一种连接，给移动用户提供高速无线 IP 服务。

GPRS 采用与 GSM 同样的无线调制标准、同样的频带、同样的突发结构、同样的跳频规则，以及同样的 TDMA 帧结构。GPRS 允许用户在端到端分组转移模式下发送和接收数据，而不需要利用电路交换模式的网络资源，从而提供了一种高效、低成本的无线分组数据业务。特别适用于间断的、突发性的和频繁的、少量的数据传输，可以用于数据传输，远程监控等应用，也适用于偶尔的大数据量传输。

GPRS 经常被描述成“2.5G”，它通过利用 GSM 网络中未使用的 TDMA 信道，提供中速的数据传递。GPRS 突破了 GSM 网只能提供电路交换的思维方式，只通过增加相应的功能实体和对现有的基站系统进行部分改造来实现分组交换，这种改造的投入相对来说并不大，但得到的用户数据速率却相当可观。

GPRS 具体业务应用主要有：信息业务、聊天、网页浏览、文件共享及协同性工作、企业 E-mail、因特网 E-mail、交通工具定位、静态图像的发送和接收、远程局域网接入、文件传送等。

2.4.2 近距离无线通信技术

近距离的无线技术是物联网最为活跃的部分，根据应用的不同，其通信距离可能是几厘米到几百米，较广泛的近距离无线通信技术是蓝牙(Bluetooth)、无线局域网(WiFi)和红外数据传输(IrDA)。同时还有一些具有发展潜力的近距离无线技术标准，如 ZigBee、超宽频(Ultra Wide Band，UWB)、短距通信(NFC)等。它们各有其特点，或基于传输速度、距离、耗电量的特殊要求；或着眼于功能的扩充性；或符合某些单一应用的特别要求。

1. 蓝牙技术

蓝牙是由东芝、爱立信、IBM、Intel 和诺基亚于 1998 年 5 月共同提出的近距离无线数字通信的技术标准，能在包括移动电话、PDA、无线耳机、笔记本电脑、相关外设等众多设备之间进行无线信息交换。利用该技术，能有效地简化移动设备之间的通信，也能够成功地简化设备与互联网之间的通信，从而使数据传输变得更加迅速高效。蓝牙采用分散式网络结构及快跳频和短包技术，支持点对点及点对多点通信，标准是 IEEE 802.15，工作在全球通用的 2.4GHz 的 ISM(即工业、科学、医学)频段，采用时分双工传输方案实现全双工传输。

蓝牙作为一种小范围无线连接技术，可以方便快捷地实现设备间低成本、低功耗的数据和语音通信，是目前实现无线个域网的主流技术之一。蓝牙主要具有以下突出优势。

(1) 工作在 2.4GHz ISM 免费频段，无须申请。

(2) 数据传输速率较快，能达到 1Mb/s。

(3) 采用 CVSD 语音编码，能在高误码率下使用。

(4) 市场上成熟的蓝牙产品极多，使得蓝牙拥有非常好的市场通用性。自 1999 年发布蓝牙规格以来，共有超过 4 000 家公司成为其特别兴趣小组(SIG)成员。市场上蓝牙产品数量也成倍地迅速增长，安装的基站数量在 2005 年年底已达 5 亿多。

2. WiFi

WiFi(Wireless Fidelity)是 IEEE(美国电子电器工程师协会)定义的一个较早的无线网络通信的工业标准(IEEE 802.11)。它的第一个版本发表于 1997 年，其中定义了 MAC 层(介质访问接入层)和物理层，总线传输速率为 2Mb/s。其后又在此基础上补充了多个增强版本，比较有代表性的是：IEEE 802.11b(将 2.4GHz 下的传输速率扩大到了 11Mb/s)，IEEE 802.11g (将 2.4GHz 下的传输速率扩大到了 54Mb/s)。目前，WiFi 在日常的无线局域网构建中已经成为业界公认的标准。

WiFi 是一种无线联网的技术，通过一个无线路由器，在其电波覆盖的有效范围都可以采用 WiFi 连接方式进行联网，如果无线路由器连接了一条 ADSL 线路或者别的上网线路，则又被称为“热点”。WiFi 热点是通过在互联网连接上安装访问点来创建的。该访问点将无线信号通过短程进行传输(一般覆盖 100 m)。当一台支持 WiFi 的设备(例如 Pocket PC)遇到一个热点时，这个设备可以用无线方式连接到那个网络。大部分热点都位于供大众访问的地方，例如机场、咖啡店、旅馆、书店以及校园等。许多家庭和办公室也拥有 WiFi 网络。

WiFi 技术具有以下优势。

(1) 覆盖范围广：基于蓝牙技术的电波覆盖范围小，半径大约只有 15 m 左右，而 WiFi 的半径则可达约 100m，可覆盖整栋大楼，而且解决了高速移动时数据的纠错问题及误码问题。

(2) 传输速度快：基于 WiFi 技术的数据传输速度非常快，最大能达到 54 Mb/s。

(3) 已得到各大厂商的认可，相关成熟产品很多。包括 Intel、Broadcom、BENQ 等设备商都有推出自己的 WiFi 产品。

3. 红外技术

红外(Infrared)通信技术利用红外线来传输数据，其出现早于蓝牙通信技术，是一种比较早的无线通信技术。由红外数据协会(Infrared Data Association，IrDA)来建立统一的红外通信标准。红外通信采用的是 875nm 左右波长的光波通信，通信距离一般为 1m 左右。红外通信有设备体积小、成本低、功耗低、不需要频率申请等优势，但是由于红外通信使用的波长较短，对障碍物的衍射较差，因此两个使用红外通信的设备之间必须相互可见。红外通信技术在 20 世纪 90 年代的时候比较流行，后来就慢慢地被蓝牙和 WiFi 所取代了。主要是由于红外技术要求两个设备之间必须可见，通信距离相对蓝牙和其他协议也更加有限。此外，红外设备在通信过程中不能移动使得该技术很难用于外部设备，如鼠标、耳机上。尽管如此，目前仍然有很多设备，如手机、笔记本电脑，保留了对红外协议的兼容性。

4. ZigBee

ZigBee 又称“紫蜂”，是一种近距离、低功耗的无线通信技术。该名称来源于蜜蜂的八字舞，由于蜜蜂(Bee)是靠飞翔和“嗡嗡”(Zig)地抖动翅膀的“舞蹈”来与同伴传递花粉所在方位信息，也就是说蜜蜂依靠这样的方式构成了群体中的通信网络。其特点是近距离、低复杂度、低功耗、低数据速率、低成本，主要适用于自动控制和远程控制领域，可以嵌入各种设备。

ZigBee 是一项建立在 IEEE 802.15.4 基础上的无线通信协议标准。它有 3 个典型的应用频段 868MHz(欧洲免执照频段)、915MHz(美国免执照频段)、2.4GHz(全球通用免执照频段)。

ZigBee 应用具有以下优势。

(1) 它的协议简单紧凑，具体实现要求低，一般具有 64KB RAM 或 4KB ROM 的 8 位处理器即可胜任 ZigBee 节点的任务，其开发成本和复杂性较低。

(2) ZigBee 技术基于 IEEE 802.15.4 标准，技术成熟、成本低。

(3) 相对于蓝牙技术而言，ZigBee 网络容量大，一个网络中可支持多达 65 000 个节点，符合无线传感器网络大容量的概念。

(4) ZigBee 采用休眠机制，使得两节普通的五号电池即可支持长达 6 个月到两年左右的使用时间，耗电量极小，功耗较低。

5. NFC 技术

NFC(Near Field Communication，近距离无线通信技术)。由飞利浦公司和索尼公司共同开发的 NFC 是一种非接触式识别和互联技术，可以在移动设备、消费类电子产品、PC 和智能控件工具间进行近距离无线通信。NFC 提供了一种简单、触控式的解决方案，可以让消费者简单直观地交换信息、访问内容与服务。

NFC 采用了双向的识别和连接，在 20cm 距离内工作于 13.56MHz 频率范围。它能快速自动地建立无线网络，为蜂窝设备、蓝牙设备、WiFi 设备提供一个“虚拟连接”，使电子设备可以在短距离范围进行通信。NFC 的短距离交互大大简化了整个认证识别过程，使电子设备间互相访问更直接、更安全和更清楚。

NFC 主要具有以下缺点。

(1) 通信距离很短，一般在 20cm 左右。

(2) NFC 还是相对较新的一项技术，在成本、标准的统一上还有极大的不确定性。

2.4.3 有线通信网络技术

物联网的通信方式主要有有线和无线传输两种方式，无线通信技术将来会成为物联网产业发展的主要支撑，但是有线通信技术也将是不可或缺的，例如工业化和信息化“两化整合”业务中大部分还是有线通信，智能楼宇等领域也还是以有线通信为主。

物联网中有线网络技术主要包括长距离通信网络技术和短距离有线通信网络技术。其中长距离有线通信技术主要是支持 IP 协议的网络，如计算机网、广电网、电信网，以及国家电网等通信网络。

短距离有线通信网络技术主要包括目前流行的 10 多种现场总线控制系统，如 ModBus、DeviceNet、电力载波通信 PLC(Power Line Communication)等网络技术。短距离有线通信网络主要应用于楼宇自动化、工业过程自动化和电力行业等领域。

1. 现场总线控制系统 FCS(Fieldbus Control System)

根据 IEC/SC65C 标准定义，现场总线是指安装在制造或过程区域的现场装置与控制室内的自动控制装置之间数字式、串行、多点通信的数据总线。它是自动化系统中一种把大量现场级设备和操作级设备相连的工业通信系统。

现场总线是 20 世纪 80 年代末、90 年代初国际上发展形成的，用于过程自动化、制造自动化、楼宇自动化等领域的现场智能设备互连通信网络。它作为工厂数字通信网络的基础，沟通了生产过程现场及控制设备之间及其与更高控制管理层次之间的联系。它不仅是一个基层网络，而且还是一种开放式、新型全分布式控制系统。这项以智能传感、控制、计算机、数字通信等技术为主要内容的综合技术，已经受到世界范围的关注，成为自动化技术发展的热点，并将导致自动化系统结构与设备的深刻变革。国际上许多有实力、有影响的公司都先后在不同程度上进行了现场总线技术与产品的开发。目前已开发出 40 多种现场总线，如 Interbus、Bitbus、DeviceNet、MODbus、Arcnet、P-Net、FIP、ISP 等，

2. M2M 技术

M2M 是“机器对机器通信(Machine to Machine)”或者“人对机器通信(Man to Machine)”的简称。它主要是指通过“通信网络”传递信息从而实现机器对机器或人对机器的数据交换，也就是通过“通信网络”实现机器之间的互联、互通，其示意图如图 2.9 所示。移动通信网络由于其网络的特殊性，终端则不需要人工布线，可以提供移动性支撑，有利于节约成本，并可以满足在危险环境下的通信需求，使得以移动通信网络作为承载的 M2M 服务得到了业界的广泛关注。

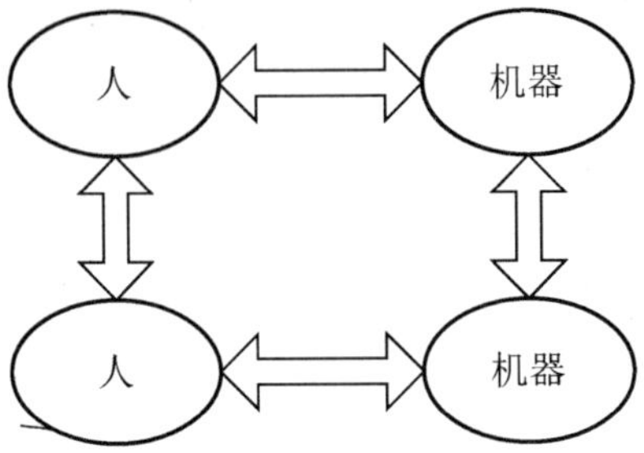

图 2.9　M2M 示意图

M2M 业务及应用可以分为移动性应用和固定性应用两类。

(1) 移动性应用适用于外围设备位置不固定、移动性强、需要与中心节点实时通信的应用，如交通、公安、海关、税务、医疗、物流等行业从业人员手持系统或车载、船载系统等。

(2) 固定性应用适用于外围设备位置固定，但地理分布广泛、有线接入方式部署困难或成本高昂的应用，可利用机器到机器实现无人值守，如电力、水利、采油、采矿、环保、气象、烟草、金融等行业信息采集或交易系统等。

3. 三网融合及 NGN 技术

三网融合是指电信网、广播电视网、互联网在向宽带通信网、数字电视网、下一代互联网演进过程中，三大网络通过技术改造，其技术功能趋于一致，业务范围趋于相同，网络互联互通、资源共享，能为用户提供语音、数据和广播电视等多种服务。三网融合注重电信网、广播电视网和互联网的相互渗透、互相兼容，并逐步整合成为全世界统一的信息通信网络，其中互联网是其核心部分。“三网融合”使三大网络从各自独立的专业网络向综合性网络转变，网络性能得以提升，资源利用水平进一步提高，如图 2.10 所示。

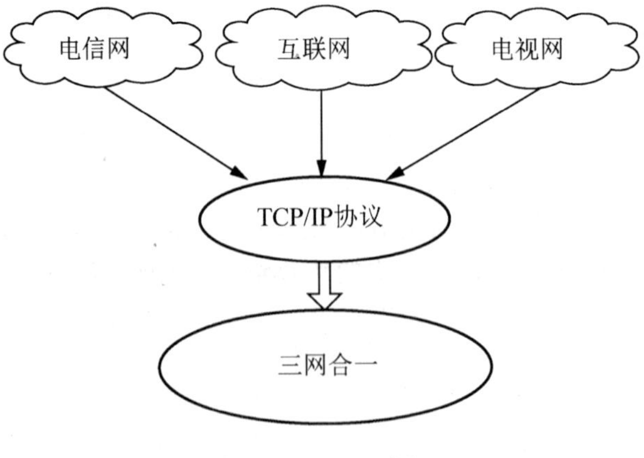

图 2.10　三网融合

随着信息技术的快速发展，人们对信息交流的要求已不仅限于单一的语音信息交流，近些年来数字技术的不断发展，网络传输的速度加快，语音、数据、图像的综合信息服务给人们自然、生动、真切和有效的交流方式。三网融合就是在这种背景下提出的。

三网融合可以给千家万户带来实质性的好处，比如未来的“下一代广播电视网(NGB)”将传统广播电视网、互联网、通信网进行“三网融合”，形成新一代国家信息基础设施，将给我国千家万户带来一场“电视革命”。NGB 好比国家面向千家万户修建了一条条畅通的“信息高速公路”。通过这条高速公路，极大降低了老百姓使用获取信息和享受娱乐的技术门槛。NGB 可以提供互动电视、电子商务、在线娱乐、个人通信、医疗教育、金融证券、社区服务、物流等各种类型的服务，传统的电视内容提供商将会变成信息系统的综合服务商。电视内容与网络强强联手，对电视数字产业乃至整个广电行业发展具重要意义。

2.5 GIS 和 GPS 技术

地理信息系统 GIS(Geographic Information System)和全球定位系统 GPS(Global Positioning System)是在计算机、通信、卫星、测量、航天、航空等高新技术飞速发展下，逐渐成熟发展起来的，并成为数字地球、智能交通系统等的基础和基本的核心技术，被越来越多的部门采用。

2.5.1 GIS 概述

1. GIS 的基本概念

地理信息是指表征地理环境诸要素的数量、质量、分布特征及其相互联系和变化规律的数字、文字、图像和图形等的总称。

从地理实体到地理数据，从地理数据再到地理信息的发展，是人类认识地理事务的一次飞跃。

GIS 是以地理信息为基础，在计算机软件和硬件支持下，对地理环境诸要素进行采集、存储、管理、分析、显示与应用地理信息的计算机系统。简而言之，地理信息系统就是综合处理和分析地理空间数据的一种技术系统，能及时提供有关国土整治、区域规划、可持续发展等宏观的辅助决策信息，可作为生产、管理和决策的依据。

2. GIS 的特点

与一般的管理信息系统相比，地理信息系统有以下特征。

(1) 地理信息属于空间信息。这是地理信息区别于其他类型信息的显著标志。地理信息位置的识别是通过经纬网或方里网建立的地理坐标来实现空间位置的识别。

(2) 地理信息具有多维结构的特征，即在二维空间的基础上实现多专题的第三维结构。而各个专题之间的联系是通过属性码进行的，这也为地理信息系统各图层之间的综合研究提供了可能，也为地理系统多层次的分析、信息传输和筛选提供了方便。

(3) 地理信息系统在分析处理问题中使用了空间数据和属性数据，并通过数据库管理系统将两者结合起来，共同管理、分析和应用。

(4) 地理信息系统的成功应用不仅取决于技术体系，而且也依靠一定的组织体系(包括实施组成、系统管理员、技术操作员、系统开发设计者等)。人的因素在地理信息系统的发展过程中起着越来越重要的作用。

3. GIS 的分类

按内容不同分类可分为城市信息系统、自然资源查询信息系统和土地管理信息系统等类型。

(1) 城市信息系统。在计算机系统的支持下，把各种与城市有关的信息按照空间分布及属性，以一定的格式输入、处理、管理、空间分析、输出，用以反映城市规模、生产、功能结构、生态环境及其管理的信息系统。

(2) 自然资源查询信息系统。随着地理信息系统的应用，可将地面覆盖和地形数据及与其相关的地表径流、汇水盆地面积和地表形态等不同的环境参数联系起来，并把相关数据输入到综合系统，形成各种数据元，供规划工作者检索使用。

(3) 土地管理信息系统。这是对土地空间特性进行管理的系统软件。土地空间特性包括土地的地理位置、相邻关系，图层的划分及与土地相关的各种空间属性和人文属性。土地的这种空间特性为地理信息系统的应用提供广阔的天地。地理信息系统最初的应用领域就是建立与土地管理、土地规划相关(包括地籍管理、土地数据库等有关系统的管理和规划等)的土地信息系统(LIS)。

按照功能不同分类，地理信息系统可分为专题地理信息系统、区域地理信息系统和地理信息系统工具 3 大类。

(1) 专题地理信息系统是以某一专业、任务或现象为主要内容的 GIS，为特定的专门目的服务，如森林动态监测信息系统、农作物估产信息系统、水土流失信息系统和土地管理信息系统等。

(2) 区域地理信息系统主要以区域综合研究和全面信息服务为目标。区域可以是行政区，如国家级、省级、市级和县级等区域信息系统，也可以是自然区域，如黄土高原区、黄淮海平原区和黄河流域等区域信息系统，还可以是经济区域，如京津唐区和沪宁杭区等区域信息系统。

(3) 地理信息系统工具是一组包括 GIS 基本功能的软件包，一般包括图形图像数字化、存储管理、查询检索、分析运算和多种输出等地理信息系统的基本功能，但是没有具体的应用目标，只是供其他系统调用或用户进行二次开发的操作平台。

4. GIS 的应用领域

GIS 在多个领域中均具有广泛的应用，大致可分为以下 8 个方面。

1) 资源管理

GIS 是一个具有结构和功能的系统，能获取和输入空间数据，并进行空间数据的处理和分析，并将结果按一定的方式输出。通过这种方式，各个行业的信息资源都可以按各自的要求进行处理，从而提高了信息资源的管理和利用效率。各个行业信息系统的建设就是典型的例子，如地籍信息系统、林业资源管理信息系统、自来水设施管理信息系统、矿产资源管理信息系统、污染源管理信息系统、旅游资源管理信息系统、地下水资源管理信息系统等。对资源的分布存在空间模式进行管理分析。自然资源 GIS 系统目前主要进行自然环境作用分析、野生动植物保护、森林保护、地下水模拟与污染跟踪等。生态、环境管理与模拟 GIS 系统则进行区域生态规划、环境现状评价、环境影响评价、污染物削减分配的决策支持、环境与区域可持续发展的决策支持、环保设施的管理、环境规划等。

2) 资源配置

在城市中各种公用设施、救灾减灾中物资的分配、全国范围内能源保障、粮食供应等机构在各地的配置等都是资源配置问题。GIS 在这类应用中的目标是保证资源的最合理配置和发挥最大效益。

3) 城市规划和管理

空间规划是 GIS 的一个重要应用领域，城市规划和管理是其中的主要内容。例如，在大规模城市基础设施建设中如何保证绿地的比例和合理分布、如何保证学校、公共设施、运动场所、服务设施等能够有最大的服务面(城市资源配置问题)等。

4) 生态、环境管理与模拟

区域生态规划、环境现状评价、环境影响评价、污染物削减分配的决策支持、环境与区域可持续发展的决策支持、环保设施的管理、环境规划等。

5) 基础设施管理

城市的地上地下基础设施，电信、自来水、道路交通、天然气管线、排污设施、电力设施等广泛分布于城市的各个角落，且这些设施明显具有地理参照特征。它们的管理、统计、汇总都可以借助 GIS 完成，而且可以大大提高工作效率。

6) 选址分析

根据区域地理环境的特点，综合考虑资源配置、市场潜力、交通条件、地形特征、环境影响等因素，在区域范围内选择最佳位置，是 GIS 的一个典型应用领域，充分体现了 GIS 的空间分析功能。

7) 分布式地理信息应用

随着网络和 Internet 技术的发展，运行于 Internet 或 Internet 环境下的地理信息系统应用类型，其目标是实现地理信息的分布式存储和信息共享，以及远程空间导航等。

8) 地学研究与应用

地形分析、流域分析、土地利用研究、经济地理研究、空间决策支持、空间统计分析、制图等都可以借助地理信息系统工具完成。地理信息系统就是一个很好的地学分析应用软件系统。

2.5.2 GPS 概述

1. GPS 的概念

GPS 即全球定位系统(Global Positioning System)是 1973 年 12 月美国国防部批准的海陆空三军联合研制的新的卫星导航系统，于 1994 年全面建成。GPS 是以卫星为基础，具有在海、陆、空进行全方位实时三维导航与定位能力的新一代卫星导航与定位系统。

2. GPS 的组成

GPS 是美国第二代卫星导航系统，是在子午仪卫星导航系统的基础上发展起来的，它采纳了子午仪系统的成功经验。和子午仪系统一样，全球定位系统由 3 部分组成，即空间卫星部分(GPS 卫星星座)、地面控制部分(地面监控系统)和用户设备部分(GPS 信号接收机)。

1) 空间卫星部分

全球定位系统的空间部分使用 24 颗高度约 2.02 万千米的卫星组成卫星星座。21+3 颗卫星均为近圆形轨道，运行周期约为 11 小时 58 分，分布在 6 个轨道面上(每轨道面 4 颗)，轨道倾度角为 55°，各个轨道平面相交点的赤经相隔 60°，如图 2.11 所示。

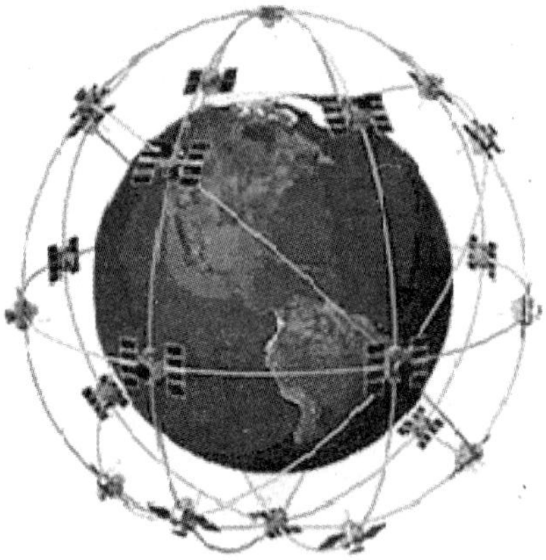

图 2.11　GPS 空间部分

位于地平线以上的卫星颗数随着时间和地点的不同而不同，最少可以见到 4 颗，最多可以见到 11 颗。在用 GPS 信号导航定位时，为了计算观测点的三级坐标，必须观测 4 颗 GPS 卫星，称为定位卫星。这 4 颗卫星在观测过程中的几何位置分布对定位精度有一定的影响。

2) 地面控制部分

对于导航定位来说，GPS 卫星是一动态已知点。卫星的位置是依据卫星发射的星历——描述卫星运动及其轨道的参数算得的。每颗 GPS 卫星所播发的星历，是由地面监控系统提供的。卫星上的各种设备是否正常工作，以及卫星是否一直沿着预定轨道运行，都要由地面设备进行监测和控制；地面监控系统另一重要作用是保持各颗卫星的时间，求出钟差，然后由地面注入站发给卫星，卫星再由导航电文发给用户设备。地面监控部分由主控站、地面天线、监测站及通信辅助系统组成。

3) 用户设备部分

GPS 的空间卫星部分和地面控制部分是用户应用该系统进行导航定位的基础，而用户只有使用 GPS 接收机才能实现其定位与导航的目的。GPS 信号接收机的任务是：捕获到按一定卫星高度截止角所选择的待测卫星的信号，并跟踪这些卫星的运行，对所接收到的 GPS 信号进行变换、处理，以便测量出 GPS 信号从卫星到接收机天线的传播时间，解译出 GPS 放大和卫星所发送的导航电文，实时计算出测点的三维位置，甚至三维速度和时间。接收机硬件和机内软件以及 GPS 数据的后处理软件包，构成完整的 GPS 用户设备。

3. GPS 的功能

GPS 具有高精度、全天候、高效率、多功能、操作简便、应用广泛等诸多优点，并因此而在国民经济各个部门得到广泛应用并已经逐步深入人们的日常生活。具体来说，全球定位系统主要有以下几个方面的功能。

(1) 自动导航。GPS 的主要功能是自主导航，可用于武器导航、车辆导航、船舶导航、飞机导航、星际导航和个人导航。GPS 通过接收终端向用户提供位置、时间信息，也可结合电子地图进行移动平台航迹显示、行驶线路规划和行驶时间估算。对军事而言，GPS 可提高部队的机动作战和快速反应能力；在民用上也可以提高民用运输工具的运载效率，节约社会成本。

(2) 指挥监控。将 GPS 的导航定位和数字短报文通信基本功能进行有机结合，利用系统特殊的定位机制，将移动目标的位置信息和其他相关信息传送至指挥所，完成移动目标的动态可视化显示和指挥指令的发送，实现移动目标的指挥监控。

(3) 跟踪车辆和船舶。为了随时掌握车辆和船舶的动态，实现地面计算机终端实时显示车辆、船舶的实际位置，了解货运情况，实施有效的监控和快速运转。

(4) 信息传递和查询。利用 GPS，管理中心可对车辆、船舶提供相关的气象、交通、指挥等信息；而行进中的车辆、船舶也可将动态信息传递给管理中心，实现信息的双向交流。

(5) 及时报警。通过使用 GPS，及时掌握运输装备的异常情况，接受求救信息和报警信息，并迅速传递到管理中心，从而实行紧急救援。

4. GPS 的特点

(1) 定位精度高。经应用实践证明，GPS 相对定位精度在 50km 以内可达 10^{-6}，100～500km 可达 10^{-7}，1 000km 可达 10^{-9}。在 300～1 500m 工程精密定位中，1h 以上观测的平面位置误差小于 1mm。

(2) 定位快速、高效。随着 GPS 系统软件的不断更新升级，实时定位所需时间也越来越短。目前，20km 以内相对静态定位，仅需 15～20min；快速静态相对定位测量时，当每个流动站与基准站相距在 15km 以内时，流动站观测时间只需 1～2min，然后可随时定位。目前 GPS 接收机的一次定位和测速工作在 1s 甚至更短的时间内便可完成。

(3) 功能多样、应用广泛。GPS 系统不仅能够定位导航，还具有跟踪、监控、测绘等功能。作为军民两用的系统，尤其是在民用领域应用广泛。GPS 系统还可用于测速与测时等。

(4) 测算三维坐标。常用的大地测量方式是将平面与高程采用不同方法分别施测，而 GPS 可同时精确测定测站点的三维生标。目前 GPS 甚至可满足四等水准测量的精度。

(5) 操作简单。随着 GPS 接收机不断改进，自动化程度越来越高，极大简化了操作步骤，使用起来更方便；接收机的体积越来越小，重量越来越轻，在很大程度上减轻了使用者劳动强度和工作压力，使工作变得更加轻松简单。

(6) 全天候，不受天气影响。由于 GPS 卫星数目较多且分布合理，所以在地球上任何地点均可连续同时观测到至少 4 颗卫星，从而保障了全球、全天候连续实时导航与定位的需要。目前 GPS 观测可在一天 24h 内的任何时间进行，不受阴天黑夜、起雾刮风、下雨下雪等不良气候的影响。GPS 还广泛应用在天文台、通信系统基站、电视台的精确定时，道路、桥梁、隧道的施工。

本 章 小 结

本章首先介绍了物联网的基本构成及其技术架构，在此基础上，介绍了 EPC 的概念、特点、产生背景及管理体制，对 EPC 系统的各构成部分进行了详细的介绍。介绍了 RFID

的定义、特点，详细阐述了 RFID 系统构成及其工作原理。对于物联网的通信技术：移动通信技术、近距离无线通信技术及有线通信技术分别进行了介绍，对各种通信技术的优缺点进行了比较分析。介绍了 GIS 的概念、特点、分类，并对其应用领域进行了分析介绍。阐述了 GPS 的概念、特点，以及 GPS 系统的组成和功能。通过本章的学习，可从总体上了解物联网的体系架构，并对其中的各项技术进行全面了解。

习　题

1. 选择题

(1) 物联网跟人的神经网络相似，通过各种信息传感设备，把物品与互联网连接起来，进行信息交换和通信，下面(　　)是物联网的信息传感设备。

A．RFID 芯片　　B．红外感应器
C．全球定位系统　　D．激光扫描器

(2) 物联网是把(　　)融为一体，实现以全面感知、可靠传送、智能处理为特征的连接物理世界的网络。

A．传感器及 RFID 等感知技术　　B．通信网技术
C．互联网技术　　D．智能运算技术

(3) RFID 属于物联网的(　　)。

A．感知层　　B．网络层　　C．业务层　　D．应用层

(4) RFID 系统的主要构成有(　　)。

A．电子标签　　B．阅读器
C．RFID 中间件和应用系统　　D．软件

(5) 下列(　　)不是物联网的组成系统。

A．EPC 编码体系　　B．EPC 解码体系
C．射频识别技术　　D．EPC 信息网络系统

(6) 物联网产业的关键要素是(　　)。

A．感知　　B．传输　　C．网络　　D．应用

(7) RFID 系统解决方案的基本特征有(　　)。

A．机密性　　B．完整性　　C．可用性　　D．真实性

(8) 下列(　　)不属于无线通信技术。

A．数字化技术　　B．点对点的通信技术
C．多媒体技术　　D．频率复用技术

(9) 蓝牙的技术标准为(　　)。

A．IEEE 802.15　　B．IEEE 802.2
C．IEEE 802.3　　D．IEEE 802.16

(10) 下列(　　)不属于 3G 网络的技术体制。

A．WCD MA　　B．CDMA 2000
C．TD-SCDMA　　D．IP

2. 判断题

(1)“物联网”被称为继计算机、互联网之后世界信息产业的第三次浪潮。 ( )

(2) 物联网的实质是利用 RFID 技术通过计算机互联网实现物品(商品)的自动识别和信息的互联与共享。 ( )

(3) 物联网是继计算机、互联网和移动通信之后的又一次信息产业的革命性发展。目前物联网被正式列为国家重点发展的战略性新兴产业之一。 ( )

(4) 感知层是物联网识别物体、采集信息的来源，其主要功能是识别物体采集信息。 ( )

(5) 应用层相当于人的神经中枢和大脑，负责传递和处理感知层获取的信息。 ( )

(6) 物联网的核心和基础仍然是互联网，它是在互联网基础上的延伸和扩展的网络。 ( )

(7) 物联网的目的是实现物与物、物与人、所有的物品与网络的连接，方便识别、管理和控制。 ( )

(8) 物联网目前的传感技术主要是 RFID。植入这个芯片的产品，是可以被任何人进行感知的。 ( )

(9) 目前物联网的主要模式还是客户通过自建平台、识读器、识读终端然后租用运营商的网络进行通信传输。 ( )

(10) RFID 实际上是自动识别技术(Automatic Equipment Identification，AEI)在无线电技术方面的具体应用与发展。 ( )

(11) 物联网是互联网的应用拓展，与其说物联网是网络，不如说物联网是业务和应用。 ( )

(12) GPS 属于网络层。 ( )

(13) 物联网是新一代信息技术，它与互联网没任何关系。 ( )

(14) 物联网就是物物互联的无所不在的网络，因此物联网是空中楼阁，是目前很难实现的技术。 ( )

(15) 能够互动、通信的产品都可以看作是物联网应用。 ( )

3. 简答题

(1) 物联网的关键技术有哪些？

(2) 简述物联网感知技术构成。

(3) 什么是产品电子编码？EPC 编码原则是什么？

(4) EPC 编码由几部分组成？有几种类型？

(5) 什么是射频识别技术？和条码技术相比，它具有哪些特点？

(6) RFID 系统由哪些要素构成？其工作原理如何？

(7) 物联网信息网络技术有哪些？

(8) 简述 ZigBee、WiFi、WiNAX、Bluetooth 技术的优缺点。

(9) 简述三网融合技术的技术实现。

(10) 简述 GSM、CDMA、TD-SCDMA、WCDMA、GPRS 移动通信技术的优缺点。

(11) 什么是 GIS 技术？GIS 具有什么特点？

(12) GIS 的主要应用领域有哪些？
(13) 什么是 GPS 技术？GPS 有哪些特点？GPS 由哪几部分组成？
(14) GPS 具有哪些功能？可在哪些领域应用？

案例分析

给我一个物联网我可以感知地球

在法国和瑞士之间，阿尔卑斯山高拔险峻，伫立在欧洲的北部。高海拔地带累积的永久冻土与岩层历经四季气候变化与强风的侵蚀，积年累世所发生的变化常会对登山者与当地居民的生产和生活造成极大影响，要获得这些自然环境变化的数据，就需要长期对该地区实行监测，但该区的环境与位置，决定了根本无法以人工方式实现监控。在以前，这一直是一个无法解决的问题。

但不久前，一个名为 Perma Sense Project 的项目使这一情况得以改变。Perma Sense Project 计划希望通过物联网(Internet of Things，IoT)中无线感应技术的应用，实现对瑞士阿尔卑斯山地质和环境状况的长期监控。监控现场不再需要人为的参与，而是通过无线传感器对整个阿尔卑斯山脉实现大范围深层次监控，包括：温度的变化对山坡结构的影响以及气候对土质渗水的变化。参与该计划的瑞士巴塞尔大学、苏黎世大学与苏黎世联邦理工学院，派出了包括计算机、网络工程、地理与信息科学等领域专家在内的研究团队。据他们介绍，该计划将物联网中的无线感应网络技术应用于长期监测瑞士阿尔卑斯山的岩床地质情况，所搜集到的数据除可作为自然环境研究的参考外，经过分析后的信息也可以作为提前掌握山崩、落石等自然灾害的事前警示。熟悉该计划的人透露，这项计划的制订有两个主要目的：一是设置无线感应网络来测量偏远与恶劣地区的环境情况；二是收集环境数据，了解变化过程，将气候变化数据用于自然灾害监测。

近年来，地震、海啸等地质灾害频发，给人类生命生活带来严重影响，人们开始认识到，全球变暖让全世界处于同一个危险的边缘，人类需要更加重视自然环境的变迁，更加关注如何通过科技因应自然环境的变化。

在澳大利亚的昆士兰，人们正在尝试“智慧桥”的试验。通过在一座大桥上安装各种各样的传感器，不仅可以告诉城市管理者桥上有多少车、车的重量是多少、车的污染是多少、车是新车还是旧车，也可以告诉人们这辆车对这座桥整个混凝土的结构带来多大的压力。由此，交通管理部门可以进行实时评估，获得这座桥结构强度的数据，一旦压力超出了所设定的极限值，交通管理部门就可以获得警报，及时发现。

在新加坡，人们能像获得天气预报一样，获得交通堵塞预报。通过埋在路上的传感器和红绿灯上的探头，司机不仅可以看到什么地方在堵车，还能够提前预测，什么地方过 10 ~ 20 分钟会堵车，从而选择更为通畅的道路行驶。

在纽约，一个应用于公共安全的智能城市快速反应系统已经建立，也就是“犯罪信息仓库”。通过这些信息仓库的信息，纽约警察可以对犯罪分子的行为有更多的了解，也就是说一旦一种犯罪的行为出现一点点苗头，纽约的警察就可以根据这些信息作出预测，防止类似犯罪行为发生。

瑞典斯德哥尔摩建立了智慧交通体系，按照不同的拥堵程度对交通收费。通过这样智慧的交通体系，斯德哥尔摩整个汽车使用量降低 25%，碳排放量降低 14%，在环保、防止污染等方面取得了比预期更好的效果。在人均碳排量方面，成为欧洲的佼佼者，平均每人碳排放量降到 4 吨/年；而欧洲平均是每人 6 吨/年，美国是 20 吨/年。

饱受食品安全危害的中国，从 2008 年北京奥运会开始已经在逐步实施智能的食品追溯体系，食品从农场，到市场，到市民手中都被纳入到这个追溯体系之中，一旦出现食品方面的问题，可以及时地找到事故根源。

形形色色的传感技术、通信技术、无线技术、网络技术共同组成了以物联网为核心的智慧网络。亚里士多德曾说过“给我一个支点我可以撬起地球”，而今随着技术的发展，这句豪言完全可以与时俱进地改为：“给我一个物联网我能够感知地球”。

(资料来源：CIO 时代网，中国物联网(www.ciotimes.com))

分析与讨论：

1. 试阐述“感知城市”在现代城市管理领域中的作用。
2. 结合自己的专业谈谈物联网的主要应用领域，并描述物联网的应用前景。

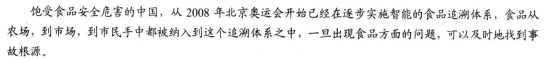

第 3 章　基于物联网技术的智能交通系统

【教学目标】

- 了解智能交通系统的概念和主要内容；
- 掌握智能交通系统与物联网之间的相互关系；
- 理解物联网环境下智能交通系统的模型和架构。

【章前导读】

在交通高峰期，科隆市的中心区域只有约 25%的司机可以不必排队而方便地找到停车位。为了改善这一交通状况，1986 年科隆市政府引入了一个停车引导系统。系统监视着 3 个市中心停车区域的 29 个停车场，通过自动对进入和离开每个停车场的车辆进行计数来统计所有的空闲停车位，并通过中央停车管理系统进行处理，并实时地在 74 个动态的电子显示屏上显示出来。而且，这些信息也通过 Internet 进行传播，使得人们可以在离开家门前确认自己在到达目的地时是否可以找到一个空闲的停车位。这个停车诱导系统的使用，使得科隆市中心寻找可用停车位的车辆减少了 30%，高达 88%的司机对该系统表示满意与欢迎。

思考题：进入和离开每个停车场的车辆是如何自动计数的？

3.1 智能交通系统概述

20 世纪 80 年代以来，世界各发达国家虽然已经基本建成了四通八达的现代化国家道路网，但随着经济的发展，路网通过能力满足不了交通量日益增长的需要。日本、美国和西欧等发达国家为了解决共同面临的交通问题，竞相投入大量资金和人力，开始大规模地进行道路交通运输智能化的研究试验。随着研究的不断深入，系统功能扩展到道路交通运输的全过程及其相关服务部门，成为带动整个道路交通运输现代化的“智能交通系统”。

3.1.1 智能交通系统的概念

随着经济的发展，现代交通运输正迈向新纪元，与社会经济生活的联系更加紧密。道路交通已成为最重要的地面交通方式之一，但它在为人们的生活提供便利的同时，也产生了一系列环境和社会问题。随着城市化进展的加快和汽车普及率的提高，城市交通拥挤和阻塞现象日益严重，交通事故频频发生，交通环境逐渐恶化。而且随着经济建设和城市规模的加速发展，对外交流的日益频繁和人们物质文化生活水平的提高，交通需求也日益增加。据统计，世界上各种车辆的增长速度为道路增长速度的 2～3 倍。

交通系统是一个相当复杂的大系统，单独从车辆方面考虑或者单独从道路方面考虑，都很难从根本上解决问题。20 世纪 80 年代以来，世界各发达国家虽然已经基本建成了四通八达的现代化国家道路网，但随着社会经济的发展，路网通过能力已满足不了交通量增长的需求。

电子技术、通信技术、计算机技术和人工智能的发展为解决交通问题提供了新的思路，世界各国发现将模式识别和电子信息技术引入交通系统，能够对道路网络和城市交通进行更有效的控制和管理，以提高交通的机动性、安全性，最大限度地发挥现有道路系统的交通效率。因此他们不断扩大研究、开发和试验的范围，智能交通系统(Intelligent Transport System，ITS)应运而生。所谓智能交通系统，就是将先进的信息技术、数据通信传输技术、电子传感技术及计算机处理技术等有效地集成运用于整个地面交通管理系统而建立的一种在大范围内、全方位发挥作用的实时、准确、高效的综合交通运输管理系统。

ITS 的目标和功能包括：提高交通运输的安全水平；减少交通堵塞，保持交通畅通，提高运输网络通行能力；降低交通运输对环境的污染程度并节约能源；提高交通运输生产效率和经济效益。智能交通系统已成为 21 世纪现代化交通运输体系的重要发展方向。国内外近 20 年的研究表明，实行 ITS，可使道路的通行能力提高 2～3 倍，有效提高交通运输效率，可使交通拥挤降低 20%～80%，油料消耗减少 30%，废气排放减少 26%，产生巨大的经济效益和社会效益。

3.1.2 智能交通系统的主要内容

智能交通系统是一个复杂的综合性系统，从系统组成的角度可分成以下子系统。

1. 先进的交通信息服务系统

先进的交通信息服务系统(Advanced Transportation Information System，ATIS)是建立在

完善的信息网络基础上的。交通参与者通过装备在道路上、车上、换乘站上、停车场上，以及气象中心的传感器和传输设备，向交通信息中心提供各地的实时交通信息；ATIS 得到这些信息并通过处理后，实时向交通参与者提供道路交通信息、公共交通信息、换乘信息、交通气象信息、停车场信息，以及与出行相关的其他信息；出行者根据这些信息确定自己的出行方式，选择路线。更进一步，当车上装备了自动定位和导航系统时，该系统可以帮助驾驶员自动选择行驶路线。

2. 先进的交通管理系统

先进的交通管理系统(Advanced Transportation Management System，ATMS)有一部分与 ATIS 共用信息采集、处理和传输系统，但是 ATMS 主要是给交通管理者使用的，用于检测、控制和管理公路交通，在道路、车辆和驾驶员之间提供通信联系。它将对道路系统中的交通状况、交通事故、气象状况和交通环境进行实时的监视，依靠先进的车辆检测技术和计算机信息处理技术，获得有关交通状况的信息，并根据收集到的信息对交通进行控制，如信号灯、发布诱导信息、道路管制、事故处理与救援等。

3. 先进的公共交通系统

先进的公共交通系统(Advanced Public Transportation System，APTS)的主要目的是采用各种智能技术促进公共运输业的发展，使公交系统实现安全便捷、经济、大运量的目标。如通过个人计算机、闭路电视等向公众就出行方式和事件、路线及车次选择等提供咨询，在公交车站通过显示器向候车者提供车辆的实时运行信息。在公交车辆管理中心，可以根据车辆的实时状态合理安排发车、收车等计划，提高工作效率和服务质量。

4. 先进的车辆控制系统

先进的车辆控制系统(Advanced Vehicle Control System，AVCS)的目的是开发帮助驾驶员实行本车辆控制的各种技术，从而使汽车行驶安全、高效。AVCS 包括对驾驶员的警告和帮助、障碍物避免等自动驾驶技术。

5. 货运管理系统

货运管理系统(Freight Management System，FMS)指以高速道路网和信息管理系统为基础，利用物流理论进行管理的智能化的物流管理系统。综合利用卫星定位、地理信息系统、物流信息及网络技术有效组织货物运输，提高货运效率。

6. 电子收费系统

电子收费系统(Electronic Toll Collection System，ETC)是目前世界上最先进的路桥收费方式。通过安装在车辆挡风玻璃上的车载器与在收费站 ETC 车道上的微波天线之间的微波专用短程通信，利用计算机联网技术与银行进行后台结算处理，从而达到车辆通过路桥收费站不需停车也能交纳路桥费的目的，且所交纳的费用经过后台处理后清分给相关的收益业主。在现有的车道上安装电子不停车收费系统，可以使车道的通行能力提高 3～5 倍。

7. 紧急救援系统

紧急救援系统(Emergency Manage System，EMS)是一个特殊的系统，它的基础是 ATIS、

ATMS 和有关的救援机构和设施，通过 ATIS 和 ATMS 将交通监控中心与职业的救援机构联成有机的整体，为道路使用者提供车辆故障现场紧急处置、拖车、现场救护、排除事故车辆等服务。

从信息流的角度，智能交通系统又可分成信息采集、信息管理与信息发布 3 个部分。

1) 信息采集

实时采集交通系统中的各种信息，包括道路中的车流状况、交通事故、交通违章、道路施工等信息，并作初步统计，然后进行存储。

2) 信息管理

完成对原始数据的加工和分析，提炼出对交通管理有指导意义的知识，同时合理地(采用集中或分布方式)存储系统中的各种信息资源，并保证系统中信息的规范化。

3) 信息发布

将经过整理的实时信息及分析后的预测信息通过各种方式(无线通信、有线广播、电子显示屏、Internet 和车载器等)向出行者及驾驶员发布。

在这 3 部分中，交通信息采集部分作为一个庞大的城市智能交通控制系统的输入部分，担负着提供准确可靠的信息以使整个系统得以顺利运行的重要责任，是系统中最基础的部分。在实际的城市交通管理系统中，一个好的交通监测和信息采集系统可对任一时段内的道路交通动态信息实时地进行翔实准确的报道，提供多种实用的交通数据，进而为交通管理提供决策依据，同时它还能够监测车辆的违章和交通事故的发生，并做出客观的记录，迅速地进行反馈，便于高效率地处理故障，疏通交通。

3.1.3 智能交通系统的特征

ITS 作为交通运输领域新兴的技术，包括了诸多子系统，可以说涉及了交通运输领域的方方面面。从整个系统的角度看，ITS 与传统的交通工程相比，具有信息化、智能化、综合化、协调化和以人为本的特征。

1. 信息化

信息化是 ITS 的基本特征。从广义上，ITS 可以说是信息技术在交通领域的具体应用。信息技术的基本内容可以认为是利用感测系统、通信系统、信息处理系统和控制系统，对自然和人工的信息进行采集、传输、处理，并且最终作用于外部世界。对于 ITS 系统，无论功能如何，其主要手段都是利用现代技术手段，对人、交通工具、路、交通环境的实时信息进行采集，经传输、处理后成为交通策略信息和控制信息加以发布和应用。从信息技术的角度来看，感测技术用于获得车流量参数、路面参数、气象、收费数据等；通信技术用来传输获得的信息以及等待继续加工的信息；信息处理技术用于分析交通参数，对交通状况进行监控，预测交通事故，选择交通控制策略；控制技术则利用发布加工处理后的信息对处于交通环境中的交通工具进行管理和协调。因此信息技术贯穿于 ITS 的各个环节，是 ITS 的基础。正是对于交通信息多渠道、多方式、深层次的应用，才使得 ITS 与传统意义上的交通工程技术区别开来。

2. 智能化

智能化是 ITS 的本质特征，交通系统正是具有了智能化，才可以认为是真正意义上的 ITS。智能化要求系统的形成原理符合知识工程的要求，通过知识工程的方法、技术、手段解决知识的获取、形式化和计算机实现；要求系统的功能具备识别能力、判断能力、逻辑推理能力、学习能力、人工辅助决策能力；要求系统的结构具有机器感知、机器学习、机器识别和知识库、模型库等组成部分。交通系统在具备信息化的基础上，应符合上述要求，才能称之为真正的 ITS。对信息进行简单的采集、传输、处理和发布，仅仅是 ITS 发展的初级阶段。

3. 综合化

ITS 是一个复杂的、开放的巨系统，涉及交通运输系统的各个方面，包括公路、铁路、水运、航空等各种运输方式；研究对象包括人、交通工具、路、交通环境及其之间的相互关系；应用领域包括出行者信息服务、交通管理、紧急事件管理、电子收费、公共交通管理等。众多部门、系统、技术手段、终端等都被纳入到了 ITS 的范畴，因此，综合化是 ITS 的一个重要特征。

4. 协调化

协调化是 ITS 的另一个重要特征。ITS 涉及的部门众多，多种系统、技术、终端、实施环节都需要组织与协调。因此，各部门权责的划分、各种 ITS 技术标准的制定始终是 ITS 研究与应用工作的难点和重点。

5. 以人为本

传统交通工程研究的对象主要是车、路、交通基础设施，对人的因素考虑不多；ITS 则较多地考虑了人的因素，从系统使用者的角度出发去考虑如何使得出行者能够获得更好、更人性化的服务，因此以人为本是 ITS 的重要特征。

与传统的交通工程相比，应用 ITS 有以下主要优势：在不大量增加交通基础设施建设投资的情况下显著改善行车安全；在不大量增加交通基础设施建设投资的情况下显著提高行车效率，减少能源消耗，减轻交通对环境的影响，提高社会生产力和竞争力；强化以信息化为主导的行业发展方向，提高整个交通运输系统的机动性。

3.2 物联网技术与智能交通系统

3.2.1 智能交通与物联网之间的关联

智能交通是一个很宽泛的概念，其主要特点是将先进的信息技术、数据通信传输技术、电子控制技术、传感器技术，以及计算机处理技术等有效地综合运用于整个运输系统，从而建立起的一种在大范围内、全方位发挥作用的实时、准确、高效的运输综合管理系统。其目的是使人、车、路密切的配合，和谐的统一，极大地提高交通运输效率，保障交通安全，缓解交通问题，改善环境质量和提高能源利用率。

智能交通领域是物联网重要的应用领域，也是物联网最有可能取得产业化成功的行业之一。ITS 所涉及的技术较多，从数据的采集到信息的发布和共享，其中涉及各种技术且跨度较大，但稍加对比不难发现，ITS 许多方面都与物联网技术息息相关，两者之间有着天然的联系。

(1) 物联网具有强大的数据采集功能，可为 ITS 提供较为全面的交通数据。底层的数据是系统的基础。ITS 离不开基础数据的采集，ITS 需要时刻不间断地掌握路网上的交通信息才能有效地控制和管理道路交通。实时、准确和全面的交通数据是智能交通系统高效运行的基本保障。物联网最重要和本质的特点就是实现物物相连，只要嵌入有电子标签的物体都可以成为被采集的对象。大量交通参与者，无论是人或车，甚至是道路相关设施的信息都将快速地汇集到物联网中，利用物联网 ITS 可以方便地采集到路面上各类交通数据。

(2) 物联网可为交通数据的传输提供良好的渠道，为交通信息的发布提供广阔的平台。物联网本身就是一个巨大的信息传输渠道，ITS 如果能与物联网无缝的连接，利用物联网的底层传输体系，通过有线和无线传输方式，ITS 所需的交通数据即可实现从采集设备到处理中心的传输。ITS 在实际应用中不仅需要底层的设备为上层提供数据，有时上层也会有向下传送相关指令的要求，也就是说，ITS 中数据或信息的传输不是单向的，兼有上传和下行的需求。ITS 最终要为出行者服务，系统所提供的交通信息应在第一时间内发送给尽可能多的出行者。物联网则是这方面的理想选择，无论是信息传播的深度还是广度，物联网都具有其他方式所无法比拟的优势，其为 ITS 信息的发布提供了一个良好而宽广的平台。

3.2.2 物联网技术在智能交通系统中的应用

1. 交通执法管理

基于 RFID 技术的交通管理系统结合“电子眼”，利用地感信号和“时空差分”等技术对超速行驶、逆向行驶、路口变道等违章行为实现准确的检测与判定，信息数字化实现交通违规、违章的处罚。

在特定情况下，公安部门往往需要对某些特定车辆在某特定区域内运行状态全过程进行记录及回溯。基于 RFID 技术的交通管理系统通过前端基站对车载标签的识读以及后台信息系统对于数据的有效管理，可以查看历史行车记录信息，以及进行查询结果的数据分析等。

2. 需求管理

对进入交通流量很大的城市中心区域的车辆收取一定的拥堵费，会缓解城市中心区的交通压力，将可能大大改善城市的道路交通及城市空气质量。伴随着日益恶劣的交通状况，国内的一些大城市，如北京、上海、深圳也开始考虑采取收取“道路拥堵费”的方式来解决交通拥堵的问题。基于 RFID 的智能交通管理系统可以在收费的技术层面发挥巨大的作用。当车辆通过某路口进入收费区域时，设置在路口的基站检测到该车时，即可将与该车相关的信息传入到数据中心，系统会自动将费用从车主的账户中扣除，甚至可以考虑根据车辆在中心区的逗留时间及行程来对收取拥堵费的多少进行调节。

3. 交通诱导

交通诱导系统指在城市或高速公路网的主要交通路口，布设交通诱导屏，为出行者指示下游道路的交通状况，让出行者选择合适的行驶道路，既为出行者提供了出行诱导服务，同时调节了交通流的分配，改善交通状况。智能交通诱导功能还需要能够接收来自车载终端的查询功能，依据 RFID、GPS 等对车辆进行定位，根据车辆在网络中的位置和出行者输入的目的地，结合交通数据采集子系统传输的路网交通信息，为出行者提供能够避免交通拥挤、减少延误及高效率到达目的地的行车路线。在车载信息系统的显示屏上给出车辆行驶前方的道路网状况图，并用箭头标示建议的最佳行驶路线。

4. 紧急事件处理

利用 RFID 技术、检测及图像识别技术，对道路中的交通事件进行检测并进行报警，然后利用基于 RFID 的定位技术对事件发生地点进行定位，通知有关部门派遣救援车辆。当救援车辆接受派遣前往事发地点时，利用 RFID 对该特定车辆的识别，系统开始对救援车辆的运行进行管理。交通控制中心计算机计算最短行驶路径，使得通过此路径的救援车辆将以最短时间到达出事地点。在这条路径设置有基站，当车辆通过时路径信息将会被基站接收，然后传输到数据中心。最后，在救援车辆通过的线路上，可以采用信号优先控制，所有交叉口的绿灯时间调整至最大，保证救援车辆优先通过，从而使救援车辆以最快的速度到达出事地点。同时，系统可以向十字路口的车辆和行人发出警报，告诉他们紧急车辆即将到达。此外，交通信息中心通过网络系统可以向其他车辆提供事件地点及其周围的交通信息。

5. 其他

由于 RFID 可以记录车辆的行驶轨迹，因此可以得到出行的 OD 信息，该信息数量巨大，同时也比较准确，可以为交通规划和基础设施布设提供很好的数据支撑。另外，RFID 技术提供了极为宝贵的与司机行为有关的信息，可以对这些数据进行分析，研究出行者行为，对交通模式进行判断。利用获得的出行者行为的历史数据，可以更好地对路网的状态进行预测。

3.2.3 智能交通系统对物联网技术的需求分析

由于 ITS 主要应用对象是通过感知手段获取的交通要素信息，因此交通运输行业发展物联网需要从构建交通要素身份认证体系、构建交通要素信息精准获取体系、构建物联网环境下 ITS 模型这 3 方面入手。

1. 构建智能交通主体认证体系

智能交通运输行业发展物联网的核心在于为交通要素(交通对象、交通工具、交通基础设施)建立起以身份特征信息为核心的、可靠的、唯一对应的“电子镜像”，然后依托以 RFID、传感器、网络传输为主的系列信息技术手段，将这一“电子镜像”真实、可靠、完整、动态地映射到应用系统的数字化平台上，通过广义的处理方式，对“电子镜像”进行系统性、智能化分析与处理，从而实现对交通要素物理实体的监管、协调控制和服务。交通要素身份识别是构建物联网的基础。所谓交通要素身份识别，通俗说就是给交通对象、交通工具、交通基础设施这些交通要素赋予全球唯一的识别码，一物一码，再将它们的唯一识别码联成身份认证系统。

在现有的交通信息化和智能交通发展基础上，需要进一步促进 RFID、物联网感知等技术在交通管理、运输工具管理，以及其他方面的应用，构建“运输精准管理体系”“车联网体系”，以及“出行移动支付体系”，从而有效实现运输工具和交通对象这两大交通要素的身份识别和认证。

2. 统一信息化系统数据标准

交通要素的信息获取体系主要是实时获取交通要素的相关状态信息与动态运行信息。目前交通运输行业已经应用了大量的交通传感器，来实时“采集”交通系统的状态、动态运行信息。如通过“感应线圈”“视频检测”“微波检测器”“GPS 卫星定位”等传感器技术采集车辆、道路系统的运行信息；通过二维码等技术采集货物的身份和状态信息。

由于过去普遍采用“功能—信息”这一发展模式，各功能子系统“采集”的交通要素信息相互独立，而且存在信息重复采集现象；同时由于各子系统的数据接口标准未统一，造成采集的交通要素信息难以互联共享。因此，要构建“物物感知”和“物物协同”的智能交通运输新体系，势必需要构建互联共享、融合协同的交通要素信息获取新模式，在现有的交通数据采集系统的基础上，需要开展以下两方面工作。

(1) 制定交通信息化子系统数据输入输出接口标准。通过制定各交通信息化子系统应用的交通传感器的数据输入标准，规范所采集的交通要素信息的存储格式；通过制定各交通信息化子系统的数据输出标准，规范各子系统所能提供的交通要素信息的接口格式。从而为各交通信息化子系统所采集的交通要素信息融合提供基础，有效构建交通运输信息获取新体系。

(2) 建立基于 RFID 身份识别的交通要素信息采集体系。RFID 技术是物联网最重要、最核心的基础技术之一，未来的交通要素很大一部分需要通过 RFID 技术唯一化的接入互联网络。因此有必要研究基于 RFID 身份识别的信息获取、信息处理和信息融合技术体系。

3. 建立物联网环境下的 ITS 模型

通过建立智能交通系统模型，将物理世界的交通对象、交通工具、交通基础设施等交通要素同虚拟世界交通要素建立镜像关系，基于智能化的数学方式实时再现交通运输系统运行状态，实现对交通运输系统海量物联信息的分析、管理和显示，为交通对象、交通工具、交通基础设施的互动提供系统决策支持，以实现系统功能的智能化和系统运行的最优化。

3.3 物联网环境下智能交通系统模型和架构

物联网技术环境下的 ITS 是开放复杂的巨系统，因而 ITS 的系统建模具有一般开放复杂巨系统建模的共性问题。此外，ITS 的系统建模问题还具有以下几个特点：①人的因素的处理问题；②人机关系的处理问题；③智能模型的建立与应用问题；④信息在模型中的作用问题。本节针对以上 4 方面问题，以现有智能交通系统模型为基础，构建新环境下的 ITS 模型和架构。

3.3.1 物联网下的 ITS 对传统 ITS 的变革

从理论分析来看，物联网的最大价值在于未来对信息资源的掌控利用。物联网体现了战略信息管理与战略信息系统构建的思想与手段，演变为泛指统领性的、全局性的、长期性的，突破部门、组织、地域、时间，以及计算机本身的束缚，通过物物感知的多元化“蜘蛛式神经网络”，将信息资源作为一种经济资源、管理资源、竞争资源开发利用。物联网下的 ITS 体现了对传统 ITS 的变革，包括以下几个方面。

1. 信息管理与信息系统构建模式变革

传统 ITS：“业务功能→信息系统”模式。由于各种交通运输业务功能相互独立，构建的各种交通信息系统往往也是相互独立，信息孤岛多，重复建设多，信息共享与集成管理运用困难。

物联网下的 ITS：“战略信息管理与战略信息系统→目标与功能→信息资源服务”模式。这种模式更强调的是从战略信息管理与战略信息系统的角度，从总体交通系统目标定位，对不同交通功能子系统实行标准一致的信息系统与管理的构建，实现不同交通信息子系统的共享与集成，从而有效采集与发布交通信息并开发利用交通信息资源，实现多模式综合交通运输服务水平的不断提高，使交通更便捷、更节能、更环保。

2. 技术手段的变革

传统 ITS：通过传感器、车辆 GPS、视频监控及检测技术、通信信息技术、互联网技术、数据库技术，以及交通运输优化建模技术能够实现一定功能与一定区域范围内的交通智能化。

物联网下的 ITS：通过为交通工具、交通对象、交通基础设施建立身份特征，尤其是 RFID 的使用，为交通动态信息的标示与识别提供了信息采集的途径，通过泛在网络通信技术、无线通信技术、云计算技术可以实现跨业务功能、跨区域的交通系统定位、跟踪、监控等一体透明化管理，使交通技术更准、更快、更透明、更智能。

3. 开发运营模式的变革

传统 ITS：开发运营模式为政府投资→政府运营，作为市场主体的企业参与度有限，系统投资于运营规模效益并没有有效发挥。

物联网下的 ITS：开发运营模式为以政府为主导、以企业(包括应用行业、物联网企业、银行、保险等)为联合投资主体，建立以市场为导向的供应链管理运营模式，运营组织更强、更大、更稳。

4. 功能价值的变革

传统 ITS：功能价值主要体现为对不同时空的交通功能子系统智能化的实现，是局部交通的改善。

物联网下的 ITS：处在物联网下的 ITS 的功能价值体现为对不同时空的交通功能子系统及其之间智能化的实现，是局部与整体交通的改善，其智能化水平和交通信息资源的利用有质的飞跃，是一种依靠资源、形成资源、凭借资源进行应用服务而获得经济效益的可持续发展经济模式。它不仅有效带动交通运输上下游行业的快速发展，而且能带动与交通运输相关的物联网产业有效发展，同时极大提高交通运输业信息化水平，加速向信息服务行业的转变，在 ITS 物联网环境中实现智能运输电子政务、智能运输业务和智能运输公众服务等领域一体化管理。

3.3.2　物联网环境下智能交通系统模型

通过对现有智能交通系统模型的研究，并结合物联网技术内容和物联网架构的相关特点，建立物联网环境下的智能交通系统服务功能模型和网络层次模型。

1. 物联网环境下智能交通系统的服务功能模型

在物联网技术广泛应用的背景下，智能交通系统所提供服务的领域更为广阔。通过分析不同用户各方面的需求和交通系统可提供的服务种类，能更好地发挥物联网技术与智能交通系统的作用，提高基础设施的利用率。图 3.1 为 ITS 的服务功能模型。

ITS 系统控制中心主要负责交通流控制、车辆智能识别、车辆停泊统筹管理、公共车辆时间规划、城市交通基于统计知识的交通规划与管理；在应用层面分为 3 个方面：应用服务、建维管理和运行管控。

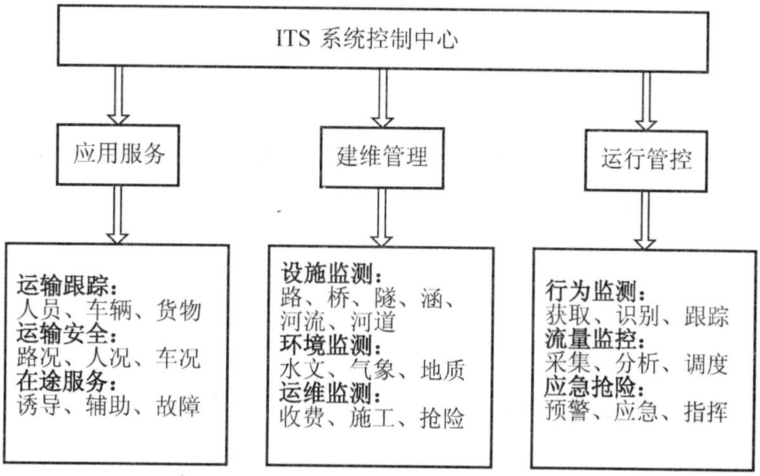

图 3.1　物联网环境下智能交通系统服务功能模型

在应用层面中核心的部分是基础信息、数据的采集与实时发布。在应用服务中，交通信息中心收集路况信息、实时天气状况，同时包含公共车辆的日程安排、路网的数字化地图以及一些特定条件下的路径引导算法，传送给管理部门和需要信息服务的旅行者，用户可根据需要选取相应的信息；建维管理则对交通运输过程涉及的静态设施和环境信息进行定时采集和处理，并根据实际状况进行信息应用；运行管控是体现物联网智能交通系统特点的重要组成部分，其核心部分在于信息的反馈与控制，着重运输行为的调度、货物的运输路线规划，并对车辆和运行环境的安全性提出更高要求。

2. 物联网环境下智能交通系统的网络层次模型

物联网环境下智能交通系统的网络层次模型如图 3.2 所示。首先，基于物联网的 ITS 的具体应用是基于相关硬件基础设施(车辆、人员、环境)，包括路本身和辅助性设施，如信标、路边传感器等基础感知工具或信息采集终端均属于感知层。其次，基于物联网的 ITS 强调信息的共享及充分利用，信息在各个子系统的动态运行及选择由网络层来完成，包括短程微波通信、卫星、光缆通信、Internet、无线移动通信等相关技术和基础内容；同时网络层还包含信息的提取、处理、存储功能，并针对不同部门或不同服务的要求提供不同的信息。第三，应用层划分为服务应用和反馈控制两方面内容。服务应用包括基于统计知识的专家系统，如公共车辆日程安排、辅助决策、自适应处理，如根据实时交通流信息调整交通灯以及用户对交通信息的实时查询；反馈控制一方面根据智能层所提供的功能用于不同的服务领域进行交通管理或信息处理，另一方面根据不同的服务需求不断地对智能层的功能进行扩展。

总之，基于物联网的智能交通系统作为一个开放的网络体系，感知层的信息采集、网络层的传输方式和信息处理、应用层的服务范围和水平都会随着科技的进步与人们需求的增长不断扩展与提高。

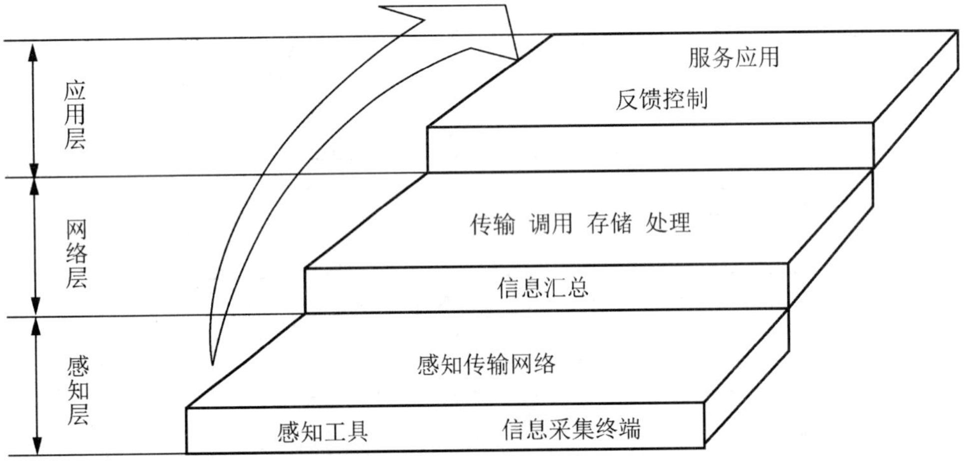

图 3.2 物联网环境下智能交通系统的网络层次模型

3.3.3 物联网环境下智能交通系统架构

综合物联网环境下智能交通系统的服务功能模型和网络层次模型，结合物联网技术需求分析和智能交通系统技术构成，针对 ITS 基本机构应用的关键技术进行归属划分，得到基于物联网的智能交通系统架构如图 3.3 所示，它包括感知层、网络层、应用层 3 部分内容。

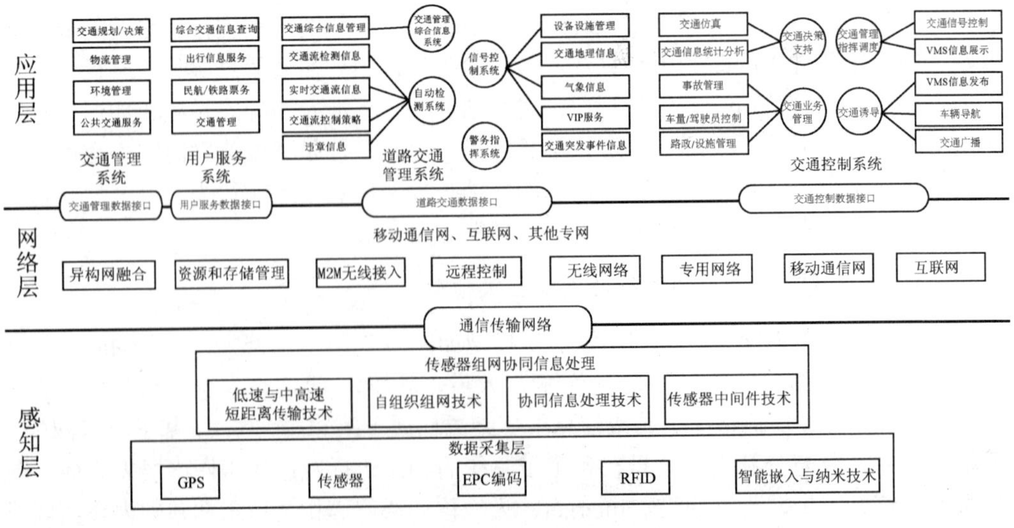

图 3.3 物联网环境下智能交通系统架构示意图

1. 感知层

图 3.3 处于最下方的为感知层，是该体系的末端神经，也是物联网技术在智能交通中应用的基础层面，它为上层的作业控制和业务管理等提供高效的信息交互技术手段，为整个交通体系采集交通环境中发生的物理事件和数据。在感知层中又分为数据采集层和传感器组网协同信息处理两部分内容。

1) 数据采集层

数据采集层包括各类交通物理量、标识、音频、视频数据。物联网的数据采集涉及传感器、GPS、EPC 编码、RFID、智能嵌入与纳米技术等多种技术。在交通运输过程中，信息的感知作为基础内容，需要根据不同的应用采用相应的方式和技术完成。

2) 传感器组网信息协同处理

低速与中高速短距离传输技术主要是指传感器网络组网和协同信息处理技术实现传感器、RFID 等数据采集技术所获取数据的短距离传输过程应用的技术；自组织网络技术则可提高网络的灵活性和抗毁性，增强数据传输的抗干扰能力，而且建网时间短、抗毁性强，然而，它在组网中的同步技术的重要性却日益突出。同时，组织组网及多个传感器要通过协同信息处理技术对感知到的信息进行处理，经传感器中间件进行转换和过滤筛选之后传递到网络层进行远距离传输。

2. 网络层

网络层在智能交通系统中的应用是为了实现更加广泛的互联功能，能够把感知到的信息无障碍、高效安全地进行信息传送，因此需要传感器网络与移动通信技术、互联网技术相融合。现阶段移动通信、互联网等技术已比较成熟，基本能够满足物联网交通信息传输的需要，无线网络和行业专网技术的研究有助于促进物联网信息传输新的发展需求，而异构网络间融合的技术有利于物联网时代更加充分地应用已有的网络资源，实现信息大规模、高速度的安全传输。由于智能交通系统需要对末端感知网络与感知结点进行标识解析和地址管理，因此物联网的网络层还要提供相应信息资源管理和存储技术，M2M 无线接入和远程控制技术是为了实现物联网中物与物之间的直接智能化控制。数据经过汇总、处理和分流后通过相应的系统接口高速准确地传输至相应的交通系统，从而服务于各类交通管理和应用。

3. 应用层

应用层依据感知层所采集的交通数据资源接入到智能交通系统平台中，通过统一的数据标准形成各类交通子系统的应用规范，应用于支撑平台和应用服务，其中数据接口用于支撑跨行业、跨应用、跨系统之间的信息协同、共享、互通的功能。在物联网数据支持下，智能交通系统的主要应用分为四大模块：交通管理系统、用户服务系统、道路交通管理系统、交通控制系统。

1) 交通管理系统

交通管理系统主要包括交通规划与决策、物流管理、环境管理、公共交通服务等内容。交通规划与决策依据物联网采集的基础交通数据，结合运输活动，依据相应交通规划理论与方法，最终提出规划方案和决策意见；物流管理在系统中的主要内容是根据物质资料实体流动的规律，通过运输活动的计划、组织、指挥、协调、控制和监督，使各项物流活动实现最佳的协调与配合，提高物流效率和经济效益；环境管理包括物联网环境与交通运输环境，系统对这两方面的基础设施、环境属性进行信息实时采集与反馈管理；公共交通服务主要针对出行者或系统用户的交通活动进行组织优化，提供运输辅助。

2) 用户服务系统

物联网环境的智能交通系统在用户服务方面注重以人为本，为用户提供在线实时信息查询服务和出行信息服务，将物联网中海量的交通信息资源、有效信息传递至客户终端；系统结合民航和铁路等交通方式，为用户提供快捷方便的出行订票服务；用户服务系统在用户自主出行的过程中通过对车辆或其他终端设备的管理诱导，以达到道路网络交通流运行稳定的要求。

3) 道路交通管理系统

道路交通智能管理分为交通综合信息管理、自动检测系统、信号控制系统和警务指挥系统 4 个方面。交通综合信息管理依据基础数据采集获取当前交通网络的使用水平，并对各种运输模式的交通需求和交通运输规划的历史数据进行统计存档处理；自动检测系统主要针对交通流检测信息、实时交通流信息获取、交通流控制测量以及违章信息等方面进行信息获取，为道路管理提供基础数据；信号控制系统包括交通设施设备管理、交通地理信息、气象信息以及提供 VIP 服务；警务指挥系统主要面向交通管理过程中的突发事件应急处理，通过感知层的探测和预报，获取事件发生的位置、事件性质以及当前交通状况等信息，及时为相关部门提供数据支持，以实现交通损耗最小化。

4) 交通控制系统

智能交通系统下的交通控制系统实现信息流通的关键步骤是反馈控制。感知层所获取的数据提供给交通系统进行运输规划和交通流优化，核心部分即为交通控制管理。其中交通决策支持包括交通仿真和交通信息统计分析，为系统对运输过程的操作提供信息处理支持；交通业务管理针对事故处理、车辆和人员控制以及路政设施设备管理分别对“事—人/车辆—环境”进行一对一控制管理；交通管理指挥调度分为交通信号控制和 VMS 信息展示两方面，采用自适应控制策略对交通流进行控制，从而实现城市或区域的交通流运行的通畅和平稳；交通诱导主要通过 VMS 信息发布、车辆导航和交通广播等信息和控制手段保障交通管理策略的实现。

阅读材料

我国 ITS 物联网发展策略

ITS 物联网体系架构由智能交通感知层、智能交通网络层与智能交通应用层构成，如图 3.4 所示。

物联网下智能交通运输系统内涵是指先进的识别与传感技术、通信网络技术、数据处理技术与互联网技术、智能运输技术等融为一体，以公路及城市道路、铁路、航空、航运、邮政等各种运输方式为对象，对各种运输工具、运输对象、运输基础设施、运输流程、运输用户、运营者与管理者等实施智能化标示、识别、定位、跟踪、监控和一体化管理，在智能运输电子政务、智能运输业务和智能运输公众服务等领域实现运输管理物联网和“物物相联”，实现综合运输经济、便捷、高效、安全、可靠、舒适和环保。

标示是指对 ITS 的相关对象属性进行标示，包括静态和动态属性，静态属性可以直接存储在标签中，动态属性需要由传感器实时探测；识别是指对 ITS 相关对象的属性、状态数据进行采集，进行处理后辨别对象的各种属性及状态；定位是指对所要识别的 ITS 相关对象进行即时锁定，确定其地理位置；跟踪是指准确确定所要跟踪的ITS相关对象并对其在一定时间内的运行路线进行实时掌握；监控是指对ITS相关对象的状态进行实时掌控和管理，发现异常及时采取措施，保证ITS过程的安全；一体化管理是指从出发点一直到接收地，通过识别、定位和跟踪对ITS相关对象的现状进行实时的监控和管理，使其一直处于可控状态下，最大程度保证运载工具、货物及运输人员的安全及运输业务的高效运作。

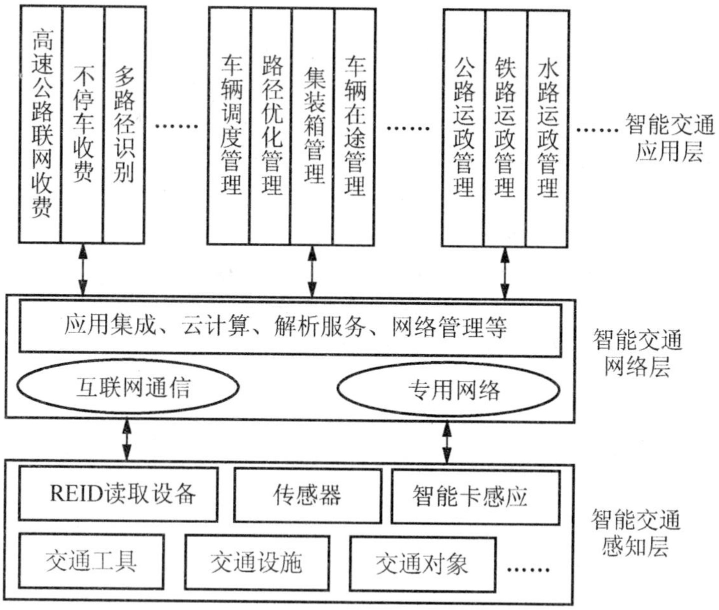

图 3.4 ITS 物联网体系架构

ITS电子政务是指通过ITS物联网实现对交通运输的实时管理，包括运输价格管理、电子收费管理、运力运量调控、运载工具数量统计、货运/客运量统计、政策法规决策支持、运政执法管理、应急管理、安全管理、救援等。ITS业务服务是指根据运输作业流程对运输相关对象的识别、定位、跟踪、监控和管理等。ITS公众服务是指综合交通信息、天气、环境信息、行业数据中心、电子办证系统、企业资质审查等公众服务。ITS物联网只是物联网的子网，通过物联网的通信网络与其他物联网子网互联互通，如图3.5所示。

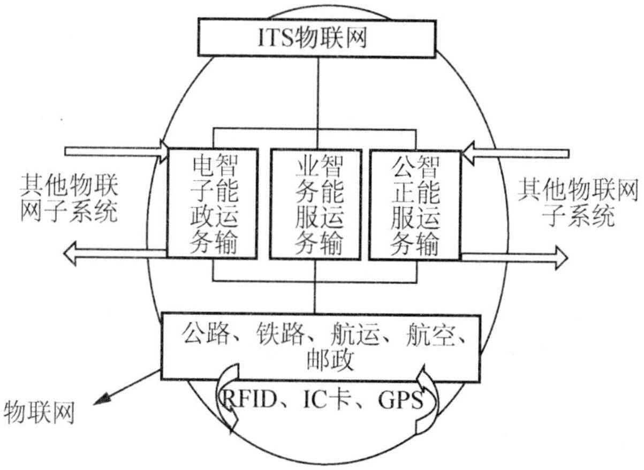

图 3.5 ITS 物联网与物联网

1. 我国ITS物联网的发展基础

在物联网下发展智能交通，具有广阔的市场空间和广泛的辐射范围，被国际公认为信息时代交通运输业的一场变革，是信息化与工业化的深度融合，是21世纪经济技术的制高点之一，是最大规模的高新技术产业之一，在我国有着无可比拟的基础条件。

1) 我国无线和宽带网络覆盖面广

无线和宽带网络是实现“物联网”必不可少的基础设施，安置在交通工具及其司乘人员、物品上的标签产生的数字信号可随时随地通过无处不在的无线和宽带网络传送出去。目前，我国的无线通信网络已经覆盖了城乡。据统计截至2013年年底，全国电话用户净增10 579万户，总数达到14.96亿户，增长7.6%，电话普及率达110部/百人。其中，移动电话用户净增11 695.8万户，总数达12.29亿户，移动电话用户普及率达90.8部/百人，比上年提高8.3部/百人。此外，中国网民规模达6.18亿，全年共计新增网民5 358万人。互联网普及率为45.8%，较2012年年底提升3.7个百分点。手机网民继续保持良好的增长态势，规模达到5亿，年增长率为19.1%，手机继续保持第一大上网终端的地位。

云计算技术的运用，使数以亿计的各类物品的实时动态管理变成可能。我国无线网络和宽带覆盖率较高，为ITS物联网的大规模发展提供了良好的基础设施条件。

2) 我国政府高度重视推动交通信息化

ITS物联网其本质上是智能交通理念的提升和行业信息化的深度应用，我国人多、车多，交通运输量大引发交通安全事故、交通拥堵、空气污染、土地限制等一系列问题。通过交通信息化促进交通节能减排、疏导交通、提高运输效率被我国政府高度重视，制订公路、铁路、水路、航空及其邮政信息化规划，并将北京奥运智能交通管理与服务综合系统、上海世博智能交通技术综合集成系统、广州亚运智能交通综合信息平台系统、国家高速公路联网不停车收费和服务系统、远洋船舶及货物运输在线监控系统、国家综合智能交通发展模式及评估评价体系研究等项目纳入“十一五”ITS 重大研发与示范项目。

3) 我国交通物联网市场潜在规模大

我国是人口交通大国。2013年，全社会完成客运量212.26亿人、旅客周转量27 573.40亿人公里，货运量403.37亿吨、货物周转量164 516.22亿吨公里，按可比口径比上年分别增长4.8%、5.9%、9.9%和6.1%。国内汽车保有量迅速增长，2013年末全国拥有民用汽车1.37亿辆，比上年末增长13.7%。经济的快速增长促使社会交通需求和汽车保有量激增。由此我国对车票系统、高速公路自动收费系统、智能车辆管理、集装箱管理、邮政包裹、航空包裹、智能船舶管理、智能铁路管理、运输业从业人员管理、智能机场管理、智能港口管理等交通物联网产业链的需求旺盛且巨大，这也是智能交通物联网产业化规模市场的形成基础。

4) 我国交通物联网基础良好且部分技术领先

(1) 物联网研发与示范基础良好。RFID是物联网的关键元素，政府企业及行业十分重视RFID研发与应用示范。2004—2009年，先后成立了中国电子标签国家标准工作组、中国RFID产业联盟、中国RFID技术政策白皮书与蓝皮书、800/900 MHz频段RFID技术应用试行等文件。以中国科学院自动化研究所RFID研究中心、上海华虹集成电路有限责任公司、数字制造装备与技术国家重点实验室等为首的研究机构形成了一批具有自主知识产权的RFID研究成果，如多项RFID国家发明专利、我国第一款国家自主安全算法RFID芯片、我国第一台RFID电子标签封装装备等，并在交通运输业有广泛的应用。

(2) 部分物联网领域处于世界前沿。早在1999年，中科院便启动传感网研究，组成了2 000多人的团队，先后投入数亿元，在传感器网络接口、标识、安全、传感器网络与通信网融合发展、泛在网体系架构等相关技术标准的研究进展世界领先。2010年3月，由中科院代表国家提交的“传感网络信息处理服务和接口规范”国际标准提案通过ISO/IEC JTClWG7的投票，意味着我国在传感网领域有了第一个自己的国际标准，我国在物联网的国际话语权正在加大。

我国有数千家企事业单位从事传感器的研制、生产和应用，在生物传感器、化学传感器、红外传感器、图像传感器、工业传感器等领域有较强的专利实力和较大的竞争优势。我国拥有全球最大、技术先进的公共通信网和互联网，通信设备制造业具有较强的国际竞争力，移动机器对机器(M2M)终端数量接近1 000万，已成为全球最大的移动M2M市场之一。

因此，我国在无线传感网技术、微型传感器、传感器端机、移动基站等方面取得了重大进展，处于世界领先地位。

(3) 一批有实力的企业进入物联网产业链。物联网产业链大体上包括上游 RFID 和传感器厂商、中游系统集成商、下游物联网运营商。

我国一批有实力的企业正进入物联网产业链，并逐渐形成新的物联网产业链。芯片设计制造商，如上海华虹(集团)有限公司、上海复旦微电子股份有限公司、上海贝岭股份有限公司、北京同方微电子有限公司等；天线设计制造商，如深圳华阳微电子有限公司、北京亚仕同方科技有限公司、上海韩硕信息科技有限公司、合隆科技(杭州)有限公司等；标签成品开发商，如深圳华阳微电子有限公司、北京亚仕同方科技有限公司、上海韩硕信息科技有限公司、合隆科技(杭州)有限公司等；阅读器开发商，如深圳市先施科技有限公司、深圳远望谷信息技术股份有限公司、航天信息股份有限公司、深圳市当代通信技术有限公司等；传感器研发制造商，如中国科学院、南京华东电子信息科技股份有限公司、歌尔声学股份有限公司、浙江大立科技股份有限公司、中国航天机电集团公司；中间件开发商，如中创软件商用中间件股份有限公司、北京东方通科技股份有限公司、中国软件与技术服务股份有限公司等；系统集成开发商，如深圳远望谷信息技术股份有限公司、航天信息股份有限公司、清华同方智能卡产品公司、中航芯控科技发展有限公司等；应用软件开发商，如清华同方智能卡产品公司、上海阿法迪智能标签系统技术有限公司、成都九洲电子信息系统股份有限公司、重庆易联数码科技公司、深圳远望谷信息技术股份有限公司等；测试与运营商，如中国电子科技集团公司第 15 研究所、中国电子技术标准化研究所、国家无线电检测中心、中国移动通信集团公司、中国联合网络通信集团有限公司、中国电信集团公司、中国银联股份有限公司、国家金卡工程射频识别与电子标签产品检验中心、国家金卡工程 RFID 互操作检测中心、国家金卡工程 IC 卡产品信息安全测评中心等。

2. 我国 ITS 物联网的发展重点

1) ITS 物联网标准体系

技术推动标准产生，标准推动规模化生产与市场实现。物联网与 ITS 标准体系是现代智能交通有效实现的基础。我国智能交通行业标准存在两方面问题：一方面是缺乏完整的物联网与智能交通行业标准；另一方面是现有的部分标准体系也仅仅是国内标准，不能与国际标准接轨。相关国家标准制订部门在尽快制定标准时，应加强与国际标准制定组织的沟通与合作，使国内标准与国际标准接轨；同时，也应鼓励行业龙头企业积极参与国家物联网智能交通行业标准制订，并在国内重点示范工程运用，以期带动标准全面推广，为推进智能交通运输产业快速发展奠定坚实的基础。

2) ITS 基础设施网络

一方面，发展智能运输的基础设施不完善。与美国、日本、欧洲国家相比，我国人口密度大、路网不完善、车辆出行量大，道路建设区域性差异大，交通基础设施建设还将持续相当长的一段时间。目前，除部分高速公路和重点航道外，其他交通基础设施还不具备实施 ITS 的条件。另一方面，我国智能交通领域的基础技术应用还不普及，先进的交通管理系统和交通服务系统在各地区或区域正在逐步建立。

另外，我国的交通信息网路设施落后，信息化还处在静态层面，动态信息的采集与发布功能严重缺乏；涉及 ITS 物联网的相关政府企业职能部门信息孤岛较多，信息共享与集成决策运用得少。

3) ITS 物联网关键技术

缺乏关键技术的自主知识产权是限制中国物联网发展的关键因素之一。智能运输物联网的关键技术还有待进一步的突破，其中包括传感设备的体积、功耗、价格、性能、可扩展性、便于使用等，以及现有传感设备的有效互通并满足将来传感设备的发展需求。目前，我国智能交通中高端产品主要被国外品牌占领，智能交通系统涉及的关键核心技术主要依赖进口，如智能导航接收机国外产品占绝对比重，国产 OEM(Original Equipment Manufacturer)板几乎全部采用外国芯片。理论上，可远距离识别、抗干扰、稳定、低功耗、低成本的超高频与微波 RFID 技术是智能交通识别定位跟踪的首选，但具有自主知识产权的核心技术还有待突破。交通运输建设涉及国家机密和战略规划，关键核心技术主要依赖国外进口，这严重影响我国智能交通运输大规模应用。另外，由于我国智能交通关键核心技术未解决，国产的智能交通产品主要是利用 OEM 模块或进口芯片进行二次开发的低端产品。因此，在智能交通产业发展过程中不得不向国外不断付出昂贵的技术使用成本，同时产业的命脉也会被国外企业所扼制。

4) ITS 物联网产业集群

目前，我国智能交通产业化程度较低，完整的产业链和产业集群规模尚未形成，与欧、美、日等国家的智能交通产业相比，竞争力不足。国内从事智能交通运输行业的企业有数千家，主要集中在交通监控、高速公路收费、3S(GPS，GIS，RS)等方面，信息体现为以多功能服务为主，信息组织与开发运用。总体而言，从事智能交通运输领域的企业数量多，但其发展参差不齐，缺乏行业龙头类企业，而且很多企业专注于特定领域，不能形成系统化生产和研发的产业链。

目前，虽然我国智能交通系统已在技术攻关、示范工程建设、企业产品研发和产业化以及社会环境体系建设等方面取得了一批阶段性科技成果，铁路及水运、沿海部分经济发达大中城市已在城市道路实施智能交通运输并取得了很好的效益，但是中西部省份限于经济实力，加之并未真正意识到智能交通系统的重要性，实际投资建设智能交通系统的力度有限，其需求规模不足以带动整个产业链的发展。

5) ITS 物联网信息互联

一方面，我国交通行业的各个系统间存在着不同的信息系统架构和不同的数据存储方式，在系统的互操作上、信息的共享上存在众多的信息孤岛，信息互联不足，导致应用现代计算机处理技术、数据库仓库、数据挖掘、数据的知识发现、交通信息资源利用解决交通安全、便捷、舒适等方面的研究运用不足。

另一方面，网络基础建设不仅涉及电信、互联网、电视网等公众网络之间的互通，还有公众网和行业专网之间、行业专网和行业专网之间的互通共享问题。跨部门、跨行业的信息共享差，使交通信息的服务能力相对缺乏，公众出行的诱导、旅行时间，以及道路的通畅和安全问题，得不到良好的服务。

3. 我国 ITS 物联网发展策略

1) 编制发展规划，构建行业蓝图

我国“十二五”规划纲要明确指出要“推动物联网关键技术研发和在重点领域的应用示范”，并锁定十大物联网应用重点领域，分别是智能电网、智能交通、智能物流等十项领域。新一轮的物联网产业战略与浪潮为我国交通运输业带来无限的发展机遇，同时也将有效促进我国物联网产业链的发展。开发建设，规划至上。规划是区域与行业的发展指南，高起点编制我国 ITS 物联网发展规划十分必要与重要。

我国 ITS 物联网发展规划编制需要考虑的是物联网技术与我国 ITS 技术的有机结合。在考虑成本、技术、环保、行业运用匹配等因素的基础上分阶段、分步骤、分区域、分功能等分析规划我国 ITS 的总体目标、战略、智能化标示、识别、定位、跟踪、监控和一体化管理的手段、方法、标准、指标设置、投资与运营模式等，如交通运输工具与交通运输对象的标示识别是采用 RFID 还是 GPS；运用比重及分别比重规划值如何设定；由此交通对象的定位、跟踪、监控指标规划值如何设定；交通动态信息的采集率、信息发布率规划值如何设定；如何建立充分利用交通信息资源价值的投资与运营模式；如何规划评价智能运输电子政务、智能运输业务和智能运输公众服务等领域的规划运用效果等。

2) 建立政府协调机制，加强合作与交流

行使中国 ITS 物联网的政府职能部门包括中华人民共和国交通运输部、中华人民共和国科学技术部、中华人民共和国工业和信息化部、中华人民共和国公安部、中华人民共和国住房和城乡建设部等，建立政府协调机构，以及一个代表政府有关公共机构、私营企业和学术团体的协调委员会，组织、引导和协调各有关方面进行开发和投入智能交通物联网产业十分必要，亦十分重要。

在推进智能交通物联网产业发展过程中，应加强交流与合作，一方面，加强区域之间、部门之间的合作和交流，包括政府、军队、科研院校和企业界通力合作，资金募集、技术研发、应用推广、市场运作各环节环环相扣；另一方面，加强与国外政府和大型企业的合作和交流，吸收国外成功的经验。

另外，中国的铁路、公路、民航等各自构建 ITS，不利于我国整体 ITS 物联网的有效形成，组建与美国类似的 ITS 对中国来说十分重要。通过 ITS 中国来统一制订中国 ITS 物联网发展战略、目标、原则和标准，特别是制订有关 ITS 物联网的技术规范和整体发展规划，实现 ITS 技术和产品的通用性、兼容性和互换性，ITS 信息的互联互通及信息资源的有效开发和利用。

3) 突破关键技术，推进标准化建设

自主知识产权的核心技术是物联网产业可持续发展的根本驱动力。标准化体系的建立将成为发展物联网产业的首要先决条件。基于这一考虑，充分考虑我国国情，采取自主创新，并兼顾开放兼容的策略，针对智能交通物联网产业发展遇到的关键技术问题设立重大专项，通过政府引导，建立以企业为主体、市场为导向、政企产学研相结合的技术创新体系，使各方面的创新要素向企业聚集，突破 ITS 物联网身份标识关键技术、ITS 物联网信息采集关键技术攻关、ITS 物联网通信关键技术、ITS 物联网海量数据分析与处理关键技术、交通信息服务发布及平台关键技术。通过技术的提升熔炼 ITS 物联网标准体系，包括与智能交通管理、智能运输管理、智能物流管理和智能车辆相关的应用标准体系。

4) 制定产业扶持政策，培育市场主体

产业政策制定是谋求在物联网下发展智能交通运输取得突破的重要保障。物联网产业作为新生的新型产业，虽然市场广阔、潜力巨大，但是市场还不成熟、研究开发投入不够，需要相应的产业政策规范市场、刺激需求和引导企业资金投入。

具体而言，国家层面应从以下几方面入手制定产业政策：出台具体融资、投资方案，税收优惠、补贴政策，积极引导社会资金流向物联网新型产业，特别是最可能率先取得突破的智能交通运输领域；加强对相关行业龙头企业的扶持力度和产学研联盟，并通过制定优惠政策刺激社会需求；加大市场监管力度，建立市场准入制度，并制定相关制度以保护知识产权、维护市场秩序，为智能交通企业创造公平竞争的市场环境；加大政府在物联网技术的研究开发投入，为企业、研究机构、高等院校之间资源优势互补搭建平台，并加强与国际交流与合作；高度重视物联网标准制定与推广工作，鼓励行业龙头企业积极参与产业技术标准制定，并在产品和实施项目中推广，实现物联网核心技术、标准和应用的三位一体。

5) 建立产业联盟，实现产业集群

以双赢、多赢的供应链成员合作的非核心业务外包、信息共享、利润与风险共担是当今社会经济发展的主流模式，是产业联盟与产业集群的理论与实践基础。产业联盟与产业集群相辅相成，产业联盟是产业集群的基础，产业集群是产业联盟的必然结果。

ITS 物联网是涉及交通运输系统感知层、网路层与应用服务层的一个供应链体系，有条件构建产业联盟与产业集群。

如图 3.4、图 3.5 所示，通过将物联网中的 ITS 物联网成员在一定区域、一定业务功能、一定应用领域中形成各种产业联盟关系，自发会形成各种产业集群现象，如 ITS 物联网 RFID 产业联盟与产业集群，可以是储运商，如中国远洋运输(集团)总公司、中铁快运股份有限公司、中储发展股份有限公司等，也可以是信息系统平台商，如全国货运公共信息平台，也可以是系统运营商，如中国移动通信集团公司、中国联合网络通信集团有限公司、中国电信集团公司等牵头，将 RFID 芯片设计制造商、天线设计制造商、标签成品开发商、阅读器开发商、中间件开发商、系统集成开发商、应用软件开发商、测试与运营商、储运商等联盟形成产业集群。在政府的引导和扶持下，规模较大、竞争力较强的产业集群会逐渐形成龙头企业和骨干品牌，通过市场竞争，壮大市场经营主体，提高组织规模和经营效益，进而跨部门重组、兼并，实现市场对现有资源的优化配置。龙头企业会演变成产业联盟的盟主与产业集群的核心企业，随着盟主与核心企业的市场效应不同，其集群集聚与辐射效果也不同，大大小小的联盟企业也不同。

6) 推动重点示范，实现以点带面

物联网发展的重点是应用。目前，物联网正处于初级发展阶段，智能交通作为物联网重要示范应用领域，应大力扶植和推广 ITS 物联网应用示范项目。通过示范性应用，一方面可提高智能交通运输的社会认可程度，真正意识到它的重要性和可行性，积极促进企业探索可操作性的商业运营模式参与交通运输建设；另一方面，通过交通运输行业的应用示范，促进我国物联网产业由点及面逐步发展，实现以应用为导向、推动物联网核心技术的突破和标准制订。以“基于 RFID 物联网技术的城乡二元公共交通信息采集与发布系统研发及应用示范项目”为例，该项目以广东省东莞市为地域环境背景，面向城市与乡镇二元化的公共客运交通，采用超高频(UHF)无源射频识别与物联网的核心技术作为支撑，针对客运交通工具、客流及其驾驶员的身份信息、时空信息、事件信息等进行动态实时采集，通过网络传输、数据分析、可视化等信息处理技术，研发出能够向社会公众发布多种类、系列化客运交通信息的专用信息服务系统，并在东莞市城区内巴士、市区镇内公交、市内出租车、跨区镇(跨市、跨省)道路客运、轮渡、轨道等公共交通方式中选取典型线路、港站进行应用示范与验证，以期达到改善城乡二元交通运行态势、规范公共交通行为、优化公共客运环境、提高客运运行效率、促进客运城乡一体化管理的目标。同时，通过这一创新性信息服务产业化应用项目的研发，进一步拓展物联网核心技术的支撑领域，带动 RFID 产业链的发展，开拓出一个全新的信息技术业务方向，形成具有自主知识产权和核心竞争力的信息服务市场，促进我国电子信息产业的发展。

(资料来源：我国 ITS 物联网发展策略研究. 中国工程科学，2012，14(3))

本章小结

我国的智能交通系统经过近 30 年的发展，应用规模和数量均有了较大的提高。但是仍然存在很多突出的问题，如交通管理设施缺乏，管理水平较低，基础设施仍处于发展期，以及由此造成的交通拥堵、环境污染、运输效率低下等，严重制约了智能交通的发展。物联网与 ITS 结合，将先进技术应用到 ITS 中，对 ITS 有重大的意义。本章介绍了 ITS 的概念、内容和特征，重点探讨了 ITS 与物联网之间的关系，引入了一种物联网环境下的 ITS 模型和架构。

习 题

1. 选择题

(1) 智能交通系统是有效地集成运用多种先进技术于整个地面交通管理系统而建立的一种在大范围内、全方位发挥作用的实时、准确、高效的综合交通运输管理系统，这些技术包括(　　)。

A. 信息技术　　B. 数据通信传输技术

C. 电子传感技术　　D. 计算机处理技术

(2) 智能交通系统的目标和功能包括(　　)。

A. 提高交通运输的安全水平

B. 减少交通堵塞，保持交通畅通，提高运输网络通行能力

C. 降低交通运输对环境的污染程度并节约能源

D. 提高交通运输生产效率和经济效益

(3) 智能交通系统与传统的交通系统相比，具有哪些特征？(　　)

A. 信息化　　B. 智能化

C. 综合化　　D. 协调化

E. 以人为本

(4) 智能交通运输行业发展物联网的核心在于为交通要素建立起以身份特征信息为核心的、可靠的、唯一对应的“电子镜像”，这些要素包括(　　)。

A. 交通对象　　B. 交通工具

C．道路　　　　　　　　　　D．桥梁

(5) 物联网环境下的智能交通系统中数据采集层包括(　　)。

A．各类交通物理量　　　　　B．标识

C．音频数据　　　　　　　　D．视频数据

2. 判断题

(1) 物联网具有强大的数据采集功能，可为ITS提供较为全面交通数据。　　(　　)

(2) 利用物联网的底层传输体系，通过有线和无线传输方式，ITS所需的交通数据即可实现从采集设备到处理中心的传输。　　(　　)

(3) 交通要素身份识别，通俗说就是给交通对象、交通工具、交通基础设施这些交通要素赋予全球唯一的识别码，一物一码，再将它们的唯一识别码联成身份认证系统。　　(　　)

(4) 构建“物物感知”和“物物协同”的智能交通运输新体系，必须要构建互联共享、融合协同的交通要素信息获取新模式。　　(　　)

(5) 物联网环境下智能交通系统架构包括感知层、网络层、应用层3部分内容。(　　)

3. 简答题

(1) 智能交通系统包括哪些主要的子系统？

(2) 物联网在智能交通系统中的应用体现在哪些方面？

(3) 物联网环境下智能交通系统架构之间的关系是什么？

(4) 如何理解物联网环境下的ITS对传统ITS的变革？

案例分析

基于物联网的智能公交系统

智能公交系统是指将先进的通信技术、自动控制技术、传感器技术、计算机技术等综合地运用于公交管理系统，从而建立一种实时、准确、高效、全方位的公交智能控制系统。本系统在物联网的基础上，综合运用射频识别技术(RFID技术)、全球定位导航技术(GPS)、通用无线分组技术(GPRS)、实时数据库技术(RTDB)、地理信息系统(GIS)等先进技术来实现公交的智能化。设计的系统主要分为以下3个部分：车载系统、站台系统与监控中心。

1. 总体设计

本系统主要采用RFID和GPS等装置采集公交和乘客的信息，并通过GPRS无线传输技术，把采集到信号传送到Internet。控制中心从互联网接收到相应的信息再传给实时数据库系统进行分析，并且在电子地图上显示出来；同时控制中心与互联网的交换是双向的，在把接收的数据与设定值进行比较后，如果偏差超过预定范围则进行报警并对公交车进行调度，如图3.6所示。

站台系统一方面通过与互联网的互联，接收来自车辆到站时间、车内人数和一些生活信息，通过站台电子站牌显示给乘客，而且乘客也可以通过站台系统链接到控制中心提交公交线路查询等需求；另一方面站台装设的RFID阅读器，在车辆到站一定范围内就能检测到车站是否到站，并传回给控制中心方便控制。对应的公交车辆上安装GPS车载终端、电脑报站器及信息提示设备，能够及时准确地提供给乘客和司机必要的公交和出行信息。图3.7为整个智能公交系统的系统框架。

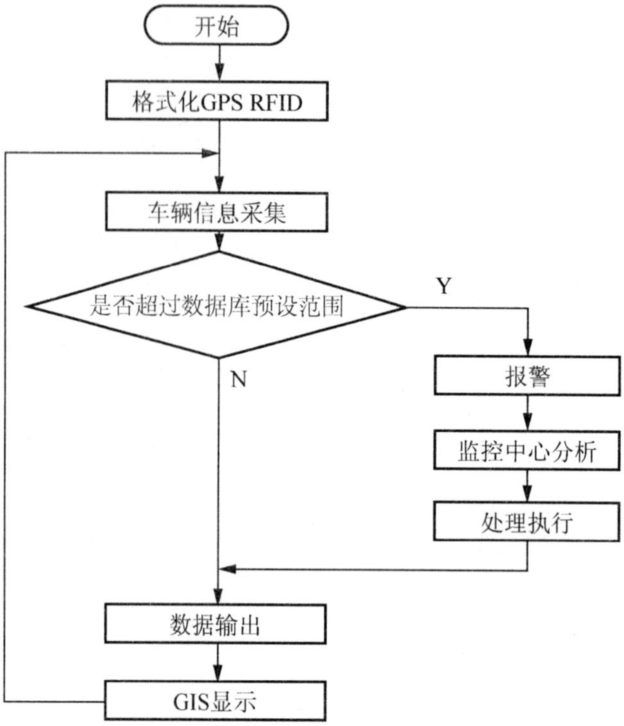

图 3.6　智能公交系统数据流程

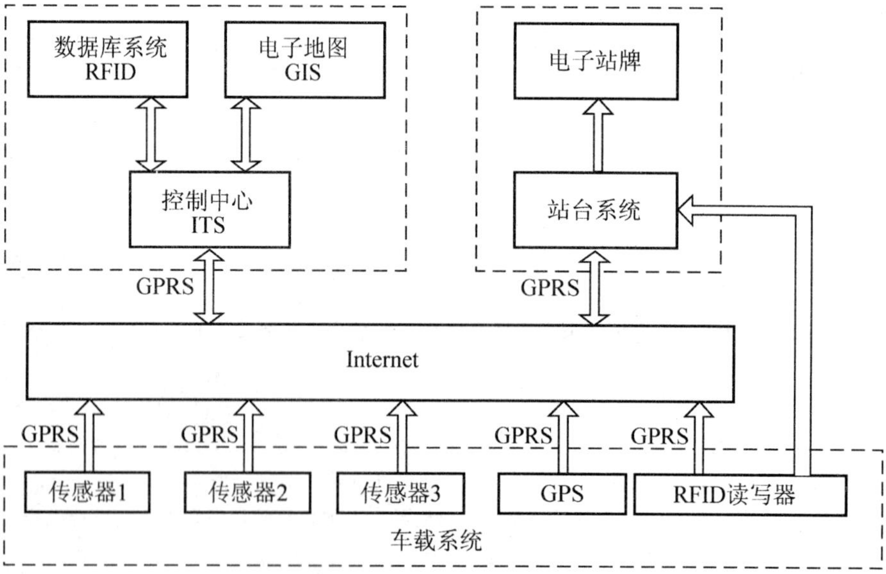

图 3.7　智能公交系统框架

2. 车载系统

该模块主要包括 GPS 定位系统、射频识别器(RFID)、车载 GPRS 无线通信系统。

GPS 定位系统主要负责接收来自卫星的车辆地理位置、时间、天气等综合信息。它不仅要有完善的地图资源，内嵌国内各主要城市，甚至乡镇道路信息，而且快速精确 GPS 定位，即使卫星信号环境恶劣，依然表现出众。冷启动时间要小于 40 秒，热启动时间要小于 3 秒，定位精度要达 15 米以内。

车内装 RFID 阅览器两个，分别装在前后两车门处，它主要利用第二代身份证自身携带的 RFID 电子标签来记录公交车上下车的人流量，定时发送给监控中心，以便监控中心进行车辆调度。每辆车车外装一个电子标签来标明其身份，当车到达站台时，装在站台上的 RFID 阅览器就会检测到，将车辆到站情况发给监控中心。

车载 GPRS 无线通信系统会把 GPS 和 RFID 收到的数据经互联网发回监控中心，并在监控中心的电子地图上显示，方便管理人员的实时调度。而且 GPRS 和以往连续在频道传输的方式不同，它采用分组交换的方式，把数据分成一定长度的包，在数据到来前不需要提前分配信道，而是在数据到达的时候，根据包头信息，寻找任意空闲的信道发送。它不需要像电路交换那样占用一条固定的信道，也不需要像报文交换那样占用大量的交换机内存。这就使得它的传输效率明显提高，而且它本身具备的自我纠错能力，使得它误码率降低。这样就实现了既快速又准确的特点。

3. 站台系统

该模块分为通信和控制两个模块。通信模块主要包含了 GPRS 接收器，它负责接收来自控制监控中心发送的数据包，并进行译码；另外，站台上装有 RFID 阅览器，检测车辆到站情况，通过 GPRS 发送给监控中心，市民用第二代居民身份证，经 RFID 阅览器检测登陆站台系统，通过 GPRS 与互联网相连，市民可以随时地查询出行路线，给出最优的路线选择，查询天气，可以通过站台系统实现在网上订购、预约等商业活动。控制模块采用 Freescale 的 MC9S08JM60 内部集成的两个串行通信接口(Serial Communication Interface，SCI)模块，其中 SCI1 、SCI2 的 PTE0/TxD1(13 脚)、PTE1/RxD1(14 脚)、PTE0/TxD1(63 脚)、PTE1/RxD1(64 脚)接收主板发送的数据，再分路驱动外围显示。一路通过 Mc14021bcp 带驱动功能的移位寄存器，驱动 7 段数码管，显示车辆到达本站需要的时间；另一路通过 SN74HC573-7.5D 型锁存器和 ULN2803 达林顿驱动器组合采用动态扫描的方式驱动 LED，实时显示公交车内的信息。

4. ITS 监控中心

该系统主要包括了数据检测系统、通信设备、报警系统、指示装置和实时数据库等部分组成。车载的采集信息通过互联网传输到通信设备，然后通信设备接收到信息后就传给实时数据库系统；报警系统根据实时数据库中的数据，与事件检测器的数据比较后进行相应的报警；指示装置则根据实时数据库的数据，经接口电路显示各道路的交通信息，还可以通过物联网提醒司机的误操作，更加人性化。同时可以把实时数据库接收到的信息经过相应的数据转换显示在电子地图上，在地理信息系统(Geographic Information System，GIS)中可以对在地球上存在的东西和发生的事件进行成图和分析。 GIS 技术把地图这种独特的视觉化效果和地理分析功能与实时的数据库操作集成在一起，不仅方便了统计查询等操作的实现，而且使操作简便，能更快地对具体的车辆做出调度，使本系统真正做到实时性。

5. 数据的传输和安全

为了尽可能地降低误码，在研究了编码效率、交织深度、约束长度对误码率的影响后决定采用卷积码的形式编写，如果一个由 N 段组成的输入移位寄存器，每段 K 级，共 NK 位寄存器；一组 n 个模 2 和加法器；一个由 n 级输出的移位寄存器。对应于每段 k 个序列的比特输入序列，输出 n 个比特。卷积码的 n 个码元不仅与当前的 k 个信息有关而且还与前面的 N−1 个段信息有关，编码过程中互相关联的码元个数为 nN。它的纠错能力随 N 的增大而增大，而误码率则越来越低。

约束长度：$n\,N=n(m+1)$

编码效率：$\eta=k/n$

在本系统中采用 TCP/UDP 传输来完成 GPRS 业务数据的装帧和拆帧。微处理器向该模块直接发送 AT 指令可建立 TCP/IP 连接实现数据传输。

(1) 置通信波特率 AT+IPR=9 600，把波特率设为 9 600b/s。

(2) 置接入网关 AT+CGDCONT=1，设置 GPRS 接入移动梦网。

(3) 置移动终端类别 AT+CGCLASS=B，设置移动终端为 B 类。

本系统的设计基于 GPS 全球定位系统和物联网技术支持对原有落后的公交信息系统进行有效的改造和升级，使得城市交通中最重要的公交系统实现智能化和现代化，符合现代社会的需求。从技术角度说，本系统匹配GPS导航系统使得车辆调度和定位达到10米这个量级，现代化的物联网技术使得数据和信息交互更加便利，相邻站台之间的信息传输达到毫秒级，各个站点的数据通过收集器采集后迅速准确地输送到交换机，再集中地上传给对应的调度中心和数据库系统，乘客在站台了解目前城市的各个主要区域的交通情况，也能在短时间内完成对公交线路的查询，了解车辆到站的时间，公交车所处的位置，调度中心则能实时根据交通状况进行公交车有序的调度，利用实时在线支持技术实现城市交通完全可视化管理，并利用计算机自主调度车辆，解决了人力调度诸多弊端，将会最大程度地解决现场城市的各种主要交通问题，方便人民群众，更方便了整个城市的交通管理，真正为人民群众提供安全、快捷、舒适的城市环境。

(资料来源：基于物联网的智能公交系统. 科技信息，2011(27))

分析与讨论：

案例中的智能公交系统采用了哪些物联网技术？

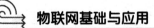

第 4 章 基于物联网技术的智能物流系统

【教学目标】

- 掌握智能物流系统的概念及其特征;
- 了解智能物流的国内外发展现状及趋势;
- 掌握智能物流的关键技术;
- 掌握智能物流系统的结构;
- 熟悉智能物流的应用领域与发展前景。

【章前导读】

2010 年 6 月，全国首个物联网冷库综合监控系统在“大蒜之乡”——山东省济宁市金乡县开通。物联网大蒜冷库基地建设项目是济宁移动与金乡县政府战略合作的重要内容之一。传统的冷库温度控制主要通过人工实时监控的方式进行温度调整，精度较差，而且耗费人力、物力，大蒜经常出现低温冻坏或高温生芽腐烂的情况，因冷库内二氧化碳浓度过高造成人员窒息的情况时有发生。利用全新的物联网技术可有效解决这一问题。该项目主要是通过传感器对冷库内温度、湿度及二氧化碳等综合指标进行监测，将监测信息通过无线网络传输到控制端，控制端通过与系统预设的温度、湿度及二氧化碳浓度进行比对，通过指令，自动实现对制冷设备和排风系统的控制。同时，还可以随时将库内温度、湿度及二氧化碳数值等报警短信发送到业主手机上，有效实现无人值守、手机端 24 小时监控，在为冷库业主节省管理费用的同时，提高管理水平与监控准确率。据初步统计，使用物联网冷库自动监控系统可节约总体运营成本 20%～30%，节电 25%以上，对于推进环保、节能、低碳的绿色农业信息化工程将起到积极的促进与示范作用。

思考题：试描述物联网技术在未来冷链物流中的发展前景。

物流业最早接触物联网理念，它是2003—2004年物联网第一轮热潮中被寄予厚望的一个行业。中国物流技术协会从2009年10月开始全面倡导智慧物流变革。借助于新的传感技术、RFID技术、GPS技术、视频监控技术、移动计算技术、无线网络传输技术、基础通信网络技术和互联网技术的发展，全面开创智慧物流新时代。

很多物流系统采用了红外、激光、无线、编码、认址、自动识别、传感、RFID、卫星定位等高新技术，通过将传感技术、信息技术、智能技术、计算机技术等高新技术引入物流领域，并与其他技术集成，全面开创智慧物流新时代。新信息技术在物流系统的集成应用就是物联网在物流业应用的体现。概括起来，目前物流业相对成熟的物联网应用主要有四大领域。一是产品的智能可追溯网络系统。目前，在医药、农产品、食品、烟草等行业领域，产品追溯体系发挥着货物追踪、识别、查询、信息采集与管理等方面的巨大作用，已有很多成功应用。二是物流过程的可视化智能管理网络系统。这是基于GPS卫星导航定位技术、RFID技术、传感技术等多种技术，在物流过程中实时实现车辆定位、运输物品监控、在线调度和配送可视化与管理的系统。三是智能化的企业物流配送中心。这是基于传感、RFID、声、光、机、电、移动计算等各项先进技术建立的全自动化的物流配送中心。借助配送中心智能控制、自动化操作的网络，可实现商流、物流、信息流、资金流的全面协同。四是企业的智慧供应链。在竞争日益激烈的今天，面对着大量的个性化需求与订单，怎样能使供应链更加智慧？怎样才能做出准确的客户需求预测？这些是企业经常遇到的现实问题。这就需要智慧物流和智慧供应链的后勤保障网络系统支持。

智能物流已成为现代物流业的一个重要领域，引起了国内外学者以及产业界的广泛关注。

4.1 智能物流系统概述

4.1.1 智能物流系统的定义

智能物流系统(Intelligent Logistics System，ILS)，是指以信息运动为主线，综合运用现代物流技术、信息技术、自动化技术、系统集成技术，特别是人工智能技术，通过信息集成、物流全过程优化以及资源优化，将物流信息、物流活动、物流制品、物流资源以及物流规范有机集成并优化运行的实时、高效、合理的物流服务体系。它能够有效地提高企业的市场应变能力和竞争能力，为客户提供方便、快捷、及时、准确的服务。

由上述定义可以看出，智能物流系统主要包括以下几层含义。

(1) 以信息运动为主线。信息是智能物流系统的核心要素，智能物流系统的一个重要目标就是比以往在更广泛的形式和更深入的层次上将信息技术、智能技术等大范围、全方位地运用到物流系统中，以提高信息的获取、传递、处理以及利用能力。它不仅可以为供应商、客户以及合作伙伴提供一般的物流服务，还可以提供一些增值性服务，如物流全过程追踪、物流规划、市场预测等，从而满足供应链、电子商务以及经济全球化的要求。

(2) 以满足客户需求为目的。智能物流系统通过电子化运作能够方便、快速、及时、准确地为客户提供服务，以满足客户的需求为中心，而不是以获利为中心。并且在满足客户需求的前提下，通过对物流运作和管理过程的优化，尽量减少物流系统的总成本。系统实施和运行的总体效果就是能够使得物流各项资源(基础设施、物流设备、人力资源等)发挥出最大效能，提高企业的市场应变能力和竞争能力，为客户提供方便、快捷、及时、准确的服务。

(3) 以集成和优化为手段。智能物流系统的实现离不开各种先进信息技术、智能技术的支持，但仅将这些技术在物流系统中进行简单应用却是远远不够的，而是应该将这些技术同管理技术、物流技术有机结合起来，在系统工程的原理和方法的指导下综合应用于物流的各个环节，通过信息集成、物流全过程优化以及资源整合，实现物流、信息流、价值流的集成和优化运行，达到物流信息、物流活动、物流制品、物流资源以及物流规范等要素的集成，从而提高企业的市场应变能力和竞争能力。

(4) 实质是一个复杂的人机大系统。智能物流系统在不同的领域，不同的应用背景，甚至和不同的现代物流技术，如QR、JIT等的结合，其表现形式均会有所不同，但其实质上是现代物流在信息化的基础上发展到一个更高的阶段，即智能化阶段，是现代物流沿着智能化、集成化不断发展而最终形成的一个复杂人机大系统。而对于这种复杂的人机大系统的研究和实践应以系统工程思想为指导，充分考虑系统中物、事、人三者之间的关系，遵循“以人为主，人机结合”的原则，注重专家群体的合作，发挥专家群体综合研究的优势，尽可能将定性与定量相结合，采用适用可行的方法与模型，以实现系统的综合集成。

4.1.2 智能物流系统的特征

根据智能物流的概念和内涵，智能物流系统具有以下特征。

1. 智能化

智能化是ILS的核心特征，是区别ILS与其他物流系统的主要标志。它实质上是物流信息化和自动化的高级形态。具体地，ILS的智能化主要体现在物流作业的智能化和物流管理的智能化两个方面。在物流作业活动中，通过采用智能化技术，如智能控制技术、计算机视觉等，使机器(如自动分拣设备、自动引导车、智能机器人等)能够部分或全部代替人的工作和决策，从而有效地提高物流作业的效率和安全性，减少物流作业的差错。物流管理的智能化主要体现在智能化地获取、传递、处理与利用信息和知识，从而为物流决策服务。由于物流系统的复杂性，现代物流中存在越来越多的运筹与决策，如市场预测、库存决策、运输调度、仓库选址等，因此需要运用智能技术解决这些问题。这方面的技术主要有智能感测技术(获取)、智能通信技术(传递)、智能计算机技术(处理)、智能计算技术(计算)、智能决策支持系统、专家系统、数据挖掘、数据仓库等。并且，相对物流作业智能化来说，物流管理智能化是ILS的主要内容，占有更加重要的地位。

2. 集成化

ILS具有明显的集成化特征。如先进的信息技术、智能技术等技术与物流管理技术的集成；各物流业务系统如运输管理系统、仓储管理系统等的集成；供应链环境下各企业信息系统的集成等。通过应用集成技术，可以将物流系统各种功能以及不同的信息系统有机地集成在一起，解决企业内部以及企业之间各个信息孤岛的软件和硬件的异地和异构问题，实现企业内部乃至整个供应链的信息共享，从而使企业或供应链在较短的时间里作出高质量的经营决策，有效地缩短交货期、降低成本，提高企业乃至整个供应链的竞争能力。具体地，ILS的集成可以分为以下几个层次。

(1) 物流微观集成。在技术工具层次上，重点进行物流自动化装备、数据采集、转换系统与智能终端系统的集成。使得物流的基本作业进程一步到位，完成最优处理、自动化运行与数据采集传输等功能，减少工作量并提高工作效率，为更高层次的集成应用提供基础支持。

(2) 物流自身集成。在实体与业务层次上，集成运输管理系统、仓储管理系统、配送分销管理系统与物流跟踪系统，使之统一运作，全部归属到供应链管理的公共信息平台上优化处理。

(3) 物流宏观集成。在供应链管理层次上，集成信息平台、可视化处理、决策制定与计划优化、实时监控与快速反应以及协同管理与虚拟等功能，提升物流服务的整体效率。在以上层次中，越高层次的集成，其系统复杂程度越高，带来的效益往往也就越大。

3. 网络化

物流的目的是实现物质资料的物理性移动，随着信息时代的到来，人们对商品的需求越来越个性化，配送的地域越发分散，这就要求建立网络化的物流与配送网点。企业根据自身的营销范围和目标，首先以地区性或区域性物流集散及配送网络为基础，通过业务的拓展和企业间的联合，逐渐建立全国范围内的物流和配送网络，提高 ILS 的服务质量和配送速度。此外，ILS 的网络化还包括计算机通信网络，该网络是连接企业与供应商、客户、合作伙伴以及企业内部各部门之间的信息信道。

4. 柔性化

ILS 不仅能够对市场进行快速反应，而且还能够根据客户“多品种、小批量、多批次、短周期”的需求特色，灵活组织和实施物流作业，它是适应生产、流通与消费的需求而发展起来的一种新型物流模式。

4.1.3 国内外智能物流系统发展

智能物流在欧美等发达国家发展迅速，并在应用中取得了很好的效果。国外的综合物流公司已纷纷建立全程跟踪查询系统，为用户提供货物的全程实时跟踪查询。这些区域性或全球性的物流企业利用网络上的优势，将其业务沿着主营业务向供应链的上游和下游企业延伸，提供大量的增值服务。

1. 欧美国家

美国是世界上最早提出将物流系统建设成为最安全、最方便、最经济有效的国家，为此，在 20 世纪 80 年代，美国就出台了一系列旨在强化物流效能的法案和法规，这些法案与法规的制定为美国确立在世界物流的领先地位提供了保证。美国不仅在法律上确立了物流的优先发展地位，而且还通过放松政府对物流业的管制来实现物流企业间竞争手段的现代化，同时强调“整体化的物流管理系统”，以整体利益为重，消除物流各部门对相应流程的过于严格的控制，从整体角度进行统一规划管理。正是这些最早、最迅速采用的管理与经营手段，使美国得以在较短时间内迅速地实现了美国物流布局的合理化、运输调配系统的网络化以及运力的集团化，造就了一大批超大型的跨国物流集团公司。

美国联邦快递公司 FedEx，利用其研发的物流实时跟踪系统，实现从包裹收取开始到包裹送达完成全过程的实时跟踪。美国 UPS 公司也认为如今提供信息服务已是递送业务中的一个至关重要的竞争因素。他们已通过广泛应用以信息为基础的技术来提高其服务能力。

作为国际大型零售业巨头，美国沃尔玛在智能化物流方面投入巨大。2003 年 6 月，在美国芝加哥市召开的零售业系统展览会上，沃尔玛宣布将采用 RFID 的技术，以最终取代目前广泛使用的条形码。沃尔玛为每家分店的送货频率通常是每天一次，能够做到及时补货，从而领先于竞争对手。此外，采用智能物流系统后，沃尔玛的配送成本仅占其销售额的 2%左右。如此灵活高效的物流调度，使得沃尔玛在激烈的零售业竞争中能够始终保持领先优势。沃尔玛前任 CEO 大卫·格拉斯(David Glass)曾一语道破天机："配送设施是沃尔玛成功的关键之一，如果说我们有什么比别人干得更出色，那就是配送中心。"充分利用现代信息技术打造的供应链与物流管理体系，不仅为沃尔玛获得了成本上的优势，而且还加深了它对顾客需求信息的了解，提高了它的市场反应速度，从而为其赢得了宝贵的竞争优势。

2011 年 1 月，全球领先的通信服务商英国电信(BT)与 Omnitrol Networks 合作，部署基于 RFID 零售库存解决方案。该系统能够跟踪实际库存移动情况，并根据最小存货单位(SKU)跟踪单品周转率，可提前向零售店面经理同步发出实时补货提醒，实现供应链的可视化，帮助零售商大幅提高员工生产力，实现实时库存管理与追溯，创造更加智能化、协作更紧密的供应链。

在物联网技术应用方面，欧盟各成员国在诸如交通、身份识别、生产线自动化控制、物资跟踪等封闭系统与美国基本处在同一阶段。欧洲许多大型企业都纷纷进行 RFID 的应用实验。欧盟致力于推进 RFID 的研究和应用，并资助一项为期 3 年的致力于 RFID 系统有效应用的研究、发展、培训和示范计划——BRIDGE 项目。

2. 日本

日本物流信息化的发展已有较长的历史，在世界居领先水平。特别是日本政府近年来为了大力扶持物流信息化产业的发展所采取的一些宏观政策导向，给日本物流信息化产业带来快速增长的实践经验。

在物流业应用中，由于日本对食品的品质和温度要求非常严格，为了保持食品最佳的状态，往往需要在运输过程中对食品进行严格的温度监控。因此日本的物流运输车辆(如运送食品和酒类的货车)上通常会放置若干个 RFID 标签，供有关部门随时监测运输过程中车厢内的温度变化，通过物联网技术对食品、药品的流通监管，以保障其安全性。

日本许多企业的物流作业中铲车、叉车、货物升降机、传送带等机械的应用程度较高，配送中心的分拣设施、拼装作业安排犹如生产企业的生产流水线一样，非常先进，有的已经使用数码分拣系统，大大提高了物流企业的工作效率和准确性，在物流企业中，计算机管理系统被普遍应用，在国际物流领域里，广泛使用电子数据交换(EDI)系统，提高了信息在国际传输的速度和准确性，使企业降低了单据处理成本、人事成本、库存成本和差错成本，改善了企业和顾客的关系，提高了企业的国际竞争力。高科技的应用与发展为物流企业跨上新的台阶提供了重要的手段和作用。日本物流业不仅在专业化、自动化水平的发展方面十分快速，而且对物流信息的处理手段也极为重视。几乎所有的专业物流企业都通过计算机信息管理系统来处理和控制物流信息，为客户提供全方位的信息服务。为此，日本一大批 IT 业界的公司已成为物流信息平台和物流信息系统需求的直接受益者。

3. 中国

作为十大规划振兴产业之一，智能物流系统的快速发展将进一步促进我国物流产业的飞速发展，加快物联网技术与智能物流系统研究及应用推广工作显得更加重要。2011 年 12 月，工信部正式发布了《物联网“十二五”发展规划》(以下简称《规划》)，明确将加大财税支持力度，增加物联网发展专项资金规模，加大产业化专项资金等对物联网的投入比重，鼓励民资、外资投入物联网领域。《规划》确定了“十二五”期间我国物联网发展的八大任务和五大工程。其中特别提到要重点支持物联网在工业、农业、流通业等领域的应用示范，以及智能物流、智能交通等的建设。

《规划》还明确了“十二五”期间物联网将实施五大重点工程：关键技术创新工程、标准化推进工程、“十区百企”产业发展工程、重点领域应用示范工程，以及公共服务平台建设工程、智能建设工程。智能物流与智能交通作为所涉及的主要领域被包含其中。

《规划》提出，智能物流领域，将建设库存监控、配送管理、安全追溯等现代流通应用系统，建设跨区域、行业、部门的物流公共服务平台，实现电子商务与物流配送一体化管理。智能交通将建设交通状态感知与交换、交通诱导与智能化管控、车辆定位与调度、车辆远程监测与服务、车路协同控制，建设开放的综合智能交通平台。

2011 年，随着各级政府不断加大对物流信息化建设的支持力度，以及物流企业切实期望降低成本进而提升企业竞争力的需要，绝大多数物流企业着手强化信息化建设、加大信息化投资力度。同时，物流业信息技术的应用程度也得到进一步的加深，电子标签、电子单证、条形码的应用率以及物流软件的普及率也有进一步的提高；EDI 等专业信息交换方式的应用普及从一定程度上提升了企业信息交换水平。此外，物联网、云计算等热门技术在传统物流行业的推广应用也极大地提升了企业信息化水平，为“十二五”期间智能物流的发展奠定了坚实的基础。

此外，由于 2011 年电子商务网站井喷式增长，物流企业越来越重视信息化以及物联网技术的发展，纷纷增加企业信息化投资比例。物流行业信息化建设步伐明显加快。

2011 年，我国的车联网(Telematics)行业取得了令人瞩目的高速发展。首先，产业结构方面，在国家的政策支持下，各地区、各产业链通过全面整合资源的车联网联盟相继成立，对于促进信息交流共享、产品技术创新研发，共同推动汽车物联网产业发展有着重要意义；其次，技术应用方面，路网监测、车辆管理和调度等应用正在发挥积极作用，并且国家将重点扶持信息感知、信息处理、信息传输、信息安全 4 个方面的关键技术创新。

物流行业车联网技术应用起步很早，主要是基于 GPS 技术与 RFID 等感知技术集成，借助互联网的手段，对货运车辆进行实时、在线的联网监控、返程配货、调度管理。随着 2011 年车联网在全国的普遍推进，相信必将带动货运车联网的发展，为智能交通提供广阔的发展前景。

物流领域作为物联网重要的应用领域，将物联网技术应用在物流业务中，不仅可以突破物流领域中底层数据采集的瓶颈，提高供应链可视化程度、库存准确性、需求预测的准确度、供应链的快速反应能力等，而且还可以解决零售业物品脱销、失窃及供应链混乱带来的损耗等问题。物联网技术在物流业的应用必将成为物联网技术应用的热点领域。

尽管物联网技术与智能物流系统研究已经成为国内外相关领域研究的一个新热潮，而且已经取得了令人鼓舞的成绩，但是仍然有许多问题需要解决。在物流系统中，如何管理和利用物联网技术产生的海量数据是进一步研究和应用物联网技术需要解决的关键问题；如何利用物联网技术实现智能物流系统研究和针对物联网信息处理技术与智能物流系统的研究也才刚刚起步。

学术界已经普遍认识到物联网信息处理的重要性。但到目前为止，针对物联网数据与信息处理技术的研究在国外也刚刚起步，还存在较多技术难题。国内对物联网技术的研究主要集中在RFID标签、阅读器及Zigbee等硬件设备研制、安全问题及行业应用，而针对物联网智能信息处理的研究领域，目前相关研究工作则相对较少。

4.2 智能物流物联网技术描述

智能物流系统中的“智能”指的是在物流系统中针对特定目的和物流活动，有效地获取、传递、处理和利用信息，从而成功地达到系统目标的能力。物联网以其全面感知、信息共享、智能调控等特征成为构建现代智能物流系统的核心技术，可在智能物流领域发挥重大作用，具体来说智能物流物联网技术主要包括以下几类。

4.2.1 ILS的信息获取技术

在现代物流活动中，物流的作业对象是各种“物”，这些“物”不仅品种繁多、形状各异而且还处在不定的“移动”“交换”过程中，因此物流业利用物联网技术，发展智能物流，所采用的信息获取技术也很多。结合物流应用角度，可以分为以下3个层次。

1. 智能物流自动识别、追溯技术

智能物流首先需要的是物品信息的数字化管理，因此物流信息的管理和应用首先涉及信息的载体，过去多采用单据、凭证、传票为载体，手工记录、电话沟通、人工计算、邮寄或传真等方法，对物流信息进行采集、记录、处理、传递和反馈，不仅极易出现差错、信息滞后，而且也使得管理者对物品在流动过程中的各个环节难以统筹协调，不能系统控制，更无法实现系统优化和实时监控，从而造成效率低下和人力、运力、资金、场地的大量浪费。自动识别是现代物流领域中生产自动化、销售自动化、流通自动化过程中的技术基础，自动识别从宏观上说包括多类识别方式，如条形码技术、传感器技术、RFID技术、图像识别技术等。目前RFID是自动识别和物联网的一项热门技术。

2. 智能物流定位、跟踪技术

现代物流对于物流产品的位置感知需求越来越迫切，只有知道了物品的确切位置才能进行有效的物流调度，目前常用的物流定位和感知技术主要包含GPS全球定位系统及WiFi无线定位系统等定位技术。定位感知技术根据定位需求，主要分为室外定位和室内定位，GPS作为一种有效的室外感知技术已经在物流行业中得到了广泛利用。WiFi室内定位、UWB室内定位、RFID定位等室内定位技术已经成为目前弥补GPS全球定位系统功能缺陷的有效物联网手段。

3. 智能物流监控、控制技术

物流监控、控制技术为物流过程的安全提供有效的支撑手段，是智能物流监控信息化的重要组成部分，通过实现物流过程的实时视频信息、实时数据交换，及时、有效地采集物流信息，并通过与物流视频监控、报警设备有机结合，实时掌握物流环节的运行状况，分析物流过程状况，及时发现问题并解决问题，从而实现对物流过程的无缝监管。

总的来说，智能物流系统的信息获取技术主要有条形码技术、传感器技术、射频技术、GPS 技术、图像识别技术、文字识别技术、语音识别技术、模式识别技术、机器人视觉技术等。有些技术(如条形码技术、GPS、手写体识别技术等)已经商品化，已在智能物流系统中广泛应用。随着这些技术本身以及 ILS 的不断发展，这些信息获取技术必将在 ILS 中得到越来越广泛的应用。

4.2.2 ILS 的信息传递技术

信息的传递依赖于通信网络。智能通信技术是 ILS 的智能传递技术的主要内容。由于物流的多个环节(港口、机场、铁路、高速公路、物流园区等)的硬件条件不同，有线或无线网络环境也不一样，特别是很多场景(集装箱码头、杂散货堆场)的电磁干扰大，普通移动通信网络难以实现全覆盖，需要多种技术集成应用。

(1) 在区域范围内的物流管理与运作的信息系统，常采用企业内部局域网直接相连的网络技术，并留有与互联网、无线网扩展的接口；在不方便布线的地方，常采用无线局域网技术。集群通信技术是目前在港区、堆场、物流园区等作业集中、环境复杂的物流环节常用的通信方式。现代的数字集群通信技术由于其具有频率利用率高、信号抗信道衰减能力强、保密性好、可提供多业务服务及网络管理控制灵活等优点，应用比较广泛。

(2) 在大范围物流运输的管理与调度信息系统，常采用互联网技术、GPS 技术、GIS 等技术相结合，组建货运车联网，实现物流运输、车辆配货与调度管理的智能化、可视化与自动化。

(3) 在以仓储为核心的物流中心信息系统，常采用现场总线技术、无线局域网技术、局域网技术等网络技术。

(4) 在网络通信方面，常采用无线移动通信技术、3G 技术、M2M 技术、直接连接网络通信技术等。

无线移动通信技术是广泛应用于物流领域的一种通信技术。WiFi 技术由于其具有通信范围较短、成本较低、部署简单等特点，且可以承载数据、语音、图像等业务，目前多应用在物流领域中的仓库、堆场、物流园区等。WiMAX 技术则能提供面向互联网的高速连接，数据传输距离可达 50km，但由于成本较高，还未得到广泛的应用。UWB 技术则具有很宽的无线宽带、功耗低、发射功率低、保密性好、对信道衰减不敏感、发射信号功率谱密度低、低截获能力、系统复杂度低、能提供数厘米定位精度等优势。但目前 UWB 标准化的工作尚未完成，一些技术问题还需要不断完善，但它可能成为新一代 WLAN 和 WPAN 的技术基础，从而实现超高速宽带无线接入，未来将普遍应用到物流领域。

4.2.3 ILS 的信息处理技术

智能物流系统的智能化水平在很大程度上取决它代替或部分代替人进行决策的能力。而智能处理技术是智能物流系统进行“决策”的核心技术。目前，这方面的技术主要有专家系统、数据仓库、数据挖掘、智能决策支持系统、智能计算技术、智能体技术等。

1. 专家系统

专家系统(Expert System，ES)是人工智能的一个分支，产生于20世纪60年代中期，但其发展速度相当惊人。专家系统的奠基人费根鲍姆(E.A.Feigenbaum)认为：“专家系统是一种智能的计算机程序，它运用知识和推理步骤来解决只有专家才能解决的复杂问题”。专家系统作为一种计算机系统，继承了计算机快速、准确的特点，在某些方面比人类专家更可靠、更灵活，可以不受时间、地域及人为因素的影响，克服人类专家供不应求的矛盾。

专家系统的应用领域几乎渗透到各行各业，凡是需要用专家知识解决问题的地方，都可以用专家系统。在物流领域，专家系统也得到了广泛的应用。目前开发了包括运输、存储、配送、计划、评价在内的一系列专家系统，是目前智能物流系统中最为活跃的研究应用领域之一。

2. 数据仓库和数据挖掘

数据仓库出现在20世纪80年代中期，它是一个面向主题的、集成的、非易失的、时变的数据集合，数据仓库的目标是把来源不同的、结构相异的数据经加工后在数据仓库中存储、提取和维护，它支持全面的、大量的复杂数据的分析处理和高层次的决策支持。数据仓库使用户拥有任意提取数据的自由，而不干扰业务数据库的正常运行。

数据挖掘是从大量的、不完全的、有噪声的、模糊的及随机的实际应用数据中，挖掘出隐含的、未知的、对决策有潜在价值的知识和规则的过程。一般分为描述型数据挖掘和预测型数据挖掘两种。描述型数据挖掘包括数据总结、聚类及关联分析等；预测型数据挖掘包括分类、回归及时间序列分析等，其目的是通过对数据的统计、分析、综合、归纳和推理，揭示事件间的相互关系，预测未来的发展趋势，为企业的决策者提供决策依据。

智能物流决策系统是一种结合了数据挖掘和人工智能的新型经营决策系统，主要通过人工智能对原料采购、加工生产、分销配送到商品销售的各个环节的信息进行采集，并利用数据仓库和数据挖掘对其进行分析处理，确定相应的经营管理策略。

3. 智能决策支持系统

在智能物流系统中，存在大量的结构化、半结构化甚至非结构化的物流决策问题，如仓库选址决策、车辆调度、库存决策、采购决策等，这些问题的解决需要决策支持系统或智能决策支持系统作为辅助决策手段，以辅助各级物流管理者实现科学决策。

决策支持系统(Decision Support System，DSS)是在管理信息系统和运筹学的基础上发展起来的，是利用大量数据，有机组合众多模型(数学模型与数据处理模型等)，通过人机交互，辅助各级决策者实现科学决策的系统。智能决策支持系统(Intelligent Decision Support System，IDSS)是在决策支持系统的基础上集成人工智能的专家系统而形成的。智能决策支持系统充分发挥了专家系统以知识推理形式解决定性分析问题的特点，又发挥了决策支持系统以模型计算为核心的解决定量分析问题的特点，充分做到定性分析和定量分析的有机结合，使得解决问题的范围得到一个大的发展，由结构化、半结构化决策问题扩展到非结构化决策问题领域。

4.2.4 ILS 的信息利用技术

智能控制技术是 ILS 中对信息智能化利用的一项主要技术，也是物流自动化技术的高级形态。智能控制技术是将智能理论应用于控制技术而不断发展起来的一种新型控制技术，它主要用来解决那些用传统的方法难以解决的复杂系统的控制问题，通常这些控制问题具有复杂性、随机性、模糊性等特点，利用数学方法难以精确描述，如智能机器人系统、社会经济系统、复杂的工业过程控制系统等。

智能控制技术目前主要有模糊控制技术、神经网络控制技术、学习控制技术、专家控制技术等。然而，智能控制技术在物流方面的应用还比较少，但随着社会经济的发展，物流系统中的控制问题，如物流作业领域中的物流设备的监控、自动搬运机器人、自动分拣机器人、自动化仓库的计算机控制等将会变得越来越复杂，并且这些问题是否解决将会极大地影响系统的效率。因此，有必要在 ILS 中运用智能控制技术，以提高物流的效率和反应速度，实现 ILS 的系统目标。

综合上述分析，各种智能技术可以用表 4-1 表示。

表 4-1 ILS 的智能技术分类表

类　别	包含内容
智能获取技术	条形码技术、传感器技术、射频技术、GPS 技术、图像识别技术、文字识别技术、语音识别技术、机器人视觉技术、模式识别技术
智能传递技术	数字集群通信技术、无线移动通信技术
智能处理技术	专家系统、数据仓库、数据挖掘、智能决策支持系统、计算智能技术、智能体技术
智能利用技术	模糊控制技术、神经网络控制技术、学习控制技术、专家控制技术

4.3 智能物流系统结构

现代物流的发展方向是智能物流，物联网以其全面感知、信息共享、智能调控等特征成为构建现代智能物流系统的核心技术，可在智能物流领域发挥重大作用。目前，自动识别、传感、RFID、GPS 等物联网技术在物流过程中的应用已经有了许多成功的案例。根据传统物流系统的动态要素构成，将智能物流系统分解成智能物流信息系统、智能生产系统、智能仓储系统、智能配送和智能运输系统。各子系统并不是完全独立存在运行的，系统间相互交融、相互协调、相互配合，实现采购、入库、出库、调拨、装配、运输等环节的精确管理，完成各作业环节间的完美衔接，如图 4.1 所示。

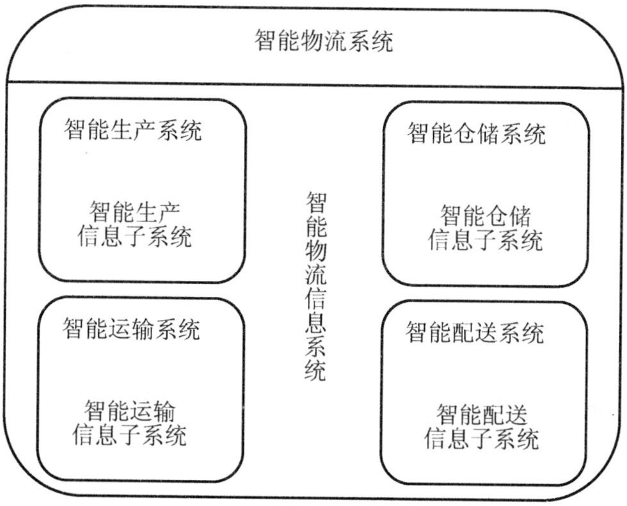

图 4.1 智能物流系统构成

4.3.1 智能物流信息系统

智能物流信息系统是 ILS 的主要组成部分，它的功能贯穿于物流各子系统业务活动之中，或者说是物流信息系统支持着物流各项业务活动。它不仅将运输、储存、包装、配送等物流活动联系起来，而且还能对所获取的信息和知识加以处理和利用，进行优化和决策。因此 ILS 的信息系统不等同于一般的信息系统，它是整个大系统的具有智能意义的神经系统，决定着 ILS 的成败。

智能物流信息系统按功能不同可分为智能生产信息子系统、智能仓储信息子系统、智能决策支持子系统、智能运输信息子系统、智能配送信息子系统、智能包装信息子系统、智能流通加工信息子系统和智能装卸搬运信息子系统等。智能物流信息系统依靠 RFID 技术、条码技术等获得产业信息及物流各作业环节的信息，通过计算机网络完成信息传输及发布，运用专家系统、人工智能等处理信息并给出最佳实施方案。同时，利用产品追踪子系统还可以对产品从生产到消费的全过程进行监控，从源头开始对供应链各个节点的信息进行控制，为供应链各环节信息的溯源提供服务。

4.3.2 智能生产系统

生产物流活动是指生产工艺中的物流活动，具体包括原材料、燃料、外购件等投入生产后，经过下料、发料，运送到各加工点和存储点，以在制品的形态，从一个生产单位(仓库)流入另一个生产单位，按照规定的工艺过程进行加工、储存，借助一定的运输装置，在某个点内流转，又从某个点内流出，始终体现着物料实物形态的流转过程。

在现实生活中，生产活动朝自动化生产方向发展，以减少人工成本，实现规模经济。相对于信息层面，生产企业往往独立于其下游的订货商，使得供应链前后端的信息脱节，难以实现信息共享，大大降低了供应链效率。因此，利用现代自动化生产技术以及信息技术以实现生产智能化是新时代生产活动的新要求。

智能生产系统(Intelligent Manufacturing System，IMS)是一种由自动化生产装备、传感装置、高效的信息网络以及专家共同组成的人机一体化智能系统，能在制造过程中进行智能活动，如分析、推理、判断、构思和决策等。通过智能生产系统控制生产活动，采集生产程序的温度、湿度、震动等环境及生产信息，利用信息网络传输，实现生产过程的实时监控，满足现代安全生产的要求。

智能化是制造自动化的发展方向，在生产过程的各个环节几乎都广泛应用人工智能技术。专家系统技术可以用于工程设计、工艺过程设计、生产调度、故障诊断等，也可以将神经网络和模糊控制技术等先进的计算机智能方法应用于产品配送、生产调度等，实现制造过程智能化。同时，在生产过程以及物流环节的实时监控显示方面，整合 RFID 技术、Web 技术、Zigbee 技术等，从产品的生产阶段记录产品的实时生产环境数据，利用 RFID 技术标识产品并上传至 web 服务器上，使得生产商以及客户能够通过网络实时监控产品状态，实现供应链上下游的信息协同，从而提高生产物流效率。

智能化生产技术是制造业不断吸收机械、电气、电子、信息(计算机、网络、通信、控制、人工智能等)、能源及现代系统管理等学科领域的成果，并将其综合运用于产品研发、设计、制造、检测、销售、使用、服务乃至回收的全过程，以实现优质、高效、低耗、清洁、敏捷、柔性生产，提高对多变的市场动态适应能力和竞争能力。

阅读材料 4-1

1. 厦门 DELL 公司应用 RFID 实现电子制造

DELL 公司的电子化制造早于其他同行，且人均产值也高于其他竞争对手，这主要是因为其与众不同的电子化制造系统，而 RFID 正是整个系统中最为关键的部分。下面以 DELL 的工厂为例说明 RFID 在电子化制造中的作用。

为了便于生产，计算机一般由大约二十个主要部件或模块组成。每个部件都有自己的条码，因此每台计算机都要对应二十多个条码的组合，而配置的多样性使得传统的方式生产容易出错，因此生产过程必须实现透明化以保证准确的生产，这就需要条码和 RFID 的配合使用。

首先 IT 系统把客户的订单进行处理，生成一个随机的唯一数据，在 DELL 的计算机生产线入口处安装了一台 EMS 公司的 LRP820-04 控制器。托盘经过此处时，RFID 控制器把生成的唯一的数据写入安装在托盘底部的载码体上。与此同时，在企业数据库内，这个唯一的数据对应着计算机约二十个条码数据。在托盘经过入口的同时，控制器会一次性地把十台计算机的所有安装信息调入，即控制器会一次就有大约二百条条码信息。这样就加快了整条生产线的速度响应。每个安装工位也都有一台 LRP820-04 控制器，当托盘经过安装工位时，首先读出载码体信息，并显示本工位需要安装的部件条码，安装人员按照提示把正确的部件加入托盘内。为了保险起见，安装人员每拿起一个部件都要进行扫描，将结果和系统数据进行比较。一旦操作有误，系统则会产生报警，托盘则停止前进。等所有部件配齐后，托盘才会进入安装区域，再由各个位置的安装人员把各个部件组装成整机。同样，安装人员在安装前，也要通过 RFID 和条码的配合对零部件再一次进行检验，以保证准确无误。

安装完成后，托盘会回到原始位置，而组装好的计算机则进入下一个工序的托盘。在这个交替处有两台控制器，一台负责读托盘的数据，另一台在新工序的入口，把读到的数据写入新工段的托盘载码体内。新工序主要是后期处理阶段，如给计算机放置随机附件和包装等。安装人员根据 RFID 的信息，把正确的说明书、驱动光盘放入计算机包装箱内，整个工序就宣告完成。

由于这套制造体系构造先进，DELL 公司的资金周转率比竞争对手高 3 倍，从而获得明显的竞争优势，并真正实现了 B2B 和 B2C 的电子商务模式在制造业中的应用。

2. 海尔集团 RFID 应用

海尔集团是目前国内最大的电子产品制造商之一，其信息化建设一直在行业内处于领先位置。面对快速发展的 RFID 技术，海尔集团一直在考虑如何利用这项技术来提升供应链管理和生产制造过程管理。海尔特冰事业部建立了利用 RFID 技术基于单品信息的产品跟踪和追溯的管理系统，初步形成了具有海尔特色的流程基础框架。从产品上组装线开始粘贴 RFID 标签，在每个工位上采集组装信息，产品下线进入周转库时利用 RFID 标签采集入库信息，并监控库存信息，以提高库存周转。产品从周转库出库采集 RFID 信息后进入分公司配送仓库，在入库时又批量采集产品信息。

海尔集团引进 RFID 技术在企业内部建立数字化供应链系统，对现有的业务流程进行了以下优化和改进。

(1) 将 RFID 系统与现有成熟的条码系统相融合，在发挥电子标签优势的同时兼容条码技术，解决了企业在管理方式过渡时期两套系统同时存在、同时发挥作用的问题。将生产线和仓库管理中的 RFID 系统与企业原有信息网络系统(如 ERP、CRM、MES 等)进行无缝对接，在不影响现有系统的前提下产生效益。

(2) 有效地支持准时制生产。准时制(Just-in-Time，JIT)等现代生产方式对企业各个环节的协同提出了越来越高的要求，任何一个环节的脱节都可能导致整条生产线乃至整个生产流程瘫痪。管理并准确找到规格繁杂的零部件(原材料)，将其及时运送到生产线上，是采用流水线作业的企业的一个难题。借助 RFID 技术，就能够实现存货管理的自动化。该技术不仅能够准确掌握零部件的位置和数量，而且当存货水平降低到设定值以下时，系统就会自动发出补货指令。

(3) 准确、迅捷实现生产现场的管理和监控。只要零件进入生产线或到达完工区，系统将自动记录工序、设备和工人的 ID 号、加工时间，避免了依靠大量人工进行滞后的数据输入、条码扫描等操作和由此带来的低精确度数据，彻底解决了 ERP 系统与 MES 实施时的信息获取瓶颈问题。

(4) 为未来物流和售后服务建立数据源。在复杂产品的物流运送、销售和维修服务中，产品上的 RFID 标签是一个随产品移动的数据库，随时可以读取其历史记录和质量记录，避免书面材料的人工传递或对远程的主机数据库的访问，有效地解决了企业数据的一致性问题。

(5) 改善售后服务手段，加强客户关系管理。RFID 技术还可以在建立顾客忠诚方面发挥重要的作用。在进行送货或客户服务时把客户的个人信息与产品的维护记录存储在 RFID 标签中，不仅可以为顾客减少服务过程中烦琐的审核验证流程，还能提供个性化服务。

(资料来源：李俊韬．智能物流系统实务[M]．北京：机械工业出版社，2013)

4.3.3 智能仓储系统

自从有了生产活动，仓储就应运而生。仓储是生产活动的一个重要组成部分，并随着生产的发展而发展。特别是随着我国制造业的崛起，物流业也得到了迅猛发展，仓储越来越受到社会的广泛关注，大大促进了人们对仓储理论的研究，促使其逐步发展完善，从而成为一门独立的学科。

仓储活动是指利用仓库对物资进行储存和保管，以保管活动为中心，从仓库接收商品入库开始，到按需要把商品全部完好地发送出去为止的全部过程。它不同于生产或交易活动，是整个物流系统中衔接上下游物流活动的核心环节之一。仓储活动能够克服生产和消费在地理和时间上的分离，可以维持商品原有使用价值，加快资金周转，节约流通费用，降低物流成本，提高企业的经济效益。仓储活动的基本功能包括物品的入库、盘点、环境监控和出库信息处理 4 个方面，其中物品的出入库与在库盘点管理可以说是仓储最基本的活动和传统功能。环境监控是仓储物流活动中的安全辅助环节，为货物的存储的环境安全提供了保证。如今，随着管理手段与管理水平的不断提升，对仓储环境监控的研究也更普遍、更深入、更精细。纵向来看，仓储的发展经历人工和机械化仓储、自动化仓储和智能化仓储 3 个发展阶段。

1. 人工和机械化仓储阶段

在人工和机械化的仓储阶段，物资的输送、仓储、管理、控制主要依靠人工及辅助机械来实现。物资通过各种各样的传送带、工业输送车、机械手、吊车、堆垛机和升降机来移动和搬运，用货架托盘和可移动货架存储物料，通过人工操作机械存取设备，用限位开关、螺旋机械制动和机械监视器等控制设备来运行。机械化仓储基本上满足了人们对速度、精度、高度、重量存取和搬运等方面的要求，具有明显的实时性和直观性优点。

2. 自动化仓储阶段

自动化技术的运用对仓储的发展起了重要促进作用。自 20 世纪 50 年代末开始，有关机构相继研制和采用自动导引小车(AVG)、自动货架、自动存取机器人、自动识别和自动分拣等系统。到 20 世纪 70 年代，旋转体式货架、移动式货架、巷道式堆垛机和其他搬运设备也加入了自动控制行列。但是各个设备只是实现了局部自动化，进行独立应用，并未形成统一的自动化整体，因而又被称为“自动化孤岛”。随着计算机技术的发展，仓储工作重点转向物资的控制和管理，要求实时、协调和一体化。计算机之间、数据采集点之间、机械设备的控制器之间以及它们与主计算机之间的通信可以及时地汇总信息和及时地记录订货和到货时间，显示库存量，方便计划人员做出供货决策和管理人员随时掌握货源及需求。

3. 智能化仓储阶段

智能仓储物流系统就是基于传感、RFID、声、光、机、电、移动计算等各项先进技术对仓储各环节实施全过程的管理，以提高仓库管理人员对物品的入库、盘点、环境监控和出库操作作业的规范化，实现对货物货位、批次、保质期等信息的电子标签管理，有效地对仓库流程和空间进行管理，实现批次管理、快速出入库和动态盘点，从而有效地利用仓库存储空间，提高仓库的仓储能力，最终提高仓库存储空间的利用率，降低库存成本，提升市场竞争力。

阅读材料 4-2

1. 浙江嘉兴电力局应急物资储备智能仓库

2010 年，浙江嘉兴电力局应急物资储备仓库引入物联网技术，在智能仓储试点获得成功的基础上，进一步拓展了智能化应用领域，将智能化仓库技术延伸到基层供电营业所的物料小库，通过大库与小库之间的远程联网，实现应急物资储备仓库的“存储、配送、盘点”三大智能化。

该应急物资储备仓库物联网技术的应用是一大亮点，初步实现了物料与物料之间的信息交流和通信，做到了智能化识别、定位、追踪、监控和管理。例如，货物入库时，贴有电子标签的托盘载着物品通过 RFID 射频系统，进行电子标签扫描，将自动接收到的数据信号传输到电脑进行入库的数据处理。然后，叉车将物料运送到自动传输带之后，堆垛机将物资自动存放到立体货架指定的位置，同时入库单同步进入企业员工辅助计划与企业资源管理系统(以下简称 EAP-SAP 管理系统)，从而完成物资的入库流程。出库时同样也必须经过射频扫描进行数据自动录入，一切都是自动进行，没有人为干预，实现了物资自动出入库、自动盘点、自动生成装车计划以及运输车辆实时监控等功能。

如今，嘉兴南湖、秀洲、滨海供电分局共 5 个基层供电营业所的物料小库在纳入局系统的 EAP-SAP 管理系统并与大库联网后，小库物资原有的申报、验收、入库、保管、领用、退料、废旧物资回收等信息得到了共享，实现了物料信息流的互动，系统可追踪大库流向小库后其物料的具体使用情况，也方便了小库与小库之间的物料调配和互补。

2. 墨西哥连锁百货商店的RFID贴标计划

拥有76家店面的墨西哥连锁百货商店Liverpool从2007年年底推出RFID贴标计划以来，2 300多家供应商将贴标的产品源源不断地运往Liverpool各个主要分销中心，大多数供应商都是租用Liverpool的可重复使用物流设备把产品运到分销中心。利用60万个租用的物流设备上的RFID标签，Liverpool能够迅速地实施RFID计划，而无需供应商在业务流程中做任何改变，也无需供应商投资RFID技术。

墨西哥Digilogics公司作为UPM在墨西哥的标签封装合作商，将嵌体嵌入到标签里，并采用斑马技术公司推出的R2400 RFID打印机将货运集装箱的编码(SSCC)编入到每个标签RFID芯片上，并在标签上以条码的形式打印相同的编码。而GrupoHasar作为该计划的RFID系统集成商，选择所需的RFID硬件并帮助Liverpool设计和部署这一系统。GrupoHasar还为其提供发送货运数据(从RFID阅读器发送货运数据到Liverpool的仓库管理软件)的中间件。

在发送货物之前，供应商将会扫描每个箱子标签上的条码，然后将箱子放到一个货盘上，一旦托盘完全装满，将会把另外一个RFID标签贴于货盘上。该标签的编码和货盘上所有箱子的编码相互对应。

供应商将发货通知上所有的信息传给Liverpool，然后Liverpool使用它来确认实际到货的信息。分销中心的员工拆开每个到达的货盘，使用手持阅读器收集每个箱子的RFID标签上的SSCC。一旦某个货盘被拆开，该软件会将这些序列号与发货通知中的信息作比较，以确保每个货盘都已到位并装载着正确的货物。这些箱子被放置于传送带上，经过某一通道时，一台RFID阅读器与一根安装在通道上的天线相连，获取其标签上的序列号之后，由机械臂直接把每个箱子送到包装区，在那里箱子可以被放到一个货盘上和其他的材料一起送到同一家零售商店。

Liverpool和西班牙Mecalux公司一起开发了仓库自动化系统。RFID硬件和传送带上可编程的逻辑控制器相连，当货盘包装好了准备要送到某个零售商店时，叉车驾驶员将每个货盘移经一个通道，然后一台阅读器便创建一个读取区域。阅读器收集所有箱子的标签信息，并把箱子的标签信息和货盘的标签信息对应起来作为最后的确认，最后货盘被卡车运往零售商店。

由于Liverpool的供应商运来的货物贴上了RFID标签，就能够验证从分销中心发送到Liverpool商店的每批货物。错运的商品比例已从0.4%降至0.2%。据称，货物贴标以后实现了99%的库存准确率，并且比起手工清点库存可节约89%的时间。

(资料来源：李俊韬. 智能物流系统实务[M]. 北京：机械工业出版社，2013)

4.3.4 智能配送与智能运输系统

在物流的过程中，配送与运输起着至关重要的作用，是企业的“第三利润源”。以流通的观念来看，配送是指将被订购的商品，使用交通工具将其从产地或仓库送达客户的活动。配送的形态可以是从制造厂仓库直接运送给客户，也可以再经过批发商、经销商或由物流中心转送至客户。配送的目的在于克服供应商与消费者之间空间上的距离。运输是配送实现的根本手段，是运动中的活动，它与静止的保管不同，要依靠动力消耗才能实现，承担大跨度空间转移的任务，所以活动的时间长、距离远、消耗大。物流是物品实体的物理性运动，不但改变了物品的时间状态，也改变了物品的空间状态。配送过程中的其他各项活动，如包装、装卸搬运、物流信息等，都是围绕着运输而进行的。可以说，在科学技术不断进步、生产社会化和专业化分工程度不断提高的今天，一切物质产品的生产和消费都离不开配送与运输。

智能配送是基于GPS卫星导航定位技术、RFID技术、传感技术等多种技术，在物流过程中实时实现车辆定位、运输物品监控、在线调度和配送可视化与管理的系统。

智能化物流配送系统的突出特点就是智能性，是指企业可以通过物流配送系统对物流过程实现信息全面覆盖，在存储、分拣、分装等作业密集的环节采用高效的自动化设备进行处理，实现整体系统的智能化、自动化操作和管理，从而实现合理资源调配和高效作业，使物流配送更加合理和高效。正是由于其明显的优势，智能化配送在更多的场合得到应用。

智能运输系统起源于公路交通运输的发展。随着机动车普及率的提高和公路交通需求的增加，交通拥堵问题日益突出，公路和城市道路运输的效率受到制约。为解决这一矛盾，各国纷纷加大了道路建设的力度。与此同时，为缓解新建公路和道路在土地占用、城市改造和建设资金等方面的压力，提高现有道路、公路网络的运输能力和运输效率，成为解决交通运输问题的另一重要途径。日本、美国和欧洲发达国家为了解决交通问题，竞相投入大量资金和人力，开始大规模地进行道路交通运输智能化的研究和试验。随着研究的不断深入，智能交通系统功能扩展到道路交通运输的全过程及其有关服务部门，并发展成为带动整个道路交通运输现代化的智能管理系统。智能运输系统的服务领域为先进的交通管理系统、出行信息服务系统、商用车辆运营系统、电子收费系统、公共交通运营系统、应急管理系统、先进的车辆控制系统。智能运输系统实质上就是利用高新技术对传统的运输系统进行改造而形成的一种信息化、智能化、社会化的新型运输系统。现代物流活动中，智能运输系统的作用越来越受到重视，它在城市配送及道路运输方面体现了极大的优势。

阅读材料 4-3

1. 美国联邦快递公司

美国联邦快递公司 FedEx 所提供准时送达服务(Just In Time Delivery，JIT-D)是物流实时跟踪技术的代表，FedEx 目前每天要处理全球 211 个国家的近 250 万件包裹，利用其研发的基于 Internet 的 InterNetShip 物流实时跟踪系统，FedEx 的 JIT-D 达到了 99%。针对每一个包裹，FedEx 现在都可以实时跟踪从包裹收取开始到包裹送达完成这一全过程的每一环节。同时，公司的信息服务网络 Powership 可以使货主和收货人能够在全球通过 Internet 浏览服务器实时跟踪其发运包裹的状况，目前 FedEx 每个月要为来自全球超过 5 000 个网站的数百万查询请求提供货物实时跟踪服务。由于能够提供传统物流所不能提供的增值服务，一些大企业如 Cisco 等也非常愿意与 FedEx 结成战略联盟，它们通过 Embedded Extranet 技术将彼此的企业网互联。美国国家半导体公司也将自己的物流业务全部委托 FedEx 去做，该公司认为 FedEx 的物流服务不仅能满足它的 JIT 生产要求，而且能显著降低它的销售成本。目前该公司产品的平均送达时间已从以前的 4 周缩短为 1 周，分销成本从占总销售额的 2.9%下降到了 1.2%。

(资料来源：胥军. 智能物流系统的相关理论及技术与应用研究[J]. 科技创新与生产力，2011(4))

2. 沃尔玛的高效配送系统

美国零售巨头沃尔玛商场的最大优势就是其高效的配送系统。沃尔玛不断革新其持续快速补充货架的物流战略，不断引进和运用现代化供应链管理技术，货架持续保持足够商品数量、种类和质量，避免货物脱销和短缺，从而使沃尔玛在世界各地的商场供应链的经济效益和服务效率大幅度提高，最终造就了沃尔玛今日的辉煌。

沃尔玛在世界各地的零售商场和配送中心普遍采用 RFID 标签技术后，货物短缺和产品脱销率降低了 16%，从而大幅度提高了客户服务满意率。在货物进出通道口的时候，RFID 标签能够发出无线信号，把信息传递给无线射频机读器，于是供应链经营管理部门的各个环节就能同步显示了。仓库、堆场、配送中心甚至商场货架上的有关商品的存货动态情况就能一目了然。

沃尔玛采用的 RFID 标签技术能够有效避免订货和货物发送的重复操作和遗漏，避免产品或者商品供应链经营操作中的死角和黑箱。

RFID 标签技术的操作方式相当简便，只需要少数人参与，货物跟踪和存货搜索效率惊人，大幅度提高了存货管理水平，减少了库存，并降低了物流成本。沃尔玛商场的工作人员手持 RFID 标签阅读器走进商场销售大厅或者货物仓库，用发射天线对着货物只需轻轻一扫，各种货物的数量、存量等动态信息就会全部自动出现在机读器的屏幕上，已经缺货和即将发生短缺的货物栏目则会发出提示警告声光信号，无一漏缺。

(资料来源：李俊韬. 智能物流系统实务[M]. 北京：机械工业出版社，2013)

4.4　智能物流行业应用——医药智能物流

医药流通领域，作为物流领域的一个特殊分支，在现今中国的物流发展中是非常具有代表性的。按照国家对药品流通的 GSP(Good Supplying Practice)规定，医药公司在药品的采购、运输、存储、拣选、配货、发运等一系列物流运作中都需要实行批号的严格管理及监控。另外，由于药品的经营，目前既有批发和零售的业务，又有针对连锁店的配送服务。因此，在物流运作中，既会有整箱的操作，又会有拆零的配送。并且，随着竞争的加剧，客户对配送时间的要求也越来越高。这样就对物流的操作提出了更高的要求。也就是说，与过去的物流操作相比较，作为后台的物流操作，既要在严格的质量监控的前提下提高运作效率，降低出错率，又要对运作成本进行有针对性的分析和控制。如何能够满足新形势下的物流运作要求，是医药行业的物流运作中必须面对且亟待解决的课题。

4.4.1　医药物流概述

医药物流作为物流的组成部分，是物流技术和管理在医药领域的具体应用。与传统仓储配送活动相比，医药物流之所以被认为是现代化的物流活动，主要是指其通过系统化、信息化的管理，将原来分散于企业不同部门和位置、彼此间不能有机协调配合的物流管理和操作有机地整合在一起，使之最大限度地提高运作效率，降低运作成本。

医药物流在我国刚刚起步，但发展迅速，并很快成为医药流通领域的热点。其原因在于：宏观上，是在全球经济一体化、全国经济形势普遍走好以及医疗保险制度的进一步深化改革的大背景下产生的；微观上，是在我国医药经济持续走强(医药市场的增长快于经济增长的速度)、药品连锁经营以及零售市场前景普遍看好的情况下形成的。所有这些都必将促使医药物流成为热点。

1. 我国医药物流的现状及问题

1) 信息化水平落后

在发达国家，基于因特网的信息技术、网络技术相当发达，供应商、批发商、零售商都能通过网络实现信息共享，使得数据能快速准确的传递，大大提高了库存管理、装卸运输、采购、订货、配送、订单处理等的自动化水平。而在我国，信息技术的应用尚处于起步阶段，大多没有物流信息系统，信息缺乏相互链接和共享，远远没有达到物流运作所要求的信息化水平。尽管许多药品供应商、中间商、零售商、医院药房等都配备了电子计算机，但由于相互之间大多没有形成网络，因而发挥的作用极为有限。

2) 医药生产企业、商业批发企业还没有形成统一的药品标准编码

我国目前物资编码尚未实现标准化，各个领域分别制订了自己的物流编码，其结果是

不同领域之间情报不能传递，电子计算机无法联网，因而妨碍了系统物流管理的有效实施，医药行业也不例外。无论是工商企业、医疗机构自行设计的编码，还是总后卫生部等各种组织设计的编码，均是自成体系，因而只能在各自的系统内使用，相互之间并不能兼容。药品进入不同的连锁门店，就相应印上自己的编码。进入超市的非处方药，则被纳入超市的编码系统。不同的连锁企业之间、连锁企业与超市之间的互不兼容，势必会造成信息处理和流通效率低下，这是困扰物流配送的又一大难题。

3) 药品包装也未形成统一的标准化、规范化管理

实现药品包装统一标准也是实现现代医药物流自动化和效益化的基础。但目前我国各企业药品包装规格很不统一，彼此间差异很大。药品包装的不统一直接影响了物流管理的机械化自动入库、堆放、出库等环节，往往造成很多新建的物流中心在药品入库和出库时还需要转换包装，不仅增加了劳动力成本，同时也降低了物流效率。

4) 医药商业物流的发展还存在一些体制上的障碍

首先是部门间的政策不协调。如工商、税务部门在医药物流发展方面的政策与药监部门不配套。药监部门为促进医药物流发展，鼓励医药连锁、跨区域经营以及对异地所属连锁店进行统一管理和配送。但工商、 税务部门要求同一法人主体在同一区域范围内设立的分店全部按子公司管理，分别交纳税费，而不能由连锁公司统一对外缴纳，这种政策无疑加大了医药物流的运作成本，阻碍了医药物流的规模化和网络化，也制约了医药物流在更大范围内的发展。

其次是医药市场行政分割、地方保护严重，与现代物流业相排斥。现代商业物流要求打破地区界限，吸收现代科学技术的最新成果，将信息技术革命应用到电子商务领域，将专业化分工推进到更高的层面，在更大范围内合理配置资源。而在市场分割状态下，往往形成“大而全”、“小而全”的批发企业，其物流组织形式分散、低效、高耗，这样势必对实行跨地区、跨行业、跨部门、跨所有制的大型医药零售连锁企业集团产生不利影响。

5) 观念障碍

医药物流在我国刚刚起步，由于受传统体制及历史包袱的影响，其服务观念、管理水平与市场要求相比，还存在着较大差距。不少业内人士，包括一些领导在内，仍然没有一个正确的物流概念，以为物流就是“运输加仓储”，对于如何加强物流管理，如何设计符合现代发展要求的、符合行业特点的信息化、网络化物流中心，还缺乏足够的认识。

2. 行业发展趋势

医药物流依托一定的物流设备、信息技术和进销存管理系统，有效地整合营销渠道上下游资源，通过优化药品供销配送环节中的作业过程，提高订单处理能力，缩短库存及配送时间，减少流通成本，提高服务水平和资金使用效益。未来几年甚至更长一段时间，我国的医药物流的发展将呈现以下特点。

(1) 体制多样。由于药品的特殊性、专营性及国有主渠道作用，在很长一段时间，该领域一直由国有医药企业垄断。但现在，这一格局正在被打破，除了国有企业凭借其几十年的资本、网络占据着主要的领地之外，民营势力的崛起显然是一支不可小视的力量。

(2) 内外企业竞争。必须承认，外企在资金、管理、技术、研发及品种结构上具有一定优势，但分销及物流配送网络是其薄弱环节。因此他们只有与国内在物流配送网络上有

着一定优势的医药物流公司合作，才能有效地打开市场。此外，一些医药物流企业为了能与外企抗衡，增加其自身的竞争实力，也将自身物流体系建设作为重要战略之一。

(3) 重组加剧。医药物流的发展方向是专业化、产业化、规模化。大企业有可能寻求将中小企业兼并，使之成为自己的配送中心；与此同时，中小企业也将寻求与大企业的合作，减少市场竞争风险，让自己成为大企业的区域性配送中心。医药物流领域可能会出现一批跨地区、跨所有制的大型医药物流企业。

(4) 独立的物流。这里指第三方物流的兴起与发展。医药批发业务的实质是物流配送，现在国内不仅一些老牌的医药商业企业在发展现代化的医药物流配送中心，一些新兴力量也在着手这方面的工作，如已经全面实施第三方物流的浙江邦达和正在向第三方物流转型的徐州淮海医药等。第三方物流的出现可能最终威胁到医药公司的生存。因为当第三方物流企业手中掌握了越来越多的上游(生产企业)和下游(药店、医院等销售终端)资源后，他们有可能会招募一些医药营销人才或者直接并购一家医药公司，这对传统的医药流通企业是一种挑战。

4.4.2 医药智能物流框架

近年来，随着医药领域各项改革的不断深化和医药企业经营机制的逐步转换，我国医药企业在进行技术创新、制度创新、市场创新的同时，也加快了管理创新的步伐。特别是多数企业都意识到通过企业信息化来提高自身的竞争能力和经济效益。同时不少医药企业在企业组织与管理的过程中，自觉地吸收了供应链管理的思想，初步具备了物流集成化和供应链管理的能力，具备医药智能物流的雏形。

1. 应用需求

医药智能物流是运用现代管理技术和信息技术，对医药的采购、运输、储存、包装、装卸搬运、流通加工、配送等诸环节进行有效集成和整合。实现医药流通的高效率和高效益，是药品供应保障体系中的一个重要环节，是现代服务业中的新兴产业。医药物流对智能物流系统的需要主要有以下几个方面。

1) 智能物流系统的高效快速运转

对于医药物流系统的要求，有多种提法，但是本质上讲就是以下几个层次，即准确、快速、高效及个性化。其中准确与快速是医药物流企业生存之本，只有在满足了快速、准确的前提下，才能发展个性化服务，才能谈到提高企业运作效率。在医药企业竞争空前激烈的今天，为了在以时间为基础的竞赛中占据优势，必须建立一整套能够对环境反应敏捷和迅速的系统。

快速包含着多种含义。首先对于需方来说，快速是指在正确的时间将货品送达目的地，也就是及时性；对于医药物流系统而言，快速是指高效完成系统中的物流，这可以减少资产负担并提高相关的周转速度，在某种程度上也意味着高效利用库存。另外，快速还指物流系统对于业务变迁的适应能力。在现代企业中，为了提高竞争力，进行企业业务流程重组，或类似的调整是很常见的事。敏捷系统的实现，一方面要依靠物流系统的业务优化；另一方面也依赖于信息技术的发展，特别是物联网技术的发展。

2) 智能物流系统的功能专业化

智能物流系统应该能够提供专业的物流服务，从物流设计、物流操作过程、物流技术工具、物流设施到物流管理必须体现专门化和专业水平，这既是物流消费者的需要，也是医药物流自身发展的基本要求。智能物流系统能够完成订单处理、供应商管理、客户管理、仓储管理、分拣管理、配送管理、财务管理等相关专业化工作。

3) 智能物流系统的服务个性化

对于医药物流企业而言，其所要服务的对象包括医药供应链上的所有企业，不同的企业存在不同的物流服务要求。医药物流服务是建立在不同企业在企业形象、业务流程、产品特征、顾客需求特征、竞争需要等方面的不同要求的基础上，所提供的具有较强针对性的物流服务和增值服务，因此具有明显的个性化特点。

4) 智能物流系统的信息网络化

信息技术是医药物流发展的基础。在物流服务过程中，信息技术发展实现了信息实时共享，促进了物流管理的科学化，提高了物流效率和物流效益。医药物流的信息节点不仅多且复杂，客户企业的医药商品发往哪里，医药物流的物流网点和信息化节点就要延伸到哪里，同时还要和其他物流、货运企业进行信息化对接，因此信息网络化是医药智能物流系统的基础。

5) 基于药品 GSP 的规范化运作

GSP 即《药品经营质量管理规范》，是关于医药商品流通和医药商业企业的一套质量管理程序。医药物流虽然不属于医药商业企业，但作为医药商品存储和配送环节重要的组成部分，其物流操作也应该严格按照 GSP 相关要求进行，并且将 GSP 管理纳入到企业战略管理层面。由于第三方医药物流所从事的业务量十分庞大，所以，保证所有仓储、运输的医药商品的质量特性就成为第三方医药物流企业的重要目标之一。

6) 对药品批号实现精确管理

GSP 对于批号的管理有严格的规定，也是国家药监局对于医药产品的一个有效监督手段，智能物流系统需要随时可以查询每个批号在仓库的哪个库位，对应的数量是多少，发货时自动按照先进先出锁定批号，指导作业人员到指定的库位拣货，可以详细地查询到每个批号的入库时间、出库时间和销售流向等信息。

2. 框架构成

医药智能物流系统为了满足社会的需要以及未来企业的生存、发展的要求，建立药品现代物流是当前时期的重要任务。只有响应医药的发展趋势要求，建设医药智能物流系统，才能有效解决企业目前以及未来存在的生存、发展等诸多问题，才可以达到提高药品完好率，解决药品种多、吐量大的问题；达到改善药品储存环境及储存条件；达到精确、实时控制库存量，进行有效调度，减少库存，有效防止货物积压、过期失效；达到降低拣选、配送的差错率，提高客户服务满意度，使企业高效、快速的发展。

一般医药物流中心主要涉及以下几个主要的业务流程，如图 4.2 所示。

(1) 入库流程。供应商负责配送药品到医药物流配送中心，首先由专人根据查询获取与供应商的合同订单，预录入销售订单的药品批号、生产日期及有效期、数量等信息，然后打印出入库单，自动安排货位，贴到药品货物箱上，然后由验收人员利用 PDA 终端对货物进行验收确认，再由理货人员根据贴的入库单据进行理货并送到指定货位。同时支持供应商的退货或零售门店到物流中心的退货作业。

(2) 仓储流程。按可销商品和不可销商品(失效或其他原因损坏等)分类；然后按区域、组别、货位进行存放。

(3) 出库分拣流程。按照客户订单，系统首先对订单进行分析处理，形成拆零补货任务和整箱出库任务，然后工作人员按照任务进行工作，将相应货物搬运到相应区域，拆零补货需要将待分拣的药品放置到分拣设备，分拣设备根据客户订单自动分拣并组装到客户箱子中。

(4) 复核流程。复核人员根据指定通道及托盘的药品，通过计算机终端和扫描条码方式进行复核确认，防止分拣数量不一致情况；复核完成药品放入配送箱(按订单)，整个分拣及复核任务完成后，即可由配送人员按区域及订单将配送箱送入配送车辆即可进行配送。

(5) 配送流程。配送人员根据订单地址，依次完成客户订单的运输及客户检验签收工作，并支持药品退货及过期药品回收工作。

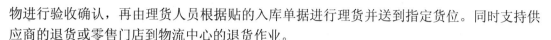

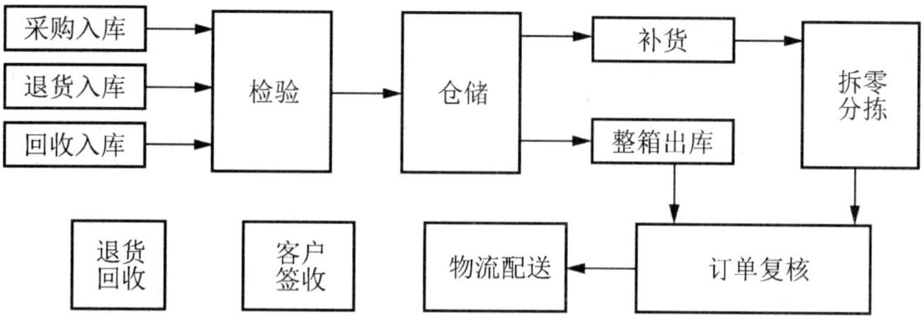

图 4.2 医药物流中心基本业务流程

以上构成了医药物流中心的主要工作，医药物流中心的主要任务就是仓储、分拣、配送、订单接受、合同处理等工作，因此医药物流中心的智能物流系统主要包含物流感知层、物流通信层、物流业务层 3 个层次，同时智能物流系统还需要包含智能化物流装备。

3. 核心功能框架

医药智能物流系统主要包含供应商管理系统、客户管理系统、订单管理系统、仓储管理系统、分拣管理系统、运输管理系统、医药电子商务平台、物流运行管理监控平台。

(1) 供应商关系管理(Supplier Relationship Management，SRM)，正如当今流行的 CRM 是用来改善与客户的关系一样，SRM 是用来改善与供应链上游供应商关系的，它是一种致力于实现与供应商建立和维持长久、紧密伙伴关系的管理思想和软件技术的解决方案，它旨在改善企业与供应商之间关系的新型管理机制，实施于围绕企业采购业务相关的领域，目标是通过与供应商建立长期、紧密的业务关系，并通过对双方资源和竞争优势的整合来共同开拓市场，扩大市场需求和份额，降低产品前期的高额成本，实现双赢的企业管理模式；同时它又是以多种信息技术为支持和手段的一套先进的管理软件和技术，它将先进的电子商务、数据挖掘、协同技术等信息技术紧密集成在一起，为企业产品的策略性设计、资源的策略性获取、合同的有效洽谈、产品内容的统一管理等过程提供了一个优化的解决方案。实际上，它是一种以“扩展协作互助的伙伴关系共同开拓和扩大市场份额，实现双赢”为导向的企业资源获取管理的系统工程。

(2) 客户管理系统是客户关系管理(Customer Relationship Management，CRM)软件系统的简称。CRM 是一个不断加强与顾客交流，不断了解顾客需求，并不断对产品及服务进行改进和提高以满足顾客需求的连续过程。其内含是企业利用信息技术和互联网技术实现对客户的整合营销，是以客户为核心的企业营销的技术实现和管理实现。客户关系管理注重的是与客户的交流，企业的经营是以客户为中心，而不是传统的以产品或以市场为中心。为方便与客户的沟通，客户关系管理可以为客户提供多种交流的渠道。

(3) 订单管理系统(Order Manage System，OMS)，一般包括订单获取、订单分析、订单下发、订单跟踪查询、事件管理、订单处理规则引擎等功能，主要是系统实时获取客户订单信息，并根据配送线路、分拣设备状态，自动生成分拣计划、出库计划，同时实时获取执行系统订单实时执行状态，实现整个物流服务透明化，全过程可监控，减少物流延迟，提高物流效率，是整个一体化系统控制和指挥中心。

(4) 仓储管理系统(Warehouse Manage System，WMS)是通过入库业务、出库业务、仓库调拨、库存调拨和虚仓管理等功能，综合批次管理、物料对应、库存盘点、质检管理和即时库存管理等功能综合运用的管理系统，有效控制并跟踪仓库业务的物流和成本管理全过程，实现完善的企业仓储信息管理。该系统可以独立执行库存操作，与其他和凭证等结合使用，可提供更为完整、全面的企业业务流程和财务管理信息。

(5) 分拣管理系统是医药物流配送中心的核心业务系统之一，通过与各种分拣设备(包括全自动、半自动、电子标签人工分拣等设备)相结合，实现客户订单的自动、半自动和人工分拣到户、自动打印订单客户标签、自动包装等功能，有效减少了人工干预过程，减轻了分拣人员劳动强度，提高了订单的分拣效率。

(6) 运输管理系统是医药物流配送中心进行运输管理的主要工作，运输管理系统提供物流车辆的日常管理、车辆运输计划的规划、车辆运输线路的优化及车辆位置监控的调度，为医药物流企业的配送提供最有力的支持。

(7) 医药电子商务平台是医药物流中心与供应商、客户、消费者进行互动及商业活动的中心，电子商务平台是建立在 Internet 上进行商务活动的虚拟网络空间和保障商务顺利运营的管理环境，它是协调、整合信息流、物资流、资金流有序、关联、高效流动的重要场所。医药物流企业、供应商、客户可充分利用电子商务平台提供的网络基础设施、支付平台、安全平台、管理平台等共享资源有效地、低成本地开展自己的医药商业活动。

(8) 物流运行管理监控平台是医药物流中心进行物流运行监控、物流运行评价、物流运行调度的综合管理平台，它是整个物流中心持续优化的支撑中心。

医药智能物流系统的发展离不开医药物流自动化装备支撑，目前国内的自动化物流装备已经非常成熟，如自动堆垛机、输送设备、电子标签等，在整个医药物流自动化设备市场占据了核心地位。

4.4.3 医药智能物流案例分析——国药控股湖北物流中心

国药控股湖北有限公司是国务院国资委直属的大型央企中同医药集团在湖北设立的区域性二级子公司，是一家以西药、中药、化学原料、生物制品和医疗器械批发、物流配送、医院纯销为主营业务的股份制企业，下设武汉、宜昌、荆州、黄石、十堰、襄樊、咸宁、恩施等十余家地市级子公司。公司2003年成立，注册资金2亿元，2012年实现销售规模突破60亿元，是湖北省综合实力最强的医药经营企业。

国药控股湖北有限公司自企业发展初期，就专注于现代医药物流体系的建设，将物流能力视为企业的核心竞争力并着力提升。2011年11月投入运行的国药控股湖北物流中心融汇了国际、国内软硬件优秀品牌与国药控股的杰出管理，是目前华中地区规模最大、设备最先进、运营最成功的医药物流中心，如图4.3所示。国药控股湖北物流中心的建成与运营，树立了湖北省医药物流行业的新标杆，引领湖北省医药物流向规范化、集约化、现代化、利学化的方向发展，同时在减少药品配送环节、降低药品价格、提高药品存储质量、保障全省基本药物集中配送等方面发挥着积极的示范作用。

图4.3 国药控股湖北物流中心

1. 物流中心概况

2010年9月，国药控股湖北有限公司基于国药控股总部“四大物流枢纽之一”的地理优势，基于湖北省医药流通行业的重要战略地位，规划建设了国药控股湖北物流中心，一期工程建设投资1.5亿元，二期工程拟投资2亿元。该物流中心位于武汉市光谷生物医药产业园，严格按照同家GSP要求和《湖北省开办药品批发企业暂行规定》进行规划设计，经过一年多的建设后正式投入使用。

国药控股湖北物流中心一期工程为26 000平方米，冷库为3 000平方米，日吞吐量为1.6万件，服务于2 000多家客户，可满足未来年销售120亿元的配送需求，有效地保证了湖北省及周边地区用药安全和应对突发公共卫生事件的需求。物流中心采用自动化高架立体库、自动恒温系统、自动分拣系统、无线射频设备、仓库管理系统等现代化物流设备和信息系统，可实现药品在该物流中心内自动储存、自动分拣、自动补货、自动传输的功能，致力于满足湖北省药品供应、应急储备和基本药物配送三大职能。物流中心还承担华中六省军队需要药品的战略储备任务，也是湖北省首家获得药品“第三方物流资质”的现代化医药物流中心。

此外，国药控股湖北物流中心配置了各种配送车辆100余台，其中特殊冷藏车辆6台，车内安装了GPS监控系统，可以时刻监控药品的运输状态，具备500公里内的及时配送能力，可以方便、快捷、高效地满足客户药品配送的需求，实现市内急救药品自开单起4小时内送达，普通药品12小时送达，乡镇卫生院的药品24小时内送达。

2. 先进高效的物流系统

根据医药物流运作的特点，国药控股湖北物流小心借鉴了国内外大型现代物流企业的优点，采用科学的工艺流程以及国际上最先进、最成熟的设备，精心建设了先进高效的物流系统。系统主要组成包括以下几个部分。

(1) 先进的仓库管理系统(WMS)：国药控股湖北物流中心将信息流置于重要的战略地位，其目标是：信息技术瞄准全世界，与当今世界水平同步。

经过多方面考察，物流中心选择了国际顶尖的软件系统——美国曼哈顿联合公司的仓库管理系统。该系统通过仓储管理、运输管理、分布式订单和贸易伙伴管理等应用软件及无线射频技术，优化了国药控股湖北有限公司的供应链管理流程，有利于该公司和国药控股总部及其他下属子公司的信息资源共享，为将来供应链管理、第三方物流业务的开展奠定了坚实的基础。同时，为了与 WMS 系统实现对接，公司的 ERP 系统也进行了升级改造，实现物流与信息流的无缝连接。

(2) 自动仓储系统(AS/RS)：物流中心配有 1 座自动化立体仓库，如图 4.4 所示，用于药品的自动存取。其中立体库占地面积为 2 000 平方米，高 14 米，有 7 层 5 个巷道，托盘货位 4 620 个，可存放 20 万件 A 类药品。5 台堆垛机自动穿梭于各巷道，与托盘运输系统、自动传送系统共同构成了自动存取系统。

图 4.4　自动化立体仓库

(3) 平面库系统：托盘式货架分布于 4 000 平方米区域内，如图 4.5 所示，共有 14 排货架，可以存放 27 472 件 B 类药品，采用 RF 手持终端、自动条码识别技术与叉车作业、自动传送带作业相结合，实现了信息化管理和机械化相结合的作业模式。

图 4.5　托盘式货架

(4) 电子标签拆零区：主要用于 A 类药品的拆零拣选，可满足医院和药店的零库存、多批次、少批量的需求。SKU 拣选点为 2 304 个，可存放 6 912 件药品。订单拣选无需纸质单据，用 RF 终端扫描出库标签，相应库位的绿灯就亮起来，同时在显示屏上显示具体的拣货数量。货架密集排布，拣选路线按照“最短线路”设计，大大缩短了作业人员的移动距离和搜索药品的时间，极大地提高了工作效率，减少了对熟练工人的依赖。

(5) 普通零拣拆零区：用于 B 类药品的拆零拣选，其中 SKU 拣选点为 12 148 个，可存放 31 034 件药品。作业人员利用 RF 终端扫描出库单，RF 终端屏幕上就会显示相应的库位、拣选数量、批号、有效期等相关信息。当一个药品拣选完后，如果还有别的药品需要拣选，RF 终端会显示需要继续拣选的药品的库位，工作人员再重复上述程序；如果拣选完毕，RF 终端就会提示拣选完毕。工作人员利用电子标签拣选药品如图 4.6 所示。

图 4.6　工作人员利用电子标签拣选药品

(6) 自动传送系统：输送线的总长度约千米，用于药品在整个物流中心进、出库的自动搬运传送，如图 4.7 所示。物流中心采用国际上先进成熟的积放式输送系统，全自动控制和处理，有效地避免了货物拥堵。同时，物流中心使用的是先进的 360 度全方位扫描设备，其具有的感应式探头，在有出库作业时自动传送，没有出库需求时就自动停止，非常节约能源。

图 4.7　自动传送系统

(7) 无线射频拣选系统(RF 系统)：采用国际上最先进成熟的无线手持终端和发射基站以及条形码打印系统，可以做到真正意义上的无纸化作业。无线网络覆盖整个物流中心，作业人员借助手持终端可以完成整箱和拆零药品的验收、入库、拣选作业，并确保作业的准确率。

(8) 自动分拣系统：位于整个业务流程的末端，来自各区域的药品汇聚于此，如图 4.8 所示。采用国际上最先进成熟的范德兰德(VanDerLande)公司的高速滑块式分拣机，全自动控制和处理，通过自动扫描药品包装箱上的出库标签，能实现药品按照运输线路进行快速自动分类，可以保证药品按照配送线路精确地进行自动分拣，避免了人工分类的差错，安全高效，每小时处理能力为 5 000 箱。

图 4.8 自动分拣系统

(9) 高效的安全系统：物流中心每个库房的房顶都安装了烟雾感应器，在发生烟火时及时报警，预防火灾在初期；冷库采用了德国比泽尔公司的半封闭式压缩机，并设有超温声光报警，短信报警，断电后 48 小时的保障系统。同时物流中心设有先进的 24 小时监控系统，安装有 167 个摄像头，可以在监控室多角度观看现场作业系统，确保安全作业。

3. 作业流程

国药控股湖北物流中心的存储区域分为整箱存储区、拆零存储区、医疗器械存储区及特殊药品存储区，其整箱存储区分为立体库和平面库，立体库用于存储 A 类药品，平面库用于存储 B 类药品。拆零存储区分为电子标签拆零拣选和普通零拣拆零区。物流中心的运作流程主要分为 3 个部分：入库、出库和补货。

1) 入库

仓库共有 11 扇库门，1～5 号是入库门，6～11 号是出库门。送货车辆卸货后，物流中心验收人员根据分销系统(CMS 系统)打印入库清单。如果是冷链药品，需要用温度计读取药品的温度，确认温度合格后，方可核对药品的品种、批号、规格和数量。然后将校对后的药品放在托盘上，用 RF 终端验收，WMS 系统会自动为其分配一个库位。如果是 A 类药品，操作人员用叉车将其放在输送线上，按照系统提示自动完成入库作业；如果是 B 类药品，操作人员用叉车将其放在系统指定的平面库库位；如果是冷链药品，则必须在半小时内完成验收工作，并将其存储在冷库内相应的库位；如果是毒性药品、麻醉药品、精神类药品、放射性药品、易窜位等特殊药品，则需要存放在功能库内，实行双人开锁，确保用药安全。

2) 出库

出库作业分为整托盘出库、整箱出库和拆零出库 3 种方式。

(1) 整托盘出库的药品会通过传送带自动传送到整托盘出库口，操作人员在药品包装箱外贴上出库标签，然后用叉车运输到集货区。

(2) 整箱出库时，在线拣选的工作人员根据系统的提示，拣选相应数量的药品，并在药品外包装上贴上相应的出库标签，再将其放在出库传送带上，传送至出库分拣口，完成自动分拣作业。

(3) 最为复杂的拆零出库作业集中在物流中心的 2 楼。随着客户需求趋于多品种、多批次、少批量，国药控股湖北物流中心的拆零拣选显得越来越重要。工作人员将出库标签和周转箱关联后，周转箱被放在传送带上自动送到零拣区。在零拣选区输送线上安装有条码扫描器，可以检测周转箱在这个工作区是否有拣选任务。如果没有拣选任务，周转箱通过该区域就不停留；如果有拣选任务，周转箱就会停留在相应工作区的位置。如果是电子标签拆零区的作业，工作人员用 RF 终端扫描出库标签，相应库位上的绿灯就会亮起来，同时显示拣选数量，直到拣选任务完成后，将周转箱放在输送带上传送至复核包装组。如果是普通零拣区的作业，操作人员用“组车”方式进行拣选作业，用 RF 终端扫描出库标签，RF 终端会提示拣选的库位及拣选数量，直到拣选任务结束。如果一个周转箱里既有普通零拣区的拣选任务，又有电子标签拆零区的任务时，传送带会将周转箱先停留在普通零拣区，等该区域的拣选任务结束后，传送带会将该周转箱自动传送到电子标签拆零区进行拣货，直到所有的拣选任务结束后，周转箱被传送至复核系统。

周转箱沿着输送线自动进入复核分拣系统，复核分拣系统共有 6 个复核口，WMS 系统将拣选结束后的周转箱随机分配到各复核口，在复核系统中，作业人员扫描出库标签，打印该出库标签的药品清单，并核对药品的数量、批号、规格等，确认无误后，再将药品装入包装箱内，并贴上出库标签和药品拼箱的标志，然后再将包装箱放入传送带，完成自动出库作业。

3) 补货

WMS 系统设有自动监控功能，如果发现某个货位的存货低于系统设定的最低额度或者运行波次时待拣选药品数量不够时，系统会在运行波次前进行补货工作。补货规则是“补货优先”，再进行拆零作业。系统会下达补货任务，立体库在线拣选需要补货的药品，作业人员会贴上补货的标签，经过自动传送带上的扫描器，传送到零拣区。零拣区工作人员用 RF 终端扫描补货标签后，RF 终端显示出需要补货的库位，工作人员将药品放至相应的库位，就完成了整个补货作业。

4. 效果分析

国药控股湖北物流中心实现了高度信息化与自动化，是华中地区规模最大、设备最先进、运营最成功的物流中心之一，达到国内一流、国际领先水平。毫无疑问，国药控股湖北物流中心的建成与运营，提高了药品的储存条件，增加了公司的良好信誉和品牌价值，也增加了与合作伙伴谈判的砝码，为国药控股湖北有限公司增加了竞争优势。

(1) 物流作业效率大幅提高。先进物流设备与管理软件的投入使用，大大提升了物流作业效率，降低了药品出库差错率，提高了盘点准确率等。特别是对于复杂的拆零作业，通过电于标签拆零拣选，提高了作业准确率，并减少了对熟练工人的依赖。再通过复核分拣系统，拆零作业准确率能达到99.99%。另外，依托先进高级的物流中心，第三方医药物流业务也快速增长，引来四川科伦医药有限公司、天鹏医药有限公司等客户入驻。

(2) 药品流通成本降低。从规模产生效益的角度来看，物流中心的投入运营显然达到了降低成本的目的。通过对原有的仓库资源进行有效整合，节省了大量的劳动力和仓储资源，而且减少了药品的流通环节，药品直接从生产企业送到物流中心，再配送到终端客户，削减了药品的流通环节的成本，对降低药价起着积极的作用，真正实现了让利于百姓，体现了中央企业良好的社会责任和使命。

(3) 客户满意度显著提高。作为一家战略领先、业务领先、发展领先的医药商业企业，国药控股湖北有限公司一直秉承先进的服务理念：面对上游客户，以协同补货、协同预测为主要手段建立协同商务运作体系；面向下游客户，以医院药房的托管、“零库存”管理、自动订单、信息共享、有效需求响应为主要手段建立快速响应服务体系，从而以多种增值创新服务满足上下游客户需要。同时，公司配备了百余台配送车辆，提高了药品配送的实效性。配送车内均安装GPS监控系统，要以全程监控药品的运输状态，为客户提供更好的服务，提升了客户满意度。

5. 小结

医药物流信息化是当前医药物流领域的热点问题。我国在工业化尚未完成的情况下迈入信息化时代，为我国的医药物流产业赢得了机遇，但同时也带来了不少的问题。例如，在药品编码标准化问题没有解决，以及物流行业标准化进展缓慢的情况下，现有医药物流信息系统医药供应链的药品信息匹配存在着严重的问题。利用医药智能物流系统帮助企业更快、更好地操纵信息、制定决策，是目前物联网技术发展应用的趋势。医药智能物流系统的物联网技术拉近了人和信息互动的距离，为解读大量的复杂信息提供了便利。

(资料来源：邹鹏，段正婷，操焕平. 国药控股湖北物流中心：现代医药物流新典范[J]. 物流技术与应用，2013(3)：70-75)

本章小结

本章具体介绍了智能物流的含义及其特征，并对智能物流的国内外发展应用现状及未来趋势进行了分析介绍。阐述了支撑智能物流的物联网关键技术，从物流系统的动态要素构成角度出发，描述了智能物流系统的结构。以医药智能物流为例，对智能物流技术的应用及发展前景进行了分析。

习　题

1. 选择题

(1) 智能物流系统具有哪些特征？(　　)

A．智能化　　B．集成化　　C．网络化　　D．柔性化

(2) 智能物流系统的信息获取技术主要有(　　)等。

A．传感器技术　　B．射频技术

C．GPS 技术　　D．图像识别技术

E．机器人视觉技术

(3) 在区域范围内的物流管理与运作的信息系统，常采用(　　)直接相连的网络技术，并留有与互联网、无线网扩展的接口；在不方便布线的地方，常采用(　　)技术。(　　)是目前在港区、堆场、物流园区等作业集中、环境复杂的物流环节常用的通信方式。

A．企业内部局域网　　B．无线局域网

C．集群通信技术　　D．GPS 技术

(4) 在大范围物流运输的管理与调度信息系统，常采用(　　)等技术相结合，组建货运车联网，实现物流运输、车辆配货与调度管理的智能化、可视化与自动化。

A．互联网技术　B．GPS 技术　C．GIS　D．3G 技术

(5) 智能物流系统的智能技术有(　　)。

A．智能获取技术　　B．智能传递技术

C．智能处理技术　　D．智能利用技术

(6) 智能物流系统的关键技术包括(　　)。

A．物流实时跟踪技术

B．集成化的物流规划设计仿真技术

C．物流运输系统的调度优化技术

D．网络化分布式仓储管理及库存控制技术

2. 简答题

(1) 什么是智能物流？

(2) 简述智能物流系统的特征。

(3) 智能物流的关键技术有哪些？

(4) 智能物流系统有哪些成功的应用？

(5) 从行业应用角度来看，国外智能物流系统有哪些借鉴意义？

(6) 试分析智能生产根据订单制订生产计划的好处。

(7) 智能仓储系统集成了哪些物联网技术？技术优势又是如何体现的？

(8) 描述一个你见过的仓库是否具有物联网设备或运用智能化技术；如果没有，你觉得在哪些环节可以改进？

(9) 配送的各环节都运用了哪些物联网技术？

(10) 智能配送系统可以提供哪些智能化决策支持？

(11) 简述医药箱智能物流系统的主要应用需求。

(12) 医药箱智能物流系统的关键技术有哪些？

案例分析

现代物流信息技术构筑UPS的核心竞争力

成立于1907年的美国联合包裹服务公司(UPS)是世界上最大的快递承运商与包裹递送公司，UPS通过结合货物流、信息流和资金流，不断开发供应链管理、物流和电子商务领域，如今UPS已发展为拥有300亿美元资产的大公司。

公司向制造商、批发商、零售商、服务公司以及个人提供各种范围的陆路和空运的包裹和单证的递送服务，以及大量的增值服务。2011 年 UPS 年营业收入接近 530 亿美元，其中包裹业务营业收入 430 亿美元左右，包裹与文件递送量大约 39 亿件，服务区域涉及 200 多个国家和地区。

表面上 UPS 的核心竞争优势来源于其由 15.25 万辆卡车和 560 架飞机组成的运输队伍，而实际上 UPS 今天的成功并非仅仅如此。

20 世纪 80 年代初，UPS 以其大型的棕色车队和及时的递送服务，控制了美国路面和陆路的包裹速递市场。然而，到了 20 世纪 80 年代后期，随着竞争对手利用不同的定价策略以及跟踪等创新技术对 UPS 的市场进行蚕食，UPS 的收入开始下滑。许多大型托运人希望通过单一服务来源提供全程的配送服务，进一步的是，顾客们希望通过拿捏更多的物流信息，以利于自身控制成本和提高效率。随着竞争的白热化，这种服务需求变得越来越迫切。正是基于这种服务需求，UPS 从 20 世纪 90 年代初开始了致力于物流信息技术的广泛利用和不断升级。今天，提供全面物流信息服务已经成为速递业务中的一个至关重要的核心竞争要素。UPS 通过应用 3 项以物流信息技术为基础的服务提高了竞争能力。

(1) 条形码和扫描仪使 UPS 能够有选择地每周 7 天、每天 24 小时地跟踪和报告装运状况，顾客只需拨个免费电话号码，即可获得“地面跟踪”和“航空递送”这样的增值服务。

(2) UPS 的递送驾驶员现在携带着以数控技术为基础的笔记本电脑，到排好顺序的线路上收集递送信息。这种笔记本电脑使驾驶员能够用数字记录装运接受者的签字，以提供收货核实。通过电脑协调驾驶员信息，减少了差错，加快了递送速度。

(3) UPS 最先进的信息技术应用，是创建于 1993 年的一个全美无线通信网络，该网络使用了 55 个蜂窝状载波电话。蜂窝状载波电话技术使驾驶员能够把适时跟踪的信息从卡车上传送到 UPS 的中央电脑。无线移动技术和系统能够提供电子数据储存，并能恢复跟踪公司在全球范围内的数百万笔递送业务。通过安装卫星地面站和扩大系统，到 1997 年适时包裹跟踪成为现实。

以 UPS 为代表的企业应用和推广的物流信息技术是现代物流的核心，是物流现代化的标志。尤其是飞速发展的计算机网络技术的应用使物流信息技术达到新的水平，物流信息技术也是物流技术中发展最快的领域，从数据采集的条形码系统，到办公自动化系统中的微机、互联网，各种终端设备等硬件以及计算机软件等都在日新月异的发展。同时，随着物流信息技术的不断发展，产生了一系列新的物流理念和新的物流经营方式，推进了物流的变革。今天来看，物流信息技术主要由通信、软件、面向行业的业务管理系统三大部分组成，包括基于各种通信方式基础上的移动通信手段、GPS 技术、GIS 技术、计算机网络技术、自动化仓库管理技术、智能标签技术、条形码及射频技术、信息交换技术等现代尖端科技。在这些尖端技术的支撑下，形成以移动通信、资源管理、监控调度管理、自动化仓储管理、业务管理、客户服务管理、财务处理等多种信息技术集成的一体化现代物流管理体系。譬如，运用卫星定位技术，用户可以随时“看到”自己的货物状态，包括运输货物车辆所处的位置(某座城市的某条道路上)、货物名称、数量、重量等，从而不仅大大提高了监控的“透明度”，降低了货物的空载率以实现资源的最佳配置，而且有利于顾客通过掌握更多的物流信息，以控制成本和提高效率。

(资料来源：中国物流信息网. http://www.cnwlxxw.com/news/19599120.html)

分析与讨论：

1. 讨论智能物流架构与物联网架构的异同，应如何理解智能物流的体系架构？
2. 企业应如何构建智能物流系统？
3. 列举智能物流的主要发展趋势，并描述智能物流的应用前景。

第 5 章　物联网与物流公共信息平台

【教学目标】

- 了解云及云计算的概念、产生及发展趋势；
- 了解物联网与物流公共信息平台的关系；
- 掌握物流公共信息平台的概念、产生及体系结构；
- 了解数据挖掘技术的概念、产生、发展及应用；
- 了解数据挖掘与云计算的关系；
- 熟悉物流公共信息平台的基本功能。

【章前导读】

物流行业发展迅猛，社会物流总额不断创新高，对经济的贡献日益明显。物流行业属信息化水平要求较高的行业。

随着人们生活水平的提高，食品安全成为人人关注的焦点。有没有想过，当你在超市买了一袋苹果时，打开手机，你就会看见你买的苹果是哪个农场的某位工人师傅生产的、哪个快递员或司机送到超市门店的？这已经不是幻想了。以互联网、云计算、物联网等新技术为核心支撑的物流公共信息平台，使供应链可视化管理以及物品视频追踪、溯源已成为现实。

思考题：基于物联网的物流公共信息平台与以往的物流公共信息平台区别在哪里？

近年来，随着经济全球化进程的加速以及信息技术的迅猛发展，使得物流需求快速增长，对物流服务水平也提出了更高的要求。世界上的很多城市和地区，现代物流业已经成为主要产业甚至支柱产业。在我国，随着经济结构和经济形势的发展和变化，物流产业也越来越得到重视，很多地区开始推进区域物流产业的发展。物流行业的高速发展促进了产业参与者的规模不断扩大的同时，也造成了物流产业参与者的参差不齐。加之，物流业自身运作特点(如环节多、跨地域、跨行业等)综合决定了物流业对信息技术依赖程度较高，物流公共信息平台(政府性质的和商业性质的)应运而生成为近年来物流信息化中的一大热点。

5.1 物流公共信息平台概述

现代物流是国民经济发展到一定阶段的必然产物，是现代科技应用的结果，它以信息技术为支撑，以物流信息网络平台为特征。物流行业属信息化水平要求较高的行业。物流信息化是指物流信息网络化，包括物流信息资源网络化、物流信息通信网络化和计算机网络化三方面内容。其中，物流信息资源网络化是指各种物流信息库和信息应用系统实现联网运行，从而使运输、储存、流通加工、配送等信息子系统汇成整个物流信息网络系统，以实现物流信息资源共享；物流信息通信网络化是指建立能承担传输和交换物流信息的高速、宽带、多媒体的公用通信网络平台；计算机网络化是指把分布在不同地理区域的计算机与专门的外部设备通信线路互连成一个规模大、功能强的网络系统。

由于计算机信息技术的应用，现代物流过程的可视化(Visibility)明显增加，物流过程库存积压、延期交货、送货不及时、库存与运输不可控等风险大大降低，从而可以加强供应商、物流商、批发商、零售商在组织物流过程中的协调和配合，强化物流全程的可控性。

5.1.1 我国物流信息化发展现状及存在的问题

1. 中小微物流企业信息化意识较为淡薄，信息系统普及程度低

据不完全统计，在我国目前 1 000 万家中小微物流企业中，实现信息化的比例仍然较低，不仅不利于企业提高管理水平与经济效益，同时也制约了物流供应链企业之间的高效信息交换，不利于企业之间、企业与政府之间的信息资源共享，最终导致整个物流行业资源利用率低、信息获取成本高，与我国现代物流业的宏观发展目标存在较大差距。

2. 物流信息标准不统一，信息系统之间不能有效衔接

目前我国物流标准规范研究和制定工作取得了一定成绩，但现行物流信息服务标准很少结合现代物流业的需求，虽有一定数量，但比较散乱，不能形成物流信息服务标准体系。我国物流信息标准主要存在以下问题。

(1) 缺乏物流信息服务标准体系研究和整体规划。

(2) 现有物流方面的标准，多不适应当前物流发展的新需求，一些标准标龄长、标准老化，需要修订、整合，增强其实用性。

(3) 领先标准数量少，部分急需的标准尚未制定，制定的标准没有得到有效的推广。

(4) 一些接口和报文格式标准没有进行严格的符合性检测，其可操作性尚未验证。

(5) 标准制定周期过长，无法与技术同步，无法与行业升级步伐相适应，使标准在技术水平上落后于科技创新，落后于物流经济的发展。

3. 区域物流公共信息服务能力差，科学监管与规划水平弱

及时、准确、全面的物流行业统计数据是物流业健康发展的生命力，是行业主管部门制定科学合理的政策与规划、引导行业健康发展的前提，也是物流供应链各类企业科学制定企业发展战略的前提。当前，物流行业统计数据的采集仍采用物流企业抽样调查、行业协会填报等方式，甚至连物流企业分类与规模、物流基础设施分布、货物流量流向、物流基地吞吐量等表征行业发展态势的基本指标都难以及时、准确地掌握，基于现有的公开统计数据所做的趋势预测可靠性差，已难以满足政府与企业的数据需求。

4. 功能性物流公共信息平台众多，服务模式不成熟

目前国内的物流公共信息平台，往往服务于某个特定企业、某个特定区域(港口、物流园区、城市)、某个特定供应链、某个特定物流联盟、某个特定行业，或者某一项特定物流功能(如道路货运、仓储、配送)。但这些物流公共信息平台均是属于功能性质的，从更大范围来说，终究还是一个“信息孤岛”，只是一个比单纯某一个物流企业的物流信息系统更大的“信息孤岛”而已。

近年来，物流公共信息平台开始快速建设，数量也越来越多，但无论是企业主导投资的盈利性物流公共信息平台，还是政府主导投资的公益性物流公共信息平台，都尚未形成成熟的商业模式，从而影响了物流公共信息平台的可持续发展。

5.1.2 物流公共信息平台产生的背景

经济全球化的大趋势下，随着信息技术的迅速发展和竞争环境的日益严峻，要大幅度降低我国企业的物流成本，增强企业的国际竞争力，就必须以信息技术和信息化管理来带动物流行业的全面发展，构建全社会的“大物流”系统。这就迫切需要建立覆盖全国的一体化的物流信息交换基础网络，实现跨区域的信息资源共享和整合。

(1) 物流业的运作特点决定了其对信息技术的依赖程度高，物流信息化成为发展现代物流业的基础。

物流信息是物流业各参与主体管理决策的基础，物流服务水平和物流成本的高低有赖于实时物流信息的获取和利用。企业依据物流信息进行成本核算、做出预测、制订经营发展策略；政府根据所掌握的物流信息，了解并调控本区域内微观物流活动，制定合理的物流业发展规划、发展政策，从而优化区域物流资源配置。可见，欲提高物流管理水平，大幅度降低社会物流成本，提高企业竞争能力，物流信息起着决定性作用。此外，绝大多数物流信息动态性强、信息价值衰减速度快，以实时、准确、海量为特征的以网络技术为基础的先进信息技术成为发展现代物流业的技术支撑。

物流业务环节多特点决定了单个微观物流企业在采集和利用物流信息时，就要求在物流过程的任何环节都可对内容和格式不相同的各类物流信息进行采集、跟踪、查询、更新和处理，即实现物流信息资源网络化。其次，物流业务参与主体众多、发生的时间和地理位置分散的运作特点要求打破时间及空间的限制，在任何时间、地点均可进行物流信息的收集和传输，即实现物流信息通信网络化。最后，物流参与主体众多的运作特点要求各参

与主体的信息系统互联互通，才能共享信息，进行协调化运作，即实现计算机网络化。

总之，信息化是物流业发展的必然趋势，物流业的运作特点决定了各物流参与主体迫切需要一个基于移动互联网的开放、标准、高效的物流信息系统。

(2) 我国物流业信息化提升速度与行业发展速度并不匹配，当前整体物流行业的信息技术应用和普及程度还不高，并存在着参差不齐现象。

随着《物流信息化发展规划(2010—2015)》颁布实施以及移动互联网、物联网及云计算等新技术的广泛应用，进一步加快了物流业信息化步伐。但当前我国整体物流行业的信息技术应用和普及程度还不高，并存在着参差不齐现象。在物流业庞大的参与主体中，属少数的大中型物流企业资本雄厚、信息化投入高、专业物流软件(如物理管理系统、订单管理系统、仓储管理系统、运输管理系统等)应用较为广泛；而绝大多数中小型物流企业甚至个体运输业者规模小、信息化资金投入少，从而导致信息技术应用相对落后，尚不具备运行信息技术处理物流信息的能力。

可见，物流信息对中小型物流企业同等重要，推进我国物流业信息化进程的关键就是要大力提升占物流参与者绝大多数的中小型物流企业的信息化水平。限于资金、人才等的制约，它们无法自建相应的物流信息系统，急需一个开放、公共的物流信息平台，既能满足它们对物流信息的需求，又能方便、低成本获取需要的物流信息。

(3) 现有的一些物流信息系统在功能上相互重叠，浪费了大量资源，存在信息分析加工成本高、物流信息数据的利用效率低下等问题。

所谓物流信息数据有效利用是指物流业各参与主体分别对所掌握的物流信息数据进行深层次的分析，然后依据分析结果来指导微观(企业层面)的物流经营活动和宏观(政府层面)的物流调控和资源配置。换句话说，要充分发挥物流信息的价值，就要求物流信息系统既要有采集、传输、更新和交换物流信息的功能，还要有数据挖掘分析、实现智能化辅助决策的功能。

首先，目前我国大中型物流企业拥有的物流信息系统，主要是一些计算机网络软件公司提供的成品软件，其结果是企业信息系统功能相互重叠，浪费了大量资源，企业信息化建设成本高。其次，其信息化也多属低层次需求(如电话、宽度、网站及邮箱等基础信息化服务)，尚未做到有效利用物流信息数据，为企业带来实实在在的业务收益。

(4) 物流业参与主体庞大，各自信息系统相互脱节，无法互联互通，社会物流系统整体协同作业效率较低。

据《中国物流发展报告(2013—2014)》，2013 年我国物流业总体运行较为平稳，社会物流总费用为 10.2 万亿元，同比增长 9.3%，社会物流总费用与 GDP 的比例为 18.0%，物流需求系数为 3.5，即每 1 个单位的 GDP 需要 3.5 个单位的物流量来支撑，经济运行的物流成本仍然较高。此外，截至 2013 年年底，我国已有 A 级物流企业 2 414 家，中国物流与采购联合会 2014 年年初对 128 家大中型物流企业进行统计调查，运输型企业占 30.1%，仓储型企业占 14.5%，综合型企业占 55.4%。国有及控股企业占 43.9%，民营企业占 34.1%，外资合资企业占 15%，集体企业占 1.2%，加上各级政府相关部门、工商企业等共同构成了当下我国庞大的物流服务供应网络。这些数量庞大的物流参与者或者拥有车源、货源及仓储资源等物流服务信息，或者拥有运输、配送等物流需求信息，或者拥有物流标准、产业政策、法规秩序等信息。这三面信息的互通和共享成为物流服务供应网络运营成功与否的关键。

以互联网为基础的信息技术已成为现代物流发展的基本支撑点，是物流集成化、高级化发展的重要基础。物流产业的发展离不开现代物流信息系统的支持，这早已成为企业(微观层次)和政府(宏观层次)的共识，两者也都在相应的层次上进行了大量的信息化建设，即分别针对物流经营运作的企业物流信息系统和物流调控的区域物流信息系统建设。

但是，由于在网络通信、物流业务操作、物流信息数据格式和物流信息化政策法规等方面缺乏统一的标准与支持，造成不同企业物流信息系统间难以互联互通，微观与宏观层面之间相互脱节。导致物流参与者各自为政、协同作业效率低下；企业无法有效利用市场信息和资源，缺少对宏观经济波动的分析和相应的预测、预警与风险规避能力等。

综上所述，面对多样化和复杂化的物流信息需求，充分实现各种信息资源的共享、协同、开发与利用，物流企业、物流枢纽、物流园区、工商企业、中介服务组织及政府管理部门，迫切需要一个开放、标准、高效的物流信息平台，公共物流信息平台应运而生。物流信息平台的引入和建设必将给目前处于封闭状态的各个企业或政府部门所拥有的为自身服务的各信息系统带来巨大影响。通过公共平台，将零散的物流信息进行有效的整合利用，发现商机、撮合商机、促进交易的实现，为企业带来最实际的业务收益。在促使交易在线达成的同时，中小物流企业伴随着交易也产生了许多增值需求，如：资金结算、货物保险、货物报关、税务申报等以及道路交通、天气信息、交通违章、资质信用、法律法规等信息查询。

规划设计并建设物流公共信息平台，对于提高物流信息化水平、提高物流供应链效率和加快现代物流事业的飞速发展具有重要的战略意义。现代物流公共信息平台已广泛应用于供应链、虚拟物流中心、虚拟配送中心等物流系统的运作中。它是物流园区信息平台的数据交换中心和服务的保障基地，将为城市现代物流业的发展提供良好的外部环境。

5.1.3 物流公共信息平台的概念及内涵

物流公共信息平台是物流信息化的重要组成部分，是向物流行业提供公共服务的平台，是物流企业之间进行资源共享、优势互补的平台，也是物流供应链进行组织运行控制的中枢神经。物流公共信息平台的建设具有很强的开创性和探索性。

20 世纪 90 年代以来，发达国家相继建设了一些物流公共信息平台，但这些平台大多是提供车货交易服务、通过服务、交易信息撮合服务、货物跟踪服务及软件租赁服务之中的某一服务内容；近 10 年来，我国也涌现出一批地方政府或企业牵头建设的物流公共信息平台，但大多也是模仿发达国家已有平台的建设模式，虽然个别平台在局部地区取得了一定的成功，但总体而言，我国还缺乏能够真正解决物流行业效率低、成本高等突出问题的物流公共信息平台。因此，面向全行业服务的物流公共信息平台建设必将是一项难度高、影响力大的创新型工程。

1. 物流公共信息平台的概念

简单地说，物流信息平台是指在一定经济区域范围内，连接物流客户(生产制造、商业批发企业等)，物流企业(3PL、运输、仓储等等)和物流相关部门(交通、质检、海关、税务、工商、海事、银行等)的社会化、开放式、基于互联网的公共信息系统。

具体来说，物流公共信息平台是运用信息和通信技术(Information & Communication

Technology，ICT)，为了支持物流服务价值链中各成员间的协调和协作的公共需求，按照既定的规则从不同的子系统提取信息，在平台内部对共用物流数据进行融合、处理和挖掘，为平台不同的使用者提供不同层次的基于物流全环节范围的信息服务和辅助决策，以及相关业务服务等而建立的一系列硬件、软件、网络、数据和应用的集合。

物流公共信息平台是一个面向整个物流服务价值链的、集成化的、智能化的物流信息管理中心，以满足平台用户对共用物流信息的需求，实现物流信息的采集、处理、组织、存储、发布和共享，以达到整合整体物流信息资源、降低整体物流成本和提高整体物流效率的目标。

物流服务价值链是在物流外包环境下，由政府行业管理部门、委托客户(即工商企业等)、从事物流服务的各种第三方组织(物流企业)，包括 TPL、货代、运货商、仓储商、物流枢纽、物流园区等，以及物流服务的终端客户所组成，不同的角色相互协作以共同完成物流活动，实现物流增值的过程。需要特别强调的是，政府多个行业管理部门并不亲自参与物流业务增值过程，它们只是起引导、监管的作用，通过制定相关法律法规、规章制度、行业标准等，来确保一个公平、公正、有序的物流产业环境。图 5.1 是一个物流服务价值链的示意例子。

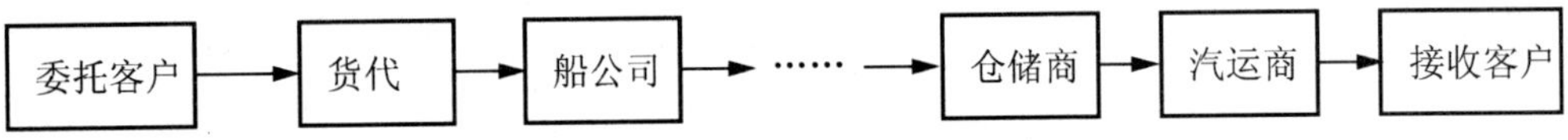

图 5.1 物流服务价值链示例

现代物流涉及工商企业、物流企业、银行、保险、税务、海关、检验检疫、外贸、交通、信息产业、政府等众多单位与部门，这些企业与相关部门正从独立、封闭的实体变成合作的团体，形成一个有着共同目标的服务价值链。其有效运作离不开物流信息平台的支撑。

2. 物流公共信息平台的内涵

1) 物流公共信息平台必须面向物流服务价值链全过程

物流公共信息平台是供应链成员(包括政府多个行业管理部门、物流枢纽、银行、保险、税务、海关、物流园区、配送中心、物流企业、工商企业等)共同使用的公共品，只有真正融入它们的管理和协调体系中，才能发挥价值。类似的应用环境有虚拟物流中心/虚拟配送中心等。

2) 物流公共信息平台是一种基于 IT 的协调架构

物流公共信息平台的“协调”作用是平台建立的首要目的，物流服务价值链上下成员通过“平台”实现信息共享和紧密集成，共同为顾客传递价值。物流公共信息平台是一种面向客户的多层次电子化协调架构，所谓电子化协调是指通过信息技术和信息系统，实现物流服务的交易协调、政府管理活动的协调以及物流服务价值链的内部协调。

3) 物流公共信息平台以提供服务为生存条件

它作为一种公共的、开放性的、新型的信息技术应用形态，物流公共信息平台的价值取决于为用户创造价值的模式和平台所拥有的用户数量。物流公共信息平台的服务模型，即它的用户价值创造模式，直接影响到用户加入平台所能获得的收益，提供有特色的、优质的、多样的服务是物流公共信息平台生存的必要条件。

4) 物流公共信息平台以物流信息系统的广泛应用为基础

物流信息系统(LIS)是人、设备和过程的交互结构，为物流经理提供用于计划、实施和控制的相关信息，它的应用反映了组织面向物流管理和操作效率的信息价值观。而在商业环境充斥着越来越多不确定性的今天，面向柔性的信息技术应用——跨组织间集成成为组织的信息价值观的重要内容。物流公共信息平台是物流服务价值链中各组织间的信息交换和集成媒介，通过跨组织的信息系统(Inter-Organizational Information Systems，IOIS)连接供应链上的企业物流信息系统，使它们紧密集成和协同运行。

5) 物流公共信息平台是一系列硬件、软件、网络、数据和应用的集合

物流公共信息平台构建在国家信息基础结构(National Information Infrastructure，NII)之上，因而相对于 NII 而言，它解决的是针对物流这个特定领域的专业化业务应用的基础结构问题，而物流公共信息平台解决的是不同组织间物流业务逻辑互连的问题。其逻辑形态表现为一系列物流标准和信息技术标准，是标准化的物流过程及接口和标准化的物流信息视图的集合。物流形态上则表现为一系列硬件、软件、网络、数据和应用的集合，其中数据和应用是其核心内容。

6) 物流公共信息平台具有开放性和中立性

物流公共信息平台连接了行业物流服务价值链的各种角色，组织间关系是积聚依赖性、顺序依赖性和交互依赖性的集合，从而呈现出共生网络形态。而对于共生网络来说，开发性和中立性是其吸引各种角色参与的关键资本。

总之，物流公共信息平台以互联网为核心，是一个支持多种终端接入、提供多种业务系统连接和统一管理的综合信息系统服务平台，是物流企业以及相关部门之间进行信息交互的一种公共架构，目的是改进组织间协调机制，提高物流运作效率，实现业务服务中点对点(用户和服务部门)、点对多点(用户和多个服务部门)的联合服务，使一站式电子物流在现代社会物流系统中的应用成为可能。它既包括典型的 EDI 应用，也包括跨组织的信息系统或共享的数据库，以及物流服务交易的电子市场等。

3. 构建物流公共信息平台的意义

1) 构建物流信息平台是区域经济发展的客观需要

宏观物流活动整体优化并不是微观物流企业运作优化的简单加和。物流业因为其基础产业地位和复合产业特点，衡量物流业发展水平的标准是其运作是否能提高国民经济整体运行质量和降低社会流通总成本，而不是对物流业的利润、资产收益率等指标的考核评价，因此，政府有义务为实现这样的物流产业定位，从而促进地区经济的健康运行，必须把物流信息化作为社会信息化的工作重点，搭建一个公共信息平台，使物流产业能够和其他经济产业有机地结合起来协调发展，通过优化信息流来改进物流业表现。同时，以电子商务发展为契机，建立一套基于电子商务的物流业务交易平台，逐步将物流市场供给与需求的互动纳入电子商务的市场轨道。通过价值规律和市场机制，取得制造业、商业和流通业的“三赢”局面。

2) 物流信息平台构成物流业运行基础信息环境

物流信息平台以其跨行业、跨地域、技术密集、多方参与、扩展性强、开放性好的特点对现代物流的发展构成了有力支撑。公共物流信息网络包含多种开放式信息系统、接口，企业利用平台的硬件设施、数据信息库和安全可靠的商务功能，实现企业自身的信息交流、数据交换、业务交易、决策支持等的信息化管理。物流企业信息系统通过与公共物流信息

网络连接，可以支持货物运送的准时性、货物与车辆跟踪实时性，提高交货的可靠性和对用户需求的响应性。

3) 物流信息平台是政府宏观物流调控的重要手段

物流业点多面广、内容丰富，政府相关部门的传统宏观调控由于难以掌握物流运行的真实情况而难以发挥应有管理作用和实现政策层面的有效支持、引导、规范，这是我国物流业长期在低层次徘徊不前的重要原因。引入公共物流信息平台机制以后，通过对物流业运行基本数据实时和准确掌握、统计、分析，通过对电子物流交易市场的规范、引导和监督，改进信息平台功能而直接支持现代物流业发展和体现政策导向，建立健全物流相关法律法规，使物流市场竞争建立在完善的运行规则基础上，宏观物流管理的效果可以大大改观，真正落实了市场经济条件下的政府职能。

4. 物流公共信息平台的分类

物流公共信息平台基本上分为企业化的管理平台、市场化的交易平台和政府化的公共服务平台 3 类。

1) 企业化的管理平台

满足物流企业自身物流业务管理需要而建立的信息平台或系统，如中远的 5156 平台。

2) 市场化的交易平台

由市场主导、企业化运营的具有信息积聚能力和服务功能的平台，如锦程物流网、万联网、湖南天骄等车货交易平台成功运行并实现盈利。

3) 政府化的公共服务平台

由政府主导的、突出信息交换和集成能力的平台。省际区域或园区物流信息平台、港口与口岸信息平台热闹得很，成功的不多，中国海关的电子口岸 H2000 系统、国家检验检疫局的国检 CIQ2000 系统，属于行政命令强行推广使用。真正的跨区域、跨行业的物流公共信息平台还不多见。

5.1.4 物流公共信息平台的国内外发展现状

我国物流业的总体信息化水平还比较落后，严重制约着经济的发展。目前，我国物流公共信息平台的发展与发达国家还有一定差距，但也有了不少的相关研究和实践。

1. 政府化的公共服务平台

政府化的公共服务平台的典型代表是香港的数码贸易运输网络系统(Digital Trade and Transportation Network System，DTTN)。DTTN 是香港特别行政区政府为推动商贸、物流和金融各行业间能以电子方式与贸易伙伴交换商业文件而投资建设的物流信息系统平台。DTTN 主要提供物流电子文档路由、物流单据数据转换翻译、格式管理、传输安全、分析统计、界面查询等服务。当前，香港政府禁止其提供增值服务。DTTN 只是为各种专业的交易提供撮合平台，其本身并不提供交易撮合服务。政府拥有 51%的股份，将 DTTN 的运营分成若干块外包给数家运营商，平台注册会员企业已达到 5.4 万个，网上平台每年处理的交易量达到了 2 000 多万个。

2. 市场化的交易平台

市场化的交易平台可分为行业性的物流公共信息平台、港口与口岸物流公共信息平台，以及物流园区公共信息平台 3 种类型。

(1) 行业性的物流公共信息平台。行业物流公共信息平台的类型有两种划分方式：一种是按物流服务的行业来分类，如煤炭物流公共信息平台、粮食物流公共信息平台、医药物流公共信息平台等；另一种是按运输方式来分类，如运输行业市场化交易性的物流公共信息平台，有锦程物流网、中铁物流、阿里物流等。

(2) 港口与口岸物流公共信息平台。口岸物流公共信息平台一般依托于有大量进出口贸易和运输的海港和空港建设。如上海港、宁波港、大连港等全国主要大型水运港口都以原有的EDI系统为核心，进一步拓展功能和服务，形成了一个拥有完善的进出口贸易和货运服务的港口或口岸物流公共信息平台。这些平台集中了货主、货代、船公司、船代、码头、引航站、理货和场站所有参与方，发布海运、空运货盘，陆运货盘、车盘，运价、仓储信息，提供集中采购竞价、比价和招标信息服务。客户可以在平台上进行多票货物追踪查询，了解货物运转状况，进行船箱货跟踪查询；还可以查询船期，在线订舱；同时也与海关、国检和海事部门等系统互联，提供报关、货检和海事申报等服务。

(3) 物流园区公共信息平台。目前很多物流园区都以地产服务商或物业管理的模式运作，物流园区的参与主体主要有园区管理中心、物流企业、客户和政府管理机构等，建立物流园区公共信息平台的目的主要是进行园区管理及为园区内企业服务。因为物流园区的功能定位不同，其物流公共信息平台所实现的功能和服务也有一定的差别。如运输枢纽型物流园区的主要功能会定位于信用管理、运力查询、价格行情、即时交易、车辆跟踪等货运全过程的信息服务，而保税物流园区则会以货物监管、电子化通关为主，同时为园区企业提供保税物流的商业性加工、仓储配送、代理服务、交易展示、金融服务等信息服务。

3. 企业物流公共信息平台

企业物流公共信息平台多以大型物流企业业务系统为核心，并整合其业务合作伙伴等相关信息资源，形成面向企业客户及其业务伙伴的物流信息平台，起到整合业务资源，为客户提供便利服务的目的。这类平台一般依托自身业务，通过信息平台对业务伙伴进行管理，协同各类物流资源和各类业务操作，从而为客户提供物流供应链一体化服务，一般包括具备B2B和B2C的技术解决方案，用户利用GPS、GIS等技术和系统预留接口信息交换，提供运输、仓储、加工、配送、单证等物流业务全过程及可视化的管理和监控等服务。这类物流信息平台比较典型的有“5156”中远物流网络等。

20世纪90年代以来，美国、日本、德国、新加坡和欧盟等发达国家，在政府和大企业的推动下，利用先进的信息技术，构建了跨政府部门、跨区域、跨行业、跨企业的物流信息平台。

国外物流业的重要性越来越被人们所认识，各国都在为发展现代物流业投入更多的技术力量。美国利用Internet技术，为货主、第三方物流(Third-Party Logistics，TPL)公司、运输商提供一个可委托交易的网络，形成了电子化的国家运输交易市场；日本的三大综合商住友、三井和三菱，2001年正式就共同合作构筑电子物流信息市场达成了合作协议。这一系统的构思是将网上的商品电子贸易与物流运输两大项业务同时在互联网上完成，日本凭借本国的先进电子信息技术，捷足先登在日本国内构筑起第一座电子物流信息市场，以求在日本国内的物流业中发挥主导作用，对国际物流业产生了重大影响，使日本的物流业电子信息化走在世界前列。

5.1.5 物流公共信息平台的需求分析

物流信息平台涉及多个政府管理部门、物流枢纽、物流园区、物流企业、工商企业等，在系统建设中如何保证信息流正确、及时、高效、通畅是构建信息平台的关键因素，同时，如何将大量的共用信息进行组织处理，对相关部门提供共享信息以实现协调工作机制的建立，对各物流企业提供相应共享信息以支持各类功能的实现，都是信息平台发展规划中必须解决的问题。

物流信息平台参与的主体为政府、企业和用户等，构建物流公共信息平台的目的在于为企业提供信息支撑，为相关行业部门进行物流管理与市场规范化管理提供必要的信息支撑条件；整合全社会微观物流资源，提供不同内容的信息服务，使物流信息成为物流体系的桥梁纽带；通过建立城市物流信息平台使市内相关行业管理部门与企业群体能进行有效沟通，实现快捷、便利、实时的物流信息交流。因此，可以从物流企业、工商企业、政府部门 3 方面分析信息需求情况。

(1) 物流企业对物流信息服务的要求：公共物流基础设施资源信息，物流市场需求信息资源，物流业务运作信息资源，其他物流咨询服务等信息资源。

(2) 工商企业对物流信息服务的要求：物流供应商的资料，物流业务交易管理，专项及其他增值服务等。

(3) 政府部门对物流信息服务的要求：区域物流运行基本数据处理，区域物流资源整合支持功能，区域物流分析及其规划支持等。

不同参与主体对物流公共信息平台的信息需求又有以下几方面特点。

(1) 物流系统内外信息的依赖性：物流企业对公共物流基础设施、交通运输网络等外部信息具有很大的依赖性，要求公共信息平台的存在，以提高物流信息获得性和减少信息成本。

(2) 物流信息需求的差异性：物流企业、使用外购物流的客户和政府主管部门对物流信息的需求是不同的，其差别主要体现在时间差异性、内容差异性和程度差异性。

(3) 物流信息交换的复杂性：集成物流服务涉及客户在内的多个经营主体，各主体经济关系、技术应用、企业文化及信息系统模块的差异性，导致了物流信息交流的复杂性。数据交换是在不同企业、不同隶属关系管理体制下的采用不同运行模式运行的各部门系统间进行，各系统的数据结构、存储形式和接口协议不一样，缺乏标准化对物流数据共享、物流资源整合带来困难。

(4) 物流数据共享的有限性：部分物流企业对其特定用户是按封闭系统运行的，物流内部信息与外部共享范畴非常有限。

5.1.6 物联网技术在物流公共信息平台中的作用

物联网基本架构图中，除了企业 RFID 及传感器应用管理系统以外，管理中心、行业公共服务平台均属于物流公共信息平台的功能范畴。

(1) 物流公共信息平台可以解决物联网的信息传递问题，提供企业 RFID 信息服务的注册、调用与整合服务。

(2) 物流公共信息平台可以应用云计算技术对物联网中的海量数据进行分析处理。

(3) 物流公共信息平台可以提供物联网的各种公共信息应用服务，如追溯、跟踪、防伪、统计分析与决策支持等服务。

5.2 物流公共信息平台架构及功能

5.2.1 物流信息平台的构建原则

1. 利用信息网络优势，真正发挥“平台”作用

“平台”的特色是基础性、支撑性和服务性，要求信息传递、沟通、存储、分析得准确，快速，及时和通畅，能够提供多种社会化物流基础服务和配套增值服务。公共物流信息平台不仅仅是支持物流企业发展的社会基础信息设施，更是物流客户、物流相关部门与物流企业沟通、业务往来的信息窗口，价值体现在通过优化区域的物流信息流来提升区域的经济运行质量，更加关注物流产业运行总体的效率和效益。

2. 信息平台“本地化”，与区域经济、地域特点和部门运行系统紧密结合起来

信息网络虽然有无界域特点，但是因为物流业的复合产业特点，它与地区其他经济部门运行密切相关，所以物流信息平台必须能够充分体现区域物流业的特色，从而有的放矢地发挥高科技优势，将技术与地方经济有机结合起来。因此，公共信息平台应该“量身定做”，沿海、中部和西部各地区的物流信息平台要突出各自的物流优势和经济需要，侧重于物流的某一方面、某一类型，例如口岸物流、第三方物流、产业物流等，把某项物流业务做成专长，实现从地理优势、经济优势和物流优势到信息平台优势，而信息平台优势又促进地区地理、经济和物流优势提升的良性循环发展。

3. 信息平台既要有开放性，更要有产业引导性

理论上公共物流信息平台谁都可以使用，但是信息平台更要体现出其理念、模式、技术的优势，为物流产业升级和结构调整引导和服务。物流业的构成是复杂的，落后与先进、优势和劣势并存，信息平台鼓励和支持的应该是代表物流业发展方向的先进管理模式、运营模式和运作模式，在信息平台这个层次范围内淘汰落后的物流经营方式，弥补产业劣势。因此，信息平台要明确服务对象，从规划、建设、经营多角度考虑第三方物流等现代物流模式的发展和运营。

4. 信息平台重点是“信息”而不是“信息技术”

现在各行各业信息化过程中的一个重大误区是只强调信息技术的先进性，而忽视了信息化的目的是为了更有效地掌握和利用信息资源。信息资源的搜集、分析、加工、决策和更新是信息平台的主要功能之一，信息平台要重视对基础物流数据的标准化、科学化、效率化管理，这样才能保证物流企业、客户和相关部门的物流活动，相关业务和宏观管理的准确性和有效性。而信息技术的应用要注意其性价比、可扩展性和实用性，要注意信息技术从来都是一把双刃剑，在规划、投资和建设上的失误可能会造成重大的损失，因此虽然物流信息平台具有公共事业的性质，但是同样要关心其应用的综合效益。支持物流企业发展的社会基础信息设施，更是物流客户、物流相关部门与物流企业沟通、业务往来的信息

窗口，价值体现在通过优化区域的物流信息流来提升区域的经济运行质量，更加关注物流产业运行总体的效率和效益。

5.2.2 物流信息平台的总体框架

1. 物流信息平台的建设目标

物流信息平台的需求模式决定了物流信息平台的功能。现代物流信息平台的建设目标是：通过建立统一的物流信息平台，打破部门割据和条块分割，建立起一个协同工作机制；整合现有各物流信息平台的信息资源，实现高效率的物流服务；同时，满足社会各个方面越来越多的物流信息服务需求。

(1) 物流信息平台必须建立在安全、可靠的基础设施之上。

(2) 物流信息平台的其中一个核心功能就是通过信息技术对物流系统资源整合提供支撑，沟通企业群体之间以及政府管理部门之间的信息联系，因此物流信息平台在这一层面上是一个分布式的资源整合系统。

(3) 构建物流信息平台，适应产业进步和提供多样化物流服务的要求，这种要求首先反应在提供准时化物流和降低物流成本方面。

(4) 通过信息手段，强化政府对市场的宏观管理与调控能力，支持物流市场规范化管理。横向的主要侧重于同一层面上的各级政府机关和业务系统之间的行政管理和协作；纵向的各政府职能部门分别经各自的物流公共信息系统互通互联，侧重于同一职能上各级政府部门和业务系统之间的业务处理。

(5) 为物流业的行业管理、发展与规划提供信息化的决策支持手段。

2. 物流信息平台的逻辑模型

物流信息平台是一个复杂的系统工程，因此在建设过程中必须正视各行业、部门和企业现有物流信息平台或系统分散建设、独立运行的现实，以物流信息标准化技术为支撑，促进不同物流信息平台之间信息的共享和整合，解决“信息化孤岛”问题，从而在一个大范围内营造出一个有利于物流信息顺畅流动的良好物流信息基础环境。在平台的构建中，物流信息平台的功能分层逻辑模型如图 5.2 所示，整个逻辑结构按照功能自下向上划分为基础设施层、平台层、应用层和管理层。这种分层的体系结构能够很好地实现建设任务的分解，以便整个统一物流信息平台的建设任务能够在明确接口定义的基础上并发开发，同时能保证系统对各层基础技术的发展具有良好的适应性。

(1) 网络基础设施层是为统一物流信息平台提供物流信息以及其他运行管理信息的传输和交换平台。其中包括的网络信任域基础设施和信息安全基础设施(包括 RA、CA、KM、AA、PM 和 RM)在网络基础设施提供的信息传输服务平台的基础上增加了通用安全服务，为统一的物流信息平台提供了一个通用的、高性能的可信和授权的计算平台，即所谓的智能化信任和授权平台，这样与国家电子政务在网络安全上的建设措施是完全一致的，有利于与国家电子政务的无缝对接。本层位于整个体系结构的底层，提供最基础的传输和数据交换服务。

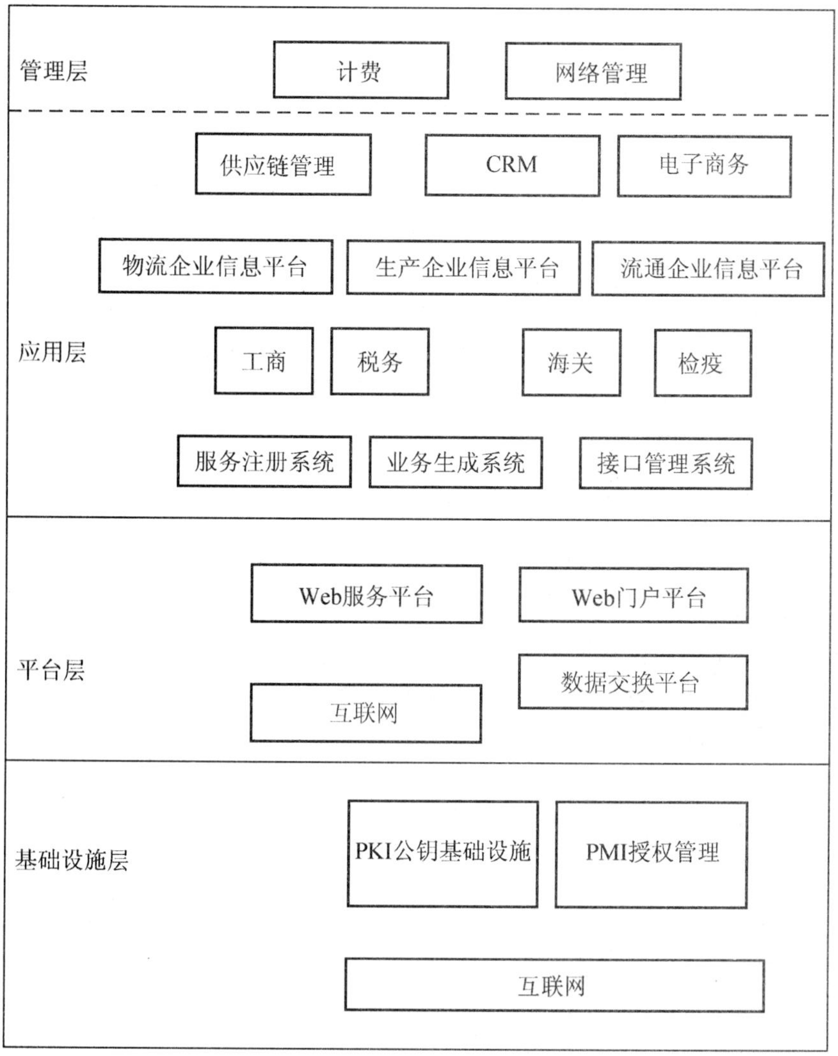

图5.2 物流信息平台功能分层逻辑模型

(2) 平台层从下往上包括区域物流服务基础信息平台、数据交换平台、统一的物流 Web 服务平台和统一的物流 Web 门户平台。区域物流基础信息平台是指为各类物流企业物流资讯信息源服务系统以及一个统一的物流信息技术标准和规范，为物流产业链的各类参与者提供一个可视化的网络工具环境和一个区域物流交通信息平台。利用地理信息技术 GIS，全球卫星定位技术 GPS 和遥感技术 RS 构筑区域空间信息平台。将区域空间信息平台与 Web 技术结合，构建统一的物流资讯基础服务系统。如为物流活动提供基础信息，主要包括一个统一的物流资讯基础服务系统。

① 资源信息类：公路、铁路、水路、海域、航空等交通信息。具体又分为节点信息(城镇、火车站、港口、码头、机场)、参数信息(线路名称、里程、等级、能力、运输成本)和设施信息(桥梁、涵洞、隧道、大坝)等。

② 储运资源信息类：运力资源(汽车、轮船等)、仓储资源(仓库、堆场等)和工具资源(拖车、叉车、集装箱)等物流设施信息。

③ 服务资源信息类：物流营运网点与加盟企业网点的基本信息、分布信息与服务信息等。

④ 后勤资源信息类：加油站、修理厂、停车场、包装厂等信息。

⑤ 依托城市智能交通系统(ITS)，将先进的信息技术、数据通信传输技术、电子控制技术以及计算机处理技术等有效地运用于整个物流管理体系，使人、车、路密切配合、和谐统一，从而建立起一个在大范围、全方位发挥作用的实时、准确、高效的物流综合管理系统。

物流Web门户平台提供了整个统一物流信息平台的门户，主要包括Web门户服务平台、门户应用平台、系统运行维护平台、安全保密服务平台等。Web门户平台的服务性能是一个非常重要的方面，为此需要提供访问流量的负载均衡功能，此外还必须提供对有关发布功能的支持，它为介入用户提供了一个统一的物流应用服务的访问入口界面，并提供到各类具体的物流服务的业务服务系统的连接；统一的物流Web服务平台则提供各类具体的物流业务系统，使整个系统具体服务的提供者；统一的信息交换平台则提供到电子政务以及其他物流公司的业务系统的数据转化服务。

(3) 应用层包括应用支撑层、业务应用层。由于我国物流业的发展很不平衡，物流信息技术水平也参差不齐，而且也为了更多的有用的信息系统能纳入到本系统，在应用支撑层中添加了应用服务注册系统即 WebService 的服务。典型的 WebService 的服务流程大致可以分为以下几个阶段，如图5.3所示。

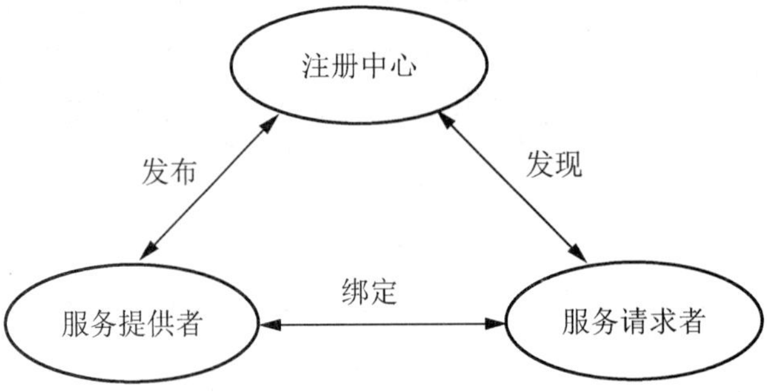

图 5.3　Web Service 的服务流程

① 服务注册。即服务提供者发布所提供的服务描述。服务描述是一个标准的或者经过扩展的 WSDL 文档。服务提供者通过服务代理(如：UDDI)的客户端接口将服务注册到服务代理(如：UDDI 注册表)。

② 服务发现。即服务请求者根据自己的需要访问 UDDI 的查询服务。

③ 服务定位。即服务请求者得到要访问的 WebService 的服务描述。

④ 服务绑定和调用。即服务请求者根据 WSDL 的描述(如服务接口信息、服务绑定类型、服务地址以及安全性、服务等级和服务质量等特性)以相应的方式调用服务。在这个调用模式中有3个角色：服务请求者、服务代理和服务提供者。服务请求者可以是 Java 程序、浏览器或者其他的 WebService，服务代理则是一些特定功能的服务中介(最典型的如提供服务注册和发现的 UDDI)；服务提供者是通过网络发布数据或者功能的实体。

业务应用层供应链管理系统、客户关系管理系统(CRM)、电子商务系统、第三方物流企业信息平台、生产型企业物流信息平台、流通型企业物流信息平台、虚拟物流联盟构建支持系统以及其他通过UDDI在本系统中注册的信息平台如工商、税务、海关等。

(4) 业务管理层包括计费、网管系统。主要管理内容有：平台的安全管理、日常维护管理、网站统计管理、商务会员管理等。

3. 物流信息平台功能模块设计

物流信息平台设计要求主要体现在兼容性、效率性、准确性、有效性、安全性和稳定性等方面。目前，我国各个地区的经济发展水平不同，一些先进的作业方式与管理方法还不能被直接运用到物流信息平台的搭建中来。因此，采用模块化的设计来完成物流信息平台，并实现相应的功能是一种有效且高效率的设计方法。

确定物流公共信息平台的功能体系，不仅要考虑成熟的市场支持功能定位，还应该考虑培育新业务的功能定位和未来业务支持功能定位。确定物流公共信息平台的功能和总体定位，对物流公共信息平台的规划设计建设与成功运营具有重要的指导意义。

各地区在构建物流信息平台时运用模块化设计思想，通过分析哪些功能是必备的以及哪些是可扩展的，通过功能的模块化设计提高整个信息平台的可扩展性，以达到区域物流公用信息平台功能增减的“堆积木”的效果。一般来说，物流信息平台的主要功能分类可以参照图5.4物流信息平台的功能示意图所示。

根据实际情况的不同可把功能模块分为两大类，即满足物流企业、工商企业、政府职能部门基本需要的功能模块和将来可扩展的功能模块。

下面应用模块化设计思想，进一步分析优化各功能模块。

基本功能模块包含以下几个部分。

1) 系统接口管理功能模块

这一功能模块是构建区域物流信息平台的基本模块，通过数据交换标准的规定，解决新建信息平台以及已有信息平台中存在的异构系统和异构格式之间的数据共享问题，从而实现各信息平台的交互共享和有效使用。

2) 信息服务功能模块

物流信息平台首先是一个综合服务的信息平台。综合服务功能要能够满足连接区域物流园区、园区内外物流企业、物流动作设施、政府管理部门、相关职能部门的信息系统的服务要求。通常应具有区域内外政策法规、物流需要与供给等信息的发布、查询等功能。

3) 在线电子商务交易模块

电子商务物流是现代物流发展的一个重要领域，其中交易双方的电子支付的安全性是电子商务物流发展所必须考虑的内容之一。通过专门构建网上支付的功能模块，保障安全，会大大加速物流交易由传统向电子交易的转变。该模块一般包括：安全认证、电子支付与银行结算等功能。

4) 平台维护管理模块

平台维护管理模块主要是对物流信息平台进行日常管理与维护，包括网络软硬件系统、防火墙等的检查和维护等，以及信息平台用户管理等。

搭建物流信息平台时还可根据不同的实际能力和需要来进行物流信息平台扩展服务功能的建设，常见的具体包括以下几个功能模块。

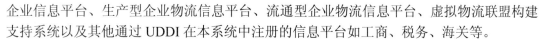

1) 智能配送管理功能模块

行业管理功能主要包括：交通运输(车辆、船舶、火车、飞机)管理与控制、运输路径的设计与优化、GPS 和 GIS 等实现物流运作可视化管理的功能模块。

2) 物流作业管理功能模块

此模块可包含道路货运场站管理模块、港日综合管理模块、火车货运综合管理模块、机场货运综合管理模块、综合性物流园区管理模块等。这一模块主要由不同节点的管理部门组织建设，内部功能主要以满足物流节点内部企业的物流作业管理，以及部分信息查询和公共服务等的需要，目的是共享数据，整合资源，提供物流节点层次的一体化服务。

3) 预测决策支持功能模块

目前对物流历史数据的分析与统计、物流发展的趋势和预测、物流成本控制与管理、物流质量分析等增值服务功能要求日益突出。这一模块是物流公共信息平台服务功能的重要模块，该模块也是数据挖掘技术与物流信息平台的重要结合点之一。通过在此模块中运用数据挖掘技术，可以极大地提升物流预测与决策的准确性，应用前景十分好。

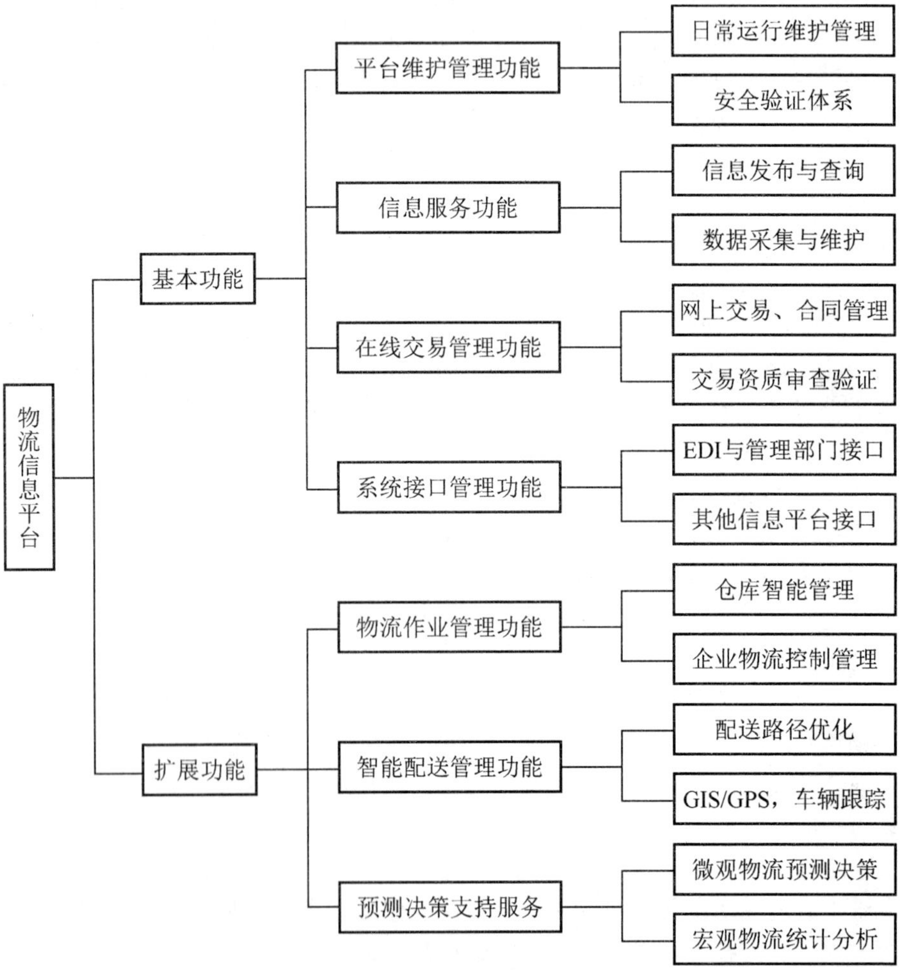

图 5.4　物流公共信息平台功能示意图

5.2.3 物流公共信息平台应用技术

物流信息平台的建设周期较长，费用较高，因此在开发设计时要充分考虑到系统采用技术的先进性，结构很容易扩展，能够满足物流业发展对物流信息平台所提出的新的业务增长和信息服务变化的需要。物流信息平台的建设必须依托现代高科技网络通信技术和计算机管理技术的支撑。为实现区域物流信息平台的各项设计功能，应采用以下各种信息技术及各种物流信息管理技术。

1. 数据自动采集与存储

对大量公用信息进行组织处理，确保信息流正确、及时、高效、畅通是构筑物流信息平台成败的关键因素。各类信息的组织和存储将应用计算机数据库技术、数据库挖掘技术和海量数据存储与管理等技术。

2. 数据及系统的安全维护

区域物流信息平台是一个开放式信息平台，为防止客户的误操作以及黑客的攻击，平台的程序接口将采用密码和加密技术、密匙管理技术、数字签名技术、数字水印技术、防火墙等技术。平台的数据层将采用数据库实时备份技术及双机热备份技术等，以确保系统具有良好的安全性、稳定性和可靠性。

3. 数据通信与交互

区域物流信息平台需要各种通信技术和网络的支持，如分组交换数据网(Packet Switched Data Network，PSDN)、数字数据网(Digital Data Network，DDN)，综合业务数字网(Integrated Services Digital Network，ISDN)、数字移动通信网(Global Systems for Mobile，GSM)，以及广域网(Wide Area Network，WAN)、局域网(Local Area Network，LAN)和增值网(Value Added Network，VAN)等。通过这些网络来完成 EDI(Electronic Data Interchange，电子数据交换)通信；应用 CORBA(Common Object Request Broker Architecture，公共对象请求代理结构)技术、开放 EDI 技术、XML(Extensible Markup Language，可扩展标记语言)技术和 EDI/XML 技术可满足区域内物流业的信息共享和信息交互要求，并确保通信网络具有良好的开放性和扩展性。

4. 信息标准化

物流信息标准化是使区域现代物流业走向规模化、全球化的基础。在区域物流信息平台数据结构设计中，所有信息均服从物流信息分类编码标准体系及 EDI 相关代码标准体系。物流信息分类编码标准体系分为 3 个门类，第 1 门类为基础标准；第 2 门类为业务标准；第 3 门类为相关标准。

5. 在线交易

在线交易主要应用电子商务技术完成物流的网上交易活动，但此项技术在我国仍处于探索阶段，无论是体制上还是技术上都还需进一步完善。区域物流信息平台的在线交易功能可分阶段分步实现。

6. 物流决策与管理

为实现区域物流信息平台服务层中的物流作业管理、物流企业管理和辅助决策等功能，需应用计算机管理信息系统技术、企业业务流程重组技术、企业资源规划技术、计算机决策支持系统技术、商业智能技术、优化管理技术等。

7. GIS/GPS 技术

GIS 与 GPS 技术是计算机科学、地理学、测量学、地图学等多门学科综合的技术。总的来讲，地理信息系统是一种决策支持系统，以地理空间数据库为基础，采用地理模型分析方法，适时提供多种空间的和动态的地理信息，它是融计算机图形和数据库于一体，储存和处理空间信息的高新技术。GIS 与 GPS 技术结合运用，能把对象的地理位置和相关属性有机地结合起来，根据实际需要准确真实、图文并茂地输出给用户，满足用户实时跟踪物流状况的需要。

5.3 物流公共信息平台关键技术

物流公共信息平台从不同参与主体的信息系统中采集了大量的、异构的、分布式的、复杂的信息数据。物流业参与主体经常需要分析挖掘这些海量数据，从中提取事先不知道的、却有用的信息帮助企业了解市场的动态，及时针对快速变化的市场环境做出确认和回应，并抓住新出现的商机，从而提高企业竞争优势，充分发挥企业信息资源的价值。

如何高效地管理物流公共信息平台中海量的数据，同时对这些信息的内容进行综合分析和深层次开发利用，充分发挥平台的效能，是规划建设物流公共信息平台的关键问题。数据挖掘技术是实现这一目标的有效工具。

5.3.1 数据挖掘技术

数据挖掘技术是人们长期对数据库技术进行研究和开发的结果。起初各种商业数据是存储在计算机的数据库中的，然后发展到可对数据库进行查询和访问，进而发展到对数据库的即时遍历。数据挖掘使数据库技术进入了一个更高级的阶段，它不仅能对过去的数据进行查询和遍历，并且能够找出过去数据之间的潜在联系，从而促进信息的利用。数据挖掘技术需要 3 种基础技术的支持。它们是：海量数据搜集、强大的多处理器计算机和数据挖掘算法。这 3 种基础技术现在已经发展成熟，所以数据挖掘技术已经在实际中得到广泛应用。

1. 数据挖掘技术的概念及发展

数据挖掘(Data Mining)的概念最早是在 1995 年美国计算机协会(Association for Computing Machinery，ACM)上提出来的。它是指从大量的、不完全的、有噪声的、模糊的、随机的数据中，提取隐含在其中的、人们事先不知道的、但又是潜在有用的信息和知识的过程。

数据挖掘的核心模块技术(其中包括数理统计、人工智能、机器学习)，加上高性能的关系数据库引擎以及广泛的数据集成，让数据挖掘技术在当前的数据仓库环境中进入了实用的阶段。数据挖掘其实是一个逐渐演变的过程。

电子数据处理的初期，人们就试图通过某些方法来实现自动决策支持，当时机器学习成为人们关心的焦点。机器学习的过程就是将一些已知的并已被成功解决的问题作为范例输入计算机，机器通过学习这些范例总结并生成相应的规则，这些规则具有通用性，使用它们可以解决某一类的问题。

随后，随着神经网络技术的形成和发展，人们的注意力转向知识工程，知识工程不同于机器学习那样给计算机输入范例，让它生成出规则，而是直接给计算机输入已被代码化的规则，而计算机是通过使用这些规则来解决某些问题。专家系统就是这种方法所得到的成果，但它有投资大、效果不甚理想等不足。

20 世纪 80 年代人们又在新的神经网络理论的指导下，重新回到机器学习的方法上，并将其成果应用于处理大型商业数据库。随着在 20 世纪 80 年代末一个新的术语出现，它就是数据库中的知识发现(Knowledge Discovery in Database，KDD)。它泛指所有从源数据中发掘模式或联系的方法，人们接受了这个术语，并用 KDD 来描述整个数据发掘的过程，包括最开始的制定业务目标到最终的结果分析，而用数据挖掘来描述使用挖掘算法进行数据挖掘的子过程。

2. 数据挖掘算法

现在较为流行的常用算法有以下几种。

1) 人工神经网络

人工神经网络是对人类大脑系统的一阶特征性的一种描述。简单地讲，它是一个数学模型，可以用电子线路来实现，也可以用计算机程序来模拟，是人工智能研究的一种方法。它仿照生理神经网络结构的非线性预测模型，通过学习进行模式识别。它的特点和优越性，主要表现在 3 个方面。

(1) 具有自学习功能。例如实现图像识别时，先把许多不同的图像样板和对应的应识别的结果输入人工神经网络，网络就会通过自学习功能，慢慢学会识别类似的图像。自学习功能对于预测有特别重要的意义。预期未来的人工神经网络计算机将为人类提供经济预测、市场预测、效益预测，其前途是很远大的。

(2) 具有联想存储功能。人的大脑是具有联想功能的。如果有人和你提起你幼年的同学张某某，你就会联想起张某某的许多事情。用人工神经网络的反馈网络就可以实现这种联想。

(3) 具有高速寻找优化解的能力。寻找一个复杂问题的优化解，往往需要很大的计算量，利用一个针对某问题而设计的反馈型人工神经网络，发挥计算机的高速运算能力，可能很快找到优化解。

数据挖掘技术中，应用最为广泛的模型是前馈神经网络(Feed forward Neural Network)，也就是多层感知器(Multilayer Perceptron，MLP)。MLP 结构提供了从实数的输入向量 X 到实数的输出向量 Y 的非线性映射。因此，MLP 可以用作回归问题的非线性模型，也可以通过对输出数据做出恰当的解释来用于分类。

2) 决策树

决策树是一系列的树状结构的列表集，它由树根、树叶、内部节点、树枝组成。它根据一定的算法(如最大的熵减少量、x^2 统计量、基尼系数等)自动对数据收集信息，选择对当前决策所含信息最多的判别属性，并用它来制定判别规则，代表决策集的树形结构。

在数据挖掘算法中，决策树比神经网络好在它可以生成一些规则，当进行一些决策，同时需要相应的理由时，最好使用决策树。

3) 遗传算法

遗传算法是一类模拟生物进化的智能优化算法，它是由 J.H.Holland 于 20 世纪 60 年代提出的。目前，遗传算法已成为进化计算研究的一个重要分支。与传统优化方法相比，遗传算法的优点是：①群体搜索；②不需要目标函数的导数；③概率转移准则。

数据挖掘技术中的遗传算法应用是基于进化理论，并采用遗传结合、遗传变异，以及自然选择等设计方法的优化技术，主要是进化算法、遗传神经网络算法等。

4) 关联规则挖掘算法

关联规则的概念首先由 R.Agrawal 等人在 1993 年首次提出。关联规则是描述数据之间存在关系的规则。一般分为两个步骤：①求出大数据项集；②用大数据项集产生关联规则。常用的挖掘算法有 FP-Growth 方法等。从关联规则中可以挖掘出它们之间的相互关系形成知识，进而指导生产。

3. 数据挖掘的功能

数据挖掘通过预测未来趋势及行为，做出前摄的、基于知识的决策。数据挖掘的目标是从数据库中发现隐含的、有意义的知识，主要有以下 5 类功能。

1) 自动预测趋势和行为

数据挖掘自动在大型数据库中寻找预测性信息，以往需要进行大量手工分析的问题如今可以迅速直接由数据本身得出结论。一个典型的例子是市场预测问题，数据挖掘使用过去有关促销的数据来寻找未来投资中回报最大的用户，其他可预测的问题包括预报破产以及认定对指定事件最可能作出反映的群体。

2) 关联分析

数据关联是数据库中存在的一类重要的可被发现的知识。若两个或多个变量的取值之间存在某种规律性，就称为关联。关联可分为简单关联、时序关联、因果关联。关联分析的目的是找出数据库中隐藏的关联网。有时并不知道数据库中数据的关联函数，即使知道也是不确定的，因此关联分析生成的规则带有可信度。

3) 聚类分析

数据库中的记录可被划分为一系列有意义的子集，即聚类。聚类增强了人们对客观现实的认识，是概念描述和偏差分析的先决条件。聚类技术主要包括传统的模式识别方法和数学分类学。20 世纪 80 年代初，Mchalski 提出了概念，聚类技术其要点是在划分对象时不仅考虑对象之间的距离，还要求划分出的类具有某种内涵描述，从而避免了传统技术的某些片面性。

4) 概念描述

概念描述就是对某类对象的内涵进行描述，并概括这类对象的有关特征。概念描述分为特征性描述和区别性描述，前者描述某类对象的共同特征，后者描述不同类对象之间的区别。生成一个类的特征性描述只涉及该类对象中所有对象的共性。生成区别性描述的方法很多，如决策树方法、遗传算法等。

5) 偏差检测

数据库中的数据常有一些异常记录，从数据库中检测这些偏差很有意义。偏差包括很多潜在的知识，如分类中的反常实例、不满足规则的特例、观测结果与模型预测值的偏差、量值随时间的变化等。偏差检测的基本方法是寻找观测结果与参照值之间有意义的差别。

4. 数据挖掘在物流中的应用

数据挖掘技术从产生到现在已经应用在多种行业中，尤其是在物流业领域，物流领域是数据挖掘的主要应用领域之一。这是因为条形码等技术的发展，物流部门可以利用前端PC系统收集存储大量的数据、进出历史记录、货物进出状况和服务记录等。物流业同其数据密集型企业一样积簇了大量的数据，这些数据正是数据挖掘的基础。数据挖掘技术有助于识别运输行为，发现配送新模式和趋势，改进运输效率，取得更高的核心竞争力，减少物流成本。

我国物流企业正在从单纯的应用数据库系统和简单 MIS 系统发展到应用智能决策系统，以逐渐实现物流业信息化。然而，在这一过程中最缺乏的就是对数据的有效利用，即对数据进行深层次的分析，然后应用分析结果于经营活动中去。数据如果不进行分析，它就只是一种简单的原始数据，不能生成可供企业分析、决策的信息。数据挖掘与物流结合成为必然。

1) 数据挖掘技术在物流领域中的应用形式

一般说来，数据挖掘技术在物流业领域中的典型应用主要有以下几个方面。

(1) 了解物流全局。通过货物种类、数量、地点、日期等信息了解每天的运营和财政情况，对每一货物的运输成本、库存的变化都要了如指掌。物流商在运输货物品时，随时检查货物运输结构是否合理，这十分重要。如每类货物的配送比例是否大体相当，调整货物运输结构时，一定要考虑季节变化导致的需求变化、同行竞争对手的竞争策略等因素。

(2) 降低库存成本。通过数据挖掘系统，将运输数据和库存数据集中起来，通过数据分析，以决定对哪些货物进行先行发货，以确保正确的库存。数据挖掘系统还可以将库存信息和货物预测信息，通过电子数据交换(EDI)直接送到客户那里，这样可以定期增加或者减少库存，物流商也可减少自身负担。

(3) 货物分组布局、运输推荐参照分析。通过从统计记录中挖掘有关信息，可以发现运输某一种货物的顾客可能运输其他货物。这类信息，可以形成固定的运输推荐，或者保持一定的组合。货物分组布局，以帮助客户方便发送货物，打动顾客的心从而达到增加营业额。

(4) 市场和趋势分析。利用数据挖掘工具和统计模型对数据库的数据仔细研究，以分析客户的运输习惯和其他战略性信息。利用数据库，通过检索数据库中近年来的物流数据，通过数据挖掘，可以对季节性运输量、对货物品种和库存的趋势进行数据挖掘分析。还可以确定风险货物，并对数量和运作进行决策。

(5) 客户细分。客户细分是将人的消费群体划分为若干小细分群体，同属一个细分群的消费者彼此相似。客户细分可以使商家以不同的方法区别对待处于不同细分群中的客户。但这并不意味着服务与质量上的差别，毕竟“顾客就是上帝”是业界恪守的职业道德。举例来说，经济学中有这样一条“20/80”法则，即在企业的营运中，百分之二十的客户往往能创造百分之八十的营业额或是百分之八十的利润。这就是经济学中著名的帕累托定律。如何区分开“20”与“80”客户？只有通过深层次地数据挖掘才能帮助企业从众多的客户中分类寻找出哪些属于20%的客户。想想看，如果你知道就是这些“20%”的客户在去年中给你带来了 60%的物流业务和 80%的利润，那么这些信息对你意味着什么呢？目前比较流行的客户关系管理(Customer Relationship Management，CRM)就是在这一理论基础上建立起来的。

(6) 交叉盈利。物流业和客户之间的关系是一种持续不断的发展关系，一般来说物流业通常通过以下 3 种方法来维持和加强这种关系：尽量延长保持这种关系的时间；尽量多次数地与客户发生业务往来；尽量保证每次交易的最大利润。

交叉盈利是指向老客户推销新服务的过程。交叉盈利是建立在业务双方互利原则的基础之上，客户因得到更多更好符合他们需求的服务而获益，企业也因业务增长而获益。在很多情况下对老客户状况的数据挖掘与对新客户的数据挖掘是一致的。交叉盈利的优势在于，企业可以比较容易地得到关于老客户比较丰富的信息，对于数据挖掘的准确性来说大量的数据是有很大帮助的。企业所掌握的客户信息特别是在以前业务行为的信息中，可能正包含着决定这个客户他下一个的业务行为的关键信息，甚至是决定性因素。这个时候数据挖掘的作用就体现为它可以帮助企业寻找到那些影响顾客选择不同物流商行为的信息和因素。

2) 物流企业实施数据挖掘步骤

参照公认的、较有影响的数据挖掘过程模型 CRISP-DM(Cross-Industry Standard Process for Data Mining)，可以将物流企业的数据挖掘处理细分为以下 8 个步骤：物流目标确定、确认数据源、数据收集、数据筛选、数据质量检测、数据转换、挖掘分析和结果解释。初始和结束的两步(物流目标确定和结果解释)是任何数据挖掘项目中必须完成的。

(1) 物流目标确定。明确数据挖掘的目的或目标是成功完成任何数据挖掘项目的关键。对于分析者和决策制定者来说，能在项目开始时给出对业务、物流目的和数据挖掘目标等方面一个清晰的描述是至关重要的。例如物流业的数据挖掘目标就是建立基于数据挖掘基础上的决策支持系统，提高企业运营效率与竞争能力，更深入地了解客户需求，寻求最大利润。

(2) 确认数据源。在给定物流目标情况下，例如：一个物流企业可以将什么样的新服务推销给客户，下一个步骤是寻找可以解决和回答物流问题的数据。所需要的数据可能是企业的业务数据，也可能是数据库/数据仓库中存储的数据。一般物流企业都已经建立了先进的MIS系统和录入系统，这两个系统产生的数据正是物流业数据挖掘的重要数据源之一。

(3) 数据收集。有些情况下，从上述数据源获取的数据并不能完全满足物流企业数据挖掘的需求，这就需要物流企业从外部获取数据，某些数据可以从专门收集人口统计数据、地理变量和人口普查数据的企业收购得来。但是，并非所有数据都会存在于某处。

(4) 数据筛选。数据筛选的主要目的是为挖掘准备数据。多少数据和什么样的数据会被筛选上是数据挖掘项目中的重要问题。如果现有数据量非常大而数据存储空间和处理时间有所限制，适当的数据取样技术将被使用。最好、最全面的解决方案是提取数据挖掘项目需要的所有数据。但是，使用所有数据却不一定在时间和物流目标上是最有效率的。

在实际项目中因为计算处理能力和项目期限，利用所有数据是不可能实现的。使用部分数据或数据采样可能是唯一能在给定时间内完成项目的有效方法。在数据采样中最重要的是选择可代表数据整体的数据。一方面来说，需要使用尽可能少的数据样品来减少计算处理时间和存储空间；另一方面，使用尽可能多的数据样品以代表整体数据又是完成项目的条件。由此可见数据采样多少的合理性是非常重要的。对于不同项目中数据采样可允许的最小值可以通过一些适当的统计方法获得。关于这类方法的细节可在许多统计参考书中得到。

另一类应被收集的数据是元数据。了解每一个选择的变量和数据源都是非常必要的。对于离散变量，了解每一个变量的所有有效类型及其物理意义是非常重要的。在数据挖掘项目中是否可以排列这些值是至关紧要的，原始的数据源能够向后来的挖掘结果整理提供内部信息，数据格式和数据类型是任何数据挖掘的基础。对连续变量来说，每个变量的有效区间必须为今后的数据质量分析而测定。所有以上特性使得元数据成为数据挖掘中的一个重要部分。

(5) 数据质量检测。一旦数据被筛选出来，成功的数据挖掘的下一步是数据质量检测和数据整合。数据处理的目的就是提炼筛选出来数据的质量。被筛选出的数据可能来自多个不同的、不一致的和拙劣记录的数据源。

劣质的数据和数据小完整性是导致众多数据挖掘项目失败的两个主要原因。经常用到的数据检测方法包括：对不离散数据的频率分析、对定量变 *f* 分位数及均值分析(如分位数、最小值、最大值、平均值、中间值、标准偏差、观测数字和正态测试)以及图形分析(诸如柱状图、圆形分格统计图表、散射图、箱式图和时间图等图形分析)。检测数据质量同样也是数据筛选中的一个重要准则。一般来说，相互独立的变量是不得选择的。每一个变量的变化值也是变量选择的又一重要因素。选择的变量应包含有足够的变化用以尽可能地区分记录集，无变化或变化小的变量应尽量避免，因为它们既无法揭示因变量的变化，又无法区分不同的记录群。

(6) 数据转换。在选择并检测了需要的数据、格式或变量后，在许多情况下，数据转换非常必要。一般运用到的数据挖掘特殊转换方法是根据数据挖掘类型和数据挖掘工具(类似计算机软件和技术)等决定的。

(7) 数据挖掘。这是所有数据挖掘项目中最核心部分。如果时间或其他相关条件诸如软件允许，最好能够尝试多种不同的挖掘技巧。一般来说，使用越多的数据挖掘技巧，越多的物流问题则会被解决。而且，使用多种不同的挖掘技巧也可以对挖掘结果的质量进行检测。例如，分级分类可以通过多种方法来实现：决策树、神经分类和逻辑回归，每一种方法都可能产生出不同的结果。如果多个不同方法生成的结果都相近或相同，那么挖掘结果是很稳定的，可用度非常高。万一得到的结果不相近，在使用结果制定决策前必须查证问题的所在。

(8) 结果解释。在数据挖掘中的最后一个步骤是根据业务问题、数据挖掘目标和物流目的来评估和解释挖掘的结果。在这一过程中，可视技术是非常有用的，但是，解释不等于可视化。众所周知，数据挖掘的结果量非常大且散乱无章，所以，即便是通过 Intelligent Mine 和 SAS 等数据挖掘工具所产生的最终结果还是需要经过仔细的过滤和处理。在将挖掘结果提交给决策制定者前，需要将结果依照相关业务问题或数据挖掘目标来对结果进行必要的总结。如能了解各类问题、物流目的、数据挖掘目标、企业结构、员工的教育培训经历和物流业务本身一些信息，则将会对挖掘结果的讲解和解释有很大帮助。

5.3.2 云计算技术

传统的数据挖掘技术建立在关系型数据库、数据仓库之上，对数据进行计算，找出隐藏在数据中的模型或关系，并在大规模的数据上进行数据访问和统计计算，整个挖掘的过程需要消耗大量的计算资源以及存储资源。

随着互联网尤其是移动互联网、物联网的快速发展，目前已处于数据、信息过载的海量信息时代。数据规模从 MB 级发展到 TB、PB 级甚至 EB、ZB 级，且面临着 TB 级的增长速度。

面对数据量的急剧膨胀和数据深度分析需求的增长这两大趋势，使得基于数据库系统架构的传统数据挖掘技术显得力不从心，主要表现在以下几个方面。

(1) 挖掘效率不高。传统的基于单机的挖掘算法或基于数据库、数据仓库的挖掘技术及并行挖掘已经很难高效地完成海量数据的分析。

(2) 高昂的软硬件成本阻碍了挖掘技术的发展使用，传统数据挖掘框架的计算能力高低依赖于服务器的数量与硬件指标。中小企业、科研单位、个人用户很难负担起太大的开销来满足较高的系统硬件要求；即便大型机构能提供足够硬件设备，在系统工作或者非满负荷工作时也会造成很多资源闲置浪费。此外，还得配备专业人员来维护系统，也增加了系统开销。

(3) 传统的挖掘算法基本是以单个算法为整体模块，用户只能使用已有的算法或重新编写算法完成自己独特的业务需求，这在人人上网、时时在线的时代增加了使用难度。

云计算的出现，使得数据挖掘平台有了新的发展方向，基于云计算技术的新一代数据挖掘平台成为可能。云计算平台具有超大规模、虚拟化、高可靠性、通用性强、高扩展性、按需服务、易用等优点。这些优点可解决传统数据挖掘系统在海量数据的分析挖掘方面存在的上述性能瓶颈。云计算为海量和复杂数据对象的数据挖掘提供了基础设施，为网络环境下面向大众的数据挖掘服务带来了机遇。

1. 云计算的概念及特征

1) 云计算的定义

云计算(Cloud Computing)是一种分布在大规模数据中心、能动态地提供各种服务器资源以满足科研、电子商务等领域需求的计算平台。通俗地说，云计算是一种基于互联网的、大众参与的计算模式，其计算资源(包括计算能力、存储能力、交互能力等)是动态、可伸缩、被虚拟化的，并以服务的方式提供。

云计算平台通过相关调度策略，利用虚拟化技术，针对用户的不同需求，动态透明地提供其所需的虚拟计算与存储资源，并在当前用户不使用时将其资源动态回收供给其他用户，就像发电厂供电一样为用户输送廉价的计算与存储资源，让普通用户实现大规模并行计算与海量数据操作成为可能，也为搭建统一开放的知识网络系统提供了底层支持。

云计算离不开数据挖掘技术的支持，以搜索为例，基于云计算的搜索包括网页存储、搜索处理和前端交互 3 大部分。数据挖掘在这几部分中都有广泛应用，例如网页存储中网页去重、搜索处理中网页排序和前端交互中的查询建议，其中每部分都需要数据挖掘技术的支持。

2) 云技术的特征

(1) 超大规模。“云”具有相当的规模，Google 云计算已经拥有 100 多万台服务器，Amazon、IBM、Yahoo 等的“云”均拥有几十万台服务器。企业私有“云”一般拥有数百上千台服务器。“云”能赋予用户前所未有的计算能力。

(2) 虚拟化。云计算支持用户在任意位置、使用各种终端获取应用服务。所请求的资源来自“云”，而不是固定的有形的实体。应用在“云”中某处运行，但用户无须了解、也不担心应用运行的具体位置。

(3) 高可靠性。“云”使用了数据多副本容错、计算节点同构可互换等措施来保障服务的高可靠性，使用云计算比使用本地计算机可靠。

(4) 通用性。云计算不针对特定的应用，在“云”的支撑下可以构造各种应用，同一个“云”可以同时支撑不同的应用运行。

(5) 高可扩展性。“云”的规模可以动态伸缩，满足应用和用户规模增长的需要。

(6) 按需服务。“云”是一个庞大的资源池，可按需购买；“云”可以像自来水、电、煤气一样计费。

(7) 极其廉价。由于“云”的特殊容错措施可以采用极其廉价的节点来构成“云”，“云”的自动化集中式管理使大量企业无须负担日益高昂的数据中心管理成本，“云”的通用性使资源的利用率较之传统系统大幅提升，因此用户可以充分享受“云”的低成本优势，经常只要花费几百美元、几天时间就能完成以前需要数万美元、数月时间才能完成的任务。

3) 云计算与网络计算的比较

云计算与网络计算的对比见表 5-1。

表 5-1　云计算与网络计算的对比

特　性		网络计算	云计算
共有特性		目标一致：虚拟计算机资源并通过各种网络共享它	
功能性方面	虚拟化 (Virtualized)	使用中间件，例如使用 Globus 来集成各种硬件与操作系统，提供虚拟资源	使用管理程序(Hypervisor)来虚拟操作系统
	数据	使用基于 OGSI-DAI 标准来集成各种不同数据，例如 DB、文件、FTP 来提供统一的数据访问	使用大尺度的文件系统与优化算法来提供海量虚拟数据，例如 GFS
非功能性方面	自复 (Self-healing)	没有统一方法，针对不同应用实现	Recovery-Oriented Computing 等被应用
	面向服务 (Service-Oriented)	基于 SOAP 的应用程序领域	基于 Web 2.0 应用程序领域
	伸缩性 (Scalability)	提供给单一服务的中等尺度的伸缩性(一台物理计算机为单位，受限于网络自身机器数目)	为一至多个服务提供海量的线性的动态伸缩性(一台虚拟计算机为单位)

可见：云计算与网络计算目标是一致的，都是虚拟计算机资源并通过各种网络共享它们为上层应用服务，但云计算在理论上增加自复方面的支持，在伸缩性、自复性以及其他各方面均优于网络计算。特别是其以虚拟计算机为粒度的动态伸缩性为搭建高伸缩性、高可靠性而廉价的系统开发带来了极大便利。

4) 云计算架构

云计算抽象了计算与存储资源并动态地分配给需要使用的用户，它是一个高伸缩性、高可靠性、底层透明、安全的底层架构并具有友好的监控与维护接口。图 5.5 表示在其上开发应用时只需要按照其应用程序接口规范调用所需资源即可，不必像使用 Globus Toolkit 那样花费大量时间来降低系统所需吞吐量以减少硬件投资，其使用费用跟总的资源使用量成正比而不像以往跟系统吞吐量成正比。如此用户只需关心业务逻辑实现，针对数据挖掘实现而言，可以把各种算法部署到云计算平台运行，然后通过云计算平台的控制面板或者接口设定目标响应时间，就能得到满意的结果。

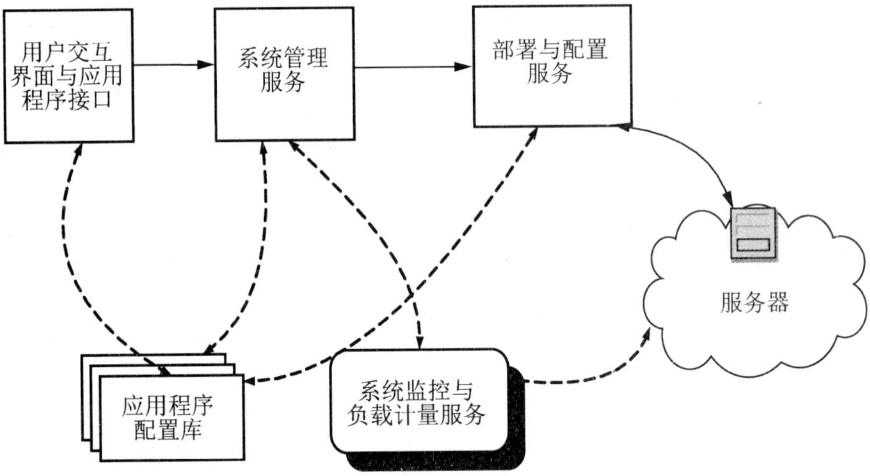

图 5.5　云计算架构

云计算平台具有动态伸缩性，如图 5.6 所示，一个应用程序在资源请求很少的时候可能执行在一个粒度的虚拟机上，而当资源请求增长时，最先成为系统瓶颈的往往是当前运行环境的计算能力，这时云计算平台通过系统监控服务发现当前运行环境负载过高，自动动态从云计算资源池中请求新的虚拟机加入到当前运行环境，以集群的方式线性增长当前运行环境的计算能力以满足应用程序的资源请求。而当应用程序的资源请求进一步增长时，这时不只运行环境的计算能力，数据库端也将成为瓶颈，特别是当虚拟机数量的增加所带来的并发与协调执行代价过高时，这时数据库所在的运行环境也将被动态扩展以满足海量的资源请求。而当应用程序资源请求降低时，则是相反的情况，虚拟机逐步被回收回资源池以待被其他当前高资源请求的应用所使用。

如此一来，世界各地的应用程序可通过共享同一个庞大的云计算资源池来获得超大的系统吞吐能力以满足用户在某些情况下所需要的超高计算或者存储资源请求，而付出的代价却只是其总的资源使用量的费用。以上系统的动态扩展与收缩过程并不需要用户干预，系统会自动进行，开发者在其平台上开发时，除了按照其规范并遵循程序易于被横向扩展的原则外，跟开发本地应用程序没有太大区别，这给系统开发者与使用者都带来了很大的实惠。

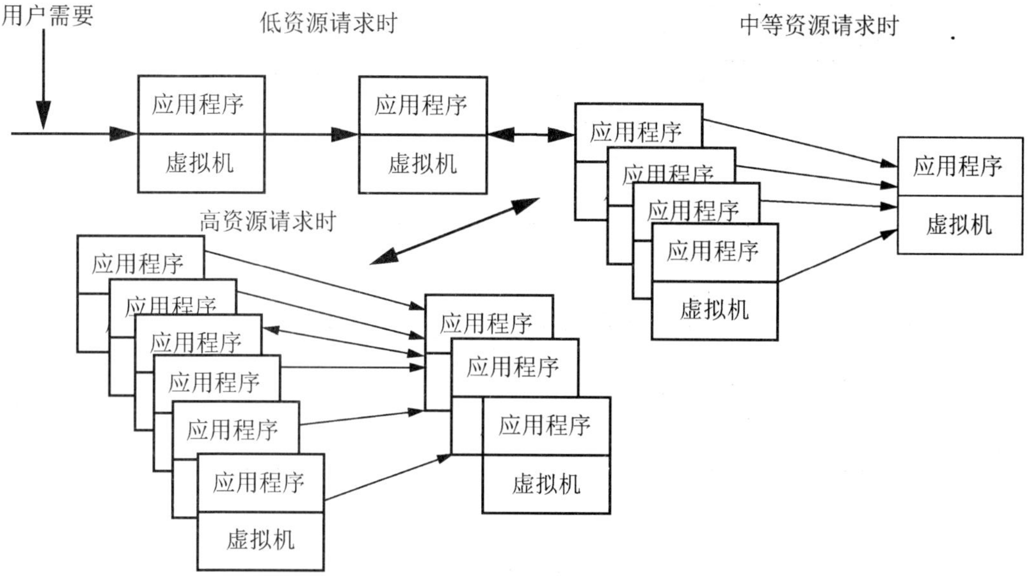

图 5.6 云计算应用程序运行方式

2. 基于云计算的数据挖掘系统架构

1) 基于云计算的数据挖掘系统模型

基于云计算的数据挖掘系统(如图 5.7 所示)搭建于云计算之上，透明地为各种终端用户提供用户界面的服务，也为基于本系统开发的应用程序提供开放接口的支持，用户既可以通过各种终端访问系统的用户界面来使用系统，也可以通过其他应用程序调用系统提供的开放接口来间接地使用系统提供的各种服务。而无论是哪种情况，用户都不需要了解系统的实现，也不需要担心系统的计算与存储能力的不足，而只需要关心选择什么样的算法处理什么样的数据，并最终以任务的方式部署给系统去执行，而最终得到数据挖掘结果。此外，数据挖掘平台内部模块均通过用户界面与开放接口提供服务，三层模块按照抽象层次由低到高为数据集模块、算法模块、任务模块，其中开放接口开放的服务为所有外部可见服务，涉及系统管理等需高级权限使用的功能仅能通过系统用户界面调用以保障系统安全性，用户界面可直接调用开放接口实现外部可调用的服务。

2) 基于云计算的数据挖掘平台结构

图 5.8 表示数据挖掘平台结构自底向上每层都透明地为其上层服务，最底层为云计算平台提供应用程序接口，最顶层为用户界面与开放接口，通过调用开放接口，用户可以共享数据集、调用数据清洗与挖掘算法以及可视化算法，并可以方便地把它们集成到用户自己的应用中，从而实现平台的开放性。下面自底向上详细介绍中间各层提供的服务。

(1) 算法层。此层使用下层提供的统一数据源实现各种算法调用及其管理接口，因为 3 类算法的执行顺序以及返回结果的不同而分开。

① 数据清洗算法调用服务：针对有噪声数据的数据集，在执行数据挖掘算法之前的预处理方法调用接口，清洗之后的数据将通过数据层存入云计算平台提供的存储空间，为接下来的数据挖掘服务。

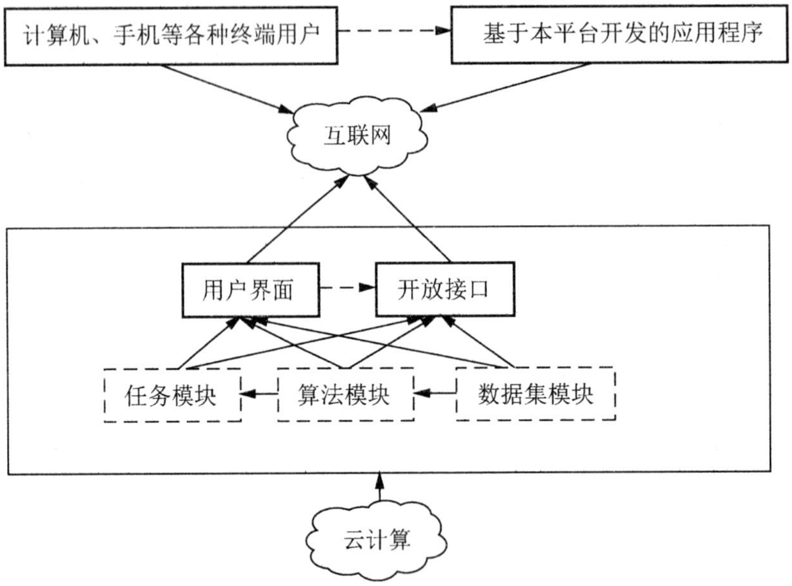

图 5.7 基于云计算的数据挖掘系统模型

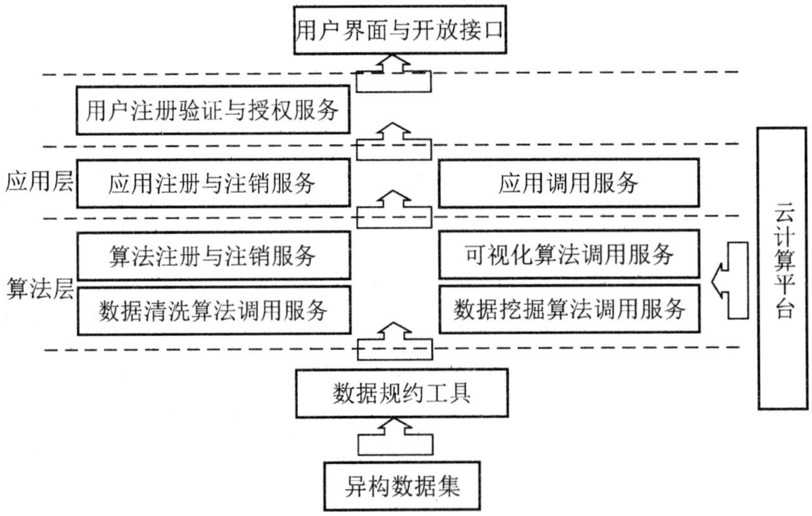

图 5.8 基于云计算的数据挖掘平台结构

② 数据挖掘算法调用服务：使用之前数据清洗过的或者其他不需要清洗的数据进行数据挖掘的统一调用接口。

③ 可视化算法调用服务：将数据挖掘的结果以表格或图形等方式呈现的调用接口。

④ 算法注册与注销服务：算法管理模块，以插件方式管理各种算法模块。

(2) 应用层。此层抽象其下两层的操作，将整个数据挖掘流程所涉及的数据、算法及其之间关系与顺序描述为任务，并提供以应用为单位的调用与维护接口。

① 应用调用服务：提供已注册应用的调用接口。

② 应用注册与注销服务：应用管理模块，以插件方式管理各种任务定义文件。

(3) 用户层。此层提供用户身份验证与授权功能。用户注册、验证与授权服务：提供用户身份验证与授权接口，授权信息将作为调用下层各服务的通行证，以保障平台的安全性。用户管理接口也由此服务提供。

以上各层各服务均以 XML 作为通信语言，并基于表象化状态转变的 Web 服务形式内部调用以更好的支持各层的可伸缩性，并最终以开放接口形式对外开放，即用户可基于任意层做开发，将已有的服务导入其系统内，这大大增强了系统的开放性跟易用性，是之前数据挖掘平台架构所未有的。

5.4 基于物联网技术的物流实际应用

传统意义上的互联网，其实质是为实现人与人之间的信息交互，万维网(World Wide Web)技术成功的动因在于：通过搜索和链接，提供了人与人之间异步进行信息交互的快捷方式。随着互联网技术的不断深入发展，以互联网为基础扩展和延伸，形成了新一代的网络技术即物联网，但是物联网与传统互联网又是不同的，只有物联网才能解决传统互联网没有考虑的、对于任何物品连接的问题。物联网充分体现了物理世界(现实世界)和虚拟世界(网络世界/信息世界)的深度融合，通过虚拟世界的信息交互，优化物理世界，使人类可以融入一体化的智能生态环境中，实现人、机、物的协同统一。

物联网的特征概括起来有 3 个方面，一是全面感知，即利用二维条码、射频识别、红外线感应器、全球定位系统和激光扫描器等信息采集技术，按约定的协议与互联网连接起来，随时随地感知、测量、捕获物理世界的信息。二是全面互联互通，即利用互联网和其他各种网络通信工具，将分散于各种媒介、信息系统和数据中心的信息及数据连接起来，进行交互和多方共享。故物联网需要提供标准的网络访问接口和交互协议、标准的计算平台和服务调用接口、标准的计算环境和管理界面。三是智能计算处理，即利用云计算、模糊识别等智能计算技术，对海量、异构的信息和数据进行分析处理，提供智能化的控制和辅助决策。

物联网的发展最终要面向社会应用。没有应用就没有需求，没有需求就没有市场，没有市场就没有产业发展的驱动力。结合物联网特征，物流业是最早应用物联网技术且最具应用潜力的行业之一，自然成为我国发展物联网技术的重点产业。

5.4.1 物联网技术在物流领域的应用

物流业多环节、多领域、多主体和网络化的运作特点决定了其对信息技术的依赖程度较高，物联网的感知、智能处理和控制反馈特征与物流业的运作特点具有良好的匹配性。物联网技术在物流领域的推广与应用正在快速推进，并为我国物流业发展带来新的机遇。

目前，物联网在物流领域用得最多的是 RFID、定位技术以及远程检测、操作和控制技术，如运输配送业务的可视化管理、仓库配送中心的自动化智能作业以及优化物流服务价值链的物流信息平台 3 个方面。先简单介绍前二者，后者单独详细介绍。

(1) 运输配送环节的可视化管理：以 GIS、GPS 和无线网络通信技术为基础，服务于物流配送部门，包括实时监控、双向通信、车辆动态调度、货物实时查询、配送路径规划等。很多先进的物流公司都建立与配备了这一网络系统，以实现物流作业的透明化、可视化管理。

(2) 仓库配送中心的智能自动化作业系统。现代仓储系统内部不仅物品种类繁多、形态各异和性能各异，而且作业流程复杂：既有存储，又有移动；既有分拣，也有组合。因此物联网技术在以仓储为核心的智能物流中心小试牛刀，已有很多成功案例。在一些先进的仓储配送系统中，全自动拣选系统常用激光、红外等技术进行物品感知、定位与计数，进行全自动拣选；为了使仓储作业做到可视化，对仓库实行视频监控。此外，烟草、粮食仓库还采用温度、湿度传感器，对库内温湿度等物理信息进行实时监测，大大降低物资损耗。

5.4.2 基于物联网技术的物流公共信息平台

物联网技术是建设物流公共信息平台不可或缺的关键技术。近年来，国内许多物流公共信息平台的建设都更为重视采用物联网技术。通过物联网技术，一方面可在物流公共信息平台上集成更多的物联网系统和设备，实现物流的全程可视化、管理透明化，实现综合性的一站式、一揽子服务；同时将物流公共信息平台与其他地区和行业信息平台集成，实现跨地域、跨行业的物联网技术和设备的互联和对接。

1. 基于物联网的物流信息平台设计原则

基于物联网的物流信息平台涉及众多单位与企业的参与，数据传输与处理量十分巨大，因此在规划设计中，要注意以下原则。

1) 跨行业性

物流信息平台上的信息流贯穿物流企业、物流需求企业、政府部门及平台其他用户之间，这些企业从属于不同的行业，因此物流信息平台也具有跨行业的特点。不同的行业在商务模式、信息需求、信息传递格式与方式上都存在着差异，因此在物流信息平台的规划过程中，需要各类用户的积极参与，经过反复的讨论与调整才能得到平台的最佳规划方案。

2) 可扩展性

物流信息平台的规划设计在充分考虑与现有系统的无缝对接的基础上，要考虑未来新技术的发展对平台的影响，保证平台改造与升级的便利性，用以适应新的技术与新的应用功能的要求。

3) 开放性

物流信息平台应充分考虑与外界信息系统之间的信息交换，因为它是一个开放的系统，需要通过接口与外界的其他平台或是系统相连接，因此物流信息平台的规划设计要充分考虑到平台与外界系统的信息交换。

4) 安全性

物流信息平台的业务系统直接面向广大用户，在业务系统上流动的信息直接关系到用户的经济利益，并且这些系统都是高度共享的，因此要保证信息传输的安全性，只有保证系统的高度安全，才能为用户的利益提供保障。

5) 规范性

物流信息平台必须支持各种开放的标准，在支持传统信息平台所依据的标准的基础上，基于物联网的物流信息平台还要重点支持 EPC Global 标准。不论操作系统、数据库管理系统、开发工具、应用开发平台等系统软件，还是工作站、服务器、网络等硬件都要符合当前主流的国家标准、行业标准和计算机软硬件标准。

2. 平台体系结构

物流信息平台的建设要从供应链管理的角度出发，充分考虑供应链物流对现代信息技术的需求，从而更好地实现信息资源的集成与共享。基于物联网的物流信息平台体系结构，如图 5.9 所示。

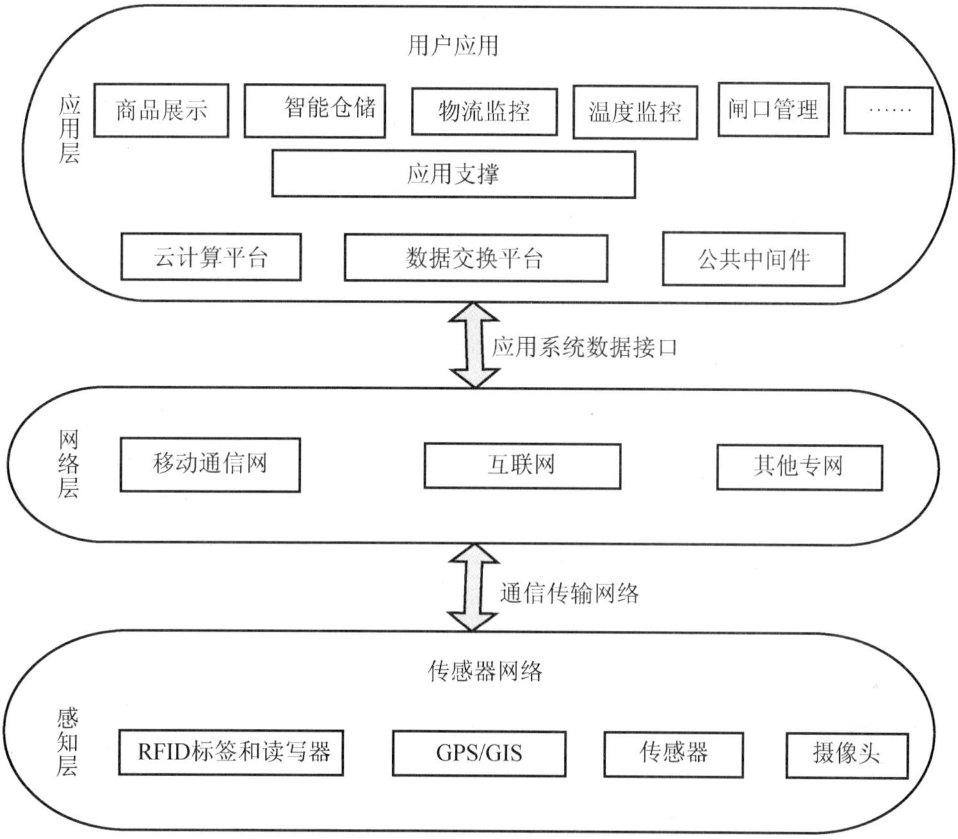

图 5.9　基于物联网技术的物流信息平台体系结构

1) 感知层

感知层处于平台体系结构的最底层，它是物流信息平台体系的末端神经，同时也是物联网技术在物流业应用的基础。感知层主要是在货物、车辆及其他相关设备上使用 RFID 标签和阅读器、GPS/GIS、各种类型的传感器、摄像头等感知终端来标记和识别物体，采集有关物体的数据信息，然后通过传感器网络对所采集到的信息进行短距离传输到网络层。对这些信息的获取，有利于管理者对物体的统计、组织与管理，为上层的业务管理与作业控制工作提供有力支撑。感知层对物体的全面感知功能需要 RFID 技术、GPS/GIS 技术、传感器网络技术等关键技术的支撑。

(1) RFID 技术。RFID 技术可以通过非接触的方式实现静止或运动物体的自动识别。RFID 标签是重要的终端感知设备，它可以分为有源电子标签与无源电子标签两类。按照工作频率的不同，可以将 RFID 标签分为低频、高频、超高频以及微波等不同种类。低频段标签的典型工作频率是 125kHz 和 135kHz，该频段具有良好的物体穿透能力，被广泛应用于进出管理、门禁管理、车辆管理、固定设备等。高频段标签的典型工作频率是 13.56MHz，被广泛应用于物流、人员识别、防伪等。超高频段标签的典型工作频率为 860～960MHz，被应用于供应链、物流、仓库管理、移动商务等。微波频段标签的典型工作频率为 2.45 GHz、5.8GHz，被应用于定位跟踪、移动车辆识别、自动收费系统等。

目前，国际上使用的 RFID 标准主要有 3 类，即 ISO/IEC、EPC Global 和 UID。

ISO 组织的 ISO/IEC 标准主要关注 RFID 的基本模块构建、空中接口、数据结构、实施问题。美国的 EPC Global 标准规定了用于 EPC 的载波频率为 13.56MHz 和 860～930MHz 两个频段。该标准因为有"EPC IP 协议成员使用均免收专利费"的优惠政策，使其成为最有影响力的标准协议，我国的大多数 RFID 设备的制造商也都选择了 EPC Global 标准。日本的 UID 标准局限在日本使用。

在物流信息平台中，RFID 主要应用于仓储环节对货物信息的自动采集和运输配送环节对物流的监控。①RFID 在仓储环节的应用可以实现货物出入库的信息自动采集与处理的自动化；货物装卸、分拣与存储等物流操作环节的自动化；库存管理与决策的自动化和智能化。②RFID 在运输配送环节的应用可以实现对运输车辆及货物的实时跟踪、配送路线的优化等。

(2) GPS/GIS 技术。GPS 技术与 GIS 技术相结合可以实时确定移动物体的位置。GPS 能够快速获取静态、动态对象的空间信息，并且不受天气与时间的影响与限制，从而计算出地球上任何地方的 GPS 用户所处的方位。GIS 系统可以将这些方位信息转换为地理图形显示，并可以对显示的结果进行浏览、分析等操作。

在物流信息平台中，GPS/GIS 技术用于对运输车辆的实时定位跟踪，使货主及时掌握运输车辆的情况与货物的运输位置，并进行有效的远程控制。

(3) 传感器网络技术。传感器网络可以对感知终端采集的信息进行短距离传输。传感器网络是能够根据环境自主地完成指定任务的分布式、智能化网络系统。它是由大量部署在作用区域内、具有无线通信能力以及计算能力的微小传感器节点以自组织的方式所构成的。由于传感器网络节点间的距离短，因此，一般采用多跳的无线通信方式进行通信。传感器网络除了可以在独立的环境下运行之外，还可以通过传感网关连接到互联网，方便用户远程访问。传感器网络由传感器节点、区域路由节点和汇聚节点构成。

在物流信息平台中，传感器网络主要应用于感知终端所采集的数据信息的短距离传输。在物流内需要监控的区域部署传感器节点，传感器节点能够通过自组织的方式构成网络，并且将采集到的数据进行传输，传感器节点可以选择一条或多条区域路由进行多跳传输后到达汇聚节点，实现采集数据的短距离传输。

2) 网络层

网络层处于平台体系结构的中间层，它能够运用多种通信技术将感知层所感知的信息高效安全地传递给应用层，从而实现物流园区信息平台的互联。

网络层对信息的可靠传递功能需要移动通信网、互联网及其他专网等通信技术的支撑。在物流信息平台中，移动通信网主要用于运输车辆与司机相关信息的传输；互联网主要用于物流信息系统与外部用户间共享的各种信息的传输；专网(如虚拟专用网络)主要用于内部供应链物流各环节间的商务信息及储运设备信息的传输。

感知层感知到的数据经过网络层的汇总、处理与分流后，可以通过相应的系统接口被高速准确地传输至应用层，从而服务于供应链物流各个环节的管理与应用。

3) 应用层

应用层是物联网与物流实际运作的深度融合，它将与物流的信息化需求相结合，最终实现物流供应链的决策智能化。应用层主要依据感知层所采集的物流数据资源，将其接入到物流信息平台，并且通过数据交换技术形成统一的数据标准将其应用于用户的应用服务之中。其中数据接口是用于支撑跨行业、跨系统间的信息协同、共享与互通的功能的实现。

应用层可分为应用支撑与用户应用两个子层。应用支撑层主要用于数据的汇集、分析与转换，为用户的应用服务提供支撑。应用支撑层对数据的智能处理功能需要云计算技术、数据交换技术、中间件等技术的支撑，如图 5.9 所示。

(1) 云计算技术。云计算是基于互联网相关服务的增加、使用和交付的模式，它可以通过互联网来提供动态易扩展的虚拟化资源。在物流信息平台中，利用云计算技术建立云计算服务平台，为用户提供分布异构海量数据的分析与挖掘服务，从而为用户的决策管理与供应链物流的优化提供支持。

(2) 数据交换技术。数据交换是以互联网等为传输媒介，按照规定的数据格式标准，传递和接收相应的信息内容，并对这些数据进行识别与利用的过程。物流信息平台建立的数据交换平台根据平台用户应用服务系统与外部系统数据对接的需求，按照规定的数据标准格式，为异构系统间定义相应的数据接口，从而实现异构系统之间数据的自由交换。

(3) 中间件技术。中间件是应用于客户机与服务器的操作系统之上的、用于管理计算机资源与网络通信的独立的系统软件或服务程序。中间件可以满足大量的应用需求，支持分布计算，支持标准的协议与接口，从而可以使相连接的系统即使拥有不同的接口仍然能够互相交换信息。物流信息平台的公共中间件的应用可以实现用户应用服务系统间的资源共享。

目前，物联网中间件主要有 RFID 中间件、嵌入式中间件、通用中间件、M2M 中间件等。其中，RFID 中间件是物联网中间件的主要代表，RFID 中间件是介于 RFID 标签与应用程序之间，从应用程序端使用中间件来提供一组通用的应用程序接口(API)，从而读写 RFID 标签。

用户应用服务层是基于物联网的物流信息平台的智慧所在，是基于物联网物流信息平台功能的集中体现。例如，基于物联网的物流园区信息平台应用层分为“六大平台”(如图 5.10 所示)，即：物流交易服务平台、电子商务交易平台、电子政务支持平台、企业应用服务平台、园区内部管理平台及物联网应用服务平台。这些平台所提供的服务功能集中表现在物流园区信息平台的门户网站上，平台用户可以通过 WEB 网站、手机 WAP 网页、电话呼叫、手机短信等形式获取平台上的相关信息。

另外，利用物联网技术获取的海量信息，开展深层次的智能化应用。如基于实时信息的路径优化；车辆、船只的能源消耗优化；基于环境信息(应用从桥梁、道路、隧道、堤坝等传感器采集的信息)的路径选择等。例如物联网技术在湖南省物流公共信息平台的应用，如图 5.11 所示。该平台通过物联网将 RFID、条码系统、车载终端、视频系统、手机(如“物流 E 通”手机)等相关设备及系统与网络连接在一起，自动实时地对物体进行识别、定位、追踪、监控，并触发相应事件。其中，车货配载可由 PC 计算机和“物流 E 通”手机进行。“物流 E 通”手机是中国电信研发的、面向物流应用的手机。它具有车货配载、GPS 跟踪定位以及短信息、小额支付等增值业务等功能。移动视频采用中国电信的支持多路视频并发的移动视频监控系统。该系统可同时监控司机、货物、车辆周边状况等，如危险品运输、贵重物品运输等。

系统主要由 4 部分组成。

(1) 车载终端。车载终端包括 GPS 接收机及相应天线、GSM 模块、控制单元、显示屏等。负责接收和上传 GPS 定位信息、紧急求助信息以及实现与监控中心的对话交流。其中 GPS 接收机用于接收来自美国军方全球卫星定位系统的民用频段，定位精度小于 15 米。

(2) 无线通信链路。无线通信链路由 GSM 网及相应的有线传输部分组成，负责车载终端与监控中心间的数据传输，包括车辆定位信息及监控中心控制指令等信息的传输。其中 GSM 支持语音、数据、传真、短消息及 GPRS 数据标准 SIM 卡接口。

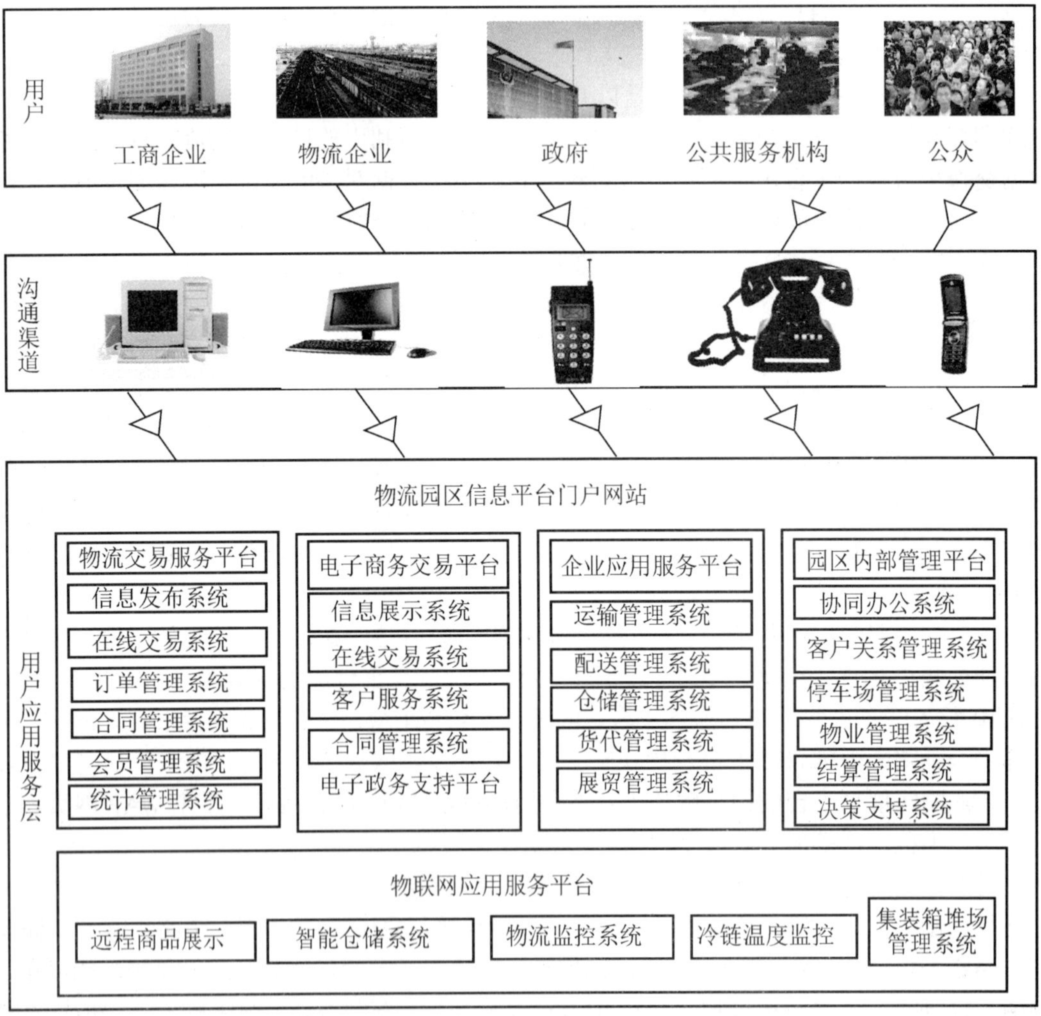

图 5.10　基于物联网的物流园区信息平台应用层结构

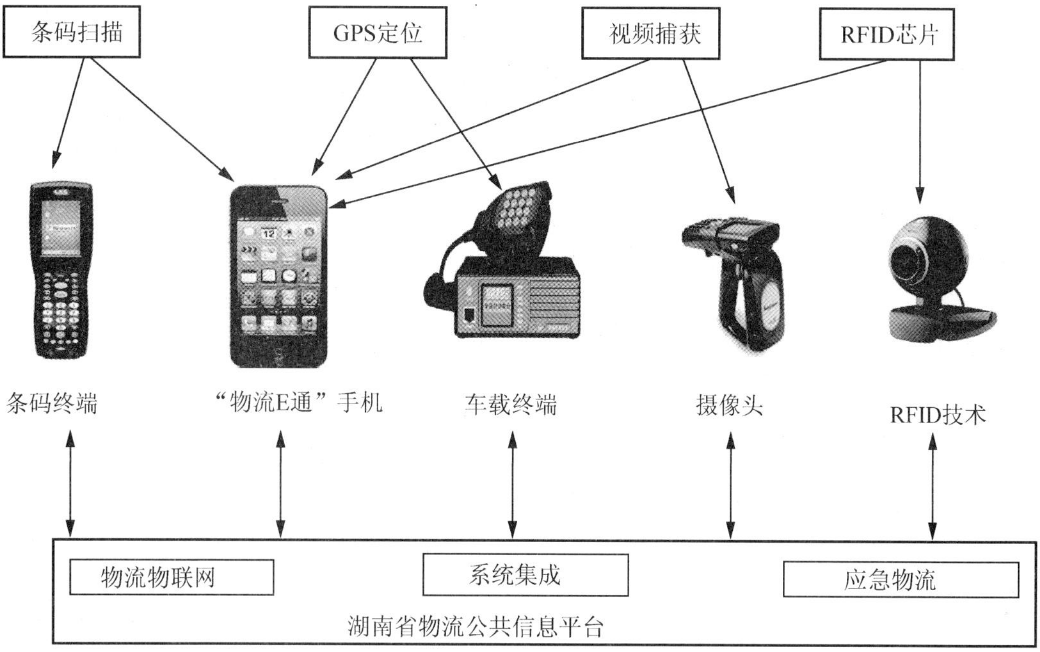

图 5.11 物联网技术在湖南省物流公共信息平台中的应用

(3) 监控中心。监控中心是整个系统的“神经中枢”，集中实现监控、调度、查询，以及其他信息服务，并对整个系统的软硬件进行协调管理。

(4) GIS 系统。GIS 系统包括硬件服务器、软件电子地图、信息数据库等，GIS 系统的使用可以使用户更加清楚直观地看到车辆的动态信息。其操作系统为 UNIX 或 Windows。数据库为 SQL Server 7.0 以上版本。

系统主要具有以下功能。

(1) 车辆追踪。对所属车辆的位置、运行轨迹、运行速度、油耗等方面进行监控，实时了解外勤运输车辆的运行状况。

(2) 车辆调度。事先为车辆设定行驶的路线、速度、作业区域等限制，如果车辆在行驶过程中超越设定的限制时，系统会自动报警；同时在碰到紧急情况时，司机可以直接按紧急按钮向监控中心报警。

(3) 路线规划。在设定运输的起点与终点的基础上，按照要求(最快的路线、最短的路线、通过高速公路路段次数最少的路线)自动设计最佳行驶路线。

(4) 运单跟踪。通过车牌号与货物运单的绑定来实现运输货物的在途跟踪，入驻企业可以通过系统实现对货物的在途状态、位置的跟踪和监控进行查询。

(5) 轨迹回放。车载终端上存储的历史轨迹记录可以由系统通过无线方式按照时间段提取后存储于数据库，轨迹点可以在系统的电子地图上回放以重现车辆的行驶过程。

(6) 区域查车。在地图上标定一个范围，查看范围内的车辆，用于货源点附近的车辆查找。它是确保货源最优处理的重要手段，同时也是统筹管理中最依赖的功能。

5.5 物流云平台的体系框架

随着物联网技术、云计算技术在物流行业的推广应用，激发了对区域物流信息平台、智能物流等的研究及应用热潮，并催生了新的物流运作平台的构建。基于云计算和物联网的物流云平台为物流产业的转型升级和服务创新提供了一种可行的途径。

物流云计算服务平台即云物流，是面向各类物流企业、物流枢纽中心等提供完整解决方案，它依靠大规模的云计算出来能力、智能的决策及深入的信息共享来完成物流行业各环节所需要的信息化要求。

5.5.1 物流云平台的产生

物流云平台(Logistics Cloud Platform)是在基于物联网的物流信息公共平台的基础上，结合先进的云计算技术以及供应链管理理念而产生的新型物流服务系统。

物流云平台的定义是指在互联网、物联网以及云计算技术支持下，通过物流云平台将物流服务提供商(即 SaaS 服务)提供的大量分散物流资源进行整合并虚拟成各种物流云，根据客户需求在平台上进行统一、集中、智能的管理和调配，按客户所需，为客户定制和提供安全、高效、优质廉价、灵活可变的个性化物流服务的新型物流服务模式。客户只需向物流云平台以付费的方式购买自己需要的物流服务即可。

物流云平台区别以往物流信息平台的创新特征是：物流云平台融合现代物流信息平台、物联网、云计算、云安全、RFID 等技术，智能调配各类物流资源(包括运输工具、运输线路、仓储资源、软件、法规、保险、海关等信息资源、知识等)和客户资源，为客户提供全物流过程的、按需使用的定制物流服务。其区别以往物流信息平台的创新特征见表 5-2。

表 5-2 物流云平台创新特征

创新特征	物流云平台	提供的物流服务
硬件、软件资源动态、快速组合	物流云平台根据访问用户的多少，增加相应的 IT 资源，满足用户规模变化的需要	可以依据客户需求波动及时调整服务资源，增减相应的服务品种和数量，客户也可以按自身要求选择不同的服务组合
资源抽象	最终用户不知道云上应用运行的具体物理资源位置，同时物流云支持用户在任意位置使用各种终端获取应用服务，体现了多对多的物流服务模式	客户无须了解 SaaS 提供商、云提供商的具体情况，仅需提供服务要求；物流云也无须了解客户的具体情况，仅需按标准服务开展
按需付费	即付即用(Pay-As-You-Go)方式已广泛应用于存储和网络宽带技术(计费单位为 B)	物流云按照不同的服务水平推出不同的服务资源，用户可以进行选择，按不同标准收取费用

物流云平台，简言之“云物流”，是基于云计算应用模式的物流平台服务。在云平台上，所有的物流公司、代理服务商、设备制造商、行业协会、管理机构、行业媒体、法律机构等整合成资源池，各个资源相互展示和互动，按需交流，达成意向，从而降低成本，提高效率。我国提出“云物流”概念的陈平，一个民营快递公司(星晨急便)的创办人。他喜欢

将云物流类比成自来水公司(有一个水池，自来水管道，为数众多的水龙头)。他的星晨急便相当于水池，这个水池提供一系列资源，供给自来水管道、水龙头。所谓的自来水管道就是公路、航空、铁路运输公司，水龙头就是各种配送快递公司。“水池”提供的主要资源是来自全国的为数众多的发货公司的货单。这样一来，这个“水池”具备一种能力，即对海量的运单信息按地域、时间、类别、紧急程度等进行分类，然后指定运输公司发送给快递公司，最后送达收件人手中。对海量的运单信息进行处理，就需要建立一个“云计算”平台，小快递公司只需要一个电脑就可以访问“云物流”平台，获得客户，并通过这个平台取货、送货。这个类比非常形象地解释了“云物流”的含义。

5.5.2 物流云平台的体系结构

物流信息交换基础网络的总体拓扑结构如图 5.12 所示。该网络跨越需要实行物流交换的多个区域，每个区域包含多个数据中心，实现数据和服务交换。物流信息平台位于每个数据中心内部，构建用于物流信息交换的计算、存储和网络资源的虚拟化管理。交换管理中心负责管理和实时监控各个数据中心服务和数据交换情况，包括管理物流交换代码、路由表信息、服务注册信息、服务器等，监控交换服务器的交换量、运行健康状况、数据积压情况等。

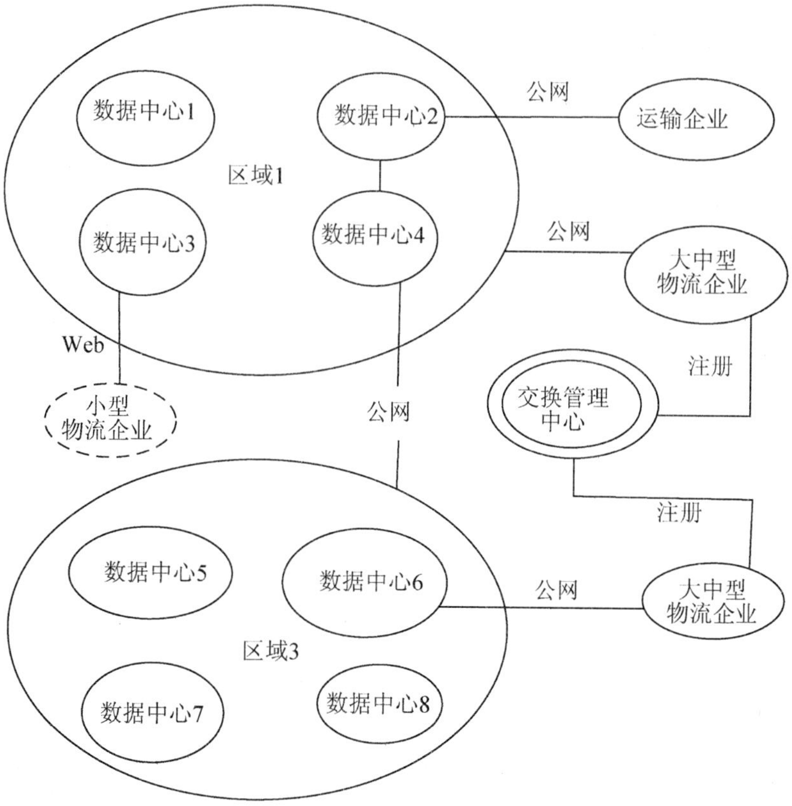

图 5.12 物流信息交换基础网络的总体拓扑结构

在图 5.12 中，每个数据中心为物流企业提供数据和服务交换，服务的对象包括道路运输企业、存储企业、货代企业、船公司、港口、场站、海关等，覆盖中国 LOGINK、日本

COLINS、韩国 SP-IDC 互联、义乌小商品出口物流链企业及管理部门，浙江、上海、江苏、云南、河南等省物流园区、港区等多个区域，所要交换的数据包括企业各类服务平台实施所产生的物流数据，如单证数据、车辆 GPS 数据、货物 RFID 数据、企业信用数据、货物库存数据等。当前的小型物流企业没有自身的物流交换系统，当某个小型物流企业需要实现物流信息交换时，该企业的客户先通过所在区域的交换管理子系统为该企业的物流交换进行注册，之后该企业被分配给一个交换账号，随后该企业被分配到所在区域的一个数据中心。数据中心通过物流信息交换网络云平台以 SaaS 的方式向小型物流企业提供物流信息系统服务。当某个中大型物流企业需要实现物流信息交换时，该企业的客户在注册获取交换账号后被接入所在区域中的一个选定的数据中心。由于当前的中大型物流企业已经有自身的物流信息交换系统，因此数据中心只需要为中大型企业的物流交换系统提供物流数据格式转换、发送以及服务交换等功能。

1. 物流云平台系统架构

根据现有的云平台体系架构和所提供的功能，每个物流数据中心的云平台系统架构主要用于构建和管理计算及存储虚拟资源池，其拓扑结构和所对应的逻辑结构均由 IaaS 层和中间件层组成，如图 5.13 和图 5.14 所示，其中 IaaS 层由交换服务器、存储服务器、二级存储服务器、云控制器组成；中间件层负责云平台中的虚拟存储资源的管理和物流交换任务的调度，使资源能够高效安全的提供物流交换服务，由消息路由服务器、缓存控制器、安全认证服务器组成。每个数据中心通过各个服务器和控制器提供多种内部服务，对外提供 SaaS 通用软件服务，并同外部信息系统相连。

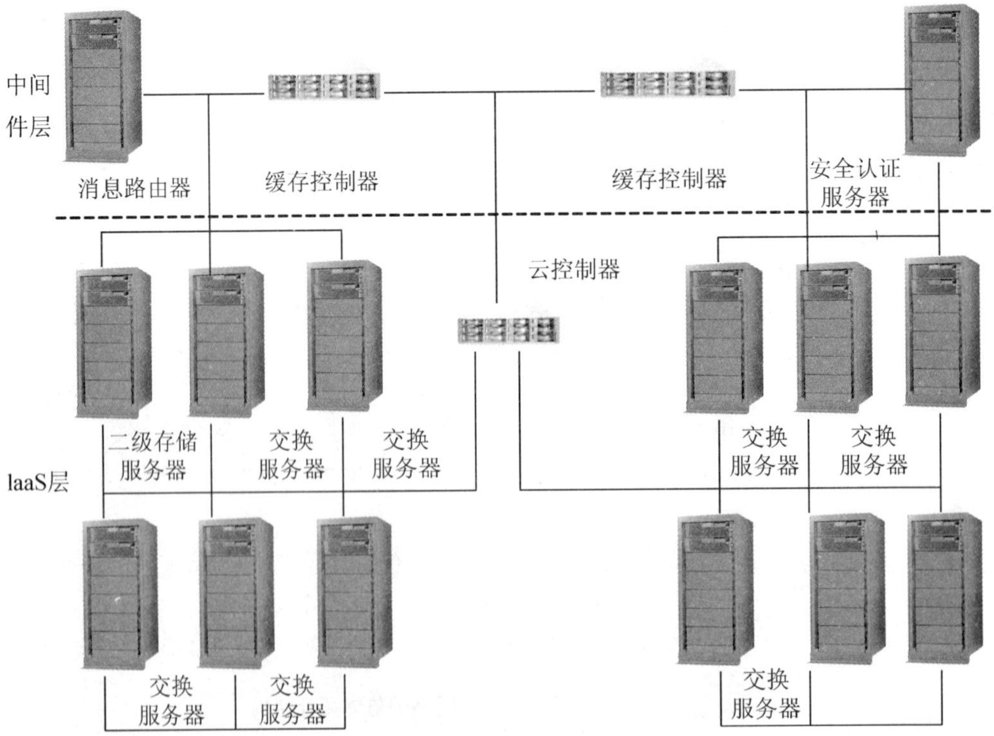

图 5.13　物流信息云平台的拓扑结构

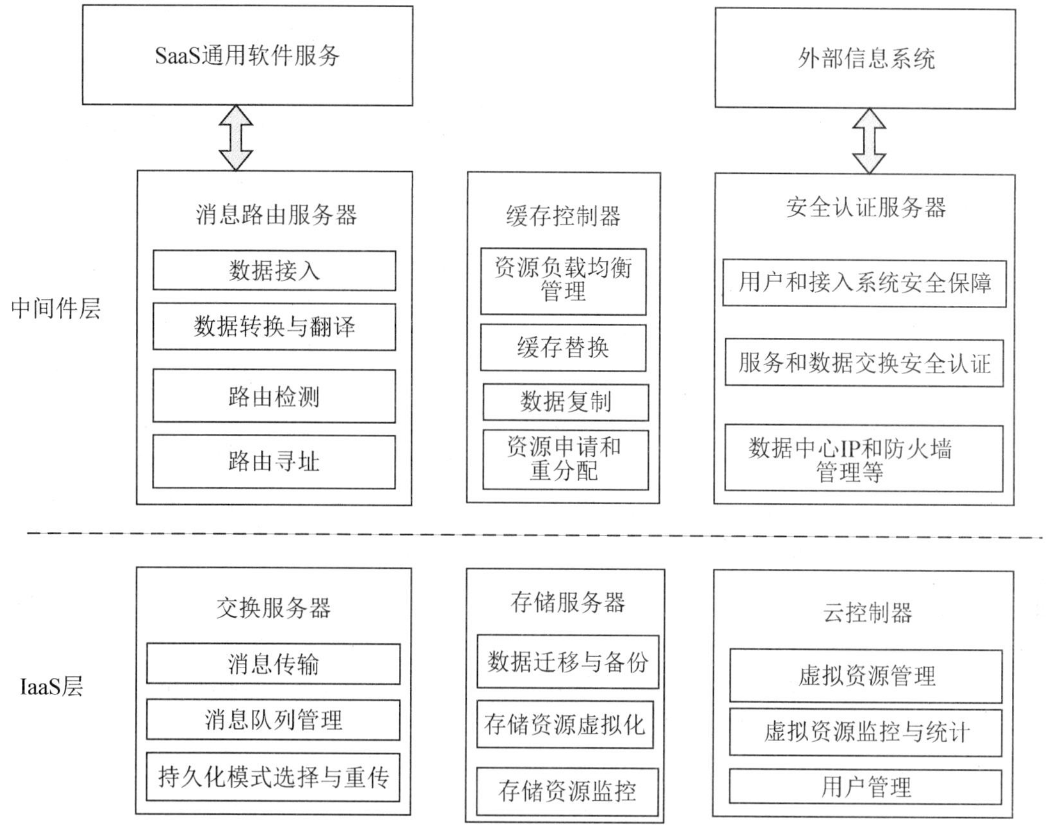

图 5.14　物流信息云平台的逻辑结构

(1) 交换服务器：当小型物流客户或大中型企业物流交换系统接入到某个数据中心后，该中心的一个或多个交换服务器根据选择的路由路径实现信息的快速有效传输。消息传输采用快速可靠的通信引擎加以实现，包括实现消息路由功能、消息队列管理功能、持久化模式选择与重传功能，支持物流信息交换基础网络内部以及与接入物流信息系统的外部企业与平台之间的通信。此外，交换服务器还实现基于公网的多样化数据传输模型，采用自适应的数据切分与组合技术、收发双方数据处理能力实时评估技术及自适应的传输技术选择策略，平衡大小数据包的传输效率，提高网络资源利用率和物流信息数据交换速度，同时还实现对各类交换数据的格式转换和发送等功能。

(2) 存储服务器：由基于 Agent 的方式来管理，每个交换服务器可以对应一个或多个存储服务器，运行一个或多个存储服务。当某个交换服务器在数据中心中的云控制器上注册后，云控制器将需要使用的虚拟机镜像文件复制到该交换服务器上所对应的存储服务器上运行，实现每个数据中心内部的存储资源虚拟化。此外，接受来自云控制器的资源申请，为其他计算服务器集群提供存储资源；监控所对应的虚拟机的存储资源的使用情况。

(3) 二级存储服务器：主要用于存储一个数据中心内部的共享数据，如创建虚拟机所需要的模板(Templates)或镜像文件(ISO)，以及磁盘(Disk Volume)快照和虚拟机快照等。一个交换服务器集群可对应一个或多个二级存储服务器，二级存储服务器对集群中的所有存储服务器可见，并可被动态复制，从而提高了单台交换服务器的交换服务负载并保证数据交换的可靠性；使用网络文件存储系统(NFS)来确保二级存储器被集群中的所有主机访问。

(4) 云控制器：整个物流信息云平台的核心，位于每个数据中心的前端，负责协调一个数据中心内的计算和存储资源。通过云控制器接受其他数据中心的计算资源申请请求，并从所在的数据中心中分配一定的虚拟计算和存储资源；负责每个接入到数据中心的用户注册和权限管理。

云控制器提供两种类型的用户：管理员和普通用户。管理员用户组：通过界面注册或撤销某台交换服务器，配置每台交换服务器上的计算资源(CPU)和存储资源，隔离交换服务器上有问题的虚拟机。普通用户只能够启动、关闭分配给自己的交换服务器，不能够量化制定自己所需的计算资源。普通用户通过 SSH 等方式连接到自己所管理的交换服务器，管理虚拟机镜像，管理虚拟机的生命周期。与 Eucalytus 类似，管理员可以实现对虚拟机镜像文件的制作，以及虚拟机生命周期管理等操作。管理员还可以利用 ElasticFox 等插件在浏览器中启动、监控和关闭虚拟机。通过浏览器的图形界面，管理员可以直观地监控虚拟机上的计算资源和存储资源的使用情况(CPU、内存、网络活动等)，基于模板创建新的虚拟机实例。当某个交换服务器加入到数据中心时，管理员为其分配相应的虚拟机实例。管理员创建虚拟机实例的时候，云控制器根据管理员的选择，将虚拟机镜像复制到相应的交换服务器上运行，并根据某种算法自动决定用户创建的虚拟机来源于哪台物理的存储服务器，管理员对物流服务器的状况一无所知。此外，管理员还可接收来自云控制器的资源申请，为其他数据中心提供部分计算资源和存储资源。

此外，云控制器还负责监控和统计数据中心外部网络和子网内部各个控制器和服务器的运行状态是否正常，并实现跨数据中心的资源管理等。

(5) 缓存控制器：采用有效的缓存替换算法和数据复制等技术，对频繁交换的数据实现多备份存储，在降低存储服务器负载的同时保证物流数据的一致性和同步，提高物流公共信息平台的并发访问性能。

(6) 消息路由服务器：为接入的物流交换系统或小型企业用户提供数据接入、转换等功能，采用基于 VPN 虚拟专网的网络架构技术，为接入物流信息云平台的公共云提供安全和质量方面的保障。根据每个交换服务器和存储服务器的负载，为经过路由器的每条消息寻找一条最佳传输路径，通过一个或多个交换服务器实现数据交换，并将该数据包有效地传送到目的站点。在路由服务器基础上，物流信息交换基础网络将为每个接入的用户和系统提供路由监测、路由寻址等功能。

消息路由服务器提供给网络管理员管理图形界面，网络管理员可通过管理图形界面调节路由器带宽、配置数据交换端口等；监测每条所要交换的物流数据的传输路径和传输速率；监测每个交换服务器的网络状态等。

(7) 安全认证服务器：为每个接入数据中心的物流交易系统和用户提供安全认证。由于本物流交换平台是个开放式系统，和众多其他相关系统相连，对安全技术有更高的要求。安全认证服务器在接入程序接口将采用密码和加密技术、密钥管理技术、数字签名技术、数字水印技术、异构防火墙，确保物流公共信息平台的安全性。

此外，安全认证服务器提供网络管理员的管理界面，管理员负责数据中心的 IP 分配和管理防火墙等。

2. 跨数据中心的物流信息交换架构

图5.15展示了跨数据中心的物流信息云平台拓扑结构，主要由各个数据中心的云控制器和交换管理中心实现多个数据中心的动态虚拟资源调度和管理。

当某个数据中心的存储资源或计算资源不足时，所在数据中心的云控制器向其他数据中心提出资源申请；当其他数据中心向云控制器提出资源请求时，云控制器可提供所在数据中心的部分资源，将资源无缝地整合到新的环境中去。云控制器上提供云服务管理员管理界面。云服务管理员可通过浏览器监控本数据中心的存储资源和计算资源，并提供向其他数据中心申请虚拟的存储和计算资源的功能。

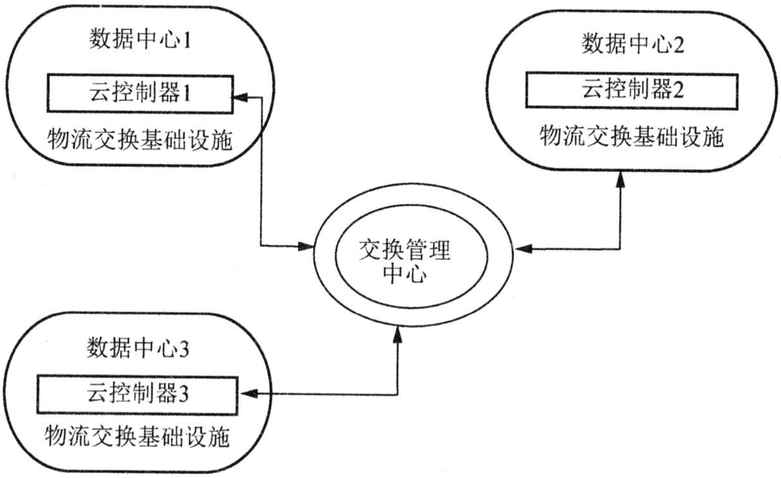

图5.15 跨数据中心的物流信息交换架构

交换管理中心负责实时监控各个数据中心的资源利用的总体状况，形成统计报表，同时监控各个云控制器的资源请求行为，过滤恶意的资源请求行为，便于实现多个数据中心的虚拟资源请求、共享和整合等。

3. 物流云平台的技术架构

为了实现物流云服务，需要从技术角度构建一个物流云平台，协调各方共同完成物流服务任务。该平台的技术结构(图5.16)自上而下由云应用层、云接口层、云业务服务层、云虚拟资源层、物流资源层等5个层次组成，具体如下。

云应用层：该层主要面向制造业和物流服务链上的企业用户。它为用户提供统一的入口和访问界面，用户可以通过门户网站、用户界面访问和使用云平台提供的各种云服务。制造业用户通过平台获得最适合的单个物流云服务或一套物流服务解决方案，物流服务链上的用户通过平台整合各类物流资源，协同为客户提供高效、优质廉价的个性化服务。

接口层：该层主要为各类用户提供接口，包括云端的系统接口、技术标准接口以及用户注册等其他接口。

云业务服务层：该层是物流云平台的核心部分，是实现物流云服务最为重要的结构。它为物流云服务的运行提供以下功能和服务：①云用户管理。面向物流云服务平台用户提供账号管理、交互管理、认证管理以及接口管理等服务；②云服务管理。它主要完成物流云服务的核心功能，包括物流任务管理、物流云发布、云整合、云解决方案、云检索、云匹配、云调度、云监控、QoS 管理以及云优化等核心服务；③云基础管理。面向物流云服务提供数据管理、系统管理、云标准化、云存储、交易管理、技术服务、信用管理等基础服务；④云安全管理。该管理是物流云服务不可忽视的一环，它为物流云服务提供身份认证、访问授权、访问控制、综合防护、安全监控等安全服务。

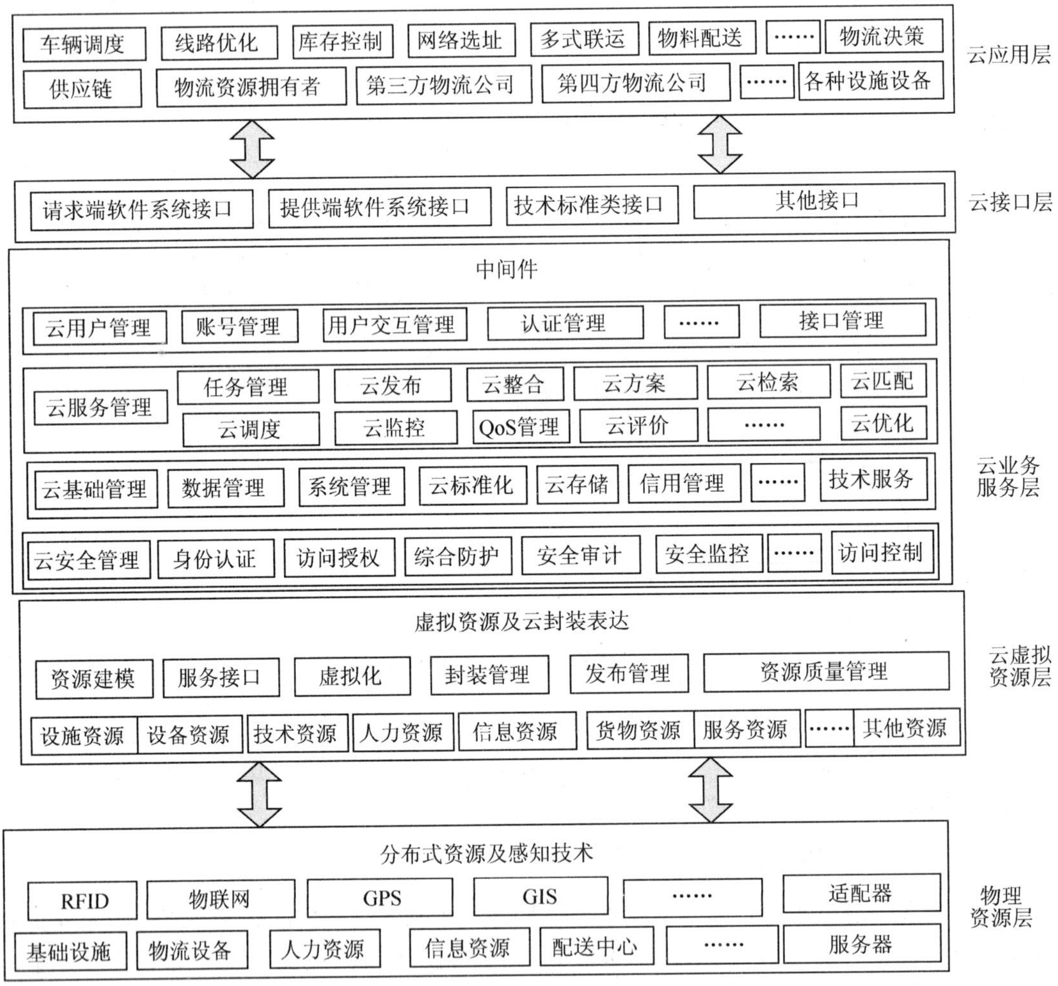

图 5.16　物流云平台的技术架构

云虚拟资源层：该层主要是将分布式的物流资源汇聚成虚拟物流资源，并通过资源建模、统一描述、接口实现将局部的虚拟物流资源封装成全局的各类云服务，发布到云服务平台中，以一致透明的方式供访问和使用。该层的主要功能包括资源建模、服务接口、虚拟化、封装管理、发布管理、资源质量管理等。

物理资源层：物理资源是虚拟物流资源的载体，它主要包括基础设施、物流设备、人力资源、配送中心等分布式异构资源。该层主要通过 GPS、RFID、物联网技术将各类物理资源接入到网络中，实现物理资源的共享和协同。

4. 物流云平台的业务架构

从物流云平台的业务角度，下面介绍了一个面向供应链、多用户、多资源提供者的物流云平台业务架构，如图5.17所示。从业务角度，物流云主要由3部分组成：物流云请求端(Logistics Cloud Demander，LCD)、物流云提供端(Logistics Cloud Provider，LCP)和物流云平台(Cloud Platform，便于与物流云提供端的缩写区别开，这里缩写为CP)。LCD是指物流云使用者(用户/客户)，这里指的是整个供应链或供应链上的个别成员；LCP指的是提供物流服务资源的运输/物流企业、货代公司等，它主要向物流云平台提供各种异构的物流资源和物流服务；CP充当二者之间的桥梁和纽带，负责建立强大稳定的供需服务平台。LCD通过CP提出个性化服务需求，CP对LCP提供的物流云进行整合、检索和匹配，建立适合客户的个性化服务解决方案并进行物流云调度，同时在服务过程中对服务质量进行管理和监控，为双方创造不断优化的服务质量和服务价值。

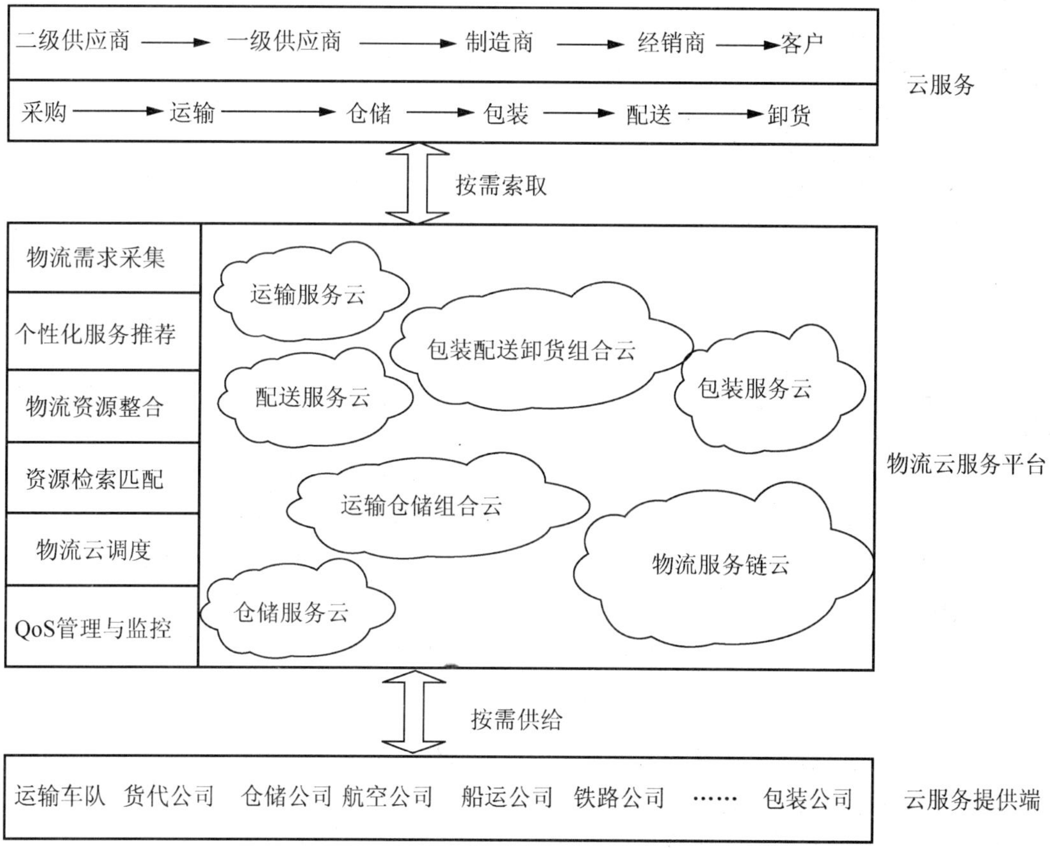

图5.17 物流云平台的业务架构

本章小结

我国社会物流总额创新高，促进了物流产业参与者规模庞大的同时，也造成产业参与者参差不齐。信息化是现代物流业的核心。物流业信息化提升速度与行业发展速度不匹配，导致我国社会物流效率低下、成本高昂，无法满足当前经济发展需要。物流公共信息平台是解决此弊病的良方，随着科技进一步发展，物联网技术、云计算技术成为建设物流公共信息平台不可或缺的关键技术。物流云平台与以往的物流公共信息平台相较，真正实现了物流服务价值链上成员间无缝连接、共享信息、整合资源；真正做到了基于物流流程全过程的智能化辅助决策和可视化管理；切实有利于推进我国物流业信息化水平，降低社会物流成本，优化社会物流资源配置。

习　　题

1. 选择题

(1) 第三代互联网的典型技术有(　　)。

A．云计算　　B．宽带网　　C．物联网　　D．网络计算

(2) 将基础设施作为服务的云计算服务类型是(　　)。

A．Iaas　　B．Paas　　C．Saas　　D．其他 3 个选项都是

(3) 下列数据类型最适合云计算分析处理的是(　　)。

A．天气预报数据　　B．科学计算数据

C．耦合度高的数据　　D．商业数据

(4) 主要用于企业内部以及企业供应链上下游之间的信息共享的物流信息平台是(　　)。

A．企业物流信息平台　　B．国家物流公共信息平台

C．地区物流公共信息平台　　D．行业物流公共信息平台

(5) (　　)是区域物流信息平台建设的核心部分，它为区域内各物流企业的业务运作提供最基本的信息支持。

A．共用信息平台　　B．政府管理部门信息平台

C．政府职能部门支撑信息平台　　D．物流业务信息平台

(6) 与供应链相关的软件可分为 3 类：平台软件、中间软件和应用软件。其中(　　)一般指操作系统。

A．平台软件　　B．中间软件　　C．应用软件　　D．公用软件

2. 判断题

(1) 物流公共信息平台是建设区域物流中心的关键工程。　(　　)

(2) 数据仓库的数据量越大，其应用价值也越大。　(　　)

(3) 决策树方法通常用于关联规则挖掘。　(　　)

(4) 人工神经网络特别适合解决多参数大复杂度问题。　(　　)

(5) 公共物流信息平台主要为微观区域物流管理服务，它能支持企业物流的经营运作。　(　　)

3. 简答题

(1) 建设物流公共信息平台的目的是什么？

(2) 物流公共信息平台的基本功能有哪些？其中关键功能又是什么？

(3) 物流云平台与以往的物流公共信息平台有哪些区别？
(4) 什么是云计算？结合自己的专业，谈谈你对云计算发展的看法。
(5) 什么是数据挖掘？它有哪些方面的功能？
(6) 什么是数据仓库？为什么要建立数据仓库？
(7) 说明我国物流信息化的现状及发展趋势。

案例分析

汽车物流作为同行公认的最复杂、最专业、技术含量最高的物流领域，包括零部件物流、生产物流、整车物流、备件物流、回收物流等业务，其涉及的物流服务商主要包括第三方物流公司、零部件运输车队、仓储公司、包装公司、货代公司、商品车拖挂运输车队、滚装船公司、港口、铁路物流公司、航空公司、配送中心、分拨中心、堆场等。这些物流服务提供者构成汽车物流服务价值链，围绕以汽车主机厂为核心开展一体化物流服务。近年来，汽车市场竞争激烈，汽车物流成本越低、服务水平越高是同档次不同品牌汽车竞争力强弱的重要影响因素。整车制造商早已迫切需要引进按需供给、高效、优质廉价、透明的服务全球市场的网络物流服务作为战略支撑。云特点较好地适应了汽车物流需求，汽车物流云平台如图 5.18 所示，引起理论界广泛关注。

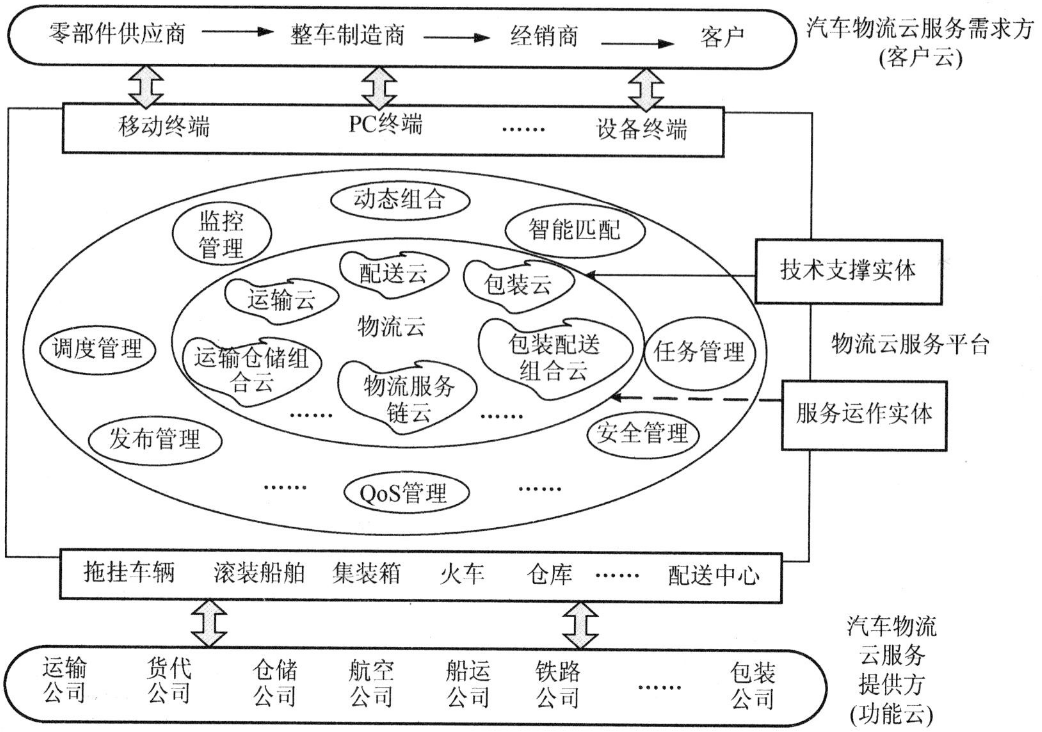

图 5.18 汽车物流云平台

图 5.18 中汽车物流云服务平台负责物流云服务的正常运作和协调供需双方，它根据用户的需求，通过动态组合各种物流云、智能调度和监控物流云，为用户提供优质价廉的个性化物流服务。作为服务主体，它将虚拟资源中的虚拟资源封装成各类云服务(运输云、配送云、包装运、物流服务链云等)，并通过注册、发布向外提供；技术支撑是实现云服务运作的关键，它通过一系列的基础服务(调度管理、监控管理、QoS 管理、动态组合、安全管理等)为各类云服务提供技术支持。

通过汽车物流云平台，汽车供应链成员可以快速、便捷、按需获取优质价廉的个性化物流服务；对物流服务提供商而言，能够便捷获取客户需求，快速低价地整合物流资源，为客户提供个性化的物流服务。显然这是一个供需双方双赢的过程。

(资料来源：林云，田帅辉. 物流云服务——面向供应链的物流服务新模式. 计算机应用研究，2012，(12):1)

分析与讨论：

(1) 汽车物流云平台是如何运行的？

(2) 在现实世界，有哪些方式用来打造客户云？

第6章　物联网系统管理

【教学目标】

- 掌握物联网管理的概念和内涵，了解现代物联网管理的特征；
- 了解物联网标准化的特点和主要标准；
- 掌握物联网标准化管理的内容；
- 了解物联网所面临的安全问题，掌握物联网安全管理的手段和方法。

【章前导读】

2010年11月22日，重庆市政府与中国电子科技集团(以下简称“中国电科”)签署重庆市社会公共视频信息管理系统总承包协议。中国电科将助力重庆打造统一、高效的可视化城市管理和社会治安防控体系，项目规模预计达50亿元人民币。

据介绍，重庆市社会公共视频信息管理系统是重庆实施的最大信息化项目，是当前我国在建的最大视频管理系统和物联网工程。该系统将以现有的公安光纤网络和公共信息网络资源为传输渠道，以全市地理信息平台为载体，运用物联网技术，搭建全市统一的智能化平台。

该系统建成时，重庆市主城区将有50万个以上的视频监控点，为重庆市社会公共安全管理、城市管理、交通管理、应急指挥等领域提供支撑，同时，能兼顾灾难事故预警、安全生产监控、环境检测保护方面的需求。

思考题：试描述你身边的物联网系统，它们在怎样影响你的生活？

6.1 物联网系统管理概述

6.1.1 物联网系统管理及其构成与特征

1. 物联网管理的概念

物联网管理是指在社会再生产过程中，根据物联网运行的规律，应用管理的基本原理和科学方法，对物联网的末梢节点、接入层、承载网络层、应用控制层和用户层进行计划、组织、指挥、协调、控制和监督，使各层活动实现最佳的协调和配合，以降低物联网运营成本，提高物联网效率和经济效益。

物联网管理作为管理科学的一个组成部分，通过管理使物联网作用充分显现出来，在保证物联网服务水平的前提下，实现物联网效率的最大化，这是现代物联网管理的根本任务所在。

2. 物联网系统管理的构成

依照互联网网络管理，物联网网络管理也应该包括对硬件、软件和人力的使用、综合与协调，以便对网络资源进行监视、测试、配置、分析、评价和控制，实现以合理的价格满足网络的一些需求，如实时运行性能、服务质量等。

常见的互联网网络管理方式有以下 3 种。

(1) SNMP 管理技术。

(2) RMON 管理技术。

(3) 基于 Web 的网络管理。

目前，缺乏统一管理已经成为物联网发展的另一主要障碍。没有一个公正权威的管理协调机构，国际物联网的标准化工作协调起来比较困难。同时，标识、编码和网络通信等关键技术如果将独自发展并应用于各领域，很难为全球物联网提供支撑。

WSIS(World Summit on the Information Society)提出，未来互联网的管理模式将是“多元、透明、民主”，由多个国家共同运营，使政府、私营部门、民间团体和国际组织都能参与进来。物联网的管理模式到底是怎么样，它和当前的互联网管理模式有什么不同，其管理机构到底是一个国家主导，还是由联合国监督下的一个共管机构，仍然是国际上备受争议的话题。

国内有提出“层次化的物联网管理模型”，即顶层为国家物联网管理机构，主要负责国际对话与国际物联网互联，以及制定和发布国内总体管理标准，并对第二层物联网管理中心进行统一管理。第二层管理中心为行业或区域层，包括行业或区域物联网管理中心和公共服务平台，存储各行业、各领域、各区域内部的相关数据，并将部分数据上传至国家管理中心。最底层为本地物联网管理机构，主要负责管理基层的物联网应用系统。物联网管理将与物联网相关的技术、教育、法律、经济和政治等方面密切相关。因此，当前我国可加强对物联网管理体系的理论研究，重点有以下几个方面。

(1) 物联网管理体系的探索。

(2) 物联网的技术管理(如频谱资源的管理利用、技术标准管理、编码管理和安全管理等)。

(3) 物联网的社会经济管理(如考虑社会的伦理、道德规范、教育以及世界多元文化等)。

3. 现代物联网管理的特征

现代物联网管理就是要通过物联网系统内、外各环节的有机联系和相互作用，来实现整个物联网系统的有效运转，实现物与物之间高效沟通的目标。这就需要对整个物联网系统进行有效管理，即对物联网各层次的计划、组织、协调与控制等，以稳定、高效的技术达到用户满意的服务水平，实现物联网整体优化的目标。整体优化目标就是要使系统稳定性最高、成本最低，而整个系统的运行效率最高，具体表现为“7R”，即适当的质量(Right Quality)、适当的数量(Right Quantity)、适当的时间(Right Time)、适当的地点(Right Place)、适当的产品(Right Product)、适当的条件(Right Condition)、适当的成本(Right Cost)。由此，现代物联网管理的特征表现在以下几方面。

1) “用户满意”是现代物联网管理的出发点

现代物联网管理中客户服务优先于其他各项活动，为了能有效开展物联网客户服务，在物联网体系的基本建设上，要求实现物联网中心、信息系统、作业系统和组织构成等，应该符合以下要求。

(1) 物联网网络平台的优化。物联网技术的重要基础和核心仍旧是互联网，通过各种有线和无线网络与互联网融合，将物体的信息实时准确地传递出去。在物联网上的传感器定时采集的信息需要通过网络传输，由于其数量极其庞大，形成了海量信息，在传输过程中，为了保障数据的正确性和及时性，必须适应各种异构网络和协议。

(2) 物联网信息系统的高度化。就是指物联网系统能及时有效地反映物联网信息和客户对物联网的期望，从而及时准确地调整物联网系统和物联网服务。

(3) 物联网作业高效率化。即在物联网信息传递和处理等过程中应当运用适当的方法、手段使物联网能最有效地实现商品价值。

2) 注重各层次信息流通的有效整合

物联网上部署了海量的多种类型传感器，每个传感器都是一个信息源，不同类别的传感器所捕获的信息内容和信息格式不同。传感器获得的数据具有实时性，按一定的频率周期性地采集环境信息，不断更新数据。而这些信息或数据在物联网运行的过程中，流动于物联网的各层次之间，为此，应注重信息流通的有效整合。

3) 现代物联网管理以“双效”为基础

现代物联网管理是对经济效益和社会效益的双追求。具体表现在：从物联网手段上看，从原来重视人参与物与物之间的交流转向重视传感器、信息技术的有效收集和利用；从物联网活动领域上看，物联网技术可以应用到生活中的诸多领域，如医疗、食品安全、供应链和物流管理；从管理方式上看，物联网的管理需要国际、行业、企业的共同参与，才能达到预期应用效果；从管理理念上看，物联网在强调实现物与物之间良好沟通的前提下，应注意其对环境、能源、污染等有关可持续发展的社会利益的关注。

阅读材料 6-1

大唐电信亮相 2014 年中国国际智能卡、RFID、传感器与物联网展览会

由国家金卡工程协调领导小组办公室主办，中国信息产业商会、中国贸促会电子信息行业分会协助主办，国家金卡工程物联网应用联盟、中国 RFID 产业联盟共同承办，行业公认的每年最大规模物联网展会“2014 中国国际物联网博览会”于 2014 年 6 月 3 日在北京展览馆盛大开幕。此次博览会的主要内容包括：2014 中国国际物联网论坛暨第 12 届中国(北京)RFID 国际峰会；2014 年中国国际智能卡、RFID、传感器与物联网展览会以及相关专业论坛。大唐电信科技股份有限公司(以下简称：大唐电信)精彩亮相此次博览会，一展其在智能卡领域的核心技术及领先优势。

此次亮相 2014 年中国国际智能卡、RFID、传感器与物联网展览会，展现了大唐电信从芯片、智能卡、终端到整合系统的综合能力。在电信、金融、公共服务领域，大唐电信着重展示了电信智能卡、移动支付、社保卡芯片、金融 IC 卡芯片解决方案及系列产品，其中金融 IC 卡、移动支付、居住证安全芯片等综合性解决方案中采用的自主研发和设计的芯片产品成为此次展示的亮点。

把握国家当前提出的将信息安全升级为国家战略的大背景，大唐电信抓住集成电路产业的大发展机遇，根据行业客户应用需求，围绕安全领域深入挖掘，提供智能卡多领域、多业务应用的整体解决方案，具有高可靠性、高安全性、高性价比和高灵活性等特点。同时公司积极进行产品创新，不断推出了从电信智能卡芯片、二代身份证芯片、金融社保芯片，到如今的金融 IC 芯片、TD 终端芯片和 LTE 终端芯片等产品，实现了集成电路设计产业的平稳发展。目前，公司拥有 100 多项集成电路及软件等发明专利，并已在金融、移动支付、社保、电信、公共安全、教育、卫生等领域形成了独具特色的产业链融合。

在智能卡信息安全方面，大唐电信通过其在安全芯片技术领域开展了多项芯片防护技术研发，极大提升了我国芯片的安全防护能力。基于自主知识产权开发的系列化产品，广泛应用于电信、社保、金融、二代身份证、USBKey、专用 SoC 芯片等领域。相关产品现已在银行卡、银医卡、银电联名卡、居民健康卡、居住证等领域实现了商用。

在终端智能应用领域，大唐电信根据各领域市场以及不同客户的需求，产品覆盖 4G 版随身 WiFi、无线路由器等，不仅均有出色外观，同时覆盖多种网络制式，为不同用户及行业提供了多种选择以及更加便捷的使用体验。

未来，公司将以持续强化终端芯片和智能卡安全芯片设计与业务能力为核心，以移动互联网终端芯片、金融 IC 卡、移动支付类产品为突破，形成以芯片设计为核心，以手机芯片、金融卡、电子证卡、非卡类业务解决方案等多项业务为有效支撑的产品体系，抢占产业战略制高点，实现集成电路产业领域的新突破。

资料来源：http://www.cww.net.cn/news/html/2014/6/4/20146413113811823.htm

思考：企业在物联网系统管理中承担什么角色？

6.1.2 物联网系统要素管理

从物联网系统分析的角度看，应把握好对物联网系统基本要素的管理，包括以下几项。

1. 人的管理

人是物联网系统和物联网活动中最活跃的因素。对人的管理包括：物联网从业人员的选拔和录用；物联网专业人员的培训与提高；物联网管理教育和物联网人才培养规划和措施等。

2. 物的管理

物指物联网活动的客体即物质资料实体。物的管理贯穿物联网活动的始终。

3. 财的管理

财的管理指物联网系统从货币资金的角度管理有关降低物联网成本、提高经济效益等方面的内容，它既是物联网管理系统的出发点，也是物联网管理的归宿。主要内容有：物联网成本的计算与控制；物联网经济效益指标体系的建立；资金的筹措与运用；提高经济效益的方法等。

4. 设备管理

设备管理指物联网设施设备的管理、维护和有效使用。主要有：各种物联网设施设备的选型与优化配置；各种设施设备的合理使用和更新改造；以及各种设备的研制、开发与引进等。

5. 方法管理

方法管理主要内容有：各种物联网技术的研究、推广和普及；物联网科学研究工作的组织与开展；新技术的推广和普及；现代管理方法的应用等。

6. 信息管理

信息管理是物联网系统的中枢，只有做到有效处理并及时传输，才能对系统内部的人财物、设备和方法等要素进行有效管理，也就是在物联网大系统管理的约束下，对物联网过程中的每个环节都能做到信息流的畅通与协调，对信息的传递也要进行科学的计划管理，排除不良信息的干扰，具体体现在物联网系统内各种计划的编制、执行、修正及监督的全过程。物联网信息管理是现代物联网系统管理的基本职能。

7. 物联网质量管理

物联网质量管理包括物联网服务质量、物联网工作质量、物联网工程质量等方面的管理，物联网质量的提高意味着物联网管理水平的提高，相对成本的降低，表明企业竞争能力的提高。因此，物联网质量管理是物联网管理工作的中心问题之一。

8. 物联网技术管理

物联网技术管理包括物联网硬件技术管理和物联网软件技术管理。对物联网硬件技术进行管理，就是对物联网基础设施和物联网设备的管理。如物联网设施的规划、建设、维修、应用，物联网设备的购置、安装、使用、维修和更新。对物联网软件技术进行管理，主要包括各种物联网专有技术的开发、推广和引进，物联网作业流程的制定与调整，技术情报和技术文件管理，物联网技术人员培训等。物联网技术管理是物联网执行作业的依托。

9. 物联网经济管理

物联网经济管理是上述管理的综合，主要包括物联网费用的计算和控制，物联网劳务价格的确定和管理，物联网活动的经济核算、分析，物联网运行的社会效果，等等。综合成本费用的管理是物联网经济管理的基本出发点。

上述诸要素管理是伴随物联网运行全过程的。

6.2 物联网规范与标准

6.2.1 物联网标准化概述

1. 物联网的标准化特点

物联网不是全新的网络和应用。物联网是在现有电信网、互联网、行业专用网的基础上，增强网络延伸和信息感知的能力和信息处理能力，基于应用的需求构建的信息通信融合应用的基础设施，因此物联网不是新的网络和应用，而是多年来各行各业应用与信息通信技术融合发展的产物。

物联网的应用和感知设备呈现跨行业的多样性。物联网应用涉及经济与社会发展的各个行业和领域，并与各自业务流程紧密结合，具有应用跨度大、需求长尾化、产业分散度高、产业链长和技术集成性高的特点。物联网的应用按照最终用户来进行分类，可以分为公共服务(服务于普通消费者，例如智能家居、手机支付等)和行业服务(服务于各行各业，例如智能电网、智能物流等)。由于应用的不同，应用所需感知的内容不同，因此对感知设备的性能和接口要求也不一样。

物联网应用的提供者是各行各业，应用提供者利用信息通信技术和网络为其提供服务。物联网是各行各业应用与信息通信技术融合发展的产物，各行各业的应用提供者是物联网应用的主体，其应用种类繁多，需求差异较大。信息通信行业是其中一个行业，但因通信行业具有网络规模大、覆盖范围广的优势，因此能够为其他行业提供信息通信基础网络设施。

物联网的上述特点决定了物联网的标准化特点，即物联网的标准不是某一个行业或仅仅信息通信行业所能够单独完成的，而需要各行各业与信息通信行业共同制订，才能既符合行业需求，也能将最好的、最适合的信息通信技术应用于各个行业，因此物联网的标准既包含行业应用和特定行业需求的标准，例如电力、交通、医疗等行业标准，同时也包含信息通信行业的标准，例如感知、通信和信息处理等技术标准。

2. 物联网标准制定组织

由于没有世界统一的物联网标准化机构，多个产业和组织参与物联网标准化工作中，导致了一些重复的标准化活动，并出现了让人眼花缭乱的标准。2008 年欧洲一份关于 RFID 的调查指出，约 30 个不同组织建立了超过 250 个标准描述 RFID 相关的解决方案。在此背景下，国际标准化组织可以在协调规范和为物联网创造互通的全球标准方面发挥重要作用。

物联网标准组织有的从机器对机器通信(M2M)的角度进行研究，有的从泛在网角度进行研究，有的从互联网的角度进行研究，有的专注传感网的技术研究，有的关注移动网络技术研究，有的关注总体架构研究。目前介入物联网领域主要的国际标准组织有 IEEE、ISO、ETSI、ITU-T、3GPP 和 3GPP2 等。这些组织主要制定标准领域如图 6.1 所示。

针对泛在网总体框架方面进行系统研究的国际标准组织比较有代表性的是国际电信联盟(ITU-T)及欧洲电信标准化协会(ETSI)M2M 技术委员会。ITU-T 从泛在网角度研究总体架构，ETSI 从 M2M 的角度研究总体架构。

感知技术(主要是对无线传感网的研究)方面进行研究的国际标准组织比较有代表性的是国际标准化组织(ISO)、美国电气及电子工程师学会(IEEE)。

通信网络技术方面进行研究的国际标准组织主要有 3GPP 和 3GPP2。它们主要从 M2M 业务对移动网络的需求方面进行研究，只限定在移动网络层面。

在应用技术方面，各标准组织都有一些研究，主要是针对特定应用制定标准。

总的来说，国际上物联网标准工作还处于起步阶段，目前各标准组织自成体系，标准内容涉及架构、传感、编码、数据处理、应用等，不尽相同。各标准组织都比较重视应用方面的标准制定。在智能测量、E-Health、城市自动化、汽车应用、消费电子应用等领域均有相当数量的标准正在制定中，这与传统的计算机和通信领域的标准体系有很大不同(传统的计算机和通信领域标准体系一般不涉及具体的应用标准)，这也说明了“物联网是由应用主导的”观点在国际上已成为共识。

我国物联网标准化组织包括：电子标签国家标准工作组、传感器网络标准工作组、泛在网技术工作委员会(TC10)、物联网标准联合工作组等。

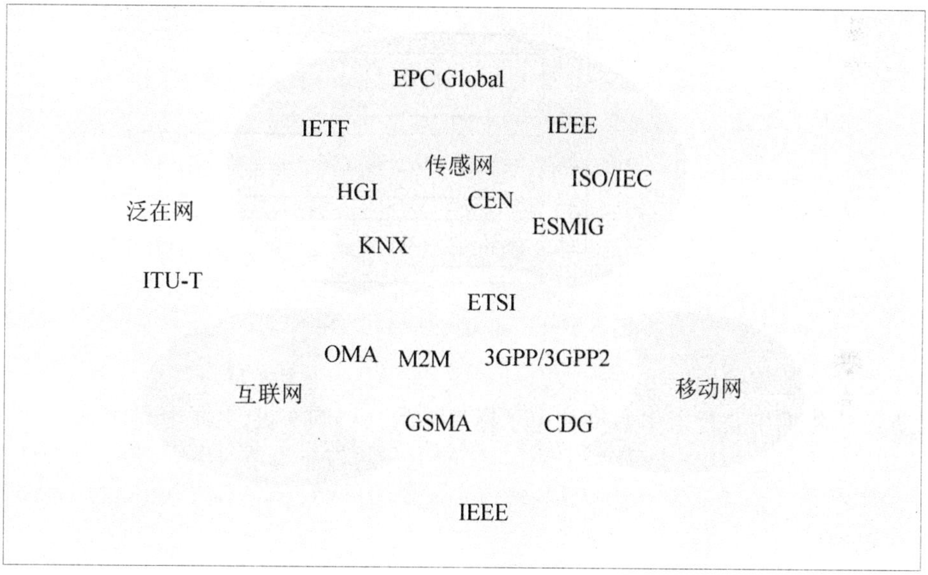

图 6.1　物联网在不同领域主要标准组织分布情况

6.2.2　物联网标准化的内容

1. 物联网 RFID 标准体系

1) ISO/IEC 概述

ISO 和 IEC 是 RFID 国际标准的主要制定机构，目前大部分的 RFID 标准是由 ISO/IEC 组织下属的技术委员会(TC)或分委员会(SC)制定的。ISO/IEC 在制定 RFID 国际标准的过程中，充分考虑了市场的需求，吸收各国行业协会的意见，制定和发布的相关标准得到了广泛支持，已成为直接影响本行业技术和产品发展方向的重要国际标准。

ISO/IEC 的 RFID 标准体系架构可分为技术标准、数据结构标准、性能标准和应用标准 4 个方面，其结构如图 6.2 所示。

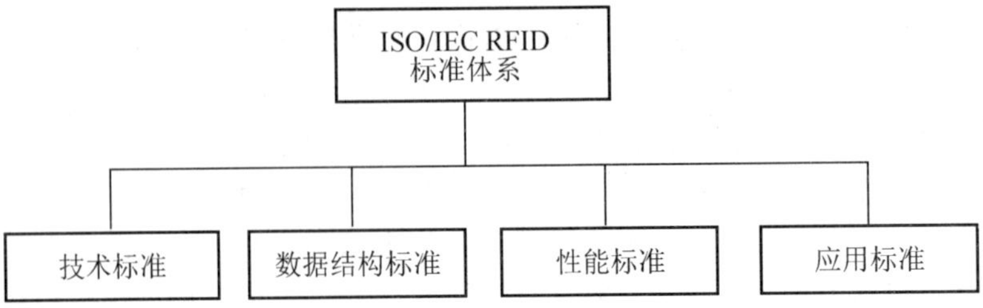

图 6.2　ISO/IEC 的 RFID 标准体系架构

2) ISO/IEC 技术标准

ISO/IEC 技术标准规定了与 RFID 有关的技术特征、技术参数和技术规范，主要包括 ISO/IEC 18000(空中接口参数)、ISO/IEC 10536(密耦合非接触集成电路卡)、ISO/IEC 15693(疏耦合—非接触集成电路卡)和 ISO/IEC 14443(近耦合非接触集成电路卡)等，ISO/IEC 技术标准的构成如图 6.3 所示。

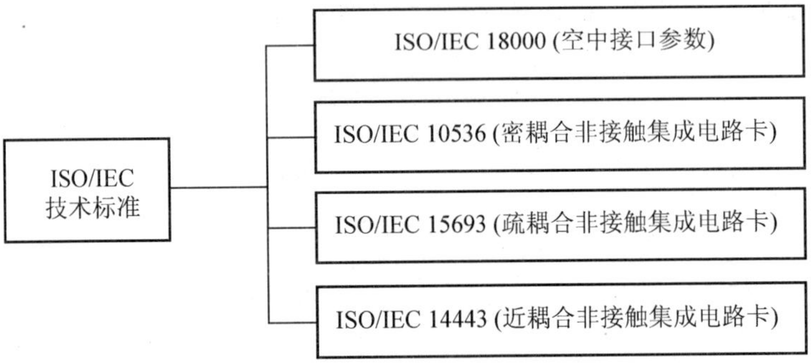

图 6.3　ISO/IEC 技术标准的构成

3) ISO/IEC 数据结构标准

数据结构标准主要规定了数据从电子标签、阅读器到主机(也即中间件或应用程序)各个环节的表现形式。由于电子标签能力(存储能力和通信能力)的限制，各个环节的数据表示形式各不相同，必须充分考虑各自的特点，采取不同的表现形式。ISO/IEC 的数据结构标准如图 6.4 所示。

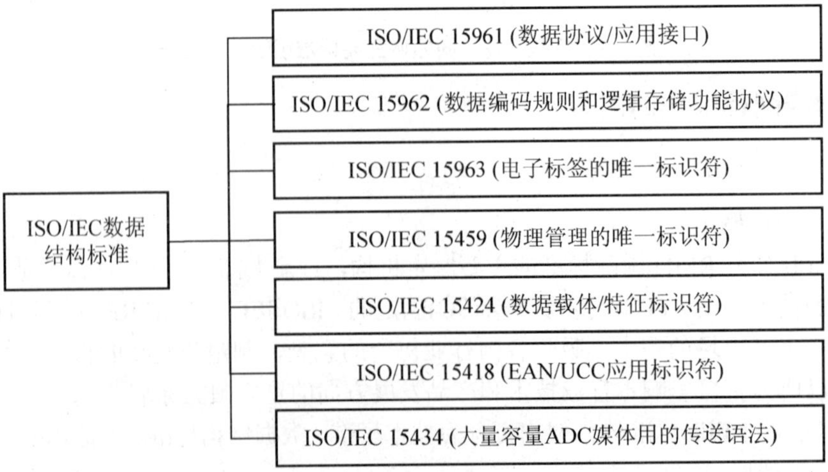

图 6.4　ISO/IEC 数据结构标准

4) ISO/IEC 性能标准

性能标准是所有信息技术类标准中非常重要的部分，包括设备性能测试方法和一致性测试方法。ISO/IEC 性能标准的内容如图 6.5 所示。

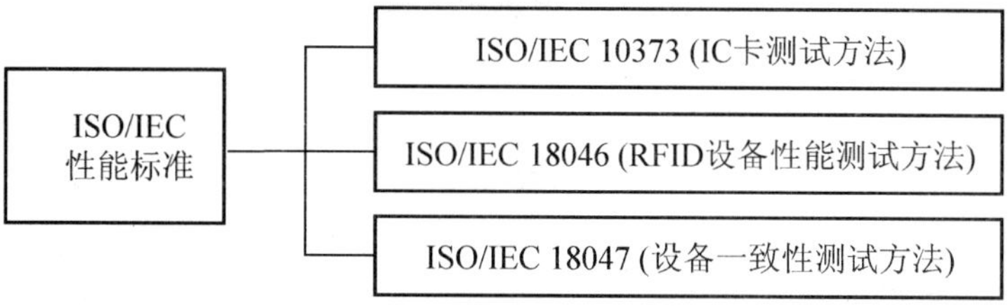

图 6.5　ISO/IEC 性能标准

5) ISO/IEC 应用标准

根据 RFID 在不同应用领域的不同特点，ISO/IEC 制定了相应的应用标准。ISO/IEC 应用标准如图 6.6 所示，主要涉及动物识别、集装箱运输、物流供应链、交通管理和项目管理领域。

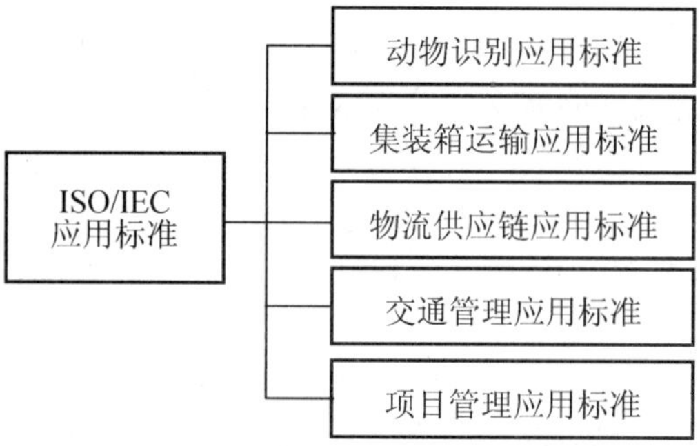

图 6.6　ISO/IEC 应用标准

6) ISO/IEC 其他标准

(1) 实时定位系统。实时定位系统(Real-Time Location System，RTLS)是利用无线通信技术，在指定的空间范围内，即时的或者接近即时的将特定目标定位的系统。RTLS 是应用于单品管理中小范围定位的空中接口标准，可以实现物品位置的全程跟踪与监视，可以解决短距离尤其是室内物体的定位，可以弥补 GPS 等定位系统只能适用于室外大范围的不足，一般用于物流供应链、配送中心和工业环节等领域的物品追踪管理，近年亦有针对人员的追踪。实时定位系统具有以下标准。

① ISO/IEC 24730-1 标准。ISO/IEC 24730-1 适用于应用编程接口 API，它规范了 RTLS 服务的功能以及访问方法，目的是使应用程序可以方便地访问 RTLS 系统，它独立于 RTLS 的低层空中接口协议。

② ISO/IEC 24730-2 标准。ISO/IEC 24730-2 是适用于 2.45GHz 的 RTLS 空中接口协议，它规范了一个网络定位系统。该系统可以远程实时配置发射机的参数，接收机可以根据收到的几个 RTLS 信标信号解算位置。

③ ISO/IEC 24730-3 标准。ISO/IEC 24730-3 是适用于 433MHz 的 RTLS 空中接口协议，其内容与 ISO/IEC 24730-2 类似，也规范了一个网络定位系统。

(2) 软件系统基本构架。2006 年，ISO/IEC 将 RFID 应用系统的标准 ISO/IEC 24752 调整为 6 个部分，并重新命名为 ISO/IEC 24791。ISO/IEC 24791 是软件系统基本构架，制定该标准的目的是对 RFID 应用系统提供一种框架，规范数据安全和多种接口，便于 RFID 系统之间的信息共享，使应用程序不再关心多种设备和不同设备之间的差异，便于应用程序的设计和开发。

ISO/IEC 24791 标准能够支持设备的分布式协调控制和集中管理，具有优化密集阅读器组网的性能。ISO/IEC 24791 标准具体包括以下内容。

① ISO/IEC 24791-1 标准。ISO/IEC 24791-1 标准规定了体系架构，给出了软件体系的总体框架和各部分标准的基本定义，它将体系架构分成三大类，分别为数据平面、控制平面和管理平面，3 个平面的划分可以使软件架构体系的描述得以简化。其中，数据平面侧重于数据的传输与处理，控制平面侧重于对阅读器空中接口协议参数的配置，管理平面侧重于运行状态的监视和设备管理。

② ISO/IEC 24791-2 标准。ISO/IEC 24791-2 位于数据平面，是数据管理标准，主要功能包括读、写、采集、过滤、分组、事件通告、事件订阅等。另外 ISO/IEC 24791-2 支持 ISO/IEC 15962 标准提供的接口，也支持其他标准的标签数据格式。

③ ISO/IEC 24791-3 标准。ISO/IEC 24791-3 位于管理平面，是设备管理标准，类似于 EPC Global 阅读器管理协议，能够支持设备运行参数设置、阅读器运行性能监视和故障诊断。参数设置包括初始化运行参数、动态改变的运行参数以及软件升级等。性能监视包括历史运行数据的收集与统计功能。故障诊断包括故障的检测和诊断等功能。

④ ISO/IEC 24791-4 标准。ISO/IEC 24791-4 是应用接口标准，位于最高层，提供读、写功能的调用格式，并提供交互流程。

⑤ ISO/IEC 24791-5 标准。ISO/IEC 24791-5 位于控制平面，是设备接口标准，类似于 EPC Global LLRP 低层阅读器协议，它为控制和协调阅读器的空中接口协议提供通用接口规范，它与空中接口协议相关。

⑥ ISO/IEC 24791-6 标准。ISO/IEC 24791-6 是数据安全标准。

2. EPC Global RFID 标准体系

EPC Global 是以美国和欧洲为首，由美国统一编码委员会和国际物品编码协会 UCC/EAN 联合发起的非营利机构，属于联盟性的标准化组织。该组织除了发布工业标准外，还负责 EPC Global 号码注册管理。EPC Global 码可以涵盖全球有形和无形产品，并伴随产品流通的全过程。全球最大的零售商沃尔玛集团、英国最大的零售商 Tesco 集团以及其他 100 多家欧美流通业巨头都是 EPC Global 成员。

1) EPC Global 的体系框架

EPC Global 的体系框架包括标准体系框架和用户体系框架，EPC Global 的目标是形成物联网完整的标准体系，同时将全球用户纳入到这个体系中来。

(1) EPC Global 的标准体系框架。在 EPC Global 标准组织中，体系框架委员会 ARC 的智能是制定 RFID 标准体系框架，协调各个 RFID 标准之间的关系，使它们符合 RFID 标准体系框架的要求。体系架构委员会对于制定复杂的信息技术标准是非常重要的，EPC Global 标准体系框架主要包含 EPC 物理对象交换标准、EPC 基础设施标准和 EPC 数据交换标准 3 项内容，如图 6.7 所示。

① EPC 物理对象交换标准。在 EPC Global 网络中，物理对象是商品，用户是该商品供应链中的成员。EPC Global 标准体系框架定义了 EPC 物理对象交换标准，从而保证了当用户将一种物理对象给另一个用户时，后者能够根据物理对象的 EPC 编码方便地获得相应的物品信息。

② EPC 基础设施标准。为实现 EPC 数据共享，每个新生成的物理对象都要进行 EPC 编码，通过监视物理对象携带的 EPC 编码对其进行跟踪，并将收集到的信息记录到 EPC 网络中的基础设施内。EPC Global 标准体系框架定义了用来收集和记录 EPC 数据的主要设施部件接口标准，并允许用户使用互操作部件来构建其内部系统。

③ EPC 数据交换标准。用户通过相互交换数据，可提高物品在供应链中的可见性。EPC Global 标准体系框架定义了 EPC 数据标准，为用户提供了一种点对点共享 EPC 数据的方法，并给用户提供了访问 EPC Global 核心业务和其他共享业务的机会。

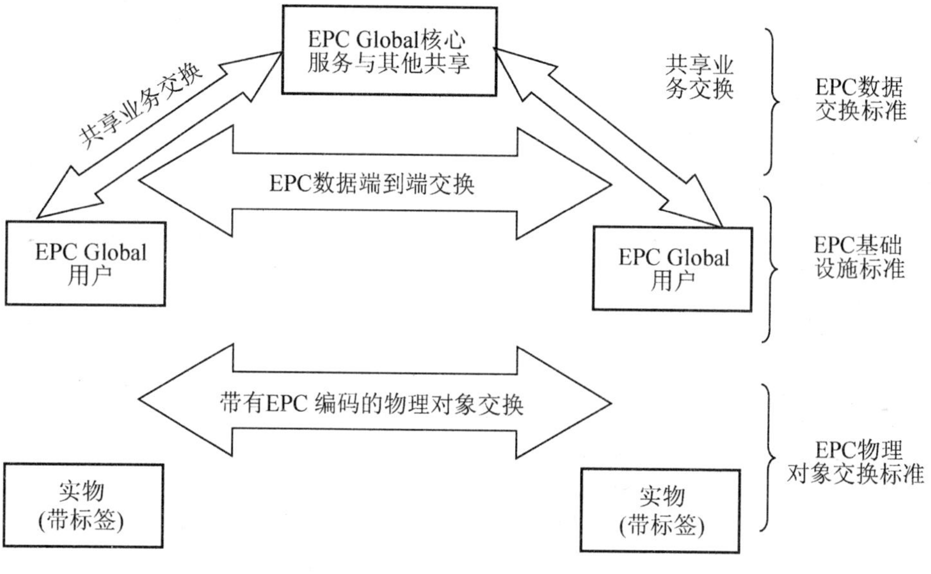

图 6.7 EPC Global 标准体系框架

(2) EPC Global 的用户体系框架。从 EPC Global 应用系统中，可以凝练出多个用户之间的 RFID 体系框架模型图和单个用户内部 RFID 体系框架模型图，它们分别如图 6.8 和图 6.9 所示。在模型图中，实线框代表实体单元，虚线代表接口单元，用户体系框架模型清晰地表达了实体要素之间的交互关系。“实体”是制定应用标准和通用产品标准的对象，实体要素之间通过接口实现信息交互。“接口”是制定通用标准的对象，因为接口统一后，只要实体单元符合接口标准就可以实现互联互通，这样厂家可以根据自己的技术和应用特点来实现“实体”。

图 6.8 表达了多个用户交换 EPC 信息的体系框架模型，它为所有用户的 EPC 信息交互提供了公共平台，不同用户 RFID 系统之间通过它可以实现信息交互。多用户体系框架需要考虑认证接口。EPCIS 接口、ONS 接口、编码分配管理和标签数据交换。

图 6.9 表达了单个用户系统内部 EPC Global 体系框架模型。一个用户系统可能包含很多 RFID 阅读器和应用终端，还可能包括一个分布式网络，为确保不同厂家之间的兼容，不仅需要考虑主机与阅读器、阅读器与电子标签之间的交互，而且需要考虑阅读器性能控

制与管理、阅读器设备管理、核心系统与其他用户之间的交互。EPC Global 用户体系框架中实体单元主要具有以下功能。

① 电子标签。它可存储 EPC 编码，也可以存储其他数据。电子标签可以是有源标签，也可以是无缘标签，能够支持阅读器的识别、读数据和写数据等操作。

② 阅读器。它能从一个或多个电子标签中读取数据，并经这些数据传送给主机。

③ 阅读器管理。监控一台或多台阅读器的运行状态，管理一台或多台阅读器的配置。

④ 中间件。从一台或多台阅读器接收标签数据和处理数据，并传送给后台。

⑤ EPCIS 信息服务。EPCIS 信息服务具有高度复杂的数据存储和处理过程，支持多种查询方式，为访问和持久保存 EPC 相关数据提供一个标准接口，已授权的贸易伙伴可以通过它来读取 EPC 相关数据。

⑥ ONS 根。它为 ONS 查询提供查询初始点，并授权本地 ONS 执行 ONS 查找功能。

⑦ 编码分配管理。它通过维护 EPC 管理者编码号的全球唯一性，来确保 EPC 编码的唯一性等。

⑧ 标签数据转换。它提供一个可在 EPC 编码之间转换的文件，它可以使终端用户的基础设施部件自动知道新 EPC 格式。

⑨ 用户认证。验证 EPC Global 用户身份等。

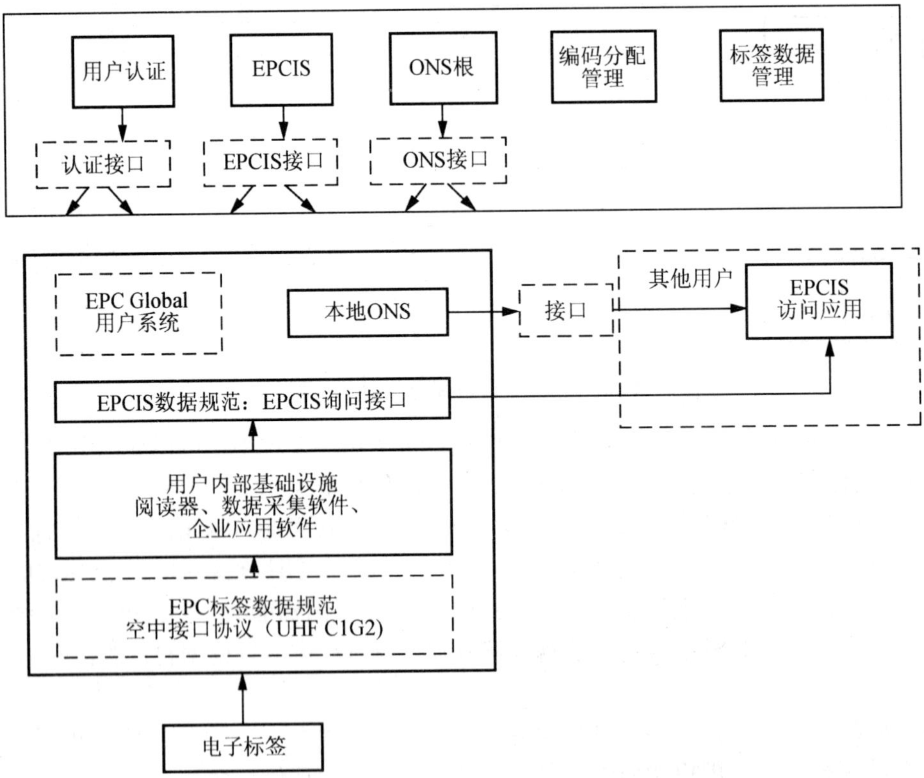

图 6.8　EPC Global 多用户体系框架

注：虚线框 表示接口(标准)；实线框 表示实体(硬件/软件)。

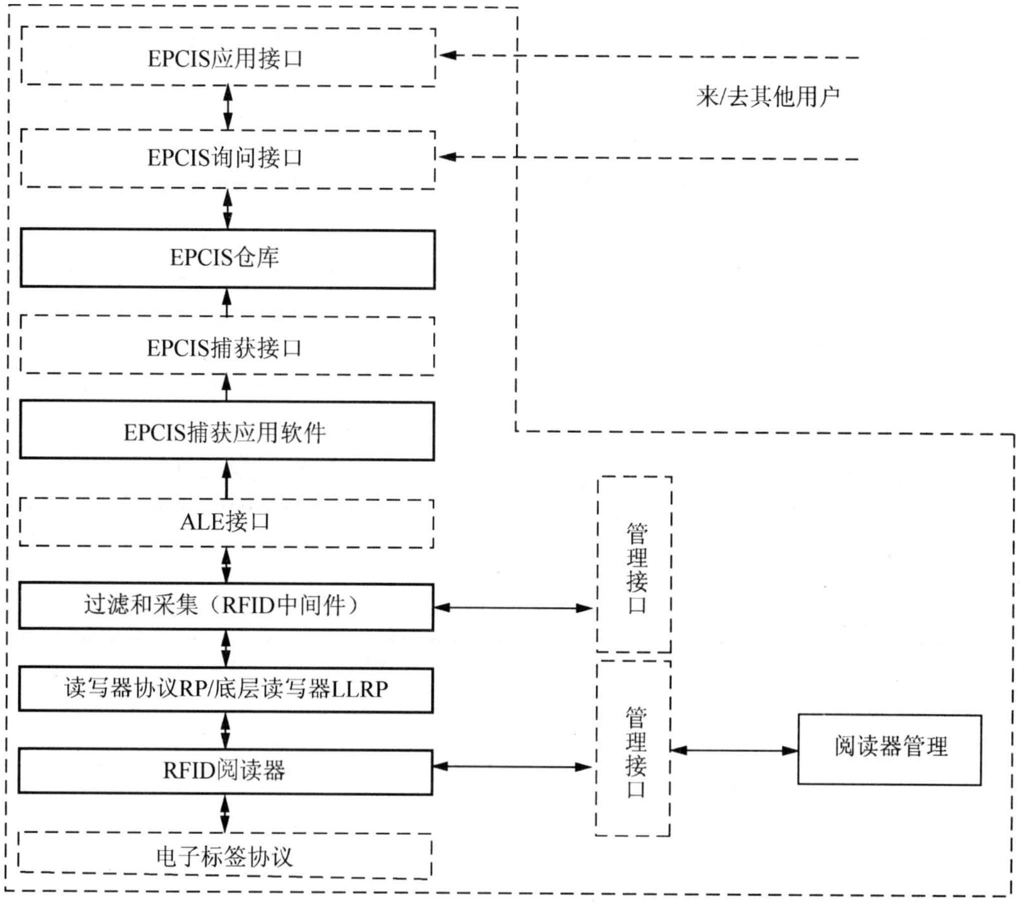

图 6.9 EPC Global 单个用户单部 RFID 体系框架

注：虚线框 表示接口(标准)；实线框 表示实体(硬件/软件)。

2) EPC Global 体系框架标准

EPC Global 的体系框架标准与 EPC 物理对象交换、EPC 基础设施和 EPC 数据交换 3 种活动密切相关，其在不同频率、不同版本或不同类型的情况下对不同 EPC Global 体系框架中所有的部件进行规范。

(1) 900MHz Class0 射频识别标签规范。本规范定义了 900MHz Class0 所采用的通信协议和通信接口，它指明了该频段的射频通信要求和标签要求，并给出了该频段通信所需的基本算法。

(2) 13.56MHz Class1 射频识别标签接口规范。本规范定义了 13.56MHz Class1 所采用的通信协议和通信接口，它指明了该频段的射频通信要求和标签要求，并给出了该频段通信所需的基本算法。

(3) 869MHz～930MHz Class1 射频识别标签和逻辑通信接口规范。本规范定义了 869MHz～930MHz Class1 所采用的通信协议和通信接口，它指明了该频段的射频通信要求和标签要求，并给出了该频段通信所需的基本算法。

(4) Class Gen2 超高频 RFID 一致性要求规范。本规范给出了 EPC Global 860MHz～960MHz 的 Class Gen2 超高频 RFID 协议，包括阅读器和电子标签之间在物理交互上的协调要求，以及阅读器和电子标签在操作流程与命令上的协同要求。

(5) EPC Global 体系框架。本框架定义和描述了 EPC Global 体系框架。EPC Global 体系框架是由硬件、软件、数据接口以及 EPC Global 核心业务组成，它代表了通过 EPC 代码提升供应链效率的所有业务。

(6) EPC 标签数据标准。这项由 EPC Global 管理委员会通过的标准，给出了 EPC 标签的系列编码方案。

(7) Class Gen2 超高频空中接口协议标准。该标准是 EPC 系统应用最多的标准，其定义了在 860MHz～930MHz 频段内被动式反向散射、阅读器先激励工作方式 RFID 系统的物理和逻辑要求。

(8) 应用水平事件规范。该规范定义了某种接口的参数与功能，通过该接口，用户可以获取过滤后的和整理过的电子产品代码数据。

(9) 对象名解析业务规范。本规范指明了域名服务系统如何用来定位与确定电子产品码部分相关的权威数据和业务，其目标群体是对象名称解析业务系统的开发者和应用者。

EPC Global 的标准体系框架见表 6-1。

表 6-1　EPC Global 的标准体系框架

活动种类	相关标准
EPC 物理对象交换	UHF Class0 Gen1 射频协议
	UHF Class1 Gen1 射频协议
	HF Class1 Gen1 射频协议
	Class1 Gen2 超高频空中接口协议标准
	Class1 Gen2 超高频 RFID 一致性要求规范
	EPC 标签数据标准
	900MHz Class0 射频识别标签规范
	13.56MHz ISM 频段 Class1 射频识别标签接口规范
EPC 基础设施	EPC Global 体系框架
	应用水平事件
	阅读器协议
	阅读器管理规范
	标签数据解析分析
EPC 数据交换	EPCIS 数据规范
	EPCIS 查询接口规范
	对象名解析业务规范
	EPCIS 数据获取接口规范
	EPCIS 发现协议
	用户认证协议

3) EPC 编码体系

EPC 编码是 EPC 系统的重要组成部分，它是对实体及实体的相关信息进行代码化，通过统一的、规范的编码来建立全球通用的信息交换语言，EPC 的目标是为物理世界的对象提供唯一的标识，达到通过计算机网络来标识和访问单个物体的目标，就如在互联网中使用 IP 地址来标识和通信一样。

4) EPC 标签分类

EPC 标签是电子产品信息代码的载体，主要由天线和芯片组成。为了降低成本，EPC 标签通常是被动式射频标签，根据其功能和级别的不同，EPC 标签可以分为 5 类，目前所开展的 EPC 测试所使用的是 Class1 Gen2 标签。

(1) Class0 EPC 标签。该标签能满足物流、供应链管理需要，比如，超市结账付款、超市货架扫描、集装箱货物识别、货物运输通道以及仓库管理等可以采用 Class0 EPC 标签。Class0 EPC 标签包括 EPC 代码、24 位自毁代码以及 CRC 代码，具有可以被重叠读取、可以自毁等功能，但存储器数据不可以由阅读器直接写入。

(2) Class1 EPC 标签。该标签具有自毁功能，能够使标签永久失效。此外，该标签具有可选的用户内存，在访问控制中具有可选的密码保护。

(3) Class2 EPC 标签。该标签是一种无源的、向后散射式标签，除了 Class1 EPC 标签所具有的特性外，还具有扩展的标签识别符、扩展的用户内存和选择性识读功能。Class2 EPC 标签在访问控制中加入了身份认证机制，并可以定制其他附加功能。

(4) Class3 EPC 标签。该标签是一种半有源、反向散射式标签，除了 Class2 EPC 标签所具有的特性外，还具有完整的电源系统和综合的传感电路，其芯片上的电源使标签芯片具有部分逻辑功能。

(5) Class4 EPC 标签。该标签是一种有源的、主动式标签，除了 Class3 EPC 标签所具有的特征外，还具有标签到标签的通信功能、主动式通信功能和特别组网功能。

5) EPC 系统

EPC 系统是先进的、综合性的复杂系统，其最终目的是组建物联网，为每一单品建立全球的、开放的标识标准。EPC 系统由 EPC 编码体系、射频识别系统及信息网络系统 3 部分组成。

(1) EPC 编码标准。EPC 编码体系是新一代的与全球贸易项目代码(GTIN)兼容的编码体系，它是全球统一的标识系统的延伸和拓展，是全球标识系统的重要组成部分，是 EPC 系统的核心。

EPC 代码由标头、厂商识别代码、对象分类代码和序列号组成，见表 6-2。

表 6-2　EPC 编码标准

EPC 代码	标　　头	厂商识别代码	对象分类代码	序列号
EPC-96	8	28	24	36
EPC-256 I 型	8	32	56	160
EPC-256 II 型	8	64	56	128
EPC-256III型	8	128	56	164

(2) EPC 射频识别系统。EPC 射频识别系统是实现 EPC 代码自动采集的功能模块，主要是由射频标签和射频阅读器组成，射频标签是 EPC 代码的物理载体，附着于可跟踪的物品上，可在全球流通，并可对其进行识别和读写。射频阅读器与信息系统相连，它可以读取标签中的 EPC 代码，并将其输入网络信息系统。射频标签和射频阅读器之间利用无线传输方式进行信息交换，通过进行非接触识别，可以识别快速移动的物体，也可以同时识别多个物体，EPC 射频识别系统使数据采集最大限度地降低了人工干预环节，实现了完全自动化，是物联网形成的重要环节。

(3) EPC 信息网络系统。信息网络系统由本地网络和全球互联网组成，是实现信息管理、信息流通的功能模块。EPC 的信息网络系统是在全球互联网的基础上，通过 EPC 中间件、对象解析服务(ONS)和 EPC 信息发布服务(EPCIS)来实现全球“实物互联”。

① EPC 中间件。EPC 中间件是加工和处理来自阅读器所有信息和事件流的软件，是连接阅读器与计算机网络的纽带，其主要任务是标签数据校对、阅读器协调、数据传送、数据传送、数据存储和任务管理。图 6.10 描述了 EPC 中间件与其他应用程序的通信。

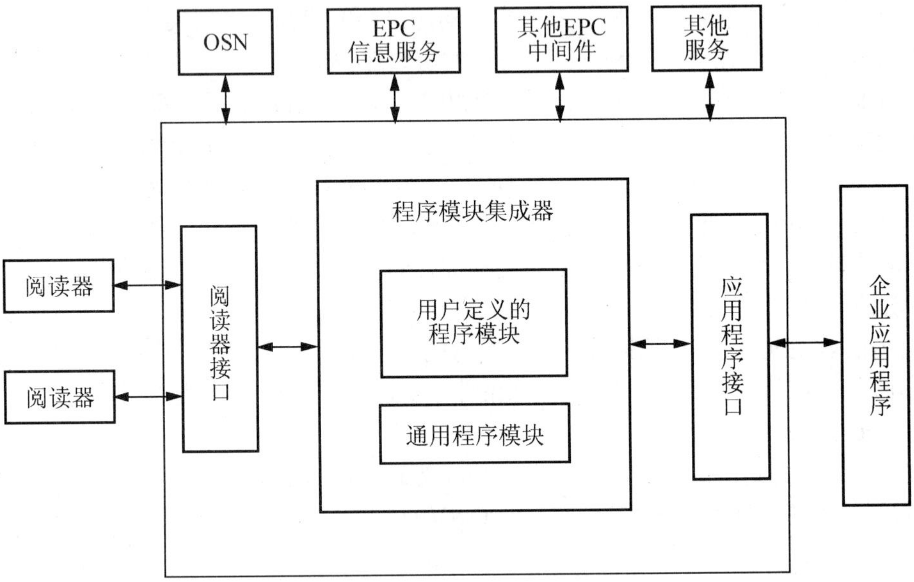

图 6.10　EPC 中间件与其他应用程序的通信

② 对象名称解析服务。对象名称解析服务是一个自动的网络服务系统，类似于因特网的域名解析服务(DNS)，对象名称解析服务给中间件指明了存储产品相关信息的服务器。ONS 服务是联系 EPC 中间件和 EPC 信息服务的网络枢纽，ONS 服务的设计和构架都以因特网域名解析服务 DNS 为基础，因此，可以使 EPC 网络以因特网为依托，迅速架构并顺利延伸到世界各地。

③ EPC 信息发布服务。EPC 信息发布服务提供了一个模块化、可扩展的数据和服务接口，使得 EPC 相关数据可以在企业内部或企业之间共享，处理与 EPC 相关的各种信息。EPCIS 有两种运行模式：一种是 EPCIS 信息被已经激活的 EPCIS 应用程序直接应用；另一种是将 EPCIS 信息存储于资料档案库中，以便今后查询时解析检索。

3. 日本泛在识别 UID 标准体系

日本泛在识别 UID(Ubiquitous ID)主要设备标准体系是射频识别 3 大标准之一，该标准主要包括泛在识别码、泛在通信器、信息系统服务器和泛在解析服务器 4 部分。本节将介绍 UID 标准体系的架构、UID 编码的结构和特点、UID 主要设备的工作原理以及各种服务器的功能等内容，通过对本节的学习，可以对日本 UID 标准体系有一个整体的认识。

1) 泛在识别码

泛在识别 UID 采用 Ucode 识别码，Ucode 识别码是泛在计算模式中识别对象的唯一手段。可以将泛在识别的 Ucode 标签嵌入到被跟踪的物品中，Ucode 标签虽然可以存储物品的相关信息，但受到存储容量方面的制约，Ucode 标签不可能存储所有信息。Ucode 标签只存储识别物品的 ID 代码(泛在识别码)，并在其容量范围内存储附加的属性信息，Ucode 标签的物品信息则存储在网络的数据库中。

(1) UID 编码结构。Ucode 编码采用 128 位记录信息，并能够以 128 为单元进一步扩展到 256 位、384 位或 512 位。Ucode 编码能够包容现有编码体系，通过使用 Ucode128 字节这样一个庞大的号码空间，可以兼容多种国外编码，包括 ISO/IEC 和 EPC，甚至电话号码。Ucode 的结构见表 6-3。

表 6-3 Ucode 的结构

编码类别标识	编码内容 (长度可变)	物品的唯一标识

(2) UID 编码特点。①厂商的独立性。在多个厂商提供多个 Ucode 标签的环境下，使用任意厂商提供的标签进行读写，都能获得正确的信息。②安全性。在泛在信息服务系统的应用中，由于采用了 TRON(实时操作系统)，能够提供确保用户安全的技术和决策。③Ucode 的可读性。经 Ucode 标准认证的标签和阅读器，都能通过 Ucode 标识确认。④使用频率不做强制性规定。日本 R/W 标准可以使用 13.56MHz、950MHz、2.45GHz 等多种频率，若在其他国家使用 UID 射频识别系统，也可根据该国情况决定使用频率。

2) 泛在通信器

泛在通信器是一个识别系统，由 RFID 标签、阅读器和无线通信设备等构成，主要用于读取物品 RFID 标签的 Ucode 码信息，并将获取的 Ucode 码信息传送到 Ucode 解析服务器。

泛在通信器是 UID 泛在通信的一个终端，是泛在计算环境与人进行通信的接口。泛在通信器可以和各种形式的电子标签进行通信，并可以获得与 Ucode 代码相关的增值服务，同时，具有与广域网络通信的功能，可以与 3G、PHS 和 IEEE 802.11 等多种无线网络连接。

泛在通信器能够随时随地提供信息交流服务，并具有丰富的多元通信功能，是 UID 泛在识别系统的主要组成部分，具有多元通信接口、无缝通信、安全性高等特点。

3) Ucode 标签分级

Ucode 标签泛指所有包含 Ucode 码的设备，如条码、RFID 标签、智能卡和主动芯片等。Ucode 标签具有多个性能参数，包括成本、安全性能、传输距离和数据空间。在不同的应用领域，对 Ucode 标签的性能参数要求也不相同，有些应用需要成本低廉，有些应用需要牺牲成本来保证较高的安全性，没有超级芯片可以满足所有应用要求，因此，需要对 Ucode 标签进行分级。目前 Ucode 标签主要分为 9 类。

(1) 光学性 ID 标签(Class0)。光学性 ID 标签，是指通过光学手段读取 ID 的标签，相当于目前的条形码。

(2) 低档 RFID 标签(Class1)。低档 RFID 标签的代码在制造时已经被嵌入商品内，由于结构的限制，是不可复制的，同时标签内的信息不可改变。

(3) 高档 RFID 标签(Class2)。高档 RFID 标签具有简单认证功能和访问控制功能，Ucode 码必须通过认证，具有可写入功能，而且可以通过指令控制工作状态。

(4) 低档 RFID 智能标签(Class3)。低档 RFID 智能标签内置 CPU 内核，具有专用密钥处理功能，通过身份认证和数据加密来提升通信的安全等级，具有抗破坏性，并具有端对端访问保护功能。

(5) 高档 RFID 智能标签(Class4)。高档 RFID 智能标签内置 CPU 内核，具有通用密钥处理功能，通过身份认证和数据加密来提升通信的安全等级，并具有访问控制和防篡改功能。

(6) 低档有源标签(Class5)。低档有源标签内置电池，访问网络时能够进行简单的身份认证，具有可写入功能，可进行主动通信。

(7) 高档有源标签(Class6)。高档有源标签内置电池，具有抗破坏性，它通过身份认证和数据加密来提升通信的安全等级，并具有端对端访问保护功能，可进行主动通信，可以进行编程。

(8) 安全盒(Class7)。安全盒是可以存储大量数据、安全可靠的计算机节点，安全盒安装了 TRON(实时操作系统)，可以有效地保护信息安全，同时具有网络通信功能。

(9) 安全服务器(Class8)。安全服务器除具有 Class7 安全盒的功能外，还采用了更加严格的通信保密方式。

4) 信息系统服务器

信息系统服务器存储并提供与 Ucode 代码相关的各种信息。由于采用 TRON 实时操作系统，从而保证了数据信息具有防复制、防伪造特性。信息服务系统具有专业的抗破坏性，通过自带的 TRON ID 实时操作系统识别码，信息系统服务器可以与多种网络建立通信连接。

为保护通信过程中的个人隐私，UID 技术中心使用密码通信和通信双方身份认证的方式确保通信安全。TRON 硬件具有抗破坏性，要保护的信息存储在 TRON 的节点中，在 TRON 节点间进行信息交换时，通信双方必须进行身份认证，且通信内容必须使用密码进行加密，即使恶意攻击者窃取了传输数据，也无法解释具体的内容。

5) Ucode 解析服务器

由于分散在世界各地的 Ucode 标签和信息服务数量非常庞大，因此，在泛在计算环境下，为了获得实时物品信息，Ucode 解析服务器的巨大分散目录数据库，与 Ucode 码之间保持着信息服务的对应关系。

Ucode 解析服务器以 Ucode 码为主要线索，具有对泛在识别信息服务系统的地址进行检索的功能，可确定与 Ucode 代码相关的信息存放在哪个信息系统服务器是分散型轻量级目录服务系统。

Ucode 解析服务器具有以下特点。

(1) 分散管理。Ucode 解析服务器不是由单一组织实施控制，而是一种使用分散管理的分布式数据库，其方法与因特网的域名管理类似。

(2) 与已有的 ID 服务统一。在对 UID 信息服务系统的地址进行检索时，可以使用某些已有的解析服务器。

(3) 安全协议。Ucode 代码解析协议规定：在 TRON 结构框架内进行 eTP(entity Transfer Protocol)会话，需要进行数据加密和身份认证，以保护个人信息安全。此外，通过在物品的 RFID 标签上安装带有 TRON 的智能芯片，可以保护存储在芯片中的信息。

(4) 支持多重协议。使用的通信基础设施不同，检索出的地址种类也不同，而不仅仅局限于检索 IP 地址。

(5) 匿名代理访问机制。UID 中心可以提供 Ucode 解析代理服务，用户通过访问一般提供商的 Ucode 解析服务器，可获得相应的物品信息。

6.2.3 我国物联网 RFID 标准化现状

为了在 RFID 产业中掌握主动权，世界发达国家和跨国公司都在加速推动 RFID 技术的研发和应用进程，围绕 RFID 标准和技术的竞争日趋激烈。RFID 标准的制定是促进我国 RFID 产业发展的基础性工作，从维护国家利益的角度出发，我国只有推出具有自主知识产权的 RFID 标准，才能掌握 RFID 发展的主动权。我国 RFID 标准的建立，可以避免国内技术开发和市场应用混乱状况，有助于形成合力，增强竞争力。

1. 制定我国 RFID 标准的必要性

在信息技术领域，一个产业往往是围绕一个或几个标准建立起来的、RFID 标准包含大量专利，当全球只有一个 RFID 标准时，就意味着市场的垄断和产业的控制。我国制定 RFID 技术标准具有以下必要性。

1) 保障信息安全

在 RFID 标准的制定过程中，要考虑国家的信息安全。RFID 标准中涉及国家信息安全的核心问题是编码规则、传输协议和中央数据库等，谁掌握了产品信息的中央数据库和产品编码的注册权，谁就获得了产品身份认证、产品数据结构、物流及市场信息的拥有权，没有自主知识产权的 RFID 技术标准，就不可能有真正的信息安全。以 EPC Global 标准为例，EPC 系统的中央数据库在美国，且美国国防部是 EPC Global 的强力支持者，如果我国使用 EPC Global 的编码体系，会使我国信息被美国所掌控，对我国国民经济运行和国防安全造成重大隐患。

2) 突破技术壁垒

发达国家出于对本国产业的保护，经常以技术标准为借口建立技术壁垒，如果不建立具有自主知识产权的 RFID 标准体系，在使用国外的 RFID 技术标准时，会涉及大量的知识产权问题，需要花费大量金钱购买专利使用权。

3) 实现标准自主

掌握 RFID 标准制定的主导权，就能充分满足我国企业的应用需求，有条件地选择国外专利技术，控制产业发展的主导权，降低标准的综合使用成本。由于历史原因，我国的高技术标准大多采用美、日、欧等国家或地区所制定的标准，为了摆脱企业在国际分工中处于附属地位的状况，我国迫切需要通过实施自己的标准战略，提高自主技术标准的份额，从根本上优化国家的产业结构，形成以技术为核心的竞争优势。

2. 制定我国 RFID 标准的基本原则

由于 RFID 涉及电子标签、阅读器、中间件、数据采集、编码解析和信息服务等众多软硬件产品，随着 RFID 应用的发展，它将形成一个庞大的产业，因此，需要根据 RFID 技术的特点以及我国 RFID 产业的实际情况，制定适合我国国情的 RFID 技术标准发展规划。在深入分析国际 RFID 标准体系和 RFID 系统各基本要素相互关系的基础上，我国依据《中国射频识别技术政策白皮书》，提出了制定 RFID 标准体系的原则，建立了 RFID 系统构架模型和 RFID 标准体系模型，给出了 RFID 标准体系优先级列表，进而为国家的宏观决策提供技术依据，为 RFID 的国家标准和行业标准提供指南。

1) 系统性

RFID 技术极具渗透性，其应用领域包括资产管理、物流供应链、安全防伪和生产管理等，涉及国民经济的各个方面。制定 RFID 标准要从系统的角度出发，综合考虑系统的各个组成要素，协调和统一各个环节的技术问题。

2) 衔接性

RFID 技术应用包括前端数据采集、中间件、编码解析和信息服务等环节，各个环节之间涉及众多标准，要充分考虑这些标准的衔接性，以保证标准体系的配套，从而发挥标准体系的综合作用。

3) 自主性

要充分考虑我国 RFID 产业和应用的现状，优先吸收我国自主的专利技术，建立具有自主知识产权的 RFID 标准体系，维护国家安全，促进我国 RFID 相关产业快速发展。

4) 兼容性

兼容性是多种产品在一起使用的基本要求，自主性并不意味着排斥国外的先进技术，要充分研究国外 RFID 标准体系和我国 RFID 应用现状，在制定我国 RFID 标准时考虑与相关国际标准的兼容性，这样才会保护消费者的利益，也有利于我国 RFID 产品的出口。

3. 我国 RFID 标准体系框架

制定 RFID 标准框架的指导思想是以完善的基础设施和技术装备为基础，并考虑相关的技术法规和行业规章制度，利用信息技术整合资源，形成相关的标准体系。

1) RFID 标准体系

RFID 标准体系有各种实体单元组成，各种实体单元有接口连接起来，对接口制定接口标准，对实体定义产品标准。我国 RFID 系统标准体系可分为基础技术标准体系和应用技术标准体系，基础技术标准体系分为基础类标准、管理类标准、技术类标准和信息安全类标准 4 个部分。其中，基础类标准包括术语标准；管理类标准包含编码注册管理标准和频率管理标准；技术类标准包含编码标准、RFID 标准、中间件标准、公共服务体系标准以及相应的测试标准；信息安全类标准不仅涉及标签与阅读器之间，也涉及整个信息网络的每一个环节，RFID 信息安全类标准可分为安全基础标准、安全管理标准、安全技术标准和安全测评标准 4 个部分。我国 RFID 标准体系如图 6.11 所示。

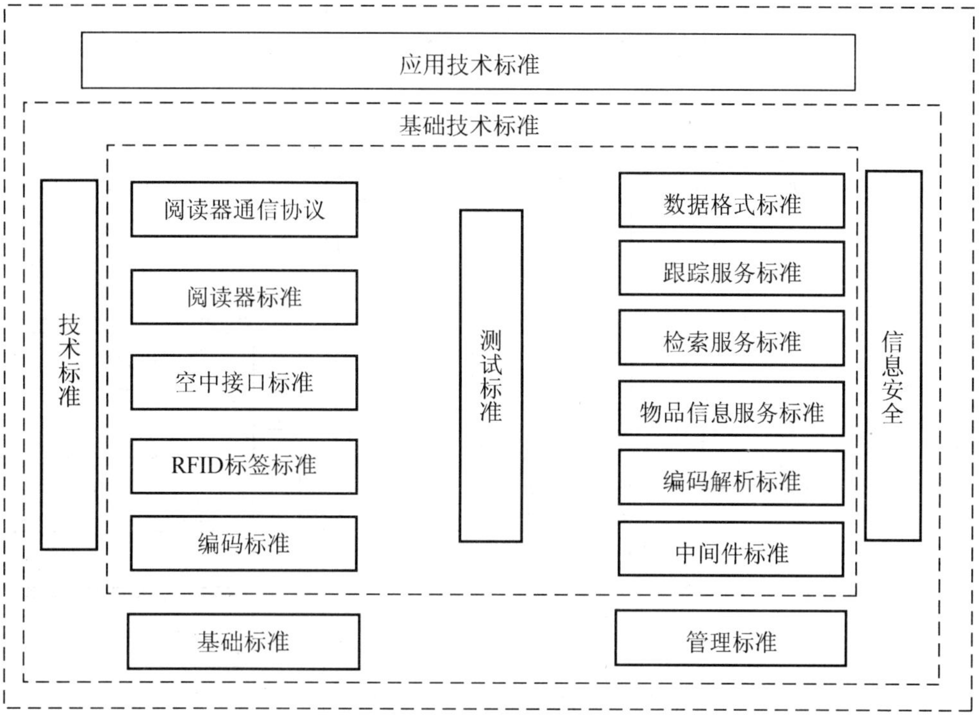

图 6.11 我国 RFID 标准体系

2) RFID 基础技术标准体系

我国 RFID 基础技术标准体系如图 6.12 所示。图中 RFID 标签、阅读器和中间件标准仅仅包含所有产品的共性功能和共性要求，应用标准体系中将定义个性功能和个性要求。接口标准和公共服务类标准不随应用领域变化而变化，是应用技术必须采用的标准。

3) RFID 应用技术标准体系

应用标准是在 RFID 标签编码、空中接口协议和阅读器协议等基础技术标准之上，针对不同的应用领域和不同的应用对象制定的具体规范。它包括使用条件、标签尺寸、标签位置、标签编码、数据内容、数据格式和使用频段等特定应用要求规范，还包括数据的完整性、人工识别、数据存储、数据交换、系统配置、工程建设和应用测试等扩展规范。

RFID 应用技术标准体系是一个指导性框架，制定具体 RFID 应用技术标准时，需要结合应用领域的特点，对其进行补充和具体的规定。在 RFID 应用技术标准体系模型中，有些内容需要制定国家标准，有些内容需要制定行业标准、地方标准或企业标准，标准制定机构需要根据具体的情况确定制定什么级别的应用标准。

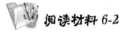

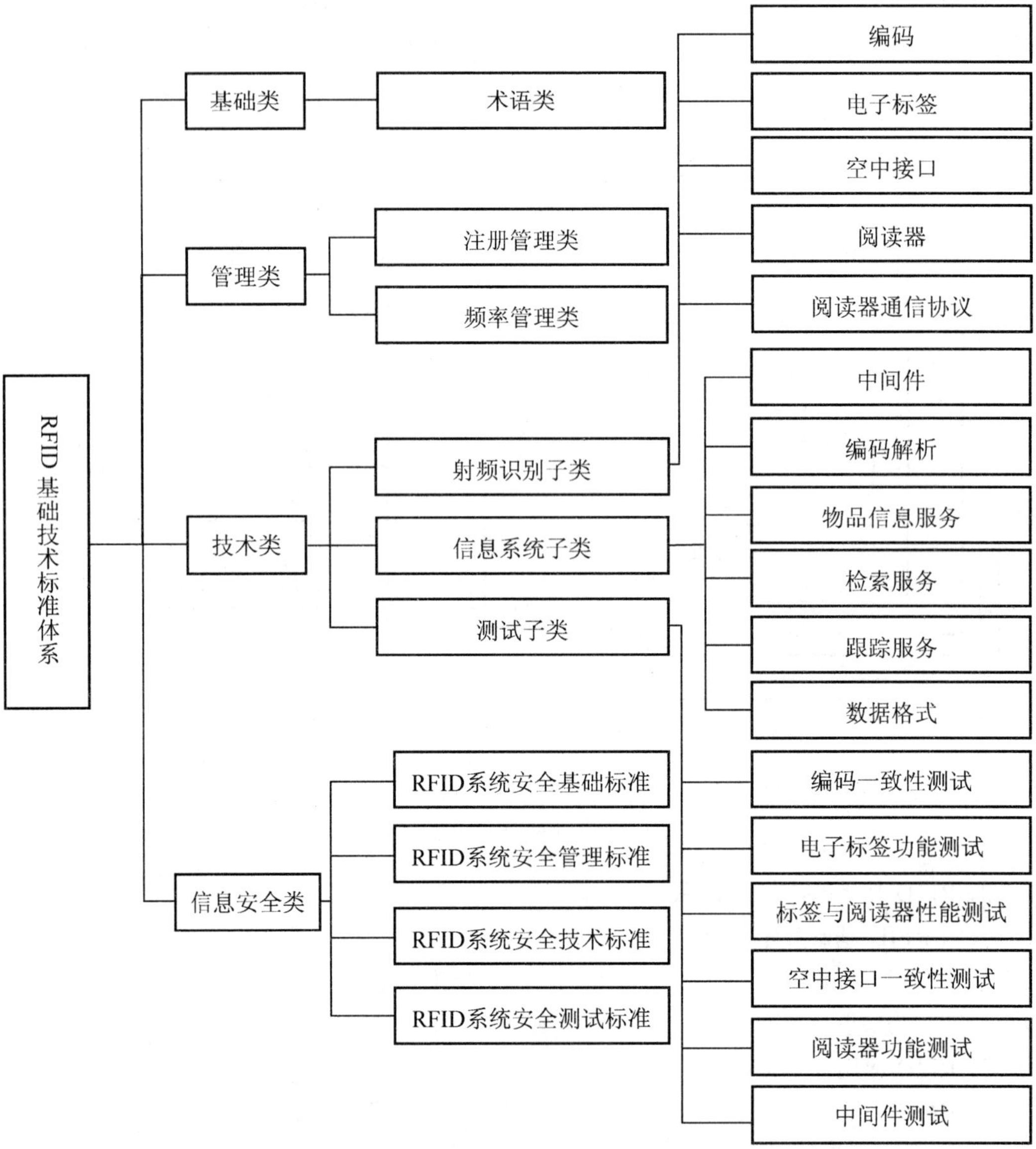

图 6.12　基础技术标准体系

阅读材料 6-2

物联网的关键——传感器标准方案正在起草

物联网将带动传感器的发展，同样，传感器的技术问题将是提高物联网发展步伐的动力。为配合国家物联网产业政策的实施，满足物联网产业应用对技术标准、基础标准和产品标准的重大需求，受国家标准化管理委员会委托，全国工业过程测量和控制标准化技术委员会于 2013 年 9 月开始组织实施物联网智能传感器与工业生产应用两领域 19 项国家标准的起草工作。

物联网概念拉动着传感器诱人的市场，促使传感器相关的产业发展迅猛。国家和地方政府都将投入大量资源推动物联网产业链的形成和贯通，以期在当前经济形势下带动传统产业转型升级，引发社会生产和经济发展方式的深度变革。传感器是物联网的重要基础，但目前我国传感器没有任何一个标准的规范，为保证标准起草工作的顺利进行，全国工业过程测量和控制标准化技术委员会日前发布公告，广泛征集专家成员以及从事物联网智能传感器及工业生产应用相关工作的单位，成立标准起草工作组，并制定了《关于物联网智能传感器及工业生产应用等19项国家标准标准起草工作组的有关规定》。这项规定将会更加提高传感器的技术标准，当然也就能直接提高物联网发展的速度。

思考题：传感器标准化对物联网产生什么作用？

6.3 物联网安全管理

6.3.1 物联网安全概述

2007年以来，以消费者隐私信息为目标，以金融和网络诈骗为目的攻击迅速增加，带来的危害和社会影响日益深远，网络安全与隐私问题越来越被人们所关注。借鉴各国、各行业以及相关企业在安全、隐私方面发现的问题，物联网在这方面也可能存在下述问题。

首先，物联网将会挑战传统分布式数据库技术，在全球信息空间和通用数据空间中，解决大量处理数据的“事物”。在这样的背景下，现实世界的信息地图通过上亿“事物”表示，其中的许多在实时更新，而交易或数据变化又通过上百或上千的有不同更新政策的“事物”更新，开辟了多种政策中的许多安全挑战和安全技术。为了防止隐私的未授权使用并允许授权使用，研究需要放在动态信任、安全和隐私管理方面。

其次，物联网也将会挑战无线网络技术，而任何通过物联网络进行金融交易的用户，安全和隐私问题无疑是其关注的焦点。

1. 物联网行业面临的安全威胁

1) 安全隐私

如射频识别技术被用于物联网系统时，RFID标签被嵌入任何物品中，比如人们的日常生活用品中，而用品的拥有者不一定能觉察，从而导致用品的拥有者不受控制地被扫描、定位和追踪，这不仅涉及技术问题，而且还将涉及法律问题。

2) 智能感知节点的自身安全问题

智能感知节点的自身安全问题即物联网机器/感知节点的本地安全问题。由于物联网的应用可以取代人来完成一些复杂、危险和机械的工作，所以物联网机器/感知节点多数部署在无人监控的场景中。那么攻击者就可以轻易地接触到这些设备，从而对它们造成破坏，甚至通过本地操作更换机器的软硬件。

3) 假冒攻击

由于智能传感终端、RFID电子标签相对于传统TCP/IP网络而言是“裸露”在攻击者的眼皮底下的，再加上传输平台是在一定范围内“暴露”在空中的，“窜扰”在传感网络领域显得非常频繁，并且容易。所以，传感器网络中的假冒攻击是一种主动攻击形式，它极大地威胁着传感器节点间的协同工作。

4) 数据驱动攻击

数据驱动攻击是通过向某个程序或应用发送数据，以产生非预期结果的攻击，通常为攻击者提供访问目标系统的权限。数据驱动攻击分为缓冲区溢出攻击、格式化字符串攻击、输入验证攻击、同步漏洞攻击、信任漏洞攻击等。通常向传感网络中的汇聚节点实施缓冲区溢出攻击是非常容易的。

5) 恶意代码攻击

恶意程序在无线网络环境和传感网络环境中有无穷多的入口。一旦入侵成功，之后通过网络传播就变得非常容易。它的传播性、隐蔽性、破坏性等相比 TCP/IP 网络而言更加难以防范，如类似于蠕虫这样的恶意代码，本身又不需要寄生文件，在这样的环境中检测和清除这样的恶意代码将很困难。

6) 拒绝服务

这种攻击方式多数会发生在感知层安全与核心网络的衔接之处。由于物联网中节点数量庞大，且以集群方式存在，因此在数据传播时，大量节点的数据传输需求会导致网络拥塞，产生拒绝服务攻击。

7) 物联网的业务安全

由于物联网节点无人值守，并且有可能是动态的，所以如何对物联网设备进行远程签约信息和业务信息配置就成了难题。另外，现有通信网络的安全架构都是从人与人之间的通信需求出发的，不一定适合以机器与机器之间的通信为需求的物联网络。使用现有的网络安全机制会割裂物联网机器间的逻辑关系。

8) 传输层和应用层的安全隐患

在物联网络的传输层和应用层将面临现有 TCP/IP 网络的所有安全问题，同时还因为物联网在感知层所采集的数据格式多样，来自各种各样感知节点的数据是海量的，并且是多源异构数据，带来的网络安全问题将更加复杂。

2. 物联网的安全机制

1) 认证和访问控制

对用户访问网络资源的权限进行严格的多等级认证和访问控制，进行用户身份认证，对口令加密、更新和鉴别，设置用户访问目录和文件的权限，控制网络设备配置的权限等。例如，可以在通信前进行节点与节点的身份认证；设计新的密钥协商方案，使得即使有一小部分节点被操控，攻击者也不能或很难从获取的节点信息推导出其他节点的密钥信息。另外，还可以通过对节点设计的合法性进行认证等措施，提高感知终端本身的安全性能。

2) 数据加密

加密是保护数据安全的有效手段。数据加密的作用是保障信息被攻击者截获后不能被翻译。同时，对传输信息加密可以解决窃听问题，但需要一个灵活、强健的密钥交换和管理方案，密钥管理方案必须容易部署且适合感知节点资源有限的特点。另外，密钥管理方案还必须保证当部分节点被操控后不会破坏整个网络的安全性。目前，加密技术很多，但如何让加密算法适应快速节能的计算要求，并提供更高效和可靠的保护，尤其是在资源受限的情况下，进行安全加密和认证，是物联网发展对加密技术提出的更高挑战和要求。

3) 立法保护

我国需要从立法角度，针对物联网隐私规章的地域性影响、数据所有权等问题，作出明晰统一的法律诠释并建立完善的保护机制。通过政策法规加大对物联网信息涉及的国家安全、企业机密和个人隐私的保护力度，进一步加强对监管机构的人、财、物的投入，完善监管组织体系，形成监管合力。这些都是解决物联网安全和隐私问题的重要手段。

6.3.2 无线传感网络和RFID安全

1. 无线传感器网络安全

1) 无线传感器网络的安全问题

无线传感器网络的安全目标是要解决网络的可用性、机密性、完整性等问题，抵抗各种恶意的攻击。传感器网络本身的特点使得它与传统网络的安全问题有诸多不同。

(1) 有限的存储、运行空间、计算能力以及有限的能量。传感器节点用来存储、运行代码的空间十分有限。比如，一个普通的传感器节点拥有16bit、8MHz的RISC CPU，但它只有10KB的RAM、48KB的程序内存和1 024KB的闪存。因此，传感器中的软件必须做的非常小。传感器节点的CPU运算能力也不能与一般的计算机相提并论。

能量是无线传感器性能的最大约束。一旦传感器节点部署到传感器网络中去，由于成本太高，是无法随意更换和充电的。它们携带的电池充电器是用于延长个别传感器节点乃至整个传感器网络的寿命的。如果在传感器节点上增加保密功能，则必须要考虑这些安全功能对能源的消耗。

(2) 通信的不可靠性。网络的安全性很大程度上依赖于一个界定的协议或算法，并进而依赖于通信。但在物联网中通信传输是不可靠的。无线传输信道的不稳定性以及节点的并发通信冲突可能导致数据包的丢失或损坏，迫使软件开发者投入额外的资源进行错误处理。更重要的是，如果没有合适的错误处理机制，可能导致通信过程中丢失十分重要的安全数据包，比如密钥。

此外，多跳路由和网络堵塞可能造成很大延迟，使得设计安全算法时必须合理协调节点通信，并尽可能减少对时间同步的要求。

(3) 节点的物理安全无法保证。传感器节点所处的环境易受到天气等物理因素的影响，导致其受攻击的概率比传统PC高得多，且传感器网络的远程管理使在进行安全设计时必须考虑节点的检测、维护等问题，还要将节点导致的安全隐患扩散限制在最小范围内。

总的来说，如何在节点计算速度、能源电量、通信能力和存储空间非常有限的情况下，研究无线传感器网络的安全模型和安全机制，保证传感器网络中信息的机密性、完整性、可用性，抵抗各种恶意的攻击，提高无线传感器网络容侵容错的能力，是关系到传感器网络是否实用的一个关键性问题。人们在对这些课题的不断探索中，产生并制定了一些无线传感器网络安全领域的安全标准。

2) 无线传感器网络的安全标准

传感器网络涉及的国际标准化组织比较多，目前，ISO/IEC JTC1、ITU和IETF等组织都在开展传感器标准研究工作。在世界范围内，与传感器网络安全相关的标准组织也在不同领域开展了多种多样的探索。

(1) ISA100.11a标准安全方案。2004年12月，美国仪表系统和自动化学会成立了工业无线标准ISA 100委员会，启动了工业无线技术的标准化进程。ISA 100.11a安全工作组的任务是制定安全标准并推荐安全应用解决方案等。在ISA安全体系中，由网络中的安全管理器负责整个网络的安全管理，设备本身的安全通过设备安全管理对象(DSMO)进行管理，可以由DSMO向设备的应用进程发起安全服务请求。ISA的安全服务主要包括点到点和端到端的安全保护(数据加密和完整性鉴别)、消息/设备认证、入围设备安全处理，主要应用于通信协议栈MAC子层和传输层，当使用特定的密钥时，MAC层安全可以抵御来自外部的攻击者。同时，ISA提出了使用对称密钥/非对称密钥的安全措施，期望囊括目前所有流行的技术，给用户很大的选择空间。

(2) 无线HART标准方案。HART通信基金会是国际非营利性组织，负责管理和支持全世界的HART通信技术。HART通信基金会于1993年成立，是HART协议的技术所有者和标准设置实体，会员单位有150多家。2007年HART通信基金会公布了无线HART协议，无线HART采用强大的安全措施，确保网络和数据随时随地受到保护，包括信息保密、消息完整性校验、认证(信息和设备)和设备入网的安全过程。

(3) Zigbee标准安全方案。Zigbee协议栈给出了传感器网络总体安全结构和各层安全服务，分别定义了各层的安全服务原语和安全帧格式以及安全元素，并提供了一种可用的安全属性的基本功能描述。Zigbee技术针对不同的应用，提供了不同的安全策略。这些策略分别施加在数据链路层、网络层和应用层上，媒体访问控制层(MAC层)、网络层(NWK层)和应用支撑子层(APS层)，负责它们自身的安全传输。同时应用支撑子层提供了建立和维护安全关系的服务。设备对象(ZDO)负责管理设备的策略和安全组态。

(4) WIA-PA标准方案。WIA-PA标准安全方案是我国自主研发的用户工业过程自动化的无线网络规范，与Wireless HART同为国际化标准文件。WIA-PA网络采用分层实施不同的安全策略和措施，在不同层次采用不同安全策略。WIA-PA的网络安全体系构架由安全管理者、安全管理代理、安全管理模块组成。安全管理者负责整个网络安全策略的配置、密钥的管理、设备认证、认证端到端的通信关系和保存访问控制列表。安全体系架构通过边界网关和边界路由器与外部进行安全交互。边界网关和边界路由器是由外部网络访问WIA-PA网络的安全防火墙接口，对整个WIA-PA网络安全实施边界保护，保证WIA-PA网络正常工作。WIA-PA协议在应用层和数据链路子层提供完整性校验服务，发送方利用密钥对报文进行校验算法运算，得到校验码，接收方验证校验码的正确性，判断数据是否被篡改。WIA-PA协议在应用层和数据链路子层提供保密性服务，发送方利用相关对称加密算法对用户数据进行加密运算后发送到接收方。接收方对接收到的密文利用相关对称加密算法进行解密运算，得到解密后的用户数据，并将数据传送给上层。WIA-PA协议还提供数据认证服务、设备认证服务、访问控制服务、重放攻击保护等多种服务。

(5) ISO/IEC JTC1传感器网络安全提案。ISO/IEC JTC1传感器网络安全提案是韩国国家标准化委员会于2008年4月在JTC1/SC6/WG7日内瓦会议上提出的，该草案描述了无线传感器网络的安全威胁和安全需求，将安全技术按照不同安全功能进行分类，确定那种安全技术应用在无线传感器网络的安全模型中的哪个位置，最后还提出了无线传感器网络的具体安全需求和安全技术。但是，在该提案中，对传感器网络的定义不够详细和具体，对传感器网络安全威胁的描述主要参考ITU-TX.805，并没有突出其特殊安全威胁。

2. RFID安全

1) RFID系统中安全问题

RFID技术发展迅速，产品种类繁多，根据不同的应用，RFID系统的安全性要求也不同。对于拥有带 RFID 标签商品的消费者来说，隐私权的保护是最受关注的问题。一般来说，RFID 系统应当解决数据的隐匿性、完整性、真实性和用户隐私泄漏问题。

(1) 数据隐匿性问题。一个 RFID 标签不应当向未授权的阅读器泄漏任何敏感信息。一个完备的 RFID 安全方案必须能够保证标签中所包含的信息仅能被授权的阅读器识别，目前，阅读器和标签之间的无线通信在多数情况下是不受保护的，因此，未采用安全机制的 RFID 标签会向邻近的阅读器泄漏标签内容和一些敏感信息。

(2) 数据完整性问题。在通信过程中，数据完整性能够保证接收者收到信息在传输过程中没有被攻击者篡改或替换。在基于公钥的密码体制中，数据完整性一般是通过数字签名来完成的。在 RFID 系统中，通常消息认证码来进行数据完整性的检验，它使用的是一种共享密钥的散列算法，即将共享密钥和待检验的消息连接在一起进行散列运算，对数据的任何细微改动都会对消息认证码的值产生较大影响。事实上，除了采用 ISO 14443 标准的高端系统外，在阅读器和标签的通信过程中，传输信息的完整性无法得到保障。在通信接口处使用校验的方法也仅仅能够检测随机错误的发生。如果不采用数据完整性控制机制，可写的标签存储器有可能受到攻击。攻击者可以编写软件，利用计算机的通信接口，通过扫描 RFID 标签和相应阅读器的查询，寻求安全协议、加密算法及其实现机制上的漏洞，进而删除或篡改 RFID 标签内的数据。

(3) 数据真实性。标签的身份认证在 RFID 系统的许多应用中是非常重要的。攻击者可以从窃听到的标签与读写期间的通信数据中获取敏感信息，进而重构 RFID 标签，达到伪造标签的目的。攻击者可以利用伪造的标签代替实际物品，或通过重写合法的 RFID 标签内容，使用低价物品标签的内容来代替高价物品标签的内容从而获取非法利益。同时，攻击者也可以通过某种方式隐藏标签，使阅读器无法发现此标签，从而成功地实施物品转移。因此，阅读器只有通过身份验证才能确信消息是从正确的标签处发送过来的。

(4) 用户隐私泄漏问题。在许多应用中，RFID 标签中所包含的信息关系到使用者的隐私和其他敏感数据。这些数据一旦被攻击者获取使用者的隐私权将无法得到保障，因此，一个安全的 RFID 系统应当能够保护使用者的隐私信息或相关经济实体的商业利益。事实上，目前的 RFID 系统面临着很大的隐私安全风险。与个人携带物品的商标可能泄漏个人身份一样，个人携带物品的 RFID 标签也可能会泄漏个人身份。通过阅读器能够跟踪携带缺乏安全机制的 RFID 标签的个人，将这些信息进行综合并做分析，就可以获取使用者个人喜好和行踪等隐私信息。比如，一些情报人员可能通过读取一系列缺乏安全机制标签中的内容来获取商业机密；商业间谍人员可以通过隐藏在附近的阅读器周期性地统计货架上的商品来推断销售数据等。

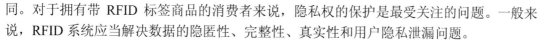

(5) 碰撞问题。影响 RFID 数据传输完整性主要有两个方面，其中一方面是来自外部的，比如外界信号干扰；还有一方面是来自内部的，比如系统本身的问题。影响数据传输的关键是空间信道问题，它作为标签与阅读器之间的数据传输的唯一途径，若空间信道遇到干扰，就会影响标签与阅读器间的正常通信。对于外部干扰来说空间信道受到干扰的因素有很多，如空间障碍物的阻挡或金属外壳的屏蔽等。这些干扰都可能使标签的工作状态发生混乱，从而导致阅读器发送的命令变成错误的命令。然而造成 RFID 自身的干扰也有很多种情况，比如多个阅读器存在于 RFID 系统周围，并且它们的作用范围相互重叠，难以区分；或者说有多个待识别的标签需要用到同一个阅读器进行识别，当它们接收到阅读器信

号后，它们会同时向阅读器返回数据。前面所介绍的这些碰撞前者称为阅读碰撞问题，而后者称为标签碰撞问题，它们都属于多目标识别问题。相对而言阅读器的功能要比标签的功能较强一些，所以一般来讲标签的碰撞问题被认为较难解决。当多个电子标签同时回复阅读器时发生的碰撞，会使阅读器无法正确读取标签的信息，从而将大大地降低阅读器对标签的识别率。

2) RFID 安全机制

当前，实现 RFID 安全机制所采用的方法主要有两类：物理安全机制和基于密码技术的软件安全机制。

(1) 物理安全机制。①Kill 命令机制。Kill 命令机制采用从物理上销毁 RFID 标签的方法，一旦对标签实施了销毁(Kill)命令，标签将不可再用。当附着 RFID 标签的产品交到最终使用者之前，标签阅读器会对标签发出销毁命令，标签接收命令后自动销毁。销毁后的标签对于外界阅读器的询问和命令，不再做出任何应答，不会执行任何任务，以此来保护消费者的个人隐私。但是在目前的 RFID 使用环境中，一般希望标签能够重复利用，发挥最大效益。同时，由于销毁后的标签不再会有任何应答，难以验证是否真正对标签实施了 Kill 操作。②静电屏蔽机制。静电屏蔽的工作原理是使用 Faraday Cage 来屏蔽标签，使之不能接收来自任何阅读器的信号，以此来保护消费者个人隐私。Faraday Cage 是一种特殊的袋子，袋子上有金属环绕——阻隔电磁波的通过，将标签放在袋子中便可避免未经授权的阅读器读取标签。采用 Faraday Cage 方法需要一个额外的物理设备，一定程度上带来了不便，增加了系统成本。③主动干扰设备。主动干扰的基本原理是使用一个设备持续不断地发送干扰信号，以干扰任何靠近标签的阅读器所发出的信号。标签持有者需要随身携带一个可发出干扰信号的设备，进行主动干扰时打开设备。除了另外一个设备带来的不便外，主动干扰有可能在无意间破坏其他正常合法的标签与阅读器之间的沟通，若主动干扰设备所发出的干扰信号超过规定的频率使用范围可能会带来法律上的问题。④Blocker Tag 阻塞标签法。Blocker Tag 是一种特殊的标签，与一般用来识别物品的标签不同，Blocker Tag 是一种被动式的干扰器。当阅读器在进行某种分离操作时，当搜索到 Blocker Tag 所保护的范围时，Blocker Tag 便发出干扰信号，使阅读器无法完成分离动作，阅读器无法确定该标签是否存在，更无法和标签沟通，由此方式来保护标签。一般来说，Blocker Tag 的使用方式是：当完成购物时，店家提供一个额外免费的 Blocker Tag 和所买的物品放在一起，避免不合法的阅读器询问标签。此方法需要使用一个额外的标签，增加了应用成本。同时，相应的阅读器必须使用特定的分离算法，使得应用具有局限性。

(2) 基于密码技术的软件安全机制。由于 RFID 中所采用的物理安全机制存在种种缺点，人们提出了许多基于密码技术的安全机制。与基于物理方法的硬件安全机制相比，基于密码技术的软件安全机制更受青睐，它主要是利用各种成熟的密码方案和机制来设计和实现符合 RFID 需求的密码协议。

当前对多种已有的 RFID 协议的分析都是建立在 RFID 系统通信的基本假设的基础上。此外，假设这些协议所使用的基本密码构造，如 Hash 函数、伪随机生成函数、加密体制和签名算法都是安全的。协议的生成依靠 3 个实体：标签(Tag)、标签阅读器(Reader)、后台数据库(Database)。

① Hash-Lock 协议。Hash-Lock 协议是由 Sarma 等人提出的，为了避免信息泄漏和被追踪，它使用 metaID 来代替真实的标签 ID。其协议流程如图 6.13 所示。

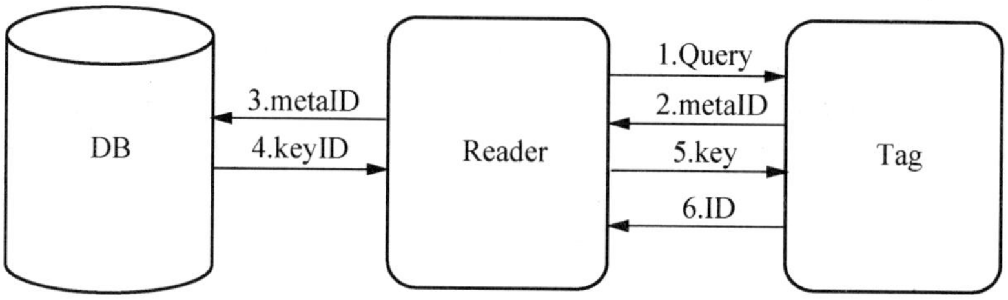

图 6.13 Hash-Lock 协议

Hash-Lock 协议的执行包括以下过程。

a．Tag 阅读器向 Tag 发送 Query 认证请求。

b．Tag 将 metaID 发送给 Tag 阅读器。

c．Tag 阅读器将 metaID 转发给后端数据库。

d. 后端数据库查询自己的数据库，如果找到与 metaID 匹配的项，则将该项的(key，ID)发送给 Tag 阅读器，其中 ID 为待认证 Tag 的标识，metaID=H(key)；否则，返回给 Tag 阅读器认证失败信息。

e．Tag 阅读器将接收自后端数据库的部分信息 key 发送给 Tag。

f．Tag 验证 metaID=H(key)是否成立，如果成立，则将其 ID 发送给 Tag 阅读器。

g．Tag 阅读器比较自 Tag 接收到的 ID 是否与后端数据库发送过来的 ID 一致，如一致，则认证通过；否则，认证失败。

由上述过程可以看出，Hash-Lock 协议中没有 ID 动态刷新机制，并且 metalID 也保持不变，ID 是以明文的形式通过不安全的信道传送，因此 Hash-Lock 协议非常容易受到假冒攻击和重放攻击，攻击者也可以很容易地对 Tag 进行追踪。就是说，Hash-Lock 协议完全没有达到其安全目标。

② 随机 Hash-Lock 协议。随机 Hash-Lock 协议由 Weis 等人提出，它采用了基于随机数的询问应答机制，其协议流程如图 6.14 所示。

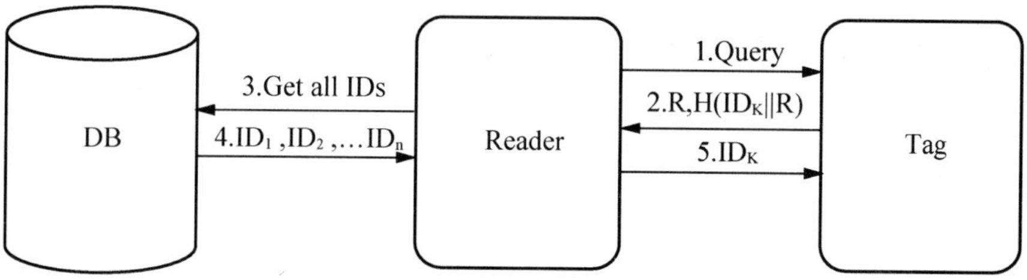

图 6.14 随机化 Hash-Lock 协议

随机化 Hash-Lock 协议的执行包括以下过程。

a．Tag 阅读器向 Tag 发送 Query 认证请求。

b. Tag 生成一个随机数 R，计算 $H(ID_k||R)$，其中 ID_k 为 Tag 的标识。Tag 将(R，$H(ID_k||R)$)发送给 Tag 阅读器。

c．Tag 阅读器向后端数据库提出获得所有 Tag 标识的请求。

d．后端数据库将自己数据库中的所有 Tag 标识 ID_1, ID_2, …ID_n 发送给 Tag 阅读器。

e．Tag 阅读器检查是否有某个 $ID_j(1\leqslant j\leqslant n)$，使得 $H(ID_j||R)=(ID_k||R)$成立；如果有，则认证通过，并将 ID_j 发送给 Tag。

f. Tag 验证 ID_j 与 ID_k 是否相同，如相同，则认证通过。

随机化 Hash-Lock 协议中，认证通过后的 Tag 标识 ID_k 仍以明文的形式通过不安全信道传送，因此攻击者可以对 Tag 进行有效的追踪。同时，一旦获得了 Tag 的标识 ID_k，攻击者就可以对 Tag 进行假冒。当然，该协议也无法抵抗重放攻击。因此，随机化 Hash-Lock 协议也是不安全的。

不仅如此，每一次 Tag 认证时，后端数据库都需要将所有 Tag 之标识发送给阅读器，二者之间的数据通信量很大。就此而言，该协议也不实用。

③ Hash-chain 协议。本质上，Hash-chain 协议也是基于共享秘密的询问应答协议。但是，在 Hash-chain 协议中，当使用两个不同杂凑函数的 Tag 阅读器发起认证时，Tag 总是发送不同的应答，其协议流程如图 6.15 所示。

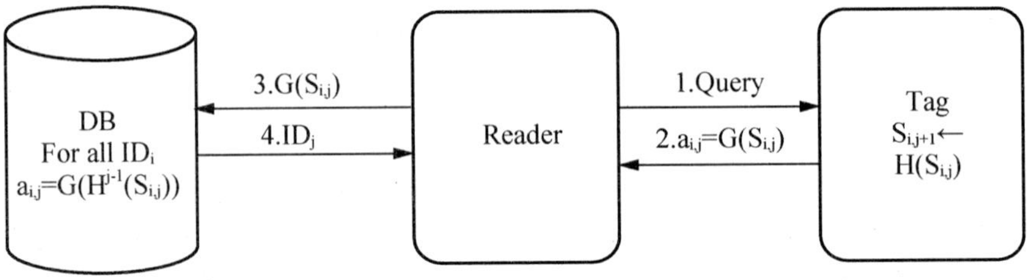

图 6.15　Hash 链协议

系统运行之前，Tag 和后端数据库首先要预共享一个初始秘密值，则 Tag 和 Tag 阅读器之间执行第 j 次 Hash-chain 包括以下过程。

a. Tag 阅读器向 Tag 发送 Query 认证请求。

b. Tag 使用当前的秘密值 $S_{i,j}$，计算 $a_{i,j}$=H($S_{i,j}$)，并更新其秘密值为 $S_{i,j+1}$=H($S_{i,j}$)，Tag 将 $a_{i,j}$ 发送给 Tag 阅读器。

c. Tag 阅读器将 $a_{i,j}$ 转发给后端数据库。

d. 后端数据库系统针对所有的 Tag 数据项查找并计算是否存在某个 $ID_i(1\leqslant i\leqslant n)$，以及是否存在某个 $j(1\leqslant i\leqslant m$，其中 m 为系统预设值的最大链长度)使得 $a_{i,j}=G(H^{j-1}(S_{i,j}))$成立。如果有，则认证通过，并将 ID_i 发送给 Tag；否则，认证失败。

实质上，在 Hash-chain 协议中，Tag 成为一个具有自主 ID 更新能力的主动式 Tag，如图 6.16 所示。同时，由上述流程可以看出，Hash-chain 协议是一个单向认证协议，即它只能对 Tag 身份进行认证。不难看出，Hash-chain 协议非常容易受到重放和假冒攻击，只要攻击者截获某个 $a_{i,j}$，它就可以进行重放攻击，伪装 Tag 通过认证。此外，每一次 Tag 认证发生时，后端数据库都要对每一个 Tag 进行 j 次杂凑运算，因此其计算载荷也很大。同时，该协议需要两个不同的杂凑函数，也增加了 Tag 的制造成本。

④ 基于杂凑的 ID 变化协议。基于杂凑的 ID 变化协议与 Hash-chain 协议相似，每一次回话中的 ID 变换信息都不相同。该协议可以抗重放攻击，因为系统使用了一个随机数 R 对 Tag 标识不断进行动态刷新，同时还对 TID(最后一次回话号)和 LST(最后一次成功的回话号)信息进行更新，其协议流程如图 6.17 所示。

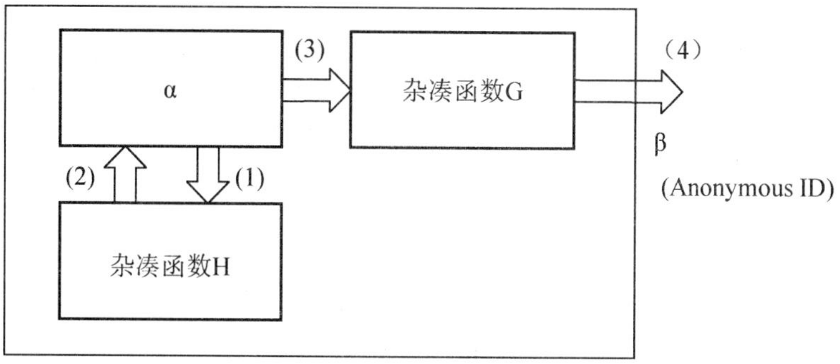

图 6.16　Hash-chain 协议中的主动式原理

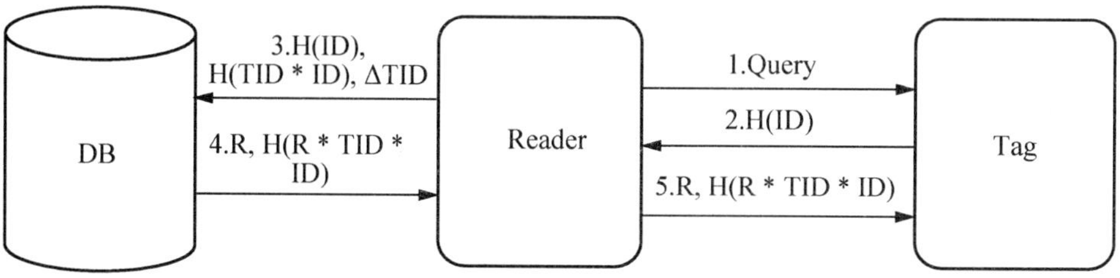

图 6.17　基于杂凑的 ID 变化协议

基于杂凑的 ID 变化协议的执行包括以下过程。

a．Tag 阅读器向 Tag 发送 Query 认证请求。

b．Tag 将当前回话号加 1，并将 H(ID)，H(TID * ID)，△TID 发送给 Tag 阅读器，其中 H(ID)可以使得后端数据库恢复出 Tag 的标识，△TID 则可以使得后端数据库恢复出 TID，进而计算出 H(TID * ID)。

c．Tag 阅读器将 H(ID)，H(TID * ID)发给后端数据库。

d．依据所存储的 Tag 信息，后端数据库检查所接收到数据的有效性。如果所有的数据全部有效，则它产生一个秘密随机数 R，并将 R，H(R*TID*ID)发送给 Tag 阅读器。然后，数据库更新该 Tag 的 ID 为 ID ⊕ R，并相应地更新 TID 和 LST。

e．Tag 阅读器将 R，H(R*TID*ID)转发给 Tag。

f．Tag 验证所接收的信息的有效性，如果有效，则认证通过。

由上述可知，Tag 是在接收到消息 5 且验证通过之后才更新其 ID 和 LST 信息的，而在此之前，后端数据库已经成功地完成相关信息的更新。因此如果此时攻击者进行攻击，则就会在后端数据库和 Tag 之间出现严重的数据不同步问题，这也意味着合法的 Tag 在以后的回话中将无法通过认证，也就是说，该协议不适合于使用分布式数据库的计算环境，同时存在数据库同步的潜在安全隐患。

⑤ 分布式 RFID 询问—应答认证协议。Rhee 等人提出了一种适用于分布式数据库环境的 RFID 认证协议，它是典型的询问—应答型双向认证协议，其协议流程如图 6.18 所示。

该分布式 RIFD 询问—应答协议的执行包括以下过程。

a．Tag 阅读器生成一秘密随机数 R_{Reader}，向 Tag 发送 Query 认证请求，将 R_{Reader} 送给 Tag。

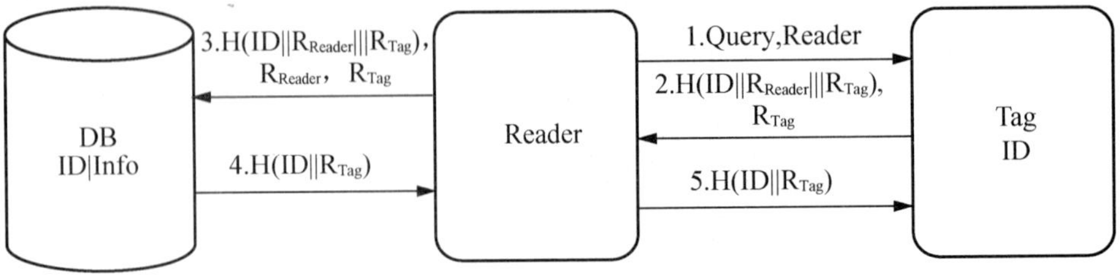

图 6.18　分布式 RFID 询问—应答认证协议

b．Tag 生成一随机数 R_{Tag}，计算 $H(ID\|R_{Reader}\|R_{Tag})$，其中 ID 为 Tag 的标识。Tag 将 $H(ID\|R_{Reader}\|R_{Tag}),R_{Tag}$ 发送给 Tag 阅读器。

c．Tag 阅读器将 $H(ID_j\|R_{Reader}\|R_{Tag}),R_{Reader},R_{Tag}$)发送给后端数据库。

d．后端数据库检查是否有某个 ID_j $(1 \leqslant j \leqslant n)$，使得 $H(ID_j\|R_{Reader}\|R_{Tag})=H(ID\|R_{Reader}\|R_{Tag})$，如果有，则认证通过，并将 $H(ID\|R_{Tag})$ 发送给 Tag 阅读器。

e．Tag 验证 $H(ID_j\|R_{Tag})=H(ID\|R_{Tag})$ 是否成立，如果成立，则通过。

目前为止，还没有发现该协议有明显的安全漏洞或缺陷。但是，在本方案中，执行一次认证协议需要 Tag 进行两次杂凑运算。Tag 电路中自然也需要集成随机数发生器和杂凑函数模块，因此它也不适合于低成本 RFID 系统。

⑥ LCAP 协议。LCAP 协议也是询问—应答协议，但是与前面的同类其他协议不同，它每次执行之后都要动态刷新 Tag 的 ID，其协议流程如图 6.19 所示。

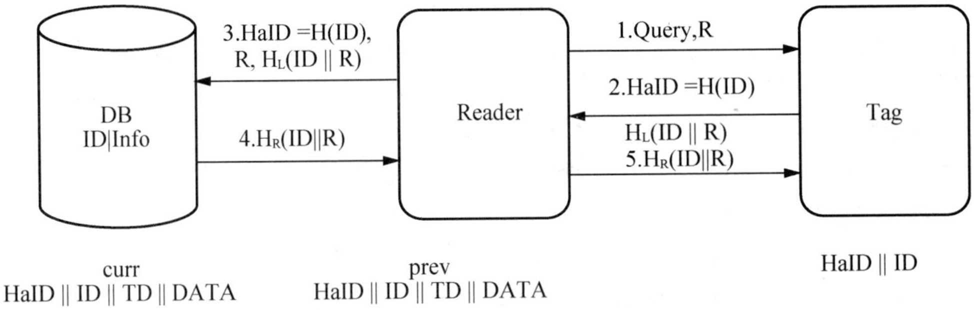

图 6.19　LCAP 协议

LCAP 协议的执行包括以下过程。

a．Tag 阅读器生成一秘密随机数 R，向 Tag 发送 Query 认证请求，将 R 发送给 Tag。

b．Tag 计算 $HaID=H(ID)$ 和 $H_L(ID\|R)$，其中 ID 为 Tag 标识，H_L 表示杂凑函数输出的左半部分。Tag 将（$HaID,H_L(ID\|R)$ 发送给 Tag 阅读器。

c．Tag 阅读器将（$HaID,R,H_L(ID\|R)$ 发送给后端数据库。

d．后端数据库检查 Prev 数据条目中 HaID 的值是否与所接收到的 HaID 一致，如果一致，则使用 R 和 Prev 数据条目中的 ID 信息来计算 $H_R(ID\|R)$，其中，H_R 表示杂凑函数 H 输出的右半部分，然后，后端数据库更新 Curr 数据条目中的信息如下：$HaID=H(ID\oplus R$，$ID=ID\oplus R$，Prev 数据条目中的 TD 数据域设为 $HaID=H(ID\oplus R$。最后，将 $H_R(ID_j\|R_{Tag})$ 发送给 Tag 阅读器。

e．Tag 阅读器将 $H_R(ID\|R)$ 转发给 Tag。

f．Tag 验证 $H_R(ID\|R)$，如果有效，则更新其 ID 为 $ID = ID \oplus R$。

由上述可知，Tag 是在接收到消息⑤且验证通过之后才更新 ID 的，而在此之前，后端数据库已经成功完成相关 ID 的更新，因此，与基于杂凑的 ID 变化协议的情况类似，LACP 协议也不适合于使用分布式数据库的计算环境，同时亦存在数据库同步的潜在安全隐患。

⑦ 再次加密机制。由于 RFID 标签的计算资源和存储资源都十分有限，因此，极少有人设计使用公钥密码体制的 RFID 安全机制。到目前为止，公开发表的基于公钥密码机制的 RFID 安全方案只有两个：Juels 等人提出的用于欧元钞票上 Tag 标识的建议方案；Golle 等人提出的可用于实现 RFID 标签匿名功能的方案。上述两种方案都采用了再次加密机制，但两者有显著不同。Juels 等人的方案是基于一般的安全的公钥加密或签名方案，同时，给出了一种基于椭圆曲线体制的实现方案(包括安全参数的选择、有关性能分析等)。在这种方案中，完成再次加密的实体被加密消息的所有知识。而 Golle 等人的方案则采用了基于 ElGamal 体制的通用再加密(Universal Re-ecryption)技术，这种方案中，完成对消息的再次加密无须知道关于初始加密该消息所使用的公钥的任何知识。

6.3.3 物联网安全的新挑战

1．物联网安全特点

1) 安全事件导致的危害具有新特点

物联网将使信息空间和物理社会紧密联系，因此，在物联网中，信息空间的病毒、攻击等安全威胁将导致安全危害产生新的特点，它们将真正影响人们生活的物理社会，干扰人们的日常生活。目前已经出现了一些类似的安全事件，如美国德州一名汽车销售人员为表不满，通过 Web 控制大量用户的汽车，使它们无法点火、鸣笛不停，其他潜在安全威胁，如当前的实验有迹象表明，植入人体的传感器件可能使人对其产生感情，当它们受到安全事件的攻击时可能影响人的情感和心理状态，用于医疗、智能家居、智能电网相关的物联网应用中的安全事件更可能是关乎人命的。

2) 复杂性带来的新的安全挑战

自然界的进化伴随着复杂性的增加，Internet 演进也伴随着节点数增加、节点功能多样化、协议的复杂化，因此，物联网复杂性将大于传统因特网；同时，节点数量、功能的增加，使节点需要在全球的信息空间和通用的数据空间中进行数据处理，给传统的分布式数据库技术带来了不小的挑战。复杂性的增加要求物联网具有更全面的防御机制，但同时需要兼顾效率和成本因素，这将是物联网的一个严峻考验。

3) 平台、固件、应用软件的多样化带来新的安全挑战

物联网的产生将使连接到网络上的节点多样性增加，节点的异质性将带来新的安全挑战。原本 Internet 上的服务器和主机节点主要采用几大操作系统，网络节点也主要是几个主流厂家的产品，应用层上趋向于统一到 Web 和 HTTP 上，但物联网的产业链将更长，将有各种微处理器、嵌入式产品加入网络中，出于应用的不同和成本效率的考虑，平台、固件和应用软件的多样性将增加，这将是物联网安全面临的新问题。

4) 成本和效率的挑战，量变到质变的挑战

由于物联网中存在大量低成本的、无处不在的传感器或远端控制节点，这些节点的计算能力、存储能力有限，性能远不及以往的Internet节点，在某些应用环境中，其能耗也将受到严格的限制，这对安全机制的效率和成本要求都带来了新的挑战。另外由于这些节点的数量大、分布广，量的变化必将导致安全机制的变化，这对安全机制的可扩展性带来了新的挑战(小数目到大数目、小范围到大范围)，如对小规模的系统，可以在节点部署时进行密钥的分发，但对于节点分布广泛的物联网，大量密钥的分发、管理需要同步新的安全需要。

5) 可伸缩性、灵活性要求带来新的挑战

物联网中的传感器等远端节点应能长时间的工作，具有高可靠性和较长的生命周期。由于节点生命周期可能远大于技术的更新换代周期，因此，物联网中需要考虑如何以较低的成本及时对节点进行技术升级。

另外，网络的灵活性要求节点能够根据场景的变化实施适应的安全措施。比如，在一些关键应用中，为了保障紧急情况下的业务可用性，可考虑在必要时实行弱安全机制。在医疗应用中，当用户处于非紧急状态时，位置信息应受到隐私保护，当用户处于紧急状态时，位置信息则应是可知的；在认证系统无法正常工作(如必要数据无法及时获得)时，有必要进行弱认证或无认证以保证伤员得到及时救助。同时，保证安全性和伸缩性是很困难的，因为攻击方可以制造紧急状况的假象，从而诱使系统采用弱安全机制。这将是物联网安全的又一新挑战。

6) 安全管理的新挑战

物联网中需要管理的节点数量大、分布广、功能和性能受限、生命周期长、所处环境也可能无法保障必要的物理安全，这些都对安全管理带来了新的挑战，例如如何检测节点故障，如何检测和回收失效即不再使用的节点，如何保证物联网节点不干扰人的正常生活。同时，物联网中的每个节点都是实时变化更新的，每一个节点的变化都可能会引发成百上千个节点的变化，这些节点却有各自的更新策略，由此可能导致很多的安全隐患。为了防止私有信息被非授权使用，物联网中需要进行动态信任、安全和隐私管理方面的研究。

2. 物联网安全机制

从物联网安全的新挑战可以看到，物联网的特点导致它需要一些新的机制来保障其安全性。

1) 安全的物联网构架

由于物联网复杂性的增加，应根据物联网中的不同应用，设计合理的安全构架，以提高整体安全。比如坚持安全最小化原则，尽量限制传感器的功能、通信距离、远程访问和控制能力，使安全威胁的破坏程度降低；尽量采用网关结构的组网，让功能相对较强的网关实现Internet通信和必要的安全机制，而让末端节点只实现最基本的功能，如只报告事件和参数。

2) 借鉴和利用现实社会的安全机制

物联网能很好地将信息空间和现实社会联系起来，因此，在设计物联网安全机制时应充分借鉴和利用现实社会中在安全方面的经验，特别是在安全需求分析、安全模型建立、

安全机制的伸缩性、灵活性方面以及安全法规方面。当一个安全机制试图超越现实社会文明成就时，需要仔细分析一下这种安全机制的可行性和必要性，它的使用是否会增加系统复杂程度或成为安全威胁的目标。

3) 漏洞与恶意代码

由于平台、应用、固件的多样性，漏洞、恶意代码发现、测试、查杀及补丁管理方面的工作量将急剧增加，虽然在这方面积累了一些经验，但当前在理论上仍没有一个合理的模型和方法，在工业界也缺少一套可工业化、大规模自动化流程处理的方法和一套可信的度量体系。

4) 隐私保护

物联网的产生拓展了联网的设备，将与人类生活密切相关的设备引入 Internet。在带给人们更多便利的同时，与人们日常生活相关的大量信息，如个人健康信息、生活习惯等，也通过网络收集、存储、处理、传送，如果不采用必要的隐私保护措施，这些隐私信息就可能被泄漏或被未授权用户不当的使用。

隐私保护的目的是让用户不想公开的信息不被公开，或者至少让用户对这些信息被谁使用了、被如何使用了有知晓权。

隐私保护关系到法律法规、匿名技术、身份管理、认证和访问控制、安全管理以及数据安全，包括数据机密性、完整性、抗数据分析等多方面的技术。在物联网安全的设计中隐私保护是要重点考虑的问题之一。

5) 物理安全

与当前的 Internet 相比，物联网中的节点可能不具备高等级的物理防护。因此，需要从协议及系统上增加对物理安全的检测及响应机制。例如，原来的电网设备都有很好的物理保护，除了电力公司的人员外，普通人无法接触这些设备，而在智能电网中，用户甚至任意一个人都可能接触到其中的一些远程设备；再如，传感器可能被部署到不安全的环境中，受到人为破坏、意外破坏、自然损耗。因此，需要研究如何检测物联网中节点的物理安全状态；物理安全遭到破坏时，如何及时告警并采取相应的措施。

6) 网络安全

物联网中综合利用的各种网络技术，如有线和无线通信技术、固定和移动通信技术、长距离和短距离通信技术、集中式和分布式网络技术等，由于应用的不同，物联网网络也可能具有不同的要求，如动态能力、自配置能力、自组织能力等。因此，在网络安全机制方面，除了传统网络安全机制和各种通信协议的安全标准外，需要研究适合物联网的分布式、自组织、具有自配置能力的网络安全技术，当前 P2P、Ad hoc 网络、无线传感器网络中的安全机制方面的成果将有助于物联网安全的研究。

同时，物联网组网形式的变化使安全机制的机理也可能发生改变。在人类发展的历史中，曾通过建城堡、长城这样的机制来进行防御，随着人类社会的发展，人口增加、社会经济活动范围扩大，原来建城堡、修长城这样的方式已无法提供良好的安全保障。对于 Internet 来说，在原来集中的服务器模式下，采用等级保护、边界防护这样的安全机制，而在物联网中，将大量采用分布式的网络结构，节点的数量巨大、分布更广，传统建城堡、修长城的网络安全机理将面临成本高、效率低等各种问题，需要一种新的机理来构建适于物联网的安全机制。

7) 其他辅助系统的安全保障

(1) 同步系统安全。在物联网中，许多应用将基于通过分布式的途径收集同步的数据(如测量)，同步的方式包括 GPS 等，对同步的破坏将直接影响到业务的可用性。

(2) 电源系统安全。在无线传感器网络中，人们已经发现了恶意消耗电源的拒绝服务攻击方式。

以上几点只是整个物联网安全机制的一部分，其他的如身份管理、认证、访问控制等仍然是物联网安全的重要基础。

本 章 小 结

本章介绍了物联网系统管理的概念，分析了物联网管理的构成及特征。系统介绍了物联网系统设计的内容、要求和方法，并对物联网系统分析的步骤进行简要说明。从系统分析角度，物联网系统管理包括人、物、财、设备、方法、信息、质量、技术和经济的管理。物联网标准化和安全管理为物联网系统管理的关键。为此，本章对物联网标准化特点进行分析，介绍了常见的物联网标准化组织，并阐述了物联网标准化内容。分析了物联网存在的安全威胁，详细介绍了无线传感网络和 RFID 的安全。最后对物联网安全保障机制进行了简要阐述。

习 题

1. 填空题

(1) 常见的互联网网络管理方式有：________、________和基于 WEB 的网络管理。

(2) “7R”是指：适当的质量、________、________、________、适当的产品、适当的条件、适当的成本。

(3) 物联网技术的重要基础和核心是________。

(4) 现代物联网管理是对________和________的双追求。

(5) ________是物联网经济管理的基本出发点。

(6) ________和________是物联网系统管理的关键。

(7) ISO/IEC 的 RFID 标准体系架构可分为技术标准、________、________和应用标准 4 个方面。

(8) 在 EPC Global 网络中，物理对象是________，它是该商品供应链中的成员。

(9) 泛在识别标准体系(UID)采用________识别码。

(10) 泛在通信器是一个识别系统，由 RFID 标签、阅读器和无线通信设备等构成，主要用于读取物品 RFID 标签的________，并将获取的传送到 Ucode 解析服务器。

(11) RFID 信息安全类标准可分为________、________、________、和安全测评标准 4 个部分。

(12) 再次加密技术有________和________。

(13) 在 RFID 的物理安全机制中，Blocker Tag 是一种被动式的________。

(14) 制定我国 RFID 技术标准的必要性：①________，②________，③________。

2. 选择题

(1) 下面不是现代物联网管理的特征的是(　　)。
A.“用户满意”是现代物联网管理的出发点
B. 注重各层次信息流通的有效整合
C. 在保证物联网服务水平的前提下，实现物联网效率的最大化
D. 现代物联网管理以“双效”为基础

(2) 下面(　　)RFID 物理安全机制实施后标签将不可再用。
A. Kill 命令机制　　B. 静电屏蔽机制
C. 主动干扰设备　　D. Blocker Tag 阻塞标签法

(3) 不是物联网行业面临的安全威胁的是(　　)。
A. 安全隐私　　B. 网络诈骗
C. 假冒攻击　　D. 拒绝服务

3. 简答题

(1) 分析物联网管理的概念。
(2) 简述物联网系统设计工作的步骤和方法。
(3) 简述物联网标准化过程中所涉及的内容。
(4) 什么是实时定位系统？
(5) Ucode 标签分成哪几级？各种标签由什么确定？
(6) 分析物联网系统中存在的安全问题。
(7) 物联网所面临的安全威胁有哪些？
(8) RFID 系统中安全问题有哪些？如何解决？
(9) 试论述物联网安全管理的内容。

案例分析

黑客入侵智能家居 物联网安全问题不容忽视

随着“物联网”的发展，物联网的智能家电已经开始走向大众消费市场。但是你可曾想过，万一有不法分子入侵了你家的智能家居系统，对你家的电器为所欲为，你该怎么办？有专家指出，越来越多的犯罪黑客会瞄准智能家电，安全问题将成为物联网不容忽视的一大问题。

下午回家之后，发现电熨斗开着，衣服被烫焦？也许过不了多久，这种倒霉事儿就不是健忘的标志，而是表明你家被黑客入侵了。

在未来几年内，你的智能手机将会可以锁房门、开空调、检查牛奶有没有过期甚至预热电熨斗——这的确是好消息，但种种便利也会给犯罪分子以可乘之机，让他们神不知鬼不觉地打开你的家门、窥探你的生活或是偷走你的汽车。

“所有这些技术都变得越来越复杂，而这也带来了更加多种多样的问题。”冈特·奥尔曼(Gunter Ollmann)说道，他是位于美国西雅图的科技安全公司 IOActive 的首席技术官。在他看来，一个充斥着联网设备的世界有可能“让坏人拥有能潜入你家的永久入口”。

业内认为“物联网”将会催生下一波科技财富。市场研究机构 Gartner 预计：到 2020 年，全球联网设备的数量将从现在的 30 亿台增加至 260 亿台左右——这几乎是届时全球在用的智能手机、平板电脑和 PC 数量之和的 4 倍。

物联网的目标是让一切联网——从汽车到冰箱、台灯，甚至马桶——上完厕所忘记冲水了？没关系，有应用能帮你冲。

问题是，生产马桶、冰箱、婴儿监控器等设备的厂商通常并不特别关注数据安全问题。奥尔曼指出，这些设备上的安全漏洞可能会让坏人扰乱家庭生活、窃取重要个人数据甚至利用窃取的信息对受害者进行敲诈勒索。

1. 火灾隐患

IOActive 发现了一种操纵上述电器开关的方法，从而能让它们大搞恶作剧，甚至可以开启加热装置和电熨斗——这样不但很费电，还有可能造成火灾。贝尔金声称，他们已经发现并修复了这些弱点，而 IOActive 是在一台旧版设备上发现它们的。

Trustwave 的研究主管约翰•姚(JohnYeo)指出：随着家居自动化技术的普及，家用电器厂商必须对购买者进行安全教育，包括强调更改设备出厂密码的重要性——如果不更改出厂密码，那么黑客无需水平很高也有可能入侵你的设备。

约翰•姚认为，物联网由于“在很多方面瞄准了消费者这一头的市场”而对安全性不是特别关注。

生产新一代智能家电的企业对于这个话题都谈论得不多。例如已经推出能用智能手机监控洗衣机的韩国电子巨头三星在一封电子邮件中表示公司“非常重视产品的安全性”，并且会对风险进行监控。但除此之外，三星拒绝对智能家电的安全性问题进一步置评。

2. 互动厨房台面

另一家韩国电子巨头 LG 的 SmartThinQ 技术能让智能手机监控洗衣机、冰箱和烤箱并诊断它们出现的问题，需要购买者创建用户名和密码。

瑞典家电巨头伊莱克斯正在开发一种互动厨房台面：白色表面下藏有烹饪食物所需的电热元件以及能对手机等设备进行无线充电的装置。这款台面甚至还配有一位虚拟“大厨”来引导你按照食谱进行操作。

倡导计算机安全与隐私的德国黑客俱乐部 Chaos Computer Club 的成员塞巴斯蒂安 · 齐默尔曼(Sebastian Zimmerman)指出：“如今瞄准此类设备的犯罪黑客还不是很多，但是一旦犯罪黑客发现了能通过入侵智能家居设备获利的可靠方式，情况就会发生变化。”

3. 婴儿监控器

齐默尔曼表示，犯罪分子以前通常会忽略手机，直到移动银行应用提供了一种获取账户信息的方式，从而让手机成为更加有利可图的目标。

也有一些搞恶作剧的人并不是为了谋利。今年 4 月，俄亥俄州的一对夫妇告诉 Fox19 电视台，他们有一天半夜醒来，听到了 10 个月大的女儿的联网婴儿监控器里传出了一个奇怪的男声，该名男子发出尖叫并试图唤醒宝宝。

相关婴儿监控器厂商 Foscam 已经向用户发布了紧急通知，提醒他们更改设备默认的用户名和密码并下载新版软件。该公司表示，其产品进行正确设置之后，就不存在已知漏洞了。

尽管如此，安全软件公司卡巴斯基实验室的研究人员大卫 • 埃姆(David Emm)表示：“越来越多的黑客热衷于通过盗取信息牟取违法利益，从而让智能家居设备成了诱人的攻击目标，犯罪分子通过操纵手机和电脑获利是一种水很深的黑色经济，而我们生活中越来越多的其他方方面面正在卷入其中。”

(资料来源：http://info.wujin.hc360.com/2014/06/161541598369.shtml)

分析与讨论：

1. 物联网应用中的安全问题主要体现在哪些方面，将会产生什么危害？

2. 如何避免物联网安全问题的发生？

第7章 基于物联网技术的电子收费系统

【教学目标】

- 了解收费方式的种类和特点;
- 掌握电子收费系统的原理;
- 理解 RFID 在电子收费系统中的作用。

【章前导读】

经常从高速收费站出入高速公路的乘客发现，总会有一条车道似乎什么时候都没有排着长龙的汽车。在车道的上方有一个醒目的标志——ETC 专用车道。“没有车通过”会不会造成资源的浪费呢？当把许多人的这个疑问抛给高速公路管理局指挥调度中心负责人时，他笑着解释道：“其实这是一个误会，这个车道看似清闲，其实，现在其一天车辆通行数量远远大于人工收费车道。之所以看似没有多少车，恰恰说明了其具有极高的通行能力。车辆通过这个车道时，无论是上道领卡还是下道缴费，都不需要停车，其通行速度之快可想而知。”

思考题：在上道领卡和下道缴费，都不需要停车情况下，通行费用是如何缴纳的呢？

7.1 公路收费系统概述

高速公路建成后，对行驶的车辆收取通行费，用以偿还建路贷款，补偿建路所耗巨额资金，维持道路养护管理费用支出，是当今世界大多数国家发展高速公路的通行做法，也是近年来得到国家明确肯定认可的行为。车辆通行费的征收及收费制度的逐步完善，给高速公路发展注入了生机和活力，具有十分重要的意义。

7.1.1 收费方式种类

收费技术经历了从低级到高级、从功能简单到丰富完善的过程，除无任何管理设备的人工收费外，综合目前国内外的收费方式，概括起来有两大类：半自动收费和全自动收费；收费方式有 6 种：计算机管理通行券(条形码)收费、磁卡(IC 卡)收费、投币式收费、动态称重收费、红外线收费和不停车电子收费。

目前我国使用最多的还是半自动收费，随着社会经济和高新技术的发展，电子收费逐步取代半自动收费。

1. 人工收费

人工收费是指收费过程全部由人工完成，即车辆的车型识别、通行费收取、收据发放以及车辆放行等收费操作。

在开放式系统收费中，缴费一次性完成，收费员的工作量大。人工收费方式的过程是：车辆进入收费站入口时，收费员判断车型后，按规定的费率确定应收金额，驾驶员将应交费用交给收费员，在收费员完成收费找零后，发放一张印好收据，上面记载时间、地点、收费金额等信息，以便以后查询，然后放行。

在封闭式收费系统中，采取入口判车型、发券，出口再次判车型、收费、开收据，入、出口票据核对的方式，这样可以防止收费中的一些作弊现象。

人工收费的特点是节省建设投资，在处理异常情况时有很大的灵活性，但是误差、漏收和违纪现象较大，而且增加了车辆在收费车道上的延误，影响交通流畅，加上恶意闯关等现象，不但给收费管理工作带来麻烦，也造成了收费收入的巨大损失。

另外，因车辆停车与启动时产生的噪声和废气会造成环境污染，同时，车辆的机械磨损和油耗也很大，由此造成的经济损失也相当大；由于驾驶员需要停车缴费，所以交通设施的服务水平和通行能力也不高。

2. 半自动收费

随着经济的发展和科学技术的进步，计算机进入了收费领域，由计算机进行辅助收费的第二种收费方式——半自动收费模式应运而生。它是由计算机和人共同完成收费过程，人工(或仪器)识别车型，人工收费，计算机计费，数据打印与汇总等。通过使用计算机、电子收费设备、交通控制和显示设施代替人工收费方式操作的一部分工作。计算机的参与，降低了收费员的劳动强度，将人工审计核算、人工财务统计报表转变为计算机数据管理，极大地减轻收费管理人员的劳动强度，使收费管理系统化和科学化；通行费的流失大大减少，漏洞得到一定程度的控制。

1) 开放式半自动收费方式

在开放式收费系统中，我国普遍采用的半自动收费方式为人工判车型、人工收费、计算机统计、车辆监测器计数(车辆数)、自动栏杆、电视监控。监控部分主要用于收费员在车型、免费车辆上作弊及驾驶员闯关情形发生。为了解决收费方式中存在的缺陷，需要采用更先进的技术和有效的管理措施，如采用自动车型分类(AVC)、计算机图像处理等。

在城市开放式收费道路中，若通勤车辆有相当大的比例，则可采用非现金付款方式，这不但能提高收费车道的通行能力，而且也可以避免收费员接触现金以减少贪污的可能性，例如采用月票、预付卡等方式。

2) 封闭式半自动收费方式

在封闭式收费系统中，目前普遍采用印刷通行券(磁卡或非接触 IC 卡)、人工判车型、现金支付、计数器校核、计算机管理、电视监控的方式。面对收费员作弊行为，采用一系列的制止和监督措施，如数据监视方式、图像监视方法等，对于自动栏杆的开启，必须在收费员正确完成收费流程后，收费车道控制机才能控制自动栏杆放行，对于强行冲卡和免费车辆，也有了记录、事后追缴和罚款的依据。

半自动收费方式大大提高了收费操作的正确率和可靠性，有效地抑制了票款流失，减少了经济损失。但仍需停车办理收费手续，不仅增加了车辆延误，而且在交通量较大时，还容易产生收费站前的车辆排队等候，特别是在主线收费站前，经常形成排队，堵塞交通，成为交通“瓶颈”。尽管如此，受经济条件、技术水平等因素的限制，这两种收费模式在我国仍然获得广泛应用。

3. 电子收费系统

20 世纪 90 年代初，电子收费系统(Electronic Toll Collection System，ETC 系统)即全自动收费系统(或电子收费系统)出现了。收取通行费的全过程均由机器完成，操作人员不需直接介入，只需对设备进行管理监督以及处理特殊事件。利用电子技术、计算机与通信技术，使驾驶员不需要停车付费，以缓解因收费而造成的交通排队现象，是未来收费方式的发展方向。

全自动收费的关键技术在于车型的判断与识别技术。目前主要是应用发放电子标识卡，每一辆车均有唯一的标识卡，卡中预先记录该车的型号、车牌号和车主等相关资料，相当于该车的身份卡。将标识卡安装在汽车前挡风玻璃上，当车辆经过收费站时，收费站内收发器与标识卡进行高频微波通信，从而识别车型等信息，自动将此信息传与管理计算机，利用电子货币的支付手段，实现在不停车条件下自动收取道路通行费的系统。

世界各国都把 ETC 系统作为 ITS 领域最先投入应用的系统来开发。我国交通部门也把 ETC 系统的开发和应用列为我国 ITS 领域首先启动的项目。近年来，ETC 系统在我国众多省份得到了越来越广泛的应用。

7.1.2 传统收费方式的不足和 ETC 的优势

传统收费方式包括全人工收费和半自动收费，存在较多弊端，主要表现在以下几个方面。

(1) 收费方式效率低下，限制了车辆的通行速度，使收费站成为制约高速公路通行能力发挥的瓶颈。

(2) 停车次数增多，汽车尾气和噪声严重，影响环境质量。

(3) 在主线收费站和一些车流量大的匝道站，经常出现交通拥挤和堵塞，与高速公路快速、便捷、舒适的形象极不相符。

(4) 人工现金收费存在现金的错收、漏收、误收(假币)及复杂的现金管理，造成运营成本增加，降低收费还贷速度。

由于 ETC 系统实现了不停车自动收费和交易方式的智能化管理，具有人工收费不可比拟的优越性。

(1) 由于电子收费系统为不停车的收费系统，在很大程度上提高了收费效率，也因为系统的非人工操作，减少了贪污作弊等现象。电子收费系统是硬件设备之间通过电子信号进行操作的，避免了人为操作的烦琐与失误。

(2) 电子收费系统给驾乘人员带来了很大的方便，减少了无谓的消耗和污染。采用电子收费系统，实现了路桥通行费征收的不停车操作，这不仅方便了车上的驾乘人员，而且对于车辆来说，意味着不必再频繁的启动、刹车，无谓的油耗和机件、轮胎的损耗将会降低。此外，因频繁的起步停车而排放的车辆尾气也会得以减少，这对环境保护很有益处。

(3) 减少了公路的交通堵塞。与传统的公路收费口相比，电子收费系统不但收费效率大大提高，而且车辆的通行能力也大大增强，以前所导致的瓶颈制约作用明显减弱。不同收费方式的通行能力见表 7-1 和表 7-2。

表 7-1　不同收费方式的通行能力比较(开放式收费系统)

收费车道类型	通行能力/(veh/h)
找零、开收据的人工车道	350
只发放通行票的人工车道	500
投币式自动收费机	500
投币式自动收费机(主要用代币)	650
一个 ETC 车道，其他为半自动收费车道	700
传统收费站改进的 ETC 系统	1 200
无障碍 ETC 专用车道	1 800

表 7-2　不同收费方式的通行能力比较(封闭式收费系统)

收费方式	入口车道		出口车道	
	服务时间/s	通行能力/(veh/h)	服务时间/s	通行能力/(veh/h)
ETC 方式	3.3	1 090	4.9	730
传统方式	6.1	590	17.6	200
混合式	4.7	760	11.5	310

(4) 提高管理效益。可大量减少收费人员，节省25%～40%日常管理费用。

(5) 提高交通效率，增强国家的经济竞争，促进社会的现代化。

交通系统是各国国民经济的基本产业，在实现现代化的过程中，电子收费系统顺应了由电子技术所产生的电子货币及电子商务将成为社会经济中的主导流通方式的潮流，其必将推动社会现代化的进程。

另外，ETC 系统的应用为一系列后续管理策略及相关技术(如车辆称重、可变收费等)的实施奠定了基础，在更广范围内为对象的交通控制和交通管理打下了基础，为各种更广范围的交通控制技术(如车辆自动称重及车辆可变收费等)的实施打下了基础，这些技术的应用改变了人们出行的行为特性，使 ETC 系统更具备 ITS 的特色。其中，车辆运动称重系统通过运动称重设备识别出重型车辆，对其实施相应的策略，以控制车辆的载重量及重型车的交通量，达到增加车辆行驶的安全性，使道路设施免受破坏，确保其使用寿命。而对重型车辆的控制管理必须与收费系统有机地结合才能有效地得以实现，但人工收费系统在速度上和质量上与其都不够匹配，ETC 系统可作为其有力的支持。

7.2 ETC 国内外应用现状

7.2.1 国外应用现状

国际上，美国、欧洲、日本在 20 世纪 90 年代中期就针对不停车收费系统中的关键技术、工程实施、标准规范进行了深入研究，并向国际标准化组织提交了有关不停车收费标准的草案，欧洲和日本提出的标准较为成熟，获得了较广泛的厂商支持。

1. 美国

在美国，早在 20 世纪 80 年代 ETC 就开始被采用，1986 年在连接新泽西州和纽约州的林肯大道上采用了 ETC 系统，1989 年在达拉斯北部高速公路上使用 ETC 系统，1995 年在美国最拥挤的州级 91 号公路上安装 ETC 系统，克服了交通拥挤现象。如今 ETC 方式已经成为美国回收公路投资和养护费用的高效率手段，最著名的联网运行 ETC 系统是 E-Zpass 系统。

1997 年 7 月，E-Zpass 工程的最终运行方案开始付诸实施和运行。从 E-Zpass 系统开通起，ETC 的交易量持续增长，截至 1998 年 12 月，仅经过 1 年半的时间，共计 23 条专用 ETC 车道就承担了整个月平均交易量的 43%，高峰时段甚至达到 55%～60%。

E-Zpass 系统采用了专用车道和混合车道两种模式，都有收费员值班。E-Zpass 专用车道规定了时速不超过 5 英里的限制，并有相应的标志牌提示，以便于给收费人员和道路使用者确保一个安全的收费环境。另外，美国基本上是采用开放式收费制式构成的网络。

2. 欧洲

葡萄牙的 Via Varde 电子收费系统可以算作欧洲具有代表意义的联网电子收费系统之一，由葡萄牙最大的公路营运商 BRISA 公司管理。收费系统采用封闭式和开放式相结合的模式。事实已证明，Via Varde 电子收费系统是既有利于道路使用者又有利于道路营运商的有效收费手段。根据营运报表统计数据，人工收费车道(MTC)的平均通行能力为 200 辆/小时，电子收费车道的平均通行能力为 1 500 辆/小时，1 条 ETC 车道的通行能力是 MTC 车道通行能力的 7 倍。该 ETC 车道的显著特点是没有自动栏杆，车辆能以不低于 80km/小时的速度通行。如果没有 Via Varde 系统，营运公司将不得不多修建 2 000 多条人工收费车道以解决收费拥堵问题。

1990 年挪威奥斯陆地收费路上使用了 ETC 系统。挪威卑尔根的实验表明：60%的车辆使用 ETC 系统车道；当处在车流高峰时，使用 ETC 系统的车辆达到 75%～80%。

澳大利亚墨尔本基于因缺乏地产权、降低环境污染、提高公路交通安全、传统的收费广场方式已不再合时宜等方面的考虑，采用了多车道自由流(Multi-Lane Free Flow，MLFF)电子收费(Electronic Fee Collection，EFC)技术，组建了自由流的 ETC 系统。该工程总造价达 22 亿澳元，建成后经营期限为 34 年。此外，针对自由行驶在公路上的车辆，不仅要求收费处理和违章抓拍过程要可靠和准确无误，而且要富有灵活性，即对经常性用户和专门的运输群体，如出租车和公用事业车辆进行灵活处理。

意大利于 1990 年首次在米兰至那不勒斯的高速公路上应用 ETC 系统，至 1996 年采用 ETC 系统的高速公路里程数达 977km(高速公路全里程为 5 500km)。

奥地利应用 ETC 系统的里程数到 1996 年达 400km(高速公路全里程为 1 600km)，并在 2001 年实现所有的高速公路上都采用 ETC 系统。

欧洲相当一部分国家如德国等，由于国家相应的政策法规不支持收费公路的发展，故 ETC 的应用规模受到了一定的限制，所以说 ETC 技术的应用是以收费公路的发展为基础的。

欧美国家应用的 ETC 系统从收费制式上来说大多数属于开放式收费系统，即收费站都建设在高速公路主线上，一般每隔 30～50km 设置一个收费站，各个匝道出入口不设收费站，这样车辆可以自由进出，不受控制，高速公路对外呈现开放状态。每个收费站的收费标准仅根据车型不同而变化，但各个收费站的收费标准则因控制的距离不等而有所区别，长途车辆经过每个收费站都要缴费。所以欧美国家的 ETC 系统大多采用单片式电子标签，有的为降低用户的投入，甚至只使用只读式电子标签。

3. 亚洲

日本的收费公路历史近 40 年，目前收费公路总长已近万公里，可以说日本的高速公路和汽车专用公路几乎所有的区间都是收费的。然而，日本经济的高速增长导致汽车的迅猛发展，尤其在大城市内和大城市间的高速公路出现了远超出计划时预想的交通需求，交通堵塞司空见惯，且大部分都出现在收费站处，解决这一难题已成为日本道路的主要课题之一。

ETC 成为日本解决这一难题的主要方法，但由于技术难度和协调问题，时至 1999 年才开始真正实施全国性的 ETC 网络建设，首先建成的是东京附近的首都圈 ETC 工程。在总结了有关经验后，从 2000 年开始大阪、名古屋等多条高速公路 ETC 建设，共计约 100 多个收费站，400 多条 ETC 车道。

日本采取的是接触式 CPU 卡加两片式电子标签和双 ETC 天线的方案，车道设双向打开的高速栏杆，无人职守。封闭式收费环境下所有收费站都设立 ETC 收费车道。其采用的 ETC 技术方案具有很高的安全性和车道通行能力，有完善的防密钥扩散机制和电子标签发行流通体系，但车道系统投资和电子标签成本较高。

新加坡是世界上第一个在城区建立电子道路收费系统(Electronic Road Pricing System)的国家，该系统于 1998 年 9 月正式投入使用。与其他国家不同的是，新加坡的道路收费系统主要用于控制拥挤路段的交通流。建立该系统之前，新加坡一直使用 1975 年建立的人工收费系统(区域通行券系统或 ALS 系统)。新加坡将拥挤区域定为限制区，在一定的时段要求进入该区域的车辆必须购买区域通行券，并将其贴在汽车挡风玻璃或摩托车的手柄上，使得道路的交通流控制能更有成效的实现，使更为复杂的收费控制策略得以施行。20 世纪 90 年代，由于区域通行券系统的成功实施，类似的系统被引入到 3 条主要高速公路的拥挤路段，用以控制高速公路的拥挤路段在高峰时段的交通流。新加坡有 9 条高速公路，总长 141 千米。需注意的是，无论是区域通行券系统还是高速公路的道路收费系统，都只在预付费的前提下，实行对车辆的控制进入，在收费站并没有真正意义的收费。

7.2.2 国内应用现状

ETC 最早引进我国是在 20 世纪 90 年代中期。那时，我国部分经济发达地区的高速公路车流量激增，导致了收费口交通堵塞、环境污染等一系列问题。据 ISO/TC204 中国委员会统计资料，当年仅广州地区停车等待交费损失的车时就达数百万车小时，由此导致的汽油浪费以亿元计算。因此，部分经济发达省市开始引进 ETC 系统以解决人工收费方式的不足。1996 年，广东省佛山市通达高技术实业公司引进美国 TI 公司的 ETC 收费设备，开发了 ETC 收费系统软件，在佛山、顺德、南海等地建立了 ETC 车道并投入使用。年底，北京首都高速公路发展有限公司与美国 AMTECH 公司签订协议，在首都机场高速公路进行为期 3 个月的 ETC 收费系统试验，该系统第二年投入试运行。2002 年 4 月 8 日，天津市第一条公路自动收费系统正式开通，4 月 18 日正式对外运营。此外，我国香港地区 20 世纪 90 年代中期以来在所有公路隧道口都安装了带有自动车辆识别技术的自动收费系统；我国的台湾省也于 1998 年 11 月 15 日起在中山高速公路上推行高速公路电子收费系统。

为规范和促进电子不停车收费系统在国内的应用，交通部于 1998 年组织交通部公路科学研究所等有关单位开展网络环境下不停车收费系统的研究，对有关接口规范和技术指标给出了指导性意见，并在 1999 年组织北京、广东、江苏、四川交通厅(局)开展示范工程建设。

2007 年，交通部颁布了《收费公路联网收费技术要求》，对我国的 ETC 系统规定了统一的标准，极大地推动了 ETC 在国内的发展。

目前，广东省是我国 ETC 应用最广泛且技术较为成熟的省份，全省 61 条高速公路中已有 60 条纳入全省联网收费，联网里程近 3 200 公里，形成了全省联网收费(现金和非现金)结算中心、区域结算中心、地级市客户服务中心以及银行充值点和临时办卡点等运营机构和支撑平台。此外，福建、江西、北京、江苏、上海等省份已开始陆续启用 ETC 系统。

7.3 基于 RFID 的 ETC 系统

电子收费系统是应用先进的技术手段，自动完成电子收费交易，实现在不停车条件下自动收取道路通行费的系统。电子不停车收费系统与其他收费系统最主要的区别是增加了车道微波通信系统，借助电子标签、路侧单元的无线通信，完成了不停车收费。车道微波通信系统通常由车载电子标签、电子标签编码器、路侧单元及其控制器、车道控制计算机等组成。

7.3.1 ETC 系统工作原理

ETC 系统利用微波(或红外、射频)等技术，通过收费车道或路侧单元(RSU)与车载单元(OBU)的信息交换，自动识别车辆，采用电子支付方式，自动完成车辆通行费扣除的全自动收费方式。电子收费技术特别适于在高速公路或交通繁忙的桥隧环境下采用。

1. 系统组成

ETC 系统主要由 ETC 收费车道、收费站管理系统、ETC 管理中心、传输网络及专业银行组成。根据分工的不同，系统又可分为前台和后台两大部分。前台以车道控制子系统为核心，用于控制和管理各种外场设备，与安装在车辆上的电子标签的通信，记录车辆的各种信息，并实时传送给收费站管理子系统。后台由收费站管理子系统、ETC 管理中心和专业银行组成。ETC 管理中心是 ETC 系统的最高管理层，既要进行收费信息与数据的处理和交换，又要行使必要的管理职能，它包括各公路的收费专营公司、结算中心和客户服务中心。后台根据收到的数据文件在公路收费专营公司和用户之间进行交易、拆账和财务结算，配有多台功能强大的计算机，完成系统中各种数据、图像的采集、处理。图 7.1 为电子收费系统构成要素及关系图，图 7.2 是 ETC 主要设备的相对位置关系。

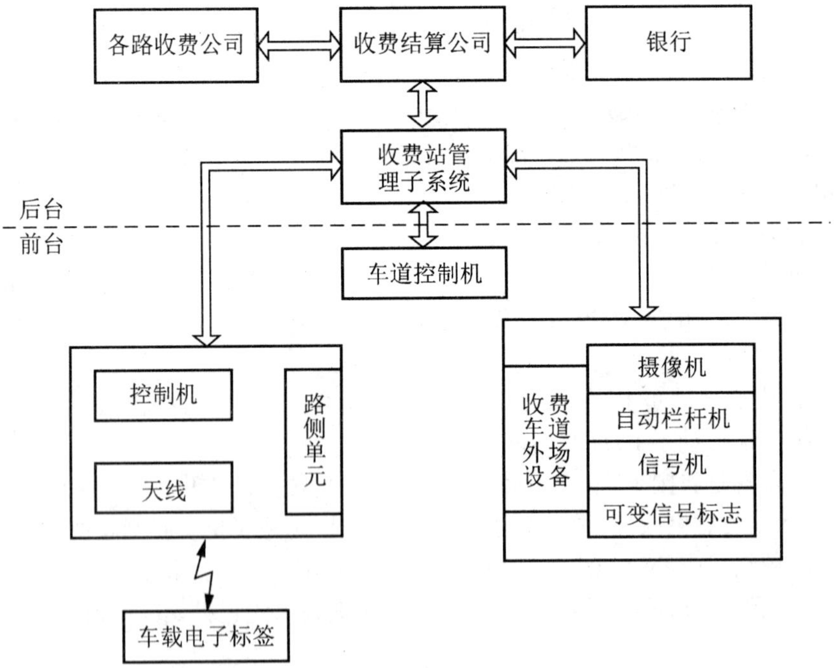

图 7.1　ETC 系统的构成要素及关系图

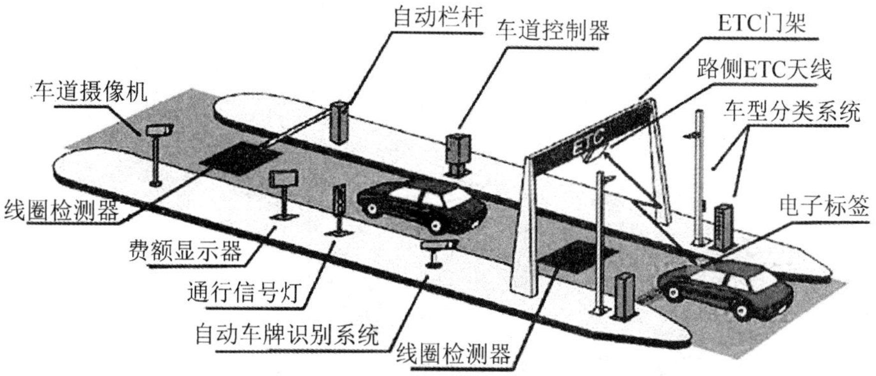

图 7.2 ETC 系统的主要设备相对位置关系

2. 工作流程

车主到客户服务中心或代理机构购置车载电子标签，交纳储值。由发行系统向电子标签输入车辆识别码(ID)与密码，并在数据库中存入该车辆的全部有关信息(如识别码、车牌号、车型、颜色、储值、车主姓名、电话等)。发行系统通过通信网将上述车主、车辆信息输入收费计算机系统。车主将标识卡贴在车内前窗玻璃上即可。当车辆驶入 ETC 收费车道入口天线的发射区，处于休眠的电子标签受到微波激励而苏醒，转入工作状态；电子标签通过微波发出电子标签标识和车型代码；天线接收确认电子标签有效后，以微波发出入口车道代码和时间信号等，写入电子标签的存储器内。当车辆驶入收费车道出口天线发射范围，经过唤醒、相互认证有效性等过程，天线读出车型代码以及入口代码和时间，传送给车道控制机，车道控制器存储原始数据并编辑成数据文件，上传给收费站管理子系统并转送收费结算中心。

如果持无效标识卡或无卡车辆，在收费车道上高速冲卡而过，天线在确认无效性的同时，保持自动栏杆关闭状态，将冲卡车辆拦截(低速通过车辆)。在无专用收费车道的自由流收费时，可启动逃费抓拍摄像机，将逃费冲卡车辆的车头及牌照号码摄录下来，随同出口代码和冲卡时间一并传送给车道控制机记录在案，事后依法处理(高速通过车辆)。

银行收到汇总好的各路公司的收费信息后，从各个用户的账号中，扣除通行费和算出余额，拨入相应公司账号。与此同时，银行核对各用户账户剩余金额是否低于预定的临界阀值，如低于，应及时通知用户补交，并将此名单(灰名单)下发给全体收费站。如灰名单用户不补交金额，继续通行，导致剩余金额低于危险限值，则应将其划归无效电子标签，编入黑名单，并通知各收费站，拒绝无效电子标签在高速公路电子收费车道通行，按违章冲卡车处理。

收费结算中心设有用户服务机构，向用户出售标识卡、补收金额和接待客户查询，后台有一套金融运行规则和强大的计算机网络及数据库的支持，处理事后收费等事项。

3. 系统分类

ETC 系统可分为单车道 ETC 系统和多车道自由流 ETC 系统。

单车道 ETC 系统指在用收费岛或其他设施隔离出来的收费车道，应用电子收费技术自动完成对依次通过车辆的收费处理的 ETC 系统。这种方式适用于 ETC 用户在所有缴费用户中并非多数的情况，如图 7.3 所示。

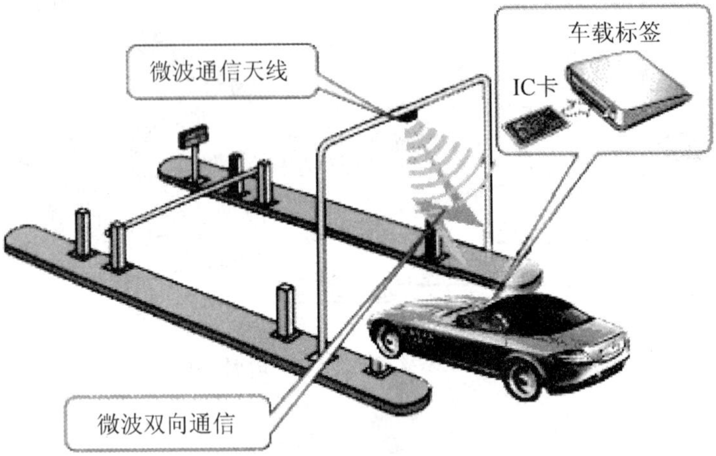

图 7.3　单车道 ETC 系统

多车道 ETC 系统指在没有物理隔离设施的收费公路上，应用电子收费技术自动完成对多条车道上自由行驶车辆的收费处理的 ETC 系统，也称自由流 ETC 系统。这种方式适用于 ETC 用户在所有缴费用户中已成为大多数的情况。

7.3.2　ETC 系统涉及的关键技术

ETC 系统是利用微波(或红外、射频)技术、电子技术、计算机技术、通信和网络技术、信息技术、传感技术、图像识别技术等高新技术的设备和软件(包括管理)所组成的先进系统。ETC 系统中主要涉及 3 类关键技术：自动车辆识别(Automatic Vehicle Identification，AVI)、自动车型分类(Automatic Vehicle Classification，AVC)，视频稽查系统(Video Enforcement System，VES)。

1. 自动车辆识别

自动车辆识别(AVI)是电子收费的核心技术，指当车辆通过某一特殊点时，不需要司机或观察者采取任何措施，就能精确识别车辆身份的一种技术。AVI 经历了声表面技术、条形码技术、红外通信技术、无线电射频和微波通信技术等过程，最后得到认可的只有改进的红外通信识别技术和无线电通信技术。到 20 世纪末，已基本确立了采用微波通信技术作为电子收费系统的车辆自动识别技术的主流地位。但近年来，采用全球卫星定位系统(GPS)技术的车辆定位系统(VPS)和基于光学字符识别(Optical Character Recognition，OCR)技术的牌照识别(LPR)也进入了 AVI 的应用。目前国际上的主流 ETC 系统都采用微波通信技术实现车辆自动识别。

同时，国际上为了实现智能交通系统(Intelligent Transport System，ITS)对车辆的智能化、实时、动态管理，专门开发了短距离间的专用短程通信(DSRC)协议。目前，国际上已形成欧洲 CEN/TC278、美国 ASTM/IEEE、日本 ISO/TC204 为核心的 DSRC 标准化体系，其他各国的 DSRC 标准都是参照这 3 类标准来制定的。

2. 自动车型分类

公路收费是分车型收费的，不同的车型对应着不同的收费标准，AVC系统根据车辆的物理特性来进行车型分类。AVC依据的车辆物理特性包括：车长、车宽、车高、车轮直径、轮距、轮数、轴数、轴距、底盘高度及外形尺寸等。

目前，国内外用于车辆特征检测的传感器主要有压力传感器、环形地感应线圈、红外阵列、超声波、雷达、声学传感器、震动传感器和视频传感器。利用各种传感器得到车辆特征参数后，就要对数据进行分析融合来确定车型。目前，关于车型识别的算法大致可以分为基于模板的方法和基于代数特征的方法。

3. 视频稽查系统

视频稽查系统(VES)利用光学字符识别技术自动获取非法车辆的车牌号码。VES 摄录方式包括照片、录像带和数字影像等。车牌照识别主要分为车牌图像捕获、图像预处理、车牌定位、字符分割、字符识别等几个部分。

目前基本的车牌定位方法主要有：基于纹理的定位方法；基于边缘检测的定位方法；基于数学形态学的定位方法；基于颜色的定位方法；基于遗传算法提取汽车牌照的方法；基BP神经网络的车牌定位方法。上述各种车牌定位方法都具有一定的实用性和参考价值，但大都不完善，背景要求比较简单，不能满足当今背景复杂、车牌多、干扰多的实际场合应用要求。结合上面这些基本方法与各种优化算法又派生出许多其他定位算法，每种方法也存在各自不同的局限性。

在经过号牌定位环节后，为了方便下面的识别环节，应首先对字符进行分割，并进行量纲统一化，分割质量的好坏和正确与否将直接影响后面识别结论是否正确。目前字符分割方法主要有：直接的分割算法，这种方法是基于车牌字符的先验知识，直接对字符进行切分，局限性是对车牌精确定位要求较高，鲁棒性不好；基于模板匹配的算法，该算法充分利用了车牌字符等宽、排列规则的特征，根据车牌的字符排列规则，引入适当模板，并使用模板与垂直积分投影曲线匹配，计算最佳匹配位置，从而得到字符分割的准确结果，局限性是对同一车牌不同字符的字符宽度不同，切分效果不好；垂直投影法，采用对二值车牌进行垂直投影，从而确定车牌中字符的位置，这种方法对车牌图像无噪声、字符不出现粘连的情况比较适合，但是如果条件改变，那么提取的字符就会出现缺损等不良现象。

字符识别是模式识别的重要应用领域，涉及图像处理、人工智能、模糊数学、机器视觉等多种学科，是一门综合性很强的应用型技术。当前专门针对车牌字符识别的方法主要有简单的模板匹配法、神经网络方法、特征点匹配法、基于Hausdorff距离法、光电混合联合变换相关法和小波法等。

7.3.3 RFID 技术在 ETC 中的应用与实现

1. 基于RFID的ETC工作原理

车辆自动识别技术是ETC的核心技术之一。相比于其他的自动识别技术如条形码技术、磁卡技术、光学字符技术、IC 卡技术以及视觉识别技术等，RFID 技术以其独有的特性和优点占据了越来越重要的位置，已逐渐成为各ETC厂家的首选技术。

射频识别技术与其他的自动识别技术相比最大的优点在于非接触性，在完成识别时无须人工干预，能够实现完全自动化；阅读器、电子标签等设备不易损坏，受环境影响少；能识别高速运动的物体并可同时识别多个物体；可以实现远距离识别；电子标签内的信息可以读/写，对于需要频繁改变数据内容的场合如超市、集装箱码头、小区车辆管理、路桥收费等场合尤为适用。

目前大多数的自动车辆识别系统基于无线射频识别 RFID 技术，收费站的天线与车辆上的转发器之间进行短程通信(DSRC)。RFID 技术在理论和实际应用中都被证实是最为可靠的不停车收费技术。

ETC 系统中 RFID 一般由以下 3 部分组成。

(1) 电子标签(Tag)。其由耦合元件及其他器件组成，每个标签具有唯一的电子编码，安装在车辆上标识车辆信息，其中保存有约定格式的电子数据；当受到无线电射频信号照射时，反射回携带有数字字母编码信息的无线电射频信号，供阅读器处理识别。其工作频率一般在 915 MHz 以上，分为有源和无源。

(2) 阅读器(Reader)。用以产生、发射无线电射频信号并接收由电子标签反射回的无线电射频信号，可无接触读取并识别电子标签中保存的车辆数据信息，从而达到自动识别车辆的目的。还可向标签写入信息，进一步通过计算机及计算机网络实现车辆信息的采集、处理及远程传送等管理功能。采用广播发射式射频识别和反射调制式射频识别。

(3) 微型天线(Antenna)，微型天线也称路测标识，用于在电子标签和阅读器间传递射频信号。安装在高速公路出入口和产生多义性路径的交叉口。

将阅读器天线架设在距收费口约 50～100 m 的道路上方。当有车进入自动收费车道并驶过在车道的入口处设置的地感线圈时，地感线圈就会产生感应而生成一个脉冲信号，由这个脉冲信号启动射频识别系统；由阅读器的控制单元控制天线搜寻是否有电子标签进入阅读器的有效读写范围。如果有则向电子标签发送读指令，读取电子标签内的数据信息：发卡银行编号、车牌号、车类参数、电子标签号等，阅读器接收到车辆信息后，传送至车道控制器(后台计算机)，对进入收费车道的车辆进行电子标签的合法性校验，分析出车辆的相关信息，由计算机处理完后再由车道后面的阅读器写入电子标签内，打开栏杆放行并在车道旁的显示屏上显示此车的收费信息，这样就完成了一次自动收费。如果没找到有效的标签则发出报警，放下栏杆阻止恶意闯关，迫使其进入旁边预设的人工收费通道。基于 RFID 的 ETC 系统如图 7.4 所示。

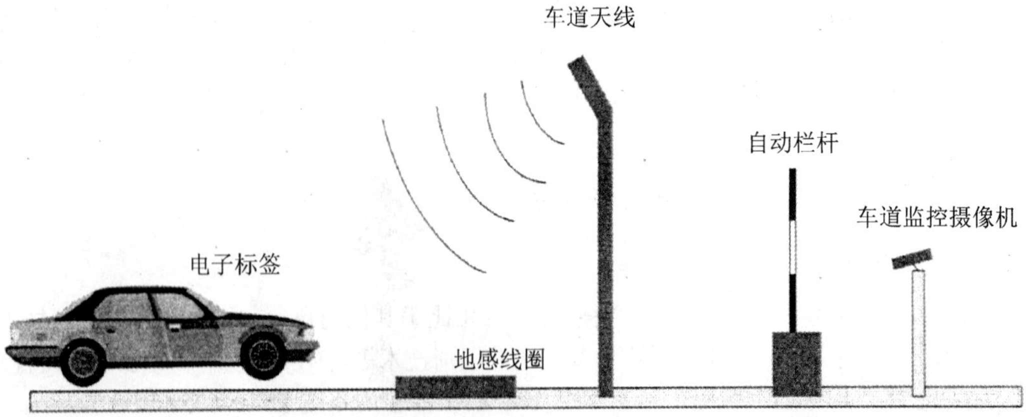

图 7.4　基于 RFID 的 ETC 系统示意图

2. 基于 RFID 的 ETC 系统构成

基于 RFID 的 ETC 系统主要由监控中心、门禁系统、车载标签、视频系统、通信系统 5 大部分所组成，其结构如图 7.5 和图 7.6 所示。

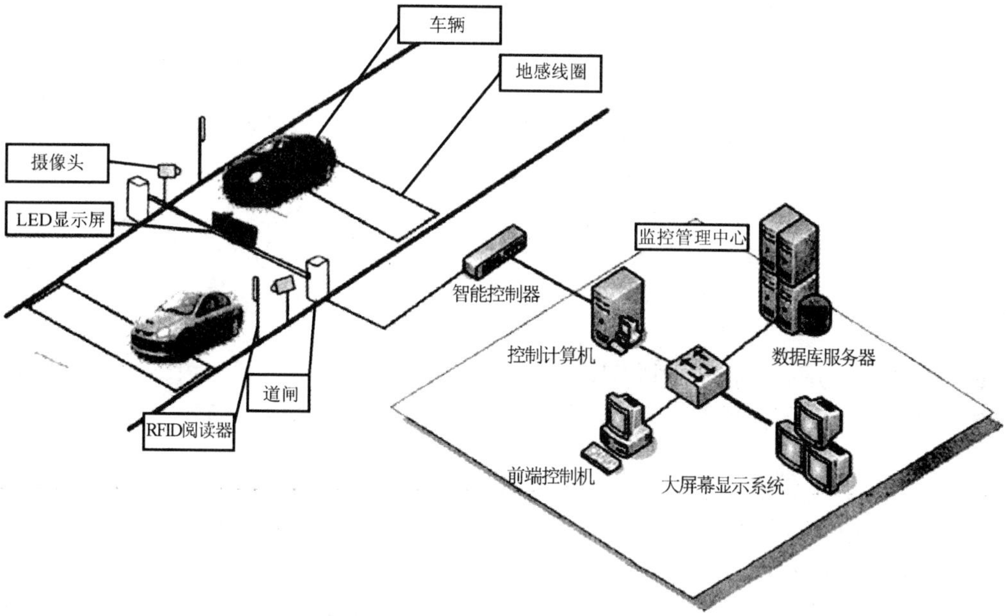

图 7.5 基于 RFID 的 ETC 结构示意图

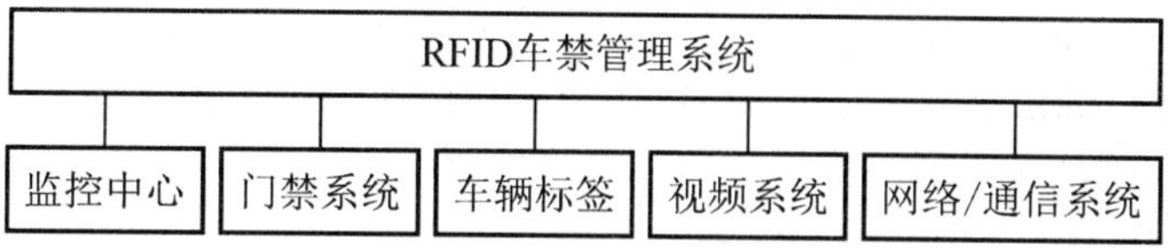

图 7.6 基于 RFID 的 ETC 系统构成

1) 监控中心

监控中心是整个系统的信息处理中心、数据库管理中心，它管理着所有车辆基本信息与日常进出高速公路车辆的信息记录与统计，是该系统的核心部分。车辆管理系统将车辆相关信息集中存放到数据库服务器中，包括车辆的基本信息、进入时间、进入的图像等，数据服务器担负着车辆信息储存的关键任务，系统应充分考虑了数据的冗余、容错处理，建立实时数据备份机制，可按客户的需求时间存储数据，方便统计和查询。系统一般采用 C/S 模式，每台客户端工作站对整个系统反应速度起到关键作用。

2) 门禁系统

门禁是整个系统的信息数据采集中心，它担负着对日常进出车辆的数据采集工作。该部分主要是在进出口安置 RFID 读卡器、智能控制器、摄像设备及车辆道闸等设备，以达到车辆进出时的安全、高效、有序。

3) 车载标签

RFID 超高频车载电子标签是整个系统中车辆数据信息的携带者，其主要作用是在车辆进出门禁时将所携的车辆基本信息通过无线射频的方式传输至 RFID 超高频读取器。由于标签采用了 64 位的加密方式和特有的编码方式，拥有较高的安全系数。

4) 视频系统

视频系统包括车辆进出抓拍及录像系统，通过安装在进出口的抓拍及全景摄像头对进出车辆进行抓拍和录像，在系统存档，方便留存，同时监控中心也可实时监控进出口的车辆状况。

5) 语音对讲系统

在进出口与监控中心之间设有语音对讲系统，在进出口设备不正常或有特殊车辆须放行时，可通过与监控中心管理人员通话，实施后台控制放行。

6) 网络/通信系统

网络为 LAN 以太网星形连接，计算机与计算机的通信及数据的存储，数据库服务器担负着数据查询及处理、网络资源的分配和各工作站的权限分级审查。

7) LED 显示屏

LED 显示屏是一种通过控制半导体发光二极管的显示方式，显示内容为自动缴费车道状态信息，全屏可显示汉字、英文字符、阿拉伯数字、特殊符号图形等。

3. 基于 RFID 的 ETC 系统选型

在基于 RFID 的 ETC 系统中，车辆的主要数据采集来源是电子标签与阅读器。目前市场上供应的 RFID 产品，无论是低频、高频、超高频还是微波频段，主要还是以国外产品为主，特别是在超高频(UHF)领域，国产 RFID 标签及阅读器产品少之又少，基本还是国外厂商占领了大部分市场。

1) RFID 设备选型的原则

(1) 符合国家标准。虽然，目前 RFID 还没有形成统一的国际标签和国家标准，但是在选择 RFID 的方案时，还是要考虑具体应用的国家环境。

(2) 适应应用环境。不同的 RFID 系统决定了其应用场合的不同，因此在进行设备选型时，需针对自身的使用环境，选择最适当的系统方案与设备产品，防止投资的浪费。

(3) 与现有系统的集成。RFID 系统从某种意义上说就是一种信息采集的手段，为更好地利用采集到的数据信息，直接给企业或行业带来效率的提升就必须注意到与现有系统的兼容性问题，由于目前现有的 RFID 系统都是原有系统的技术延伸，从而大大降低了由于兼容性所引起的风险。

(4) 具有可持续发展性。由于 RFID 工程耗资较大、开发不易、系统购置设备的先后顺序以及产品厂家的不同，造成了多个不同系统并存的局面，这就要求系统能够兼容处理不同厂家的系统与标签产品。在标准化还不能完全实现的阶段，不妨借助于中间件等一类设备进行兼容性管理，以达到统一管理，降低投资的目的，因此在设备选型时还要考虑到今后系统的升级以及与合作伙伴之间的信息交流和共享。

(5) 客户利益保护。尽管 RFID 有着诸多优势，但是仍然有很多人对 RFID 遍布未来世界担心，因为 RFID 标签所使用的频率已经属于超高频范围，很多人担心长期生活在 RFID 标签包围中会受到高频射线影响，导致免疫力下降和癌症，这些都是很多人对 RFID 的疑问。此外，隐私保护团体也对 RFID 可能造成生产商长期跟踪用户抱有强烈的意见，而一旦使用一次性自毁 RFID，顾客又很有可能无法参与召回和折扣返款等服务。

2) RFID 设备频率的选择

按 ETC 系统设计的要求，RFID 产品必须是超高频(UHF)频段内的产品，在实际的车辆识别系统中，使用的工作频率主要是：915MHz、2.45GHz、5.8GHz。由于 915MHz 是使用的民用无线电超高频段，与 GSM 通信的频段重合，而且该频段使用的 RFID 设备的通信速率和通信距离都比较低，因此该频段的 RFID 设备不适用于 ETC 系统。2.45GHz 的 RFID 设备则主要使用于实验中，5.8GHz 的 RFID 设备由于通信距离长，噪声小，干扰和抗干扰的问题比较容易解决，系统安全性高。因此，ETC 系统推荐采用 5.8GHz 的 RFID 设备。

3) RFID 标签选择

ETC 系统中的电子标签，即车载单元(OBU)，是具有微波通信功能和信息存储功能的移动设备识别装置。ETC 系统中的 OBU 按其采用的技术可分为主动式和被动式两类。主动式为有源发射方式，自身具备发射能力，需接车内电源或电池；被动式是无源反向散射方式，无须接电源。OBU 按照读写方式还可分为只读型和可读写型。根据有无 IC 卡接口又分为单片式和双片式，即带 IC 卡接口的为双片式，无 IC 卡接口的为单片式。国家交通部颁布的《收费公路联网收费技术要求》规定我国 5.8 GHz ETC 系统采用的 OBU 为主动式、可读写、双片式电子标签，OBU 设备需要满足以下技术要求。

(1) 无线通信链路。OBU 与 RSU 之间的 DSRC 应符合 5.8 GHz DSRC 规定；OBU 的发射机应能够工作在非调制状态，即载波状态；OBU 的发射机应能够工作在连续发射周期为 511b 的伪随机二进制系列(PN9)的状态；OBU 的发射机应能够工作在连续发射全“0”的状态。

(2) 安全要求。OBU 应支持 TDES 算法的数据存取和访问控制；所有初始化数据的写入应采用 TDES 加密方式传输；OBU 要具备 IC 卡读写接口，该接口需符合 ISO/IEC 7816 或 ISO/IEC 14443TYPE-A 标准的相关规定，接触式接口的通信速率不低于 56b/s。

(3) 环境条件。工作温度范围为-25～+70℃(寒区-40～+70℃)；存储温度范围为-40～+70℃；相对工作湿度为 5%～100%；静电为 8kV；振动应符合 GB/T 2423.13—2008；冲击应符合 GB/T 2423.6—2008 试验 Eb 和导则。

(4) 其他技术要求。OBU 应具备防拆卸功能，一旦被拆卸，应在 OBU 内的相应信息存储区中设置相应的标志位；平均无故障时间应大于 50 000h，平均免维护时间不小于 2 年；支持应用更新，更新可采用 DSRC 方式或有线方式。

OBU 从功能上可划分为：收发天线、射频信号收发单元、调制解调单元、帧处理单元、MCU 协议处理单元、IC 卡接口单元、电源管理模块及外部扩展应用接口。我国目前 ETC 系统采用的 5.8GHz 车载电子标签大部分都是直接引进的国外产品，主要来自于欧洲和日本，如：挪威 Q-Free 公司、日本电装公司、瑞典康比特公司、日本丰田公司。国内提供 5.8GHz 电子标签的主要有：广州埃特斯公司、广东新粤公司。但是，由于这些公司起步较早，其生产的 5.8GHz 电子标签在技术上并不完全符合国家标准 GB/T 20851—2007 中的规定。

RFID 标签主要贴于车内前风挡玻璃上，因此，这就要求 RFID 标签体积小巧；在贴于车内前风挡玻璃上时不能影响驾驶员的视野；能直接附着于金属物体上。

4) 阅读器的选择

ETC 系统中 RSU 安装于收费站旁边。当车辆通过收费站口时车载单元与 RSU 之间建立专用通信链路进行双向通信和数据交换。《收费公路联网收费技术要求》规定我国 5.8 GHz ETC 系统采用的 RSU 设备需要满足以下技术要求。

(1) 线通信链路。RSU 与 OBU 之间的 DSRC 应符合 5.8 GHz DSRC 规定；RSU 的收发天线应具有同轴射频接口；RSU 的发射机应能够工作在非调制状态，即载波状态；RSU 的发射机应能够工作在连续发射周期为 511b 的伪随机二进制系列(PN9)的状态；RSU 的发射机应能够工作在连续发射全“0”的状态。

(2) 接口。RSU 应至少具备 RS232，RS485，USB 或以太网方式之一的上位机通信接口；RSU 应具备符合 ISO/IEC 7816 要求的 PSAM 卡座接口，支持符合 JR/T 0025.1～10《中国金融集成电路(IC)卡规范》安全交易规范要求的 PASM 的透明指令操作，PASM 卡通信速率不低于 56b/s。

(3) 环境条件。工作温度范围为-20～+55℃(寒区-32.5～+40℃)；存储温度范围为-40～+85℃；相对工作湿度为 5%～100%；静电为 8kV；振动应符合 GB/T 2423.13—2008；冲击应符合 GB/T 2423.6—2008 试验 Eb 和导则；盐雾应符合 GB/T 2423.18—2008；抗 4kV10/200Ls 雷击。

随着我国 ETC 标准的完善，打破了少数厂商垄断 ETC 设备的局面，符合统一标准的各厂商 ETC 产品将相互兼容，国内的中兴通信、握奇等公司也在开始研发符合国家标准的 OBU 和 RSU 设备。

阅读材料 7-1

国内高速公路 ETC 系统运营模式

国内各省公路非现金收费的模式不尽相同各有特点，其中广东已经全面应用了非现金和 ETC 收费系统，运行体系健全，系统运行稳定；江苏采用“苏通卡”作为结算工具(电子钱包)，系统建设规划和管理前瞻性做得非常到位；福建联合银行引入了信用卡支付形式，数据交换格式确定和 ETC 设备测试联调工作周密细致。

1. 广东模式

广东省专门成立广东联合电子收费股份有限公司，由省政府授予专营权，统一负责全省公路联网收费和 ETC 收费的实施工作，为全省车辆用户提供全省范围的“一卡通行”非现金缴费业务，并采用 ETC 收费技术解决收费站交通拥堵问题。

全省 6 个区域 60 条高速公路纳入联网收费，同步开通了粤通卡和电子不停车自动收费(ETC)，建成 169 条 ETC 车道。

联合电子收费股份有限公司发行“粤通卡”，在广州市设立“粤通卡”客服中心，省内各地市设营业部，在车流量较大的收费站、服务区、加油站设办卡安装点。“粤通卡”分为记账卡和储值卡，储值卡和记账卡的用户数和征费额比例分别为 8:2 和 2:8。对一般用户使用储值卡(储值卡充值额度不超过 10000 元)；对于大型客运公司、政府、事业单位等客户可使用记账卡。

银行是“粤通卡”的代理机构。广东省与建行合作，在全省 200 多个建行网点可以进行充值，在建行、工行、招行、深发展银行均可进行记账卡的扣款业务。

“粤通卡”的推广采取 3 种渠道：①自营渠道，即广东联合电子收费股份有限公司自身网点(客服中心)推广；②代理渠道，即通过合作银行网点(300 个)和油站(247 个)授权代理点推广；③邮购渠道，即拨打 96533 客服电话，在珠三角区内向客户邮寄“粤通卡”。

“粤通卡”使用效果：“粤通卡”不仅作为结算工具，同时也充当了通行卡的作用。2004 年开始使用，技术已经比较成熟，现正进入快速发展阶段。目前广东省使用“粤通卡”用户约 26 万辆，2006 年采用“粤通卡”缴费结算金额约 19 亿元，约占全省车辆通行费收入 12%(广州——深圳高速最高约占 16%)，预计今年年底“粤通卡”收入占总体收费额度的 20%，其中 ETC 收费金额占非现金收费额度的 20%～30%。

2. 江苏模式

2005 年 6 月江苏省开通高速公路联网收费电子支付系统，在省内高速公路推广使用“苏通卡”用于缴纳通行费，目前正在结合长江三角洲(苏浙皖赣沪四省一市)联网收费计划实施 ETC 收费。

联网收费管理中心作为发卡主体，负责卡的发行、管理、结算；省农行、工行作为结算银行，代理预付卡的受理、充值等业务，受理网点近 300 家。“苏通卡”仅作为结算工具(电子钱包)，车辆在入口处仍需领取通行卡。

“苏通卡”分为储值卡和记账卡两种模式，对一般可使用储值卡 A 卡(储值金额不超过 5000 元)，对信用等级较高的集团用户，可使用记账卡 B 卡。当用户使用储值卡通行时，系统自动记扣储值卡里的应收款项，并从储值卡扣除相应金额。联网中心将当天应收的用户通行信息传送银行，银行按照联网中心指令，将相应款项从储值专用账户划入联网管理中心收费专户。使用记账卡通行时，联网中心根据与客户约定的扣款周期，将应收通行费信息传送银行，银行按照联网中心的汇总数据，根据三方协议，将相应款项从记账卡用户账户转入联网中心收费专户。系统提供多种方式的预付卡圈存(充值)，如约定圈存、网点圈存、自助圈存、现金圈存、电话或网上圈存等方式。

“苏通卡”推广渠道：开通时采用信息发布会，对大型客户上门推广、高速公路广告及银行网点等形式。

“苏通卡”使用效果：2005 年 6 月推广至 2013 年 3 月，用户数量突破 55 万个,现在苏通卡已可以在上海、江苏、浙江、安徽、江西、福建“五省一市”联网高速公路范围内实现不停车缴费。

3. 福建模式

福建省 2007 年初提出省内高速公路使用非现金收费缴费方式，目前正在实施非现金和 ETC 收费系统建设。本年 6 月开始确定非现金收费缴费模式为银行信用卡与双界面 IC 卡绑定的模式，即持有银行信用卡的用户与银行和联网中心签署三方协议，联网中心在与银行系统进行确认后，将客户信用卡与车牌绑定，信用卡与车牌采取一一对应关系，车辆缴费通过车牌识别系统和收费员人工辅助核对进行车辆确认，实行脱机扣款，银行每日批量扣款后向收费单位下发黑名单，在收费单位内部设立客服中心，每五分钟向各收费站下发黑名单。

计划推广渠道：借助银行网点优势推广，目前合作银行主要是建行和兴业银行。

使用效果：福建省计划 2007 年 10 月 1 日开始推广非现金缴费，计划在全省 9 个地市 12 个收费站各设 1 进 1 出两个车道，在省内免费公务卡中先行推广使用后，再向公众推广，目前尚未结算。

4. 吉林模式

吉林省 2002 年提出在公路收费系统中增加银行卡结算功能方案，最终确定与中国银行合作，报经人民银行和银联通过后，2006 年 9 月起开始使用吉林省高速公路联名卡，此卡同时具备磁条卡、非接触式 IC 卡和接触式 IC 卡 3 种结算的功能，三卡合一，是具备透支功能的信用卡。与传统信用卡不同之处在于，该卡兼具储值卡功能，在卡的正面左侧中央有一个 IC 卡金属片。

用户在缴纳车辆通行费时可以选择 4 种方式，即现金缴款方式、接触式 IC 卡方式、ETC 模式和信用卡方式。目前吉林省仅开通现金缴款方式、接触式 IC 卡方式和信用卡 3 种结算方式，由于尚未实行不停车收费，非接触式 IC 卡结算功能尚未开通，但在卡中功能已经预留。在上述结算方式中，非接触式 IC 卡和接触式 IC 卡结算方式需在卡内预存一定金额(吉林省预存金额上限为 2 000 元)，收费结算时通过 IC 卡读取数据后，从卡中扣减金额。每种缴费模式仅支持单一模式下的足额缴费，用户在收费站入口处仍需领取通行卡，联名卡仅作为支付工具。

高速公路联名卡推广渠道：发卡银行和吉林省高速公路管理局共同推广。

高速公路联名卡使用效果：发卡量约 2 000 张，并且对于一般客户审核较严格，信用卡投资额度较低或为零，信用卡在线使用受收费站通信状况影响较大。

(资料来源：范耀东．陕西省高速公路 ETC 建设及运营体系研究．长安：长安大学，2011)

本 章 小 结

我国道路网的发展速度远远落后于交通需求增长的速度，随着汽车行业的蓬勃发展，使用高速公路的车辆越来越多。传统的收费方式已经不能满足公路收费的需求，电子收费成为收费技术的发展方向。本章介绍了公路收费系统的种类，探讨了传统收费方式的不足和电子收费的优点，分析了电子收费系统在国内外的应用情况，介绍了基于 RFID 技术的电子收费系统。

习　　题

1. 选择题

(1) ETC 系统的构成要素有(　　)。

A．ETC 收费车道　　B．收费站管理系统

C．ETC 管理中心　　D．传输网络和专业银行

(2) 车道微波通信系统的组成包括(　　)。

A．车载电子标签　　B．电子标签编码器

C．路侧单元及其控制器　　D．车道控制计算机

(3) 自动车型分类依据的车辆物理特性包括(　　)。

A．车的长、宽、高　　B．车轮的直径、轮距、轮数

C．轴数、轴距　　D．底盘高度及外形尺寸

(4) 车牌照识别的构成部分包括(　　)。

A．车牌图像捕获　　B．图像预处理

C．车牌定位　　D．字符分割和字符识别

(5) 基于 RFID 的 ETC 系统主要由(　　)构成。

A．监控中心　　B．门禁系统

C．车载标签　　D．视频和通信系统

2. 判断题

(1) ETC 系统可分为单车道 ETC 系统和多车道自由流 ETC 系统。(　　)

(2) 自动车辆识别(AVI)是电子收费的核心技术，指当车辆通过某一特殊点时，不需要司机或观察者采取任何措施，就能精确识别车辆身份的一种技术。(　　)

(3) RFID 技术在理论和实际应用中都被证实是最为可靠的不停车收费技术。(　　)

(4) RFID 超高频车载电子标签主要作用是在车辆进出门禁时将所携的车辆基本信息通过无线射频的方式传输至 RFID 超高频读取器。(　　)

(5) 我国 5.8 GHz ETC 系统采用的 OBU 为主动式、可读写、双片式电子标签。(　　)

3. 简答题

(1) 公路收费方式的种类有哪些？

(2) ETC相对于传统收费方式的优势体现在哪些方面？

(3) ETC系统的关键技术有哪些？

(4) RFID技术是如何应用在ETC系统中的？

(5) 举例说明国内ETC系统主要运营模式的优劣。

案例分析

陕西省高速公路ETC系统技术方案

陕西省高速公路ETC系统技术方案采取组合式电子不停车收费技术方案。设计的出发点就是充分考虑要同时兼容陕西省ETC全自动电子收费方式和IC卡人工半自动收费方式的适用条件，将两项技术通过两片式电子标签加双界面CPU卡的模式进行有机地结合起来，在全路网内以最经济、最有效的手段实现准确收费、疏导交通、提高服务质量等综合目标。组合式电子不停车收费技术方案真正实现了MTC车道和ETC车道兼容，利用支付卡可以入口走MTC车道，出口从ETC车道驶出交费，同样也可以入口走ETC车道，出口从MTC车道驶出交费。

1. 系统服务功能

1) 停车方式的现金付费

以目前广泛采用的非接触式逻辑加密IC卡作通行券实现人工收费方式的现金交费。继续为公路用户提供熟悉的“入口领卡、出口交费”的持通行卡现金付费业务，一方面承认这是主流的现实需求，另一方面可以保护已有车道系统投资。

2) 停车方式的支付卡付费

以双界面CPU卡(非接触式通信方式)作为通行券兼支付卡实现人工收费方式的交费。用户省去了携带大量现金的麻烦，也不用交额外的服务费。收费单位也避免了现金收费中错收、漏收、找零、贪污等现象。更重要的是，CPU卡的安全性得到金融管理机关的认可，可作为储值卡使用，可以在收费车道从卡上直接支付。

3) 不停车方式的支付卡付费

以双界面CPU卡(接触式通信方式)加两片式电子标签实现不停车收费方式的交费。车辆快速通过ETC车道，安装在车道的电子标签阅读器(天线)可以借助车载电子标签快速读写双界面CPU卡中的数据信息，从而实现免停车通过收费站并完成收费交易。

2. 关键设备及技术

1) 双界面CPU卡

CPU卡内的集成电路包括中央处理器CPU、电擦除可编程只读存储器EEPROM、随机存储器RAM以及固化在只读存储器ROM中的卡内操作系统COS。CPU卡相当于一台微型计算机，只是没有显示器和键盘，因此CPU卡一般称为智能卡(Smart Card)。CPU卡中的数据可分为外部读取和内部处理(不许外部读取)部分，以确保卡中数据的安全可靠。有的卡中还固化有DES和RSA等密码算法，甚至密码协处理器，在卡中就可以对数据作加密解密和数字签名、验证运算。CPU卡与读写机具间能够进行安全的双向认证及加解密过程，而且交易过程符合有关规范，所以适于在公路收费中作支付卡使用，尤其是储值卡。

由于人工收费系统采用非接触式IC卡作为通行券，为兼容人工收费系统本系统中采用支持非接触式访问的支付卡。为了真正实现“一卡通行”，使持有支付卡的用户不但可以在人工收费车道实现停车支付卡交费，也可以通过ETC电子标签实现不停车交费，支付卡还要兼容ETC两片式电子标签，现有的两片式电子标签的IC卡界面是接触式的，因此本系统的支付卡采用的是双界面CPU卡。

2) 两片式电子标签

两片式电子标签与单片式电子标签比较，支持可插拔的作为扩展存储器使用的IC卡，两片式电子标签是通过接触式通信方式与IC卡进行数据交换的。电子标签主要作为车辆识别卡和通信中继器使用，电子标签中只记录车牌号、车型或车辆的物理参数，为车道系统提供车辆识别信息，而账号、金额方面的信息则储存在IC卡内，电子标签与IC卡之间可以进行数据交换。ETC车道天线读写设备可以借助车载电子标签远距离快速读取IC卡中的数据信息，从而实现免停车通过收费站并完成收费交易。

3) IC卡读写机具和电子标签读写天线

IC卡读写机具需能完成对Mifare I卡和双界面CPU卡的密码核对、双向认证、数据读写、文件管理等操作。在本系统方案中，IC卡读写机具支持内置PSAM安全认证模块以适应储值卡业务的需要，这也符合交通部《高速公路联网收费的暂行技术要求》中的规定。

4) ETC车道的布设

目前国内ETC车道一般有两种方式：专用车道和混合车道。专用车道只允许装有电子标签的车辆不停车通过，一般为无人值守车道；混合车道除允许装有电子标签的车辆通过外，还允许未安装电子标签的车辆进入，因此必须有收费员对无电子标签的车辆进行人工收费。专用车道的优点是可保证通过速度，最大限度地发挥ETC车道的通过能力的优势，缺点是在ETC用户数量少时将占用宝贵的车道资源，造成ETC车道在一定程度上的闲置；混合车道的优点是在ETC用户少时提高收费广场的MTC车辆通行能力，缺点是在ETC车辆增加后由于MTC车辆的进入导致ETC车道必须停车排队。由于无电子标签车辆的进入将造成整个ETC车道通行能力的大幅降低，同时必须安排收费员值班，与设置ETC车道的初衷相违，因此本设计推荐采用专用ETC车道，即作为ETC车道使用时不允许MTC车辆驶入。

ETC车道在收费广场的布设一般也有两种方式：中置和旁置。中置即安排在双向岛两侧或尽量靠近双向岛，旁置即安排在收费广场两侧或靠近广场两侧。中置方案中优点是ETC车辆在收费广场行驶路径最短，可快速通过，缺点是ETC车辆较少时将会造成通行能力最高的中央车道的闲置；旁置方案的优点是在ETC车辆较少时不影响广场中央MTC车辆的通行能力，缺点是由于ETC车辆需要横穿整个广场，将对收费广场的交通组织造成一定的影响，且若布设在广场两侧将占用超宽车道。考虑到电子不停车收费是今后收费技术的发展趋势，因此本设计推荐采用中置方案，在不允许占用双向岛两侧车道的情况下尽量靠近双向岛。其中延安南、汉中收费站ETC车道设置在双向收费岛两侧，由于汉中路收费站在中间车道设置一条往复车道，因此ETC车道紧靠往复车道设置。

ETC车道设备布设一般有“前置”和“中置”两种方案，前置即车道设备布设在ETC收费车道前部，包括路侧天线、电动栏杆、通行信号灯等设备；中置即将以上设备布设在ETC车道中部，采用前置方案可防止未安装电子标签的车辆误入ETC车道，但必须向前方加长收费岛；采用中置方案时可不对收费岛进行土建改造，但由于ETC作为专用车道使用时误入车辆必须倒出车道，势必带来一定的危险性，但不用加长收费岛，陕西省目前已经实施的机场高速公路和正在实施的绕城高速公路均使用中置方案。

综合考虑，ETC车道采用栏杆常闭设计，可有效防止非法车辆的逃费行为。同时采用“低速”的方案，即安装有电子标签的车辆通过ETC车道的时速限制在20km/小时以下。

3. 系统功能与构成

1) 系统功能

系统采用先进的5.8GHz频段的微波专用短距离通信技术，采用两片式电子标签作为车载单元，成功地实现了以高安全性电子钱包为支付手段的不停车收费。它的主要功能如下。

探测车辆的到来和离开并对车辆进行计数，并传送检测结果。结合车辆识别可判断来车是否有电子标签(以下简称OBU)。具有实时的图像抓拍功能。当车辆通过车道时，抓拍设备自动对车辆图像进行抓拍并保存。

在入口车道将入口收费站、车类等信息写入非现金支付卡；在出口车道，根据车辆经过的入口收费站、标识站、车类信息，查费率表，计算通行费金额，回写出口标识，如果是储值卡则扣款；在标识站将标识站信息写入非现金支付卡。

根据车道计算机控制指令正确控制车道设备的动作，包括：自动栏杆的升起(自动栏杆的下落由栏杆自身控制)、雨棚灯的切换、通行信号灯的切换、声光报警器的开启和关闭、费额显示器的显示等。

完成车道和收费站之间的数据交换。包括：接收收费站下传的信息有同步时钟、费率表、储值卡黑名单表、记账卡黑名单表、储值卡的有效启用日期、记账卡的有效启用日期、OBU 的有效启用日期、车类转换表、收费站信息表、收费员信息表等系统设置参数等；上传非现金支付卡原始通行费数据、入口车道的过车记录、上下班登记表等。

收费车道系统能够以独立作业的方式工作，在出现异常情况时，车道系统可降级运行和脱机操作。例如当收费站计算机不工作或网络出现问题时，作业参数、数据记录均可存储在本地。当车道长期独立工作时，可通过人工的方式用其他存储介质将收费数据上传至收费站。

如果车辆通过 ETC 车道时出现异常，车道系统将拦截该车辆，不允许通过，系统不再对该车辆进行处理，由工作人员引导至旁边的 MTC 车道通过。

具有实时的“车型—车类”转换功能。车型信息记录在车载机内，系统通过读取车载机内的车型信息，根据车类转换表可实时计算出通行车辆的车类。

系统中使用的 IC 卡为双界面 CPU 卡；CPU 卡的数据及安全要求符合卡片应用要求；车道软件对 CPU 卡的电子钱包进行操作时符合中国人民银行发布的《中国金融集成电路(IC)卡规范》(PBOC 标准)的规定。

2) 系统构成

ETC 车道的布局方式如图 7.7 所示，电子标签读写天线、车道通行信号灯、费额显示器、自动栏杆机、车辆检测器、车道摄像机等亭外设备依次布置在收费岛前半部，其布局主要具有以下特点。

(1) 车道中置。为了使安装有电子标签的车辆能够方便快捷通过 ETC 车道，ETC 车道一般采取中置设置原则，即将 ETC 车道设置在中央分隔带两侧的车道。

(2) ETC 收费岛加长，栏杆与 MTC 岛头平齐。ETC 收费岛比 MTC 收费岛长，ETC 车道系统自动栏杆机的水平位置与 MTC 收费岛岛头顶端平齐。在该种布局下，当车辆进入 ETC 车道出现交易异常后，可以不需要倒车即可顺利驶到右边的 MTC 收费车道，最大限度地保障了 ETC 车道的畅通，也避免了许多由于误入车辆带来的麻烦。

(3) 栏杆常闭。ETC 车道采用栏杆常闭式设计，在目前，栏杆常闭式设计比较符合中国的国情，可有效防止非法车辆的逃费行为。

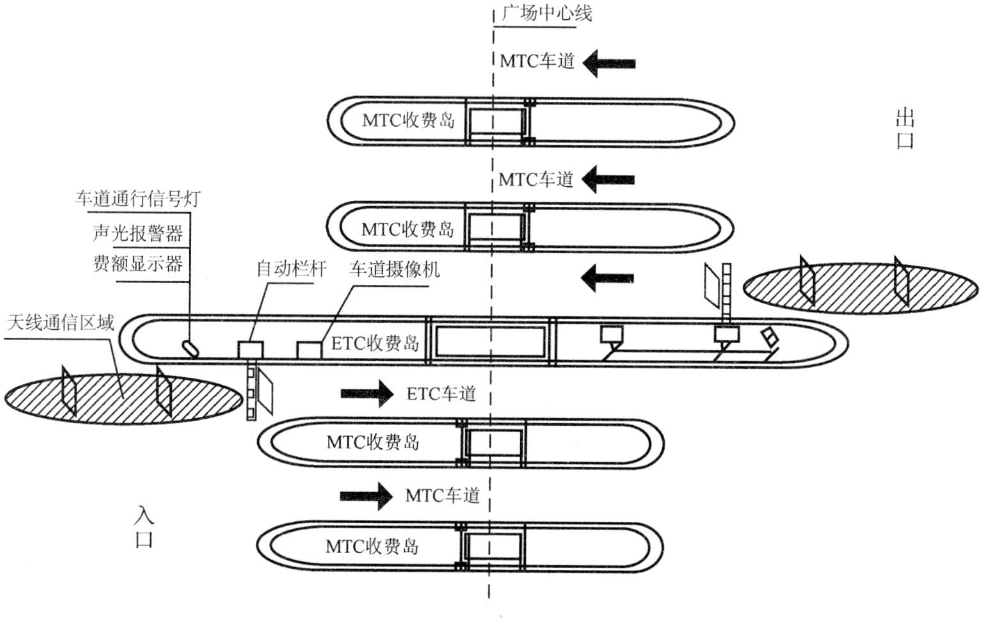

图 7.7 ETC 车道系统布局示意图

ETC 车道系统的结构如图 7.8 所示。在各个设备中，电子标签读写天线通过 RS232 串行电缆线直接连接到位于收费亭的车道计算机上，读写天线与车载电子标签之间的信息交换由应用程序直接控制；其他设备如自动栏杆、费额显示器、车道通行灯、车辆检测器等设备则通过车道控制器与车道计算机连接，由应用程序控制。视频信号通过字符叠加器叠加过车信息后传至收费站的监视器上。

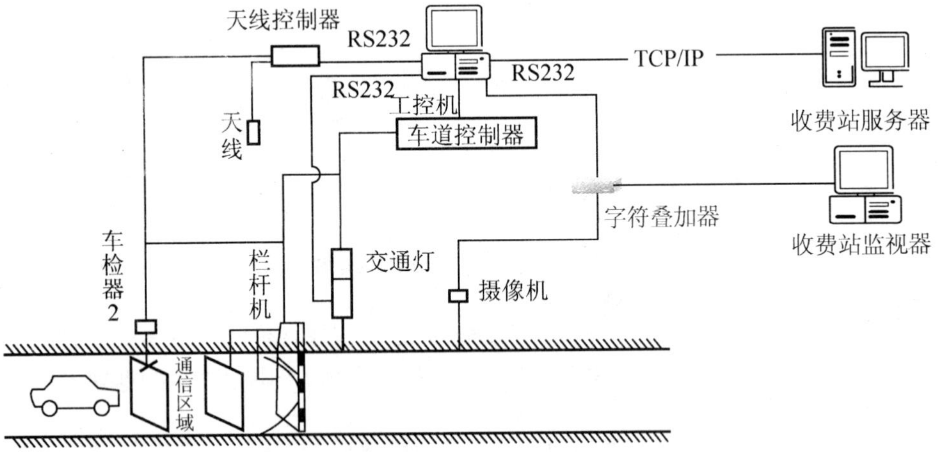

图 7.8　ETC 车道系统构成图

(资料来源：范耀东．陕西省高速公路 ETC 建设及运营体系研究．长安：长安大学，2011)

分析与讨论：

案例中的 ETC 方案可否有更好的选择？

第8章 基于物联网技术的铁路物流系统

【教学目标】

- 了解综合运输方式及铁路物流系统的基本概念;
- 熟悉铁路物流发展现状及主要物流业务流程;
- 掌握物联网技术在铁路运输的应用领域;
- 掌握物联网技术在物流运输、安全监管方面的具体应用。

【章前导读】

电子封条技术是指能够记录车厢或者其他硬包装、集装箱包装的一种用以确认该包装是否曾经被打开，以及一旦被非法开启时，能自动报警的一种验证运输中货物完整性的鉴别技术。电子封条可以说是在外贸出口领域应用最多、最普遍的项目。电子封条不仅成为货物运输信息的载体，而且成为货物动态运输过程中的安全卫士；不仅能全过程地实行货物状态和运输信息的有效监控和实时管理，而且在一旦电子封条遭到破坏时，能第一时间将信息反馈给计算机监控系统或货主。就一般情况而言，电子封条分为两类，即RFID主动式电子封条和RFID被动式电子封条。

被动式电子封条的特点是：使用距离短、成本低、一次性。由于被动式封条不能提供持续的电力来检测封条的状态，所以它们也不能检测和记录损害行为发生的时间，而仅仅能在通过装有阅读装备的供应链节点时，提供它们完整与否的信息。这种技术在使用重型金属门的货车上与车载计算机的通信中会出现问题，而且司机操作这种电子封条的业务流程会耗费几分钟的时间，这会让有些司机觉得烦琐，从而使其应用范围扩展受限。

主动式电子封条因其更强的安全性得到广泛的需求和推广。主动式封条在结合GPS技术以后，能在集装箱状态发生变化时实时将状态变化发生的时间、地点以及周围的环境信息传输到货主或管理人员的机器上去，还能在损害行为发生时提供即时求救信号。从长远来看，主动式电子封条提高了集装箱运输的安全程度和透明度，使综合运输成本大幅降低。因此主动式电子封条技术正越来越为更广泛的货物运输企业所采用。

思考题：电子封条结合其他物联网技术可以应用于运输管理的哪些场合？

运输是物流的核心业务之一，也是物流系统的一个重要功能。运输服务是改变物品空间状态的主要手段，主要任务是将物品在物流节点间进行长距离的空间移动，从而为物流创造场所效用，通常有铁路运输、公路运输、航空运输、水路运输和管道运输这 5 种运输服务方式。智能物流系统的运输服务功能是在现代化综合运输体系的基础上实现的，物联网技术是实现运输智能服务的关键手段。其中铁路物流是我国物流业的重要组成部分，是通过铁路干线或相关服务开展物流活动的综合过程，包括铁路运输系统及其服务供应链网络。

8.1 铁路物流概述

按照我国铁路发展特点和需求，结合国内外对物流的定义，铁路物流可以定义为：依托铁路的点、线集合，发挥基础设施和生产运营两个层面的网络经济特征，联结供给主体和需求主体，根据铁路资源配置和优化条件，将运输、储存、装卸、搬运、包装、流通加工、配送、信息处理等功能有机结合，实现物品从供应地向接受地实体流动的计划、实施与控制的过程。

由于铁路路网结构、运行组织、管理体制方面的特色，及其在大宗货物海铁联运、公铁联运中的核心地位，铁路物流在物流体系、物流装备、物流运营管理等方面，具有网络性、干线性、大宗性、重载性、环保性、快捷性等不同于一般物流的显著特点。

8.1.1 铁路物流业务分析

铁路物流涉及车、机、工、电、辆等多个部门，作业环节多而杂，所有业务需要各单位各部门协调一致、共同配合，因此铁路物流业务体系庞大而复杂。依据系统科学理论、交通运输学以及管理科学等相关理论科学对铁路业务进行梳理与划分，通过对铁路物流生产实践的认真总结，结合铁路业务管理体制与模式，将铁路业务划分为核心业务、辅助业务、增值业务以及业务应用。

结合对铁路业务的划分，构建出铁路物流业务体系，将铁路物流业务划分为 4 个层次：核心业务层、辅助业务层、增值业务层和应用层。铁路物流业务体系如图 8.1 所示。

1. 核心业务层

铁路物流业务中的核心业务包括运输组织、调度指挥、运力资源管理、物流管理、安全管理以及信息控制，如图 8.2 所示。这些业务贯穿于铁路运输生产的整个过程，彼此相互配合，协调一致，共同保证铁路运输生产的完成，其他业务层都是为核心业务层服务或围绕核心业务层展开的。

2. 辅助业务层

辅助业务层位于核心业务层之下，为各项核心业务提供辅助支持，具体业务包括财务管理、人事管理、统计分析、建设管理、技术管理、决策支持以及电子办公等。这些辅助业务就整个铁路物流业务体系而言是不可或缺的，它们为核心业务层提供有力的支持，确保核心业务顺利实现，完成铁路物流任务。

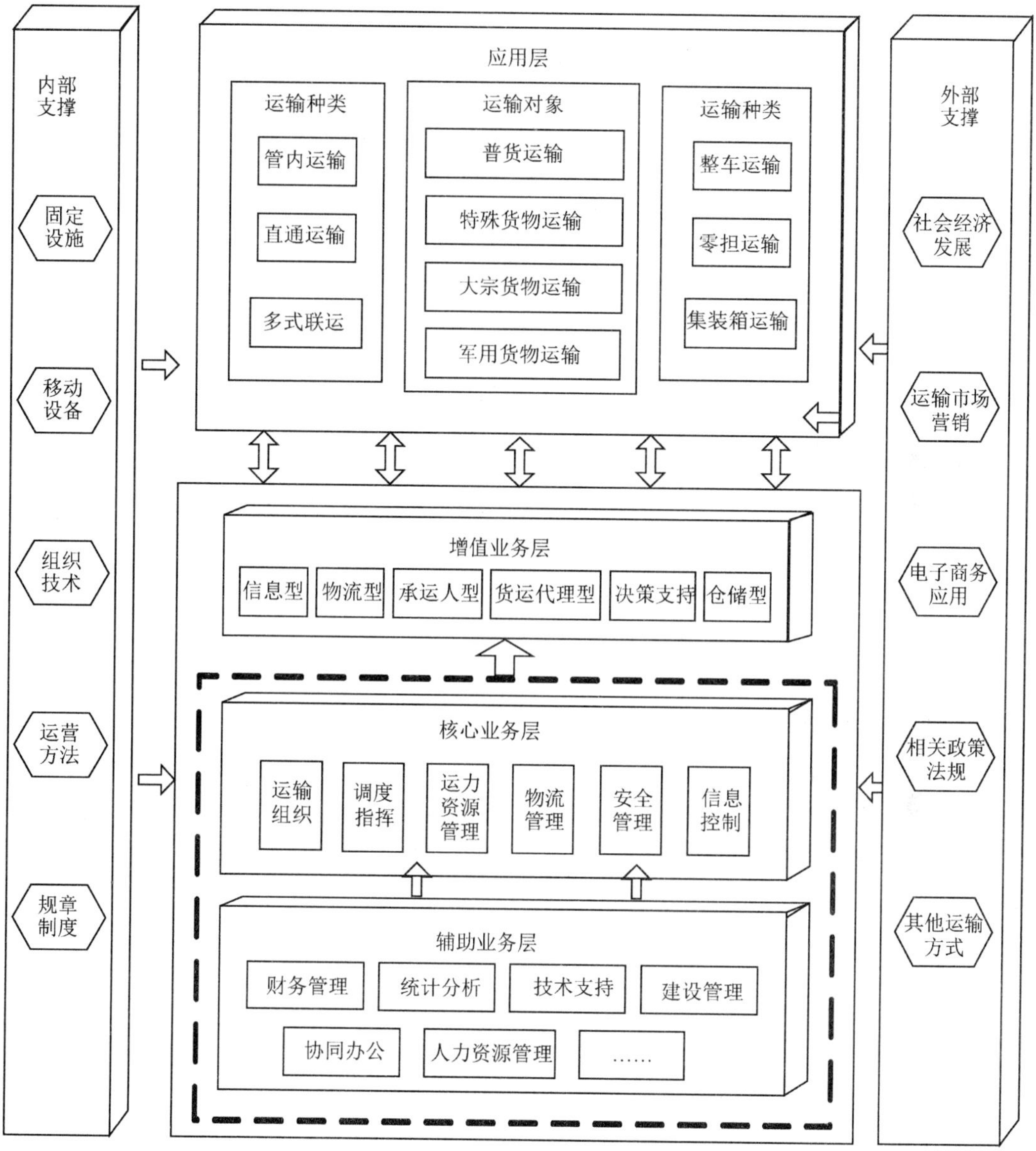

图 8.1 铁路物流业务体系

3. 增值业务层

增值业务是指在完成铁路核心业务和辅助业务的基础上，根据需求提供的各种延伸业务活动，其服务水平受到辅助业务层和核心业务层的共同限制。根据铁路增值业务的功能，可将其分为信息型增值服务、物流增值服务、货运代理型增值服务、承运人型增值服务这4项业务。

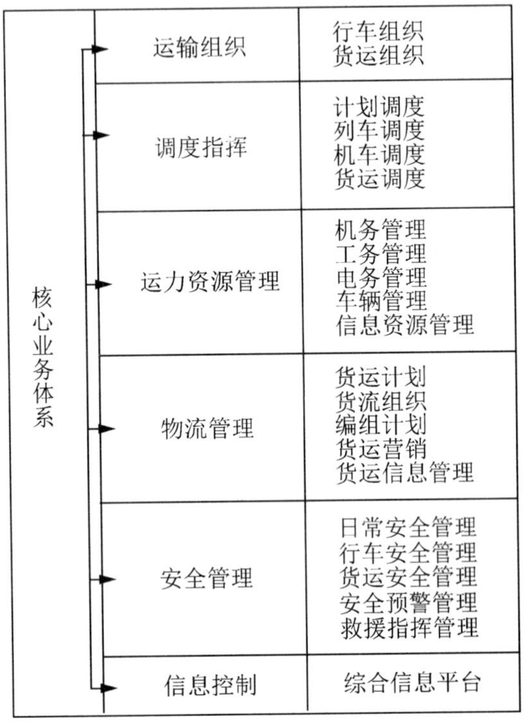

图 8.2　铁路物流核心业务体系

4. *应用业务层*

应用业务层是有机综合核心业务层、辅助业务层和技术业务层中的各项铁路物流业务，实现铁路物流的应用价值。可基于运输范围、运输对象、运输种类进行分类。按运输范围可分为管内运输、直通运输和多式联运；按运输对象可分为普货运输、特殊货物运输、大宗货物运输和军用货物运输；按运输种类可分为整车运输、零担运输以及集装箱运输。

5. *内部支撑*

铁路物流业务的内部支撑条件由铁路物流行业固有属性以及铁路物流企业发展状况所决定，在一定程度上能够反映铁路物流的发展水平，主要包括固定设施、移动设备、组织技术、运营方法以及规章制度。

6. *外部支撑*

外部环境的变化总会引起铁路物流业务的发展与变革。在铁路物流业务体系中把客观环境和条件归纳为外部支撑条件，它们为铁路物流活动的正常进行提供一定的社会环境，相关的技术条件也在一定程度上促进铁路物流业务的发展。外部支撑包括社会经济发展、物流市场供需、电子商务应用、相关政策法规、其他运输方式等。

8.1.2　物联网在铁路物流领域的应用框架

物联网是实现物质世界的信息数字化、对物体控制远程化和对物质世界管理智能化的泛在化信息应用技术。根据铁路物流业务体系分析，结合物联网技术特征，从铁路物流核心业务入手构建物联网在铁路物流的应用框架，主要包括运输组织自动化、调度指挥智能化、运力资源协同化、物流管理物联化、安全管理一体化和信息控制全域化6方面。

1. 运输组织自动化

运输组织自动化是指通过物联网技术采集铁路物流信息、铁路基础设施信息、铁路运力资源服役状态信息等，掌握货流的大小及铁路运输设备的承载力，进而实现铁路物流相关业务过程的自动化，为实现智能化铁路物流体系创造有利条件。运输组织自动化主要包括行车组织自动化和货运组织自动化两个方面。

1) 行车组织自动化

利用物联网强大的信息获取能力，对列车到站的时刻、出发时刻、通过时刻等海量信息进行实时感知，实现货物列车运行图、运输方案、技术计划等的自动编制和调整，进而实现对行车的自动调整，更好地实现接发列车和调车工作组织。

2) 货运组织自动化

基于物联网感知技术获取货物及货车的运行或使用状态信息，实现货运计划编制的自动绘制与调整，以便充分发挥运输工具的效能，顺利完成货运作业、集装箱运输组织及其他货运组织等运输生产任务。

2. 调度指挥智能化

调度指挥智能化是指通过物联网技术采集铁路多业务、多种类的海量物流信息，搭建覆盖铁路全域的调度指挥平台，以保证列车调度员能够科学地组织货流和车流，合理地使用机车车辆和运输设备，组织各部门、各工种紧密配合，实现车、机、工、电、辆等部门的业务协同。调度指挥智能化可以有效地减轻调度员繁重的脑力劳动及琐碎事务性工作，以及人工调整的随意性和失误，提高调度指挥的可靠性与先进性。调度指挥智能化主要由智能列车调度、智能机车调度、智能货运调度和智能计划调度构成。

3. 运力资源协同化

运力资源协同化是指利用物联网技术，着眼于各种数据的深层挖掘和分析利用，通过信息共享平台直接与铁路的运输组织体系进行数据交换，对现有系统进行有效的数据资源整合，以实现运力资源最大程度的共享，实现对铁路物流体系中车、机、工、电、辆等运力资源全面管理和协调运作，为铁路调度业务系统提供及时的设备和信息支撑，进而保障铁路物流组织的高效运转。

运力资源协同化还可以辅助实现铁路设施养护检修作业信息化和安全检测监控自动化，以确保物流活动的高效与安全。随着现代铁路物流的发展，运力资源管理主要在以下几个方面运用物联网技术，进而达到整体上的业务协同。

1) 机务管理

利用物联网技术对机务段的检修设备进行数字化改造，实现设备检修、检测数据的自动读取和网上传输，及机车监控装置的数字化检修和维护，进而对各种机车的运用情况进行管理，为列车的高效运输提供基本保障。

2) 工务管理

基于物联网技术的工务管理信息系统，具有强大自检及自诊断功能，支持远程浏览及访问，极大地方便了维修人员对设备的维护保养，增强了设备的稳定性，提高线路设备整体强度，从而保证货物列车昼夜不间断地按规定速度安全运行，以适应不断提高的列车重载、高密度的物流需求。

3) 电务管理

在电务段的铁路信号设备检测中，基于感知技术的铁路信号设备巡检系统，能够督促巡检人员在规定时间、规定路线，按照操作规范巡查设备。同时也对巡检人员的管理提供了系统规范的方法，有利于提高铁路信号设备维护工作的质量，保障铁路物流安全。

4) 车辆管理

物联网技术运用在车辆管理方面，能实现对列车车次、车号的自动识别、实时跟踪和故障车辆的准确预报、动态管理等功能，确保了高识别率，大大提高了车辆利用水平和物流效率。

4. 物流管理物联化

铁路物流管理是在铁路货运管理的基础上，结合铁路物流增值业务，对货运管理功能的延伸。物流管理物联化是指以物联网技术为支撑，通过各种感知设备对物流过程中的运输设施及货物状态等进行全面感知，构建基于物联网的一体化物流安全管理体系，以实现货运、编组计划的自动编制，自动化物流组织，数字化物流营销及物联化物流管理等目标。

1) 货运、编组计划的自动编制

货运、编组计划规定如何将车流组织成为专门列车，从发地向到地运送，是全路的车流组织计划。通过货运、编组计划合理组织车流输送，加速货物送达，充分利用铁路运输能力。

2) 物流组织自动化

利用物联网感知技术，及时准确掌握运载列车和货流情况，为货运量的预测提供实时数据支持，进而改进货物承运、保管、装卸及交付等技术作业组织，合理调整货物运输方案，实现物流组织的自动化。

3) 物流营销数字化

推行物流营销数字化能够充分利用其方便快捷、信息容量大的优势，进行营销宣传、产品介绍，通过交易平台实现交换，正确制定市场营销战略和定位策略，建立健全营销体制机制，建立各经济区域的铁路物流营销网络。

4) 物流管理物联化

物流管理物联化是在物联网技术下，通过其泛在感知、可靠传输、智能处理的特点，收集铁路重车、空车、股道、仓储等物流资源的实时信息，实现物流业务流程和订单信息管理、装卸计划管理间的无缝对接。

5. 安全管理一体化

安全管理一体化是指通过物联网技术实现物流信息的全域化控制，整合路内外相关信息资源，将铁路日常物流安全管理、行车安全管理、货运安全管理、救援指挥管理和安全预警管理等有机结合，实现信息系统间的互联互通，为路内外用户提供高质量的信息服务。

安全管理一体化是安全管理发展的必然趋势，其目的是将铁路物流安全统一到管理和实际工作的各个层次中。安全管理一体化不仅能解决安全管理中出现的各种问题、提高安全管理工作的效能，且能深化铁路物流管理一体化。

6. 信息控制全域化

信息控制全域化是指充分利用物联网技术在信息资源全面采集的优势，拓宽铁路物流信息采集的深度和广度，对铁路全域信息进行有效的管理与控制，实现信息资源的有效整合和高度共享，消除信息孤岛和资源孤岛，构建全域综合信息平台，为业务主体提供实时有效的信息，提高铁路物流信息服务水平，进而实现铁路物流管理信息系统到铁路物流控制信息系统的飞跃。

8.2 物联网在铁路物流运输资源管理的应用

铁路物流运输资源管理是指对铁路物流体系中的车、机、工、电、辆等运输资源的全面管理。将物联网技术应用于铁路运输资源管理可以有效提高铁路运输资源管理水平，提高铁路物流效率，实现铁路物流系统的高效协作。具体应用有铁路集装箱管理信息系统、车号自动识别系统、铁路货车动态追踪管理、机车检修信息管理系统等。

8.2.1 铁路集装箱管理信息系统

基于物联网技术的铁路集装箱管理信息系统就是将物联网信息感知与标识等技术、软件工程思想引入铁路集装箱物流的全生命周期管理，实现了对集装箱及其装载物品的智能感知、识别、定位、跟踪、监控和管理，提高了铁路集装箱的运输效率和铁路集装箱物流的安全可靠性。

1. 业务流程

基于物联网技术的集装箱管理信息系统，主要利用RFID技术实现了集装箱在途跟踪、出入库管理、集卡提货等相关业务中对铁路集装箱的智能化识别。其业务流程如图8.3所示。

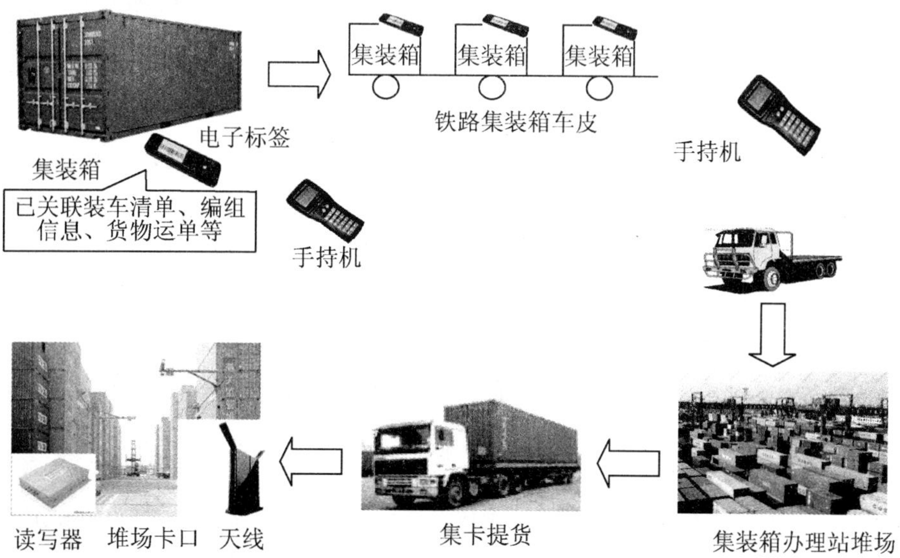

图8.3 基于物联网技术的集装箱管理信息系统流程

2. 系统构成

与物联网网络体系结构相同，铁路集装箱管理信息系统分为感知层、网络层和应用层3层结构，如图8.4所示。

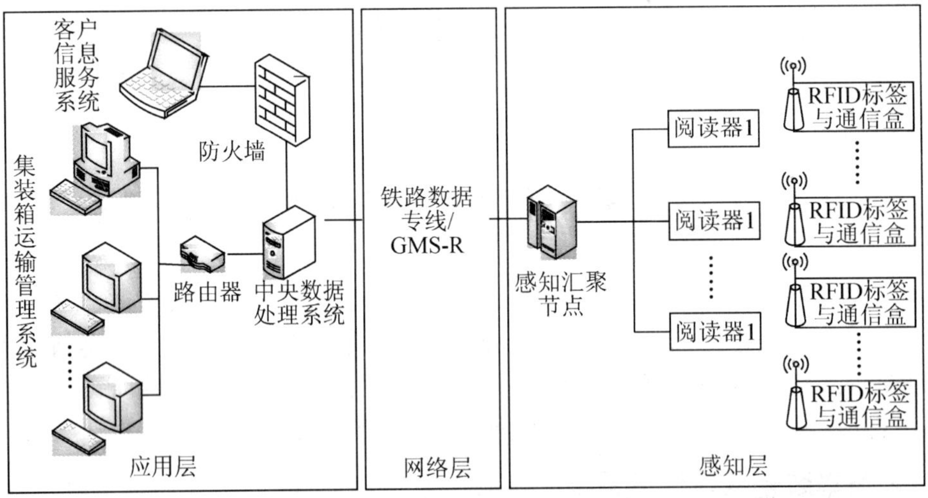

图8.4 铁路集装箱管理信息系统构成

1) 感知层

感知层是基于安装在集装箱门内侧的一个整合了 RFID 标签和 GPRS 模块(或 GPS、GSM 等模块)的通信盒，运用技术包括 RFID 技术、GPS 技术和移动技术等。每个集装箱顶部均安装有 RFID 阅读器天线，辅助读写 RFID 标签信息；在车站或集装箱堆场出入口处、堆场内门吊和正面吊内等位置安装有固定阅读器，全方位采集电子标签数据，实时传递到感知汇聚节点进行数据转换处理，或将感知汇聚节点传送的信息写入电子标签。

2) 网络层

网络层运用异构网络融合技术，利用既有铁路数据专线或铁路专用无线通信网(GSM-R)，负责传递正向监控信息及反向控制信息，承担感知层和应用层之间的数据传输任务。

3) 应用层

应用层由中央数据库服务器、计算机管理终端、客户计算机等应用服务器组成，完成对采集数据的汇聚、转换、分析，向感知系统和其他终端发布信息或下达时间触发指令。在应用层对既有的中央数据处理系统进行扩容改造，实现数据分析处理、控制指令发布、客户信息查询等功能。

3. 系统应用

铁路集装箱信息管理系统主要应用于箱货在途跟踪、堆场出入库管理、堆场集装箱挪移和客户信息查询4个方面。

1) 箱货在途跟踪

当列车途经车站或集装箱堆场时，安装在进出站口(堆场铁路出入口)的固定阅读器自动阅读集装箱上的电子标签，并实时将数据传送到后台计算机系统分析处理；在列车停靠车站后，使用手持阅读器对每个集装箱车门上的 RFID 标签数据进行阅读。

2) 堆场出入库管理

在堆场公路出入口，由手持阅读器监测集装箱信息，并上传系统数据库，由系统自动检查登记或清理集装箱出入场信息，实时更新数据库。同时，门禁设备控制与系统相连，当管理人员确认上传信息无误后，由系统发出放行指令，门禁自动打开予以放行。

3) 堆场集装箱挪移

当堆场内集装箱需要挪移时，由系统发出指令，车载阅读器对需要挪移的集装箱信息进行自动读取，数据通过无线数据传输与控制室中央数据库进行交互，验证后将集装箱堆放到系统图形所指示的位置。在提取集装箱时，堆高车系统根据图形指示找到相应的集装箱，阅读器读取集装箱上的电子标签，验证为应提箱后将集装箱取下，放置在系统指定位置。

4) 客户信息查询

堆场数据库内存放该堆场内集装箱的全部信息数据，主要包括集装箱号、到场时间、货物所属单位、在场位置及状态、预计出场时间及目的地等信息，通过互联网有限制地提供给特定用户进行查询，使客户可以通过计算机或手机实时查询货物信息，随时了解集装箱及其装载货物的位置和安全情况。

以一个集装箱货到达仓库进行收货作业为例，分别采用人工记录、条形码技术与物联网技术，所消耗的时间比较见表 8-1。由表看出，采用物联网技术的集装箱货收货作业时间得到大大缩短，在节省大量人力的同时可极大提高工作效率。

表 8-1 不同数据录入方式耗时比较

数据量 / 录入方式	单件	10 件	30 件	50 件
人工录入	10 秒	100 秒	300 秒	500 秒
扫描条形码	2 秒	20 秒	60 秒	100 秒
物联网 RFID	100 毫秒	1 秒	3 秒	5 秒

铁路集装箱管理信息系统运用了感知与标识、网络与通信等物联网技术，实现了集装箱及其装载物品的智能感知、识别、定位、跟踪、监控和管理，缩短了作业时间，降低运转费用，同时客户还可以随时了解货物运输状态和相关的电子商务信息，大大提高了服务质量。虽然目前还存在一定的应用障碍，但运用物联网技术的铁路集装箱管理信息系统，必将促进铁路集装箱物流的发展，实现整个铁路集装箱供应链的透明化、作业流程简化和运输高效化，对提高铁路集装箱物流效率具有重大意义。

8.2.2 车号自动识别系统

车号自动识别系统(Automatic Terminal Information Service，ATIS)主要采用物联网微波射频识别技术来实现对车辆(或机车)车号的感知与识别。系统自 2000 年年初正式启用，目前已遍及全国 18 个铁路局和公司铁路线。全路各区段站、编组站、大型货运站和分界站均安置了地面识别设备，全路上的机车和车辆全部安装了电子标签，极大地方便了铁路对运输资源进行管理，提高了铁路物流管理效率。

1. 系统构成

车号自动识别系统是在车辆或机车的底部，安装了存储有该车辆(或机车)车号、车型等基础信息的电子标签。在通过装有地面识别设备的线路时，地面识别设备把经过的车辆(或机车)的标签信息采集出来，并形成报文上传至集中管理机，由集中管理机把上传的报文进行处理和存储，并通过广域通信网络把数据上传到局级和铁道部车号服务器。铁路工作人员可以运用车号管理和监控软件实现段级、局级和部级对车辆(或机车)管理和监控，为铁路现车的管理提供基础数据。车号自动识别系统工作原理如图 8.5 所示。

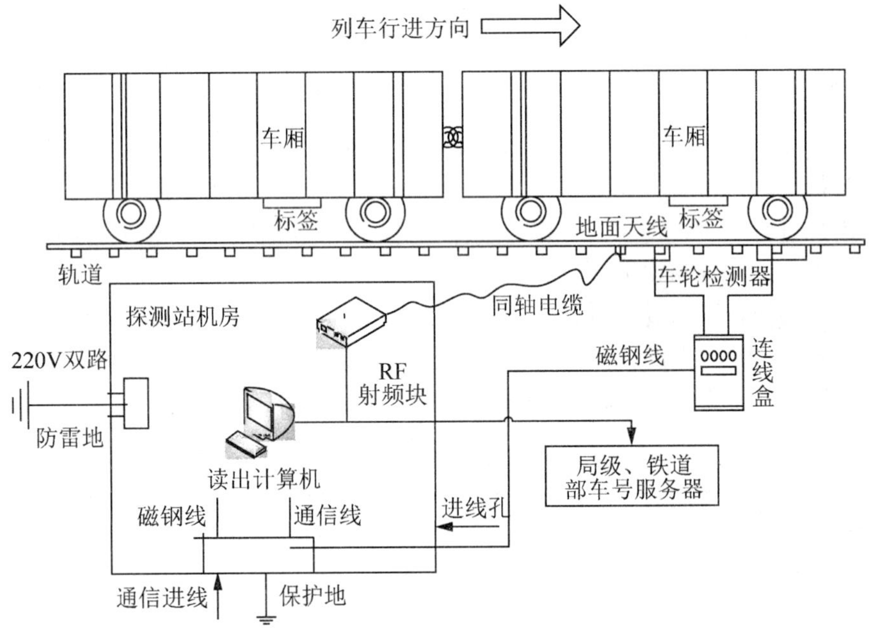

图 8.5 车号自动识别系统工作原理

地面自动识别系统(AEI)感知与采集电子标签存储的数据，通过网络通信技术传输到集中管理系统，再由列检所、局部级监控中心及其他相关系统进行接收与处理，其数据流程如图 8.6 所示。

2. 系统应用

铁路车号自动识别系统对运行的列车及车辆信息进行准确识别，经计算机处理后为TMIS(铁路管理信息系统)等系统提供列车、车辆、集装箱实时追踪管理所需要的准确、实时的基础信息；为分界站货车的精确统计提供保证；为红外轴温等探测系统提供车次、车号的准确信息；还可实现部、局、车站各级现车的实时管理、车流的精确统计和实时调整等。车号自动识别系统在铁路上的作用主要体现在以下几个方面。

1) 实现铁路车辆自动化识别，减少人工手动抄录和登记工作

车号自动识别系统的应用避免了传统的口念、笔记、手抄铁路车号的人工方法，车辆进入和驶出车辆段都可以被自动识别出来。调度系统直接读取车号自动识别系统的识别数据，根据车号直接上传到铁道部中央数据库，自动核对前一次定检，确保检修车为非提前扣修的定检车系统。

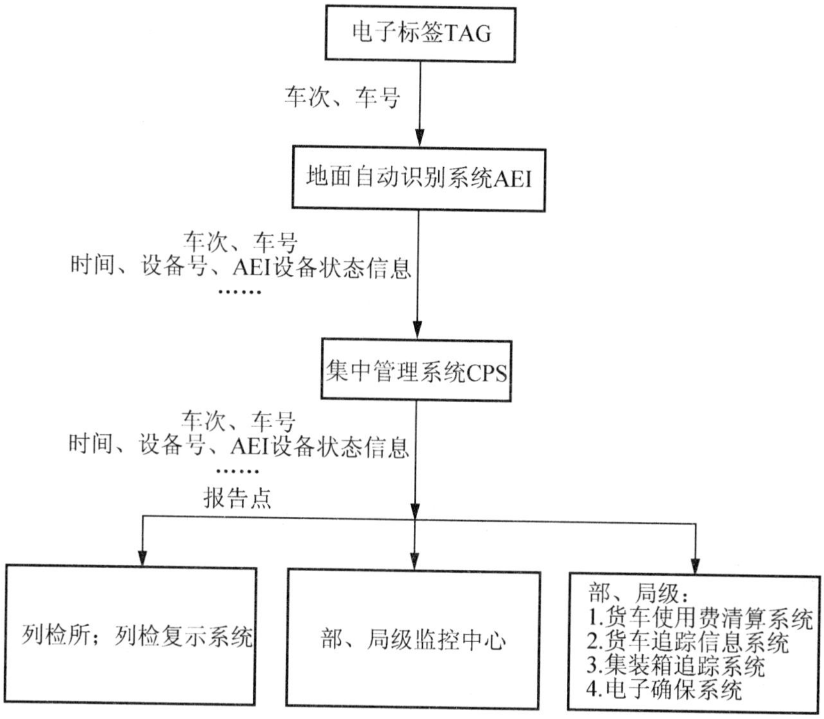

图 8.6　车号自动识别系统数据流程

2) 便于全路现车车辆(或机车)的统计和追踪

在车辆和机车上安装电子标签后，运用车号自动识别系统可以随时统计现车车辆和机车、掌握现车位置和运行轨迹，大大方便了全路现车的统计，为现车管理提供了数据基础。

3) 为铁路货车占用费清算提供数据依据

车号自动识别系统运用之后，在各个铁路局之间的交汇处均安装了车号自动识别设备，对进出各路局之间的车辆进行车号的采集。这些车号信息通过车号自动识别系统为铁路货车占用费清算提供了基础数据，既减少了统计工作量，又增加了数据的可靠性。

4) 监控线路上车流情况，便于列车调整

线路上运行的列车经过地面探测设备时，被车号自动识别系统采集到，方便了监控列车所在线路的使用情况和繁忙状况，为列车运行调整提供依据。

5) 结合车辆监控设备，对故障车辆进行准确定位

将铁路运行安全监控系统与车号自动识别系统相结合，实现了对故障车准确定位，提高了故障车辆的故障兑现率。

铁路车号自动识别系统是铁路运输资源管理的重要组成部分，是铁路物流过程中实现信息采集自动化、管理现代化、提高运输效率的重要基础设施，是实现列车、机车和车辆跟踪管理的基础手段。车号自动识别系统涉及了车、机、工、电、辆、通信等多个部门，对提高铁路物流效率、确保物流过程中列车运行安全起着重要作用。

8.2.3 铁路货车动态追踪管理

截至目前，我国已经建成了 65 万辆国铁铁路货车、12 万辆企业自备铁路货车的车辆

动态库、运行列车动态库、运行机车动态库和车辆、列车、机车的历史轨迹库。应用物联网感知与标识技术获取车号自动识别信息、确报信息、货票信息和车辆检修信息，利用网络通信技术将车辆的位置、空重、所运货物、装载信息计入车辆动态库和轨迹库，并在此基础上开发应用程序，实现了铁路货车的动态追踪管理。

1. 技术架构

铁路货车动态追踪管理是基于车号自动识别系统采集的货车数据，综合各种货车信息，利用物联网 RFID 感知与通信技术实现货车的实时追踪、货车信息的实时存储与统计，其技术架构如图 8.7 所示。

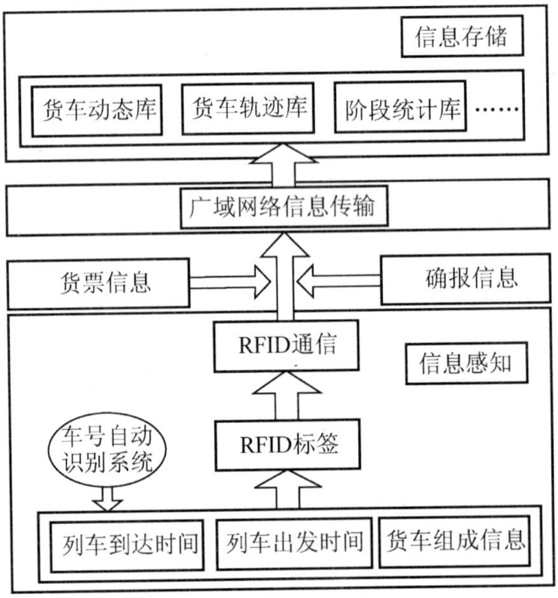

图 8.7 铁路货车动态追踪管理技术架构

2. 数据流程分析

利用车号自动识别系统采集的列车到达、出发时间及货车组成信息与确报进行匹配，更新铁路货车动态库的位置、空重状态及所运货物的品名、到站等信息，并将匹配后的列车、车辆信息写入货车轨迹库，同时与运输摘要货票进行匹配，填充货票信息，使车辆与货物建立关联，以便进一步查询。对车辆的分布、分界站出入车、移交重/空车等进行阶段统计。进而可实时查询车辆分布情况、分界站货车正晚点情况、分界站出入货车情况及各种阶段统计信息。其处理流程如图 8.8 所示。

3. 基本功能

铁路货车动态追踪管理主要实现了以下功能。

(1) 按局分别掌握现车保有量、按车种的车辆分布情况。

(2) 按阶段掌握铁路局分界口铁路货车出入情况。

(3) 实现分界口重车车流的来向与去向分析，为合理组织运输生产，实现均衡运输提供信息支持。

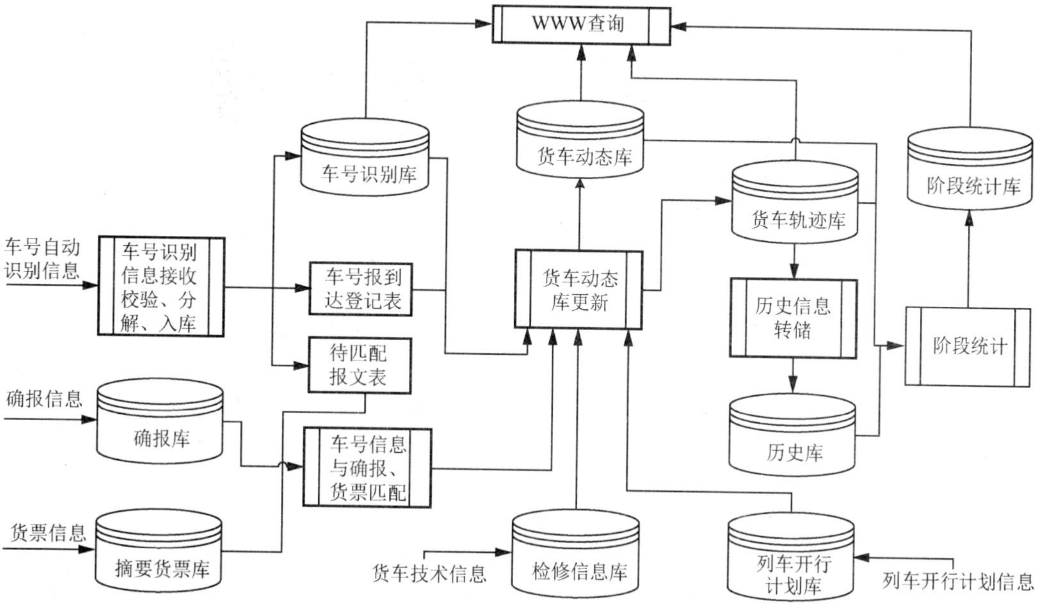

图 8.8　铁路货车动态追踪数据处理流程

(4) 对集装箱专用车、特种货车、行包车进行动态追踪管理。

(5) 按指定车号查询某车辆的位置、重空、检修与运用情况。

(6) 查询某车辆的装载情况、去向和终到站，分界口通过列车正晚点情况和某列车的位置和组成情况。

(7) 货车运用成绩统计，在站停留时间、中转时间统计与计算。

(8) 按线别、区段别统计货运量、货物周转量等，实现卸车预报和车流推算等功能。

在车号自动识别系统采集数据的基础上，综合利用各种基础信息，可以实现对铁路货车、货物、机车的节点式实时追踪管理。铁路货车动态追踪管理有助于实时掌控货车信息，有利于更好地组织车流货流，为运输指挥和管理部门、机车货车运用和管理部门、计划统计和财务清算部门等提供准确、完整、综合的信息服务和决策支持，有助于提高铁路物流整体信息化水平。

8.2.4　机车检修信息管理系统

铁路原有机务信息管理系统工作效率低下，机车检修过程中的机车入库、出库工作都是由人工管理，存在缺陷和漏洞且影响检修效率。为此在机车检修过程中引入物联网射频感知与识别技术，当机车出入库时，通过射频识别装置将机车的基本信息传输到机车检修系统中，自动完成机车的入库和出库管理，实现对各个检修车间工作量、专用数据的统计和管理。

机车检修信息管理系统要求在机车底部中梁上嵌入电子标签，由微带天线、虚拟电源、反射调制器、编码器、微处理器和存储器组成，存储有机车的车号、车型、段属等基本信息。在轨道间安装微波射频装置和阅读天线，在机车通过射频装置时能够准确识别，并通过网络传输将数据传给远端应用系统进行处理、存储，从而完成机车入库出库的自动操作，其入库信息示意图如图 8.9 所示。

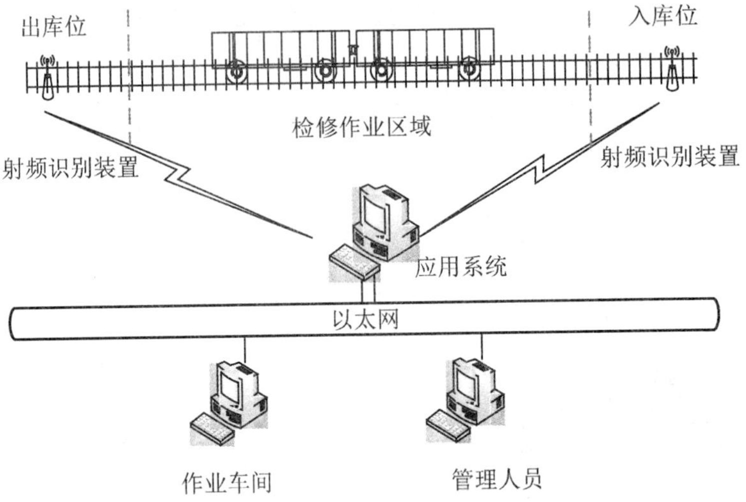

图 8.9 机车入库信息采集图

同时，入库模块对该机车进行历史活动分析和月度故障统计，并完成机车的共性故障预警、惯性故障预警分析和月度故障统计图，并发送语音信息通知专检专修部门做好检修准备，这样更加方便专检人员的检查工作。在机车入库状态浏览区域设置机车入库人工操作按钮，当机车入库信息识别错误或与库存信息冲突时，系统自动发出报警语音提示，具有相应权限的人员通过权限验证进行机车入库信息的编辑操作。

机车检修完毕并通过工长验收后出库，在通过出库位射频识别装置时，机车信息和出库时间传送给应用系统，系统启动出库操作，将机车本次检修活动及整个检修流程操作信息保存到历史表中，并删除当前库内该车信息，自动完成该车的本次检修过程。

基于物联网数据感知与采集技术的机车检修系统能根据机车入库出库采集机车信息，完成机车出入库流程的自动操作，方便机车信息查询以及统计工作，降低检修人员工作强度，提高机车检修工作的质量和效率，提高铁路物流运输资源管理水平。

8.3 物联网在铁路物流安全监管的应用

铁路物流安全是指铁路物流运作过程中发生的因人为失误或技术缺陷造成的货物损坏或失效、物流设施损坏及物流信息失真等安全问题 。铁路物流安全监管应贯穿和覆盖铁路物流活动的全过程，任何一个环节出现问题都会带来不同程度的财产损失或人员伤亡。

针对铁路物流安全需求，结合铁路物流特点，物联网在铁路物流安全管理的应用主要分为运输安全管理和仓储安全管理等方面。

8.3.1 车辆运行安全监控(5T)系统

车辆运行安全监控(5T)系统是我国铁路保障运输安全的重要技术手段之一。系统采用多种先进的物联网技术、信息处理技术和网络技术等实现了对车辆运行状态的实时动态监测，并在专项监测系统报警评判的基础上，运用多个监测系统的监测信息和技术履历信息，建立了综合报警评判模型，提高了报警的准确性。针对多系统实时监测问题，通过建立统一的监控平台，实现了多系统的系统整合、集中监控和资源共享，提高了工作效率和工作质量，对保障铁路车辆运行安全发挥了重要作用。

1. 系统组成

5T 系统自 2003 年在我国铁路开始启用，以保障列车运行状态监测为核心，利用感知理念及传感技术等实现集成化、信息化、网络化的车辆运行安全保障。5T 系统包括车辆轴温智能探测系统(THDS)、车辆运行品质动态监测系统(TPDS)、车辆滚动轴承故障轨边声学诊断系统(TADS)、货车故障动态图像检测系统(TFDS)和客车运行安全监控系统(TCDS)，系统组成见表 8-2。

表 8-2 5T 系统组成及原理

子系统名称	子系统原理
THDS	通过轨边的红外探测器，动态监测列车轴承温度，发现热轴故障，并通过智能跟踪装置，实现热轴精确跟踪和预报，强化燃切轴事故防范能力
TPDS	利用安装在正线上的测试平台，动态监测通过列车轮轨相互作用连续的垂直力和横向力，并在联网分析处理的基础上，识别车辆运行状态，同时还可监测车轮踏面损伤和车辆超偏载状态；通过对报警车的追踪和处理，重点防范列车脱轨事故发生
TADS	通过轨边声学诊断装置，实时在线监测运行车辆轴承故障，将燃切轴事故的防范关口提前
TFDS	利用轨边高速摄像技术，实时在线监测通过货车，采用图像智能识别技术和人机结合的方式判别货车隐蔽和常见故障，实现列检作业革命性变革，极大地提高了列检作业质量和效率，改善了货车运输安全险
TCDS	利用车载安全监测装置，对客车制动装置、转向架、客车供电系统以及轴温报警器、电子防滑器、车门等设备的安全隐患进行实时监测，并通过车地无线传输，实现客车运行安全全程监控

另外，5T 系统搭建了全路车辆运行安全综合监控网络平台，利用系统整合、数据集成、智能分析与数据挖掘技术，建立起多系统全程在线实时监控、联网多点跨系统综合评判、智能高效的铁路车辆安全监控体系，保证了列车在高速、重载、大密度等运行条件下的车辆安全。

2. 系统结构

铁路车辆运行安全监控网络信息系统由轨边探测站、基层数据汇聚节点、路局监控中心、铁道部查询中心 4 级组成，并在列检所和车辆段设置监控复示终端。各级中心间及基层数据汇聚节点与探测站/列检所/车辆段间通过铁路计算机网络相联。探测站安装有车辆运行安全检测装置，实时检测通过列车、车辆的运行状态；各级中心收集所辖下级系统的监测数据，执行监控、追踪、查询、管理、分析、评判等功能；列检所/车辆段实时监视探测站测点过车检测情况，接收上级下达的重点车监控名单及综合评判结果，并负责报警车辆检查和处理任务的具体执行，如图 8.10 所示。

5T 系统充分体现了分散检测、集中报警、网络监控、信息共享的基本要求，实现了三级联网、三级复示以及三级管理信息系统。其中，三级联网为探测站与基层资料汇聚节点联网、基层资料汇聚节点与路局监控中心联网、路局与铁道部查询中心联网；三级复示为前方列检所复示(重点检查、处理问题车辆)、车辆段复示(主要解决管理和设备维修上的问题)、车辆安全监测中心复示(及时掌握问题车辆情况，进行监督并处理，对疑难问题给予技术支持)。三级管理信息系统为铁道部查询中心系统、铁路局监控中心系统和铁路基层监控系统。

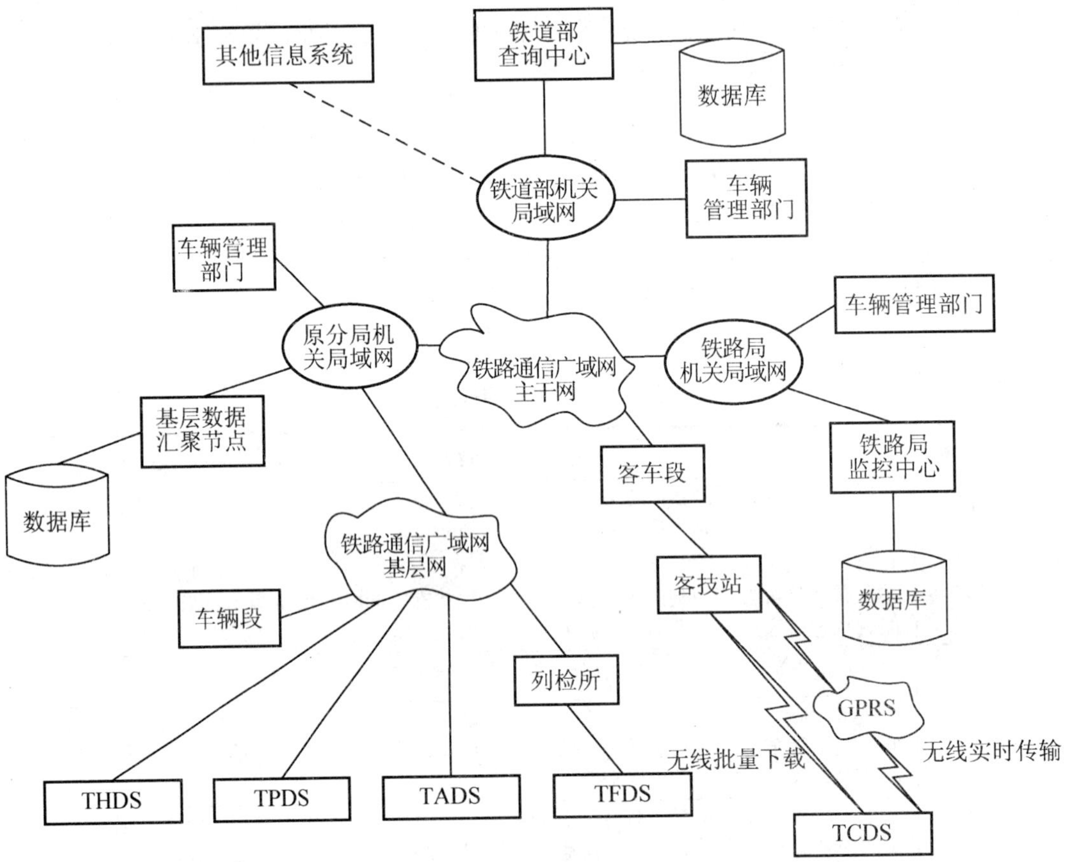

图 8.10　车辆运行安全监控 5T 系统框架结构

3. 系统功能

在物联网环境下，物流信息集成涉及许多异构的数据源，需要通过网格技术将各种类型的信息有效集成，统一进行处理，以实现信息的高性能共享。

(1) 建成覆盖全路的铁路货车安全监测信息传输网络和基层数据汇聚节点、路局监控中心、铁道部查询中心，将地域上分散的 5T 地面安全监测设备与各级监测中心联结起来，实现 5T 系统监测信息的自动收集和集中管理。

(2) 实现 5T 系统监测中心设备共享，统一基础信息编码标准、监测数据接口标准、数据存储以及应用软件展现风格。

(3) 在铁道部建立数据仓库，依据主题进行数据存储，建立面向车辆监测信息、故障信息、维修信息、履历信息的主题数据库，通过数据抽取、数据挖掘，发现研究、分析、车辆故障之间的关联关系，建立车辆综合报警评判模型，实现故障车辆综合报警自动评判。

(4) 实现 5T 系统数据集中、上下互传、跨系统多种信息横向关联，提高故障车辆预报的准确性。

(5) 5T 各级系统上下互动，信息交错，提供 5T 数据集成、综合报警评判、综合查询和分析、跨系统横向关联检索以及为 5T 各专项应用综合评判提供基于整合的综合集成信息，实现 5T 各子系统专项应用和基于整合的 5T 系统综合应用，构成专项应用上下级系统多点间、5T 整合综合应用多系统多类之间协同工作的局面。

(6) 实现三级联网、三级复示、三级管理系统，实现预警/报警车辆局间互控、全面跟踪，全面掌握路网运行车辆运用情况。

(7) 以路网车辆全面监控和信息综合利用为目标，使各级车辆管理、决策部门全面掌握全路车辆运用质量状况，及时调整车辆运用、管理、维修、维护政策和计划，实现车辆检修由定时修走向状态修，为车辆作业、维修部门提供详细的车辆安全监测与管理信息服务，实现 5T 系统动态检测、数据集中、联网运行、远程监控、信息共享，构筑起集监测控制、安全管理、维修支持、决策分析为一体的货车安全综合监测网络信息系统。

从 2004 年开始，5T 系统在全路 18 个铁路局及铁路公司推广实施，已初步形成了覆盖我国主要铁路干线的车辆安全监控网络，大大强化了车辆安全监控力度，降低了事故发生比率。应用了物联网技术的 5T 系统保障了列车提速、重载和长交路运行的安全，并通过列车不停车动态检查大幅提高运输效率，同时对保障铁路物流过程的畅通、安全具有重要意义。

8.3.2　货物在途安全监管

1. 基于 RFID 的铁路行包实时跟踪系统

铁路行包的实时跟踪包括公路短途运输、装卸、铁路运输、入库暂存、配送等流程的复杂过程，铁路行包物流是铁路物流的重要组成部分。

基于物联网感知与标识技术的铁路行包实时跟踪系统，主要采用了现有车号自动识别技术和 RFID 无线射频设备。行包通过列车 RFID 终端模块完成与运输列车车号的绑定，并在行包进站接收业务、入库暂存业务、中转业务、在途运输业务、配送以及验收等业务中，利用 GPS、GIS 技术对车辆进行定位，实时更新在车行包的信息，采集的行包信息再由车号自动识别技术完成与监控中心的信息传递。其系统结构如图 8.11 所示。

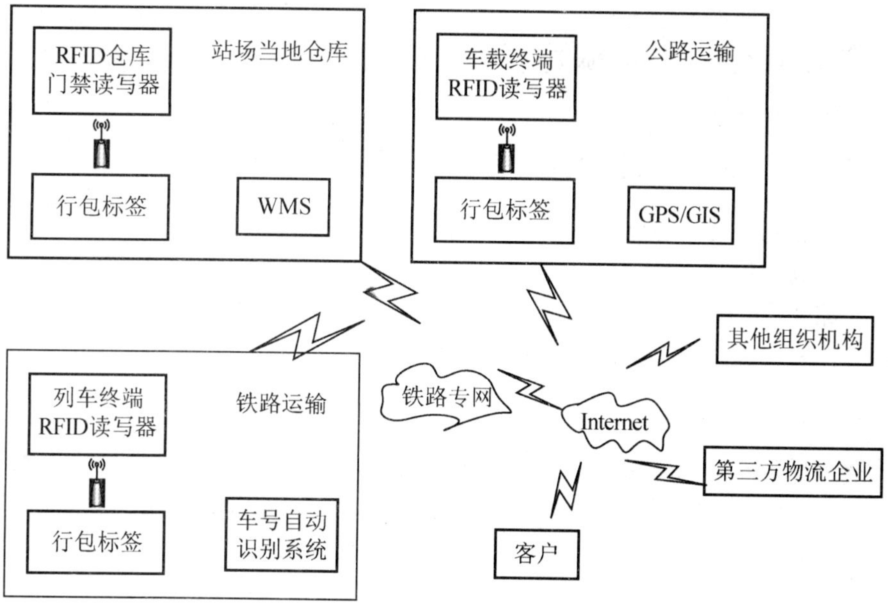

图 8.11　铁路行包跟踪系统架构

基于物联网技术的铁路行包实时跟踪系统可以加强铁路行包的流程管理，对行包进行实时的状态跟踪，实现了行包在途安全监管，大大提升铁路行包物流的安全性。

2. 铁路危险货物罐车车载动态监控系统

罐车运输是我国铁路危险货物运输的主要运输方式，在运输过程中危险性强、危害性大，极易造成人员伤亡和财产毁损。基于物联网传感器技术，将 GPS、GPRS 等先进技术引入铁路危险货物罐车车载动态监控系统，实现了对危险货物铁路罐车运输的远程动态监控，以及对罐车内部的压力、温度、液面高度、介质密度及在途运行位置等方面进行动态实时监控，保障了危险货物的在途安全，提高了铁路危险货物物流的安全性。

该系统包含罐车计量监控、罐车运行跟踪和安全预警预防 3 个模块，主要利用计量监控技术、红外线传感器技术、GIS、GPS 和 GSM 技术等，实现对罐车的计量、运行轨迹、危险预警预防等功能。铁路危险货物罐车车载动态监控系统主要实现了以下 5 项监控功能。

(1) 根据《铁路危险货物运输管理规则》相关规定，系统对液体货物的密度、罐车标记载重量、标记容积是否超标进行监控，对罐车是否重心超高、重量超载进行判断，实现了罐车计量超载监控。

(2) 通过分析液体温度，可以掌握罐车内压力和介质密度是否有变化或存在危险性，实现了对罐车内温度、压力的实时监控。

(3) 通过分析危险货物罐车停放位置和停留时间，可以判断运输组织和调度指挥状况，以便减少危险货物罐车在途运输滞留时间，实现了对罐车运输途中的超时监控。

(4) 通过分析危险货物罐车内体积变化，可以掌握罐车装卸状态，实现了罐车危险货物装卸监控。

(5) 在危险货物罐车到达交付前，通过分析罐车内体积变化，可以判断罐车运输途中是否泄漏或者发生被盗的情况。

铁路危险货物罐车车载动态监控系统利用物联网的技术优势，使危险货物的运输监控更加透明高效，信息传递更加准确及时，既能有效地提升危险货物运输的安全性，又为铁路危险货物物流的发展提供支持。

8.3.3 物联网在铁路物流仓储安全监管的应用

仓储是现代物流的核心环节，也是铁路建设现代物流中心的关键环节。仓储管理活动中伴随着大量仓储信息，具有数据操作频繁、数据量大和信息内容复杂等特点。基于物联网技术的铁路物流仓储管理系统利用 RFID 技术、传感器技术等，实现了对货物仓储状态的实时监管，极大提高了铁路物流仓储活动的安全性和高效性。

1. 系统构成

基于物联网技术的铁路物流仓储管理系统软件结构上分为业务管理、安全管理、数据管理、协作管理、基本信息管理、设备管理和电子地图 7 大功能模块。系统结构如图 8.12 所示。

1) 业务管理

业务管理模块将物联网技术应用于货物入库、出库、移库和盘点等业务中，可避免传统仓储工作量大、精度差等弊端。货物入库时，业务管理模块根据入库货物的性质、现有仓储情况选择不同的货位、作业工具和操作人员；货物出库时，根据在存货物的入库时间、所在位置和出货位置，选择最优出货货位；货物移库时，业务管理模块根据现有货物排放布局进行最优计算，以求达到空间的合理利用，通过货物、仓库分析，选择合适的工作人员、工具、货位以及作业路线。

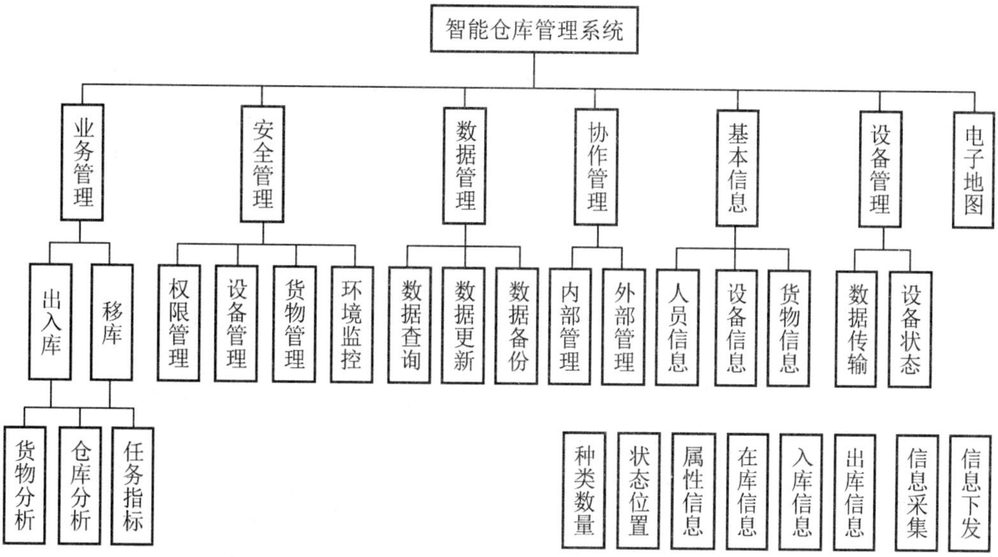

图 8.12 智能仓储管理系统软件功能结构图

2) 安全管理

安全管理模块利用传感器技术，通过设置温度传感标签、湿度传感标签、光传感标签和相应的读卡器等，实现对仓库的环境进行监视、对设施设备进行调控，使环境满足需求条件。

3) 数据管理

数据管理模块用于存放货物、设备、工作人员、业务记录等数据，对其他模块予以支持。

4) 协作管理

协作管理模块实现了铁路与外界实时交换信息，保证了与供应链其他环节的信息畅通。

5) 基本信息管理

基本信息管理模块实现了对仓库要求时段内货物的统计，包括货物种类、出入量、出入时间、货物在库量、仓库使用情况、设备使用次数和年限等，并根据其他模块反馈实时更新。

6) 设备管理

设备管理模块负责将收集(或发送)的信息归类处理，分发到系统不同的功能模块进行处理(或传输到不同的硬件设备中)。

7) 电子地图

电子地图模块实时仿真显示仓库货位、货物、人员、设备的位置和停留时间，并进行监控管理。

2. 系统功能

基于物联网技术的铁路物流仓储管理系统主要实现了以下 3 项功能：利用物联网技术优化仓库作业流程；利用物联网技术对仓库内的人员、叉车、托盘、货架等设备进行监管、调配和权限管理，实现合理布控；利用物联网技术对仓库内温度、湿度等环境进行实时监控。

将物联网技术应用于铁路物流仓储管理，避免了传统的以人工作业为主、管理混乱松散的管理方式，能有效提高仓储管理的安全可靠性，降低仓储管理成本，提高铁路物流仓储管理效率，有助于智能化铁路物流中心的建设。

8.4 物联网在铁路物流的应用展望

随着信息技术更高层次的应用，物联网将成为铁路物流向信息化、智能化转变的重要组成部分。铁路可以凭借自身强大的经济实力和雄厚的科研力量，加大对物联网技术的研究，突破物联网应用的关键技术和核心技术，建立基于物联网的铁路物流信息技术体系，形成具有自主知识产权的应用成果，提高铁路物流的可持续竞争能力，实现物联网技术推动我国铁路向现代物流方向发展的重大战略目标。

借助物联网技术，可以大幅度拓展铁路物流信息资源采集的广度与深度，实现铁路物流海量信息资源的全面整合，使整个铁路物流信息系统集成统一，实现铁路物流的信息共享。同时，在物联网技术支撑下，通过构建集铁路运输组织自动化、调度指挥智能化、运力资源协同化、物流管理物联化、安全管理一体化、信息控制全域化等功能为一体的铁路物流应用体系，搭建全域化综合信息平台。最后，凭借基于物联网技术的综合信息平台的建立，达到铁路物流信息系统间的互联互通互操作，实现铁路物流信息的整合与共享、业务流程的优化，满足了物流资源管理协同化、物流综合管理集成化、物流运营智能化等需求，进而实现铁路各项物流活动间的协调一致，提升了铁路物流的综合管理水平，提高了铁路物流的运作效率，保证整个铁路物流活动的高效运行。

阅读材料 8-1

基于物联网技术的智能港口

改革开放以来的跨越式发展，使我国交通运输业具备了发展转型的基础和条件。2013 年年末，我国公路通车总里程达到 435.62 万公里，比 2012 年增加 11.87 万公里，公路密度为 45.38 公里/百平方公里。全国铁路营业里程达 10.31 万公里，比上年末增加 5 519 公里，路网密度达到 107.4 公里/万平方公里。内河航道里程达到 12.59 万公里，为世界之首。近年来我国港口生产作业统计情况如图 8.13 所示。

交通基础设施总量规模的跨越式增长和运输能力的显著提升，为交通运输业结构优化、网络衔接和运输一体化发展创造了条件。适应国家发展战略转型，必须切实推进发展方式转变。据测算，到 2020 年我国交通运输需求总量将是目前的 2.5～3 倍，交通运输能力需再提高两倍以上。而港口作为现代综合物流的中心，汇集了各类物流信息，迫切要求物联网能为其物与物的传感提供无限的上穿与下行的延伸空间。这就诞生了港口口岸物联网，其主要功能是为物流行业提供商品在流通运输、库存等各环节中包括温度、湿度、物流路线、物流车辆调度等内容的信息管理服务。

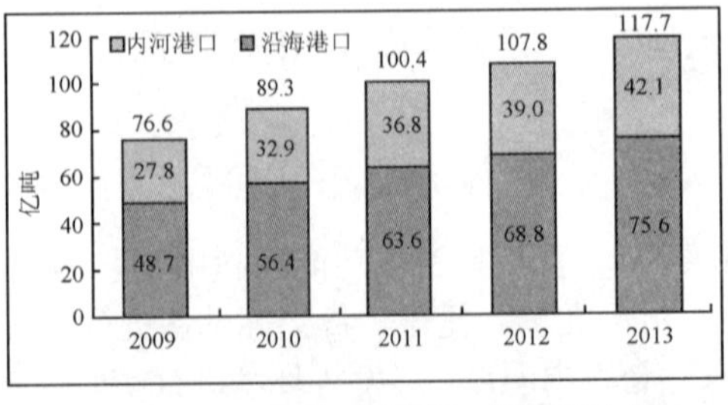

(a) 2009—2013年全国港口货物吞吐量

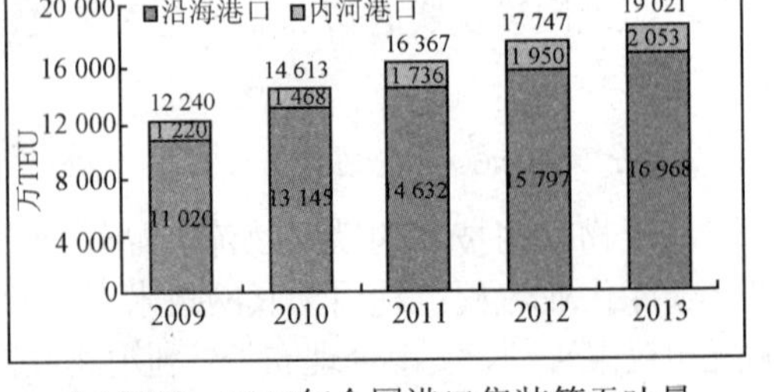

(b) 2009—2013年全国港口集装箱吞吐量

图 8.13 我国港口生产作业情况

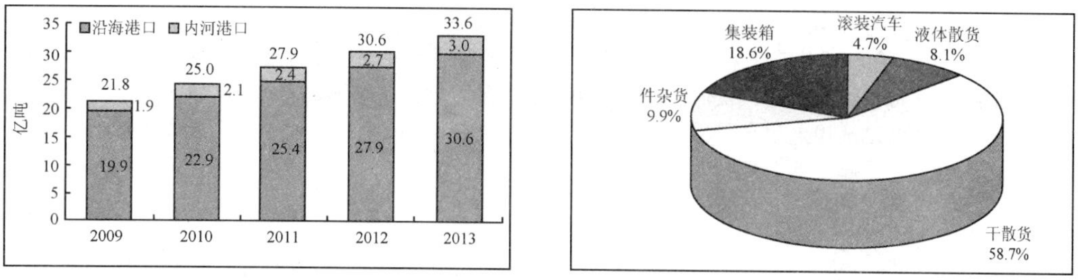

(c) 2009—2013年全国港口外贸货物吞吐量　　(d) 2013年全国港口各形态货种吞吐量构成

图 8.13　我国港口生产作业情况(续)

智慧港(The Intelligence of Port，IOP)目前尚无准确定义，也被称为智能港、物联网港口等。通常是指充分借助物联网、传感网、云计算、决策分析优化等技术手段进行透彻感知、广泛连接、深度计算物流运行核心系统的各项关键信息，使物与物、物与人、人与人以及港口物流的各种资源和各个参与方可以更广泛的互联互通，形成技术集成、综合应用、高端发展的现代化、网络化、信息化的现代港口。智能港不仅是一种新的信息技术和解决方案，而且更是一种新的理念和发展模式。

航运物流集装箱的快进快出，大大促进当地经济发展，也迫使中国航运物流信息化的提速。航运物流集装箱运输过程中安全隐患时有发生，迫切需要智能化电子标签系统，实时记录集装箱运输中的箱、货、流信息，借助全球网络环境实现集装箱物流的全程实时在线监控，以提高航运物流集装箱物流的透明度、安全性和效率，提升整体航运物流服务水平。典型的港口集装箱运作业务流程如图 8.14 所示。

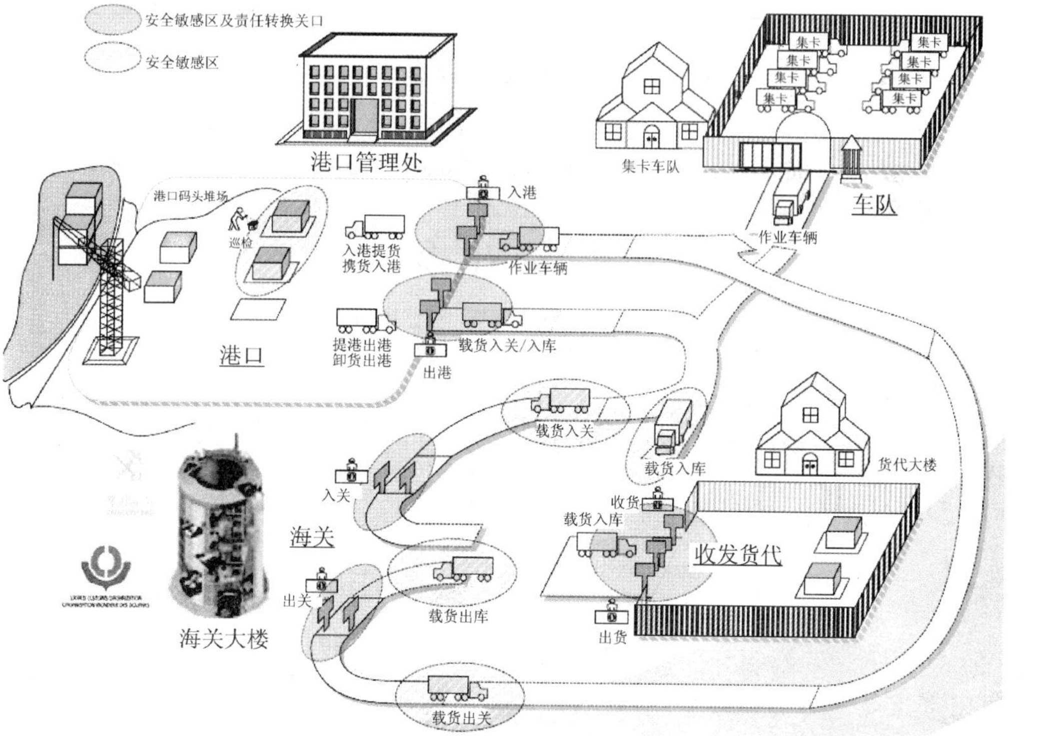

图 8.14　港口集装箱业务流程

根据港口集装箱的业务流程，采用 RFID、红外感应器、全球定位系统、激光扫描等信息传感设备，构建基于物联网技术的港口自动化物流系统，如图 8.15 所示。从而在港口作业过程中，实现集装箱及运输物品动态跟踪与信息共享，快速通关，各项作业流程安排等功能。

其中 RFID 系统包括硬件系统和软件系统两个方面，硬件系统由 RFID 自动识别系统、全球定位系统、激光扫描系统和通信系统等组成，软件系统包括 RFID 信息管理系统和与之整合的智能港管理系统。集装箱上的电子标签可以记录固定信息，包括序列号、箱号、持箱人、箱型、尺寸等；还可以记录可改写信息，如货品信息、运单号、起运港、目的港、船名航次等。

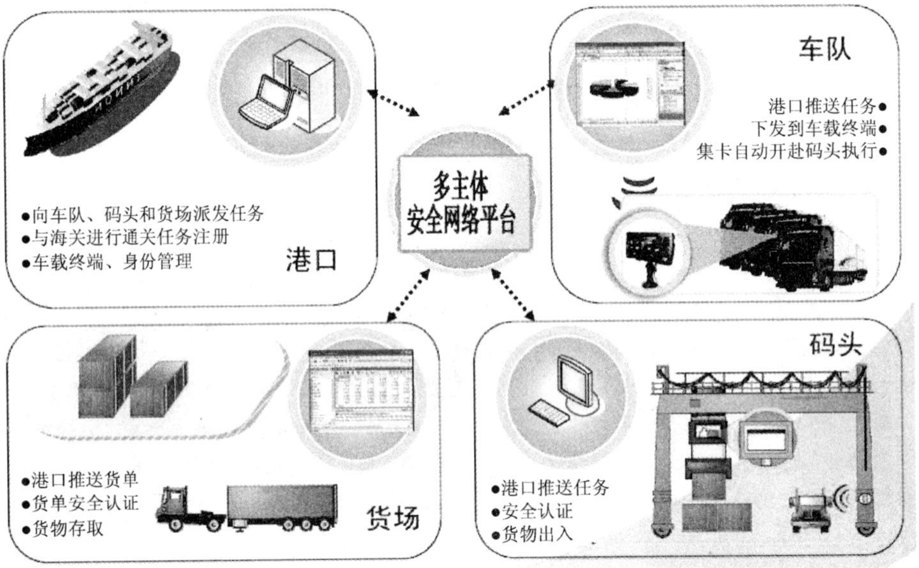

图 8.15　基于物联网的全自动港口作业

(资料来源：智能港口物流网建设方案[EB/OL].
http: //www.iotworld.com.cn/html/Library/201201/b14fa3e9f50b6360.shtml.2013-9-26)

本 章 小 结

通过对物联网技术在铁路物流运输资源管理、物流安全监管等方面的应用研究，物联网技术优化了铁路物流业务，保障了铁路物流安全高效的进行。我国铁路必将借助物联网东风，形成物畅其流、快捷准时、经济合理、用户满意的智慧铁路物流服务体系，为铁路的物流化发展提供新的市场机遇。相信随着物联网技术的发展以及在综合运输体系中的不断应用，一个完善的智能化综合物流系统将会很快实现。

习　　题

1. 填空题

(1) 列车车辆安全监控 5T 系统包括：________、________、________、________和________。

(2) 物联网在铁路物流领域的应用框架主要包括________、________、________、________、________和________六方面。

(3) 铁路物流业务可以划分为 4 个层次，分别为________、________、________和________。

2. 简答题

(1) 简述哪些物联网技术可以应用于铁路物流过程中。

(2) 选取一种或几种运输方式，描述物联网应用的具体场景。

(3) 铁路集装箱管理信息系统应用主要有哪些方面？

(4) 画出铁路货车动态跟踪管理的技术架构图。

(5) 利用物联网技术提高铁路物流安全监管的措施有哪些？

(6) 试述铁路行包跟踪系统的架构及工作流程。

(7) 试述车号自动识别系统(ATIS)的工作原理，如果对于公路运输要实现车辆自动设别需要如何进行系统设计？

案例分析

油罐车监管系统

油罐汽车担负着从油库到加油站等地的油品运输任务，由于其移动的特性，增加了管理的难度。如何保证油罐汽车安全、经济运行是摆在管理者面前的难题。

随着物联网技术的飞速发展，为解决上述难题提供了可能。油罐有源电子锁监管系统，采用有源 RFID 技术，具有机械锁的锁紧功能，能够记录业务数据，能够记录开关信息，开关需要验证，可有效监控油罐车运输配送装卸作业过程，从而规范和监督司乘人员操作行为，防止违规操作，提高了油罐汽车的安全、经济运行，对石油运输企业的优质服务和长远发展具有深远的现实意义。

采用 RFID 进行油罐车监管的作业流程如图 8.16 所示。

其中业务流程分为正常模式和应急模式两种。正常模式下应包括以下流程。

(1) 生成物流单：调度人员根据计划生成物流单明确油库、油罐车(油罐车的仓位同电子锁 1 对 1 绑定)，目的地。

(2) 反向解封：油库铅封人员使用手持终端设备反回解封油罐车的电子锁。

(3) 发货：油库工作人员向油罐车加油。

(4) 正向加封：油库铅封人员使用手持终端设备正回解封油罐车的电子锁。加封时动态生成解锁密码，通过油库网络发送到中央管理系统。

(5) 密码传输：中央管理系统根据物流单，通过手机短信方式，发送密码到指定加油站的手持终端。

(6) 正向解封：加油站手持终端收到密码短信后，可以解封油罐车电子锁。

(7) 卸油：解封后，打开油罐车的阀门卸油。

(8) 反向加封：卸油完成后，加油站工作人员使用手持终端进行反向加封。

应急模式是指在加油站手持终端没有收到密码短信的情况下，以电话方式向中央管理系统的调度人员要求应急密码，然后使用应急密码加封解封。电子锁一旦使用应急模式，其正常模式将无效。应急模式下应包括以下流程。

(1) 油罐车到达加油站后，如加油站依然没有收到密码短信，则采用应急模式解锁。

(2) 获取应急密码：加油站人员打电话到调度中心，调度人员从中央系统获取应急密码，并告知加油站人员。

(3) 正向解封(应急)：加油站人员选择电子铅封锁，输入应急密码解封。

(4) 卸油：解封后，打开油罐车的阀门卸油。

(5) 反向加封(应急)：卸油完成后，加油站工作人员使用手持终端进行反向加封。

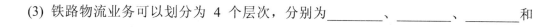

具体过程如图 8.17 所示。

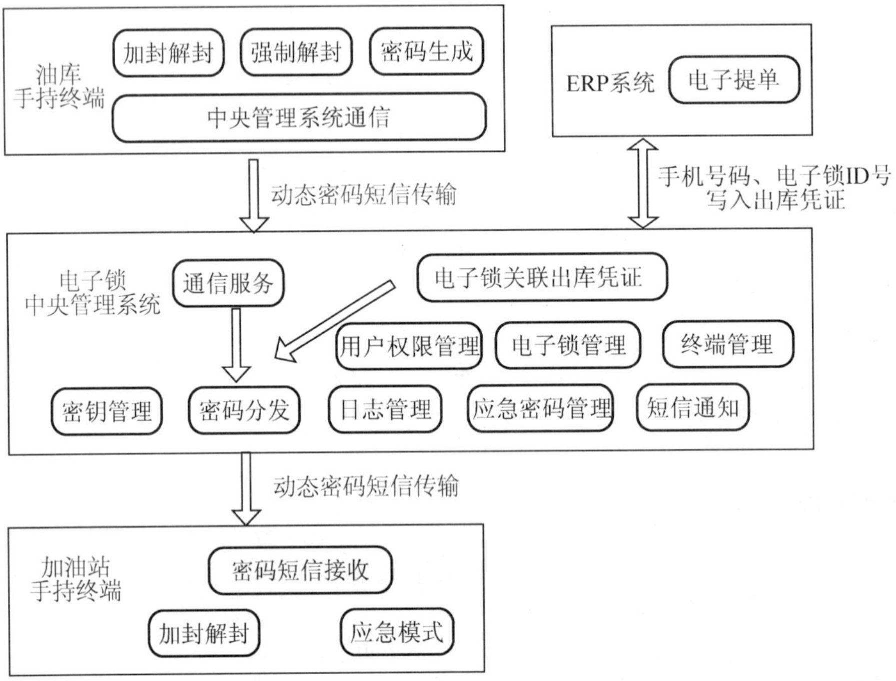

图 8.16　基于 RFID 的油罐汽车作业流程

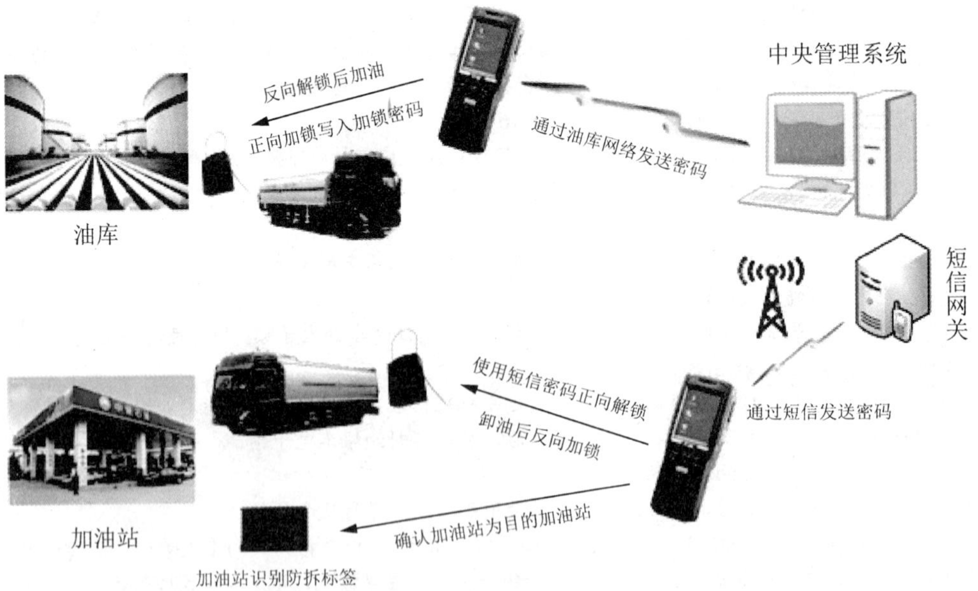

图 8.17　油罐车具体作业过程

(资料来源：佚名.油罐车运输 RFID 管理方案[EB/OL].
http://www.hqew.com/tech/fangan/462904.html.2012-10-12)

分析与讨论：

根据案例所提供的资料，在油罐车监管系统的基础上，引入其他相关技术实现危险品运输的全程监管，作出系统架构和作业流程图。

第9章 物联网技术在其他行业中的典型应用

【教学目标】

- 了解物联网技术的应用范畴;
- 熟悉物联网与工业化融合的特征及在工业中的典型应用;
- 熟悉智慧农业概念及物联网技术在农业中的典型应用。

【章前导读】

动物电子标识是用来标识动物属性的一种具有信息存储和处理能力的射频识别电子标签。该电子标签可以储存动物的各种信息，并有一个严格按ISO编码标准编制的64位(8个字节)识别代码，做到全球唯一。在畜牧业中，通常把电子标签设计封装成不同的类型安装于动物体上，进行跟踪识别处理。随着美国、澳大利亚、加拿大、欧盟等畜牧业发达国家的成功实践，动物电子标识技术的应用范围将越来越广泛。根据不同畜禽品种和用途，动物电子标识可封装成注射植入式、耳挂式、留胃式、环扣式、可注射式和项圈式等多种形式。

由于动物电子标识出现，一些自动化定量喂养系统在畜牧业中得以推广使用。美国奥斯本公司设计的全自动母猪智能系统(TEAM)、全自动种猪生产性能测定系统(FIRE)、生长育肥猪自动分阶段饲养系统(Weight Watcher)都是以电子标签的使用为前提和基础的动物饲养管理系统。这些应用电子标签的管理系统，除了企业内部在饲料的自动配给和产量统计等方面应用之外，还可以广泛应用于动物标识、疫病监控、质量控制及追踪动物品种等方面，是在动物生产过程中，掌握动物健康状况和控制动物疫情发生的极为有效的方法之一。

思考题：如何应用电子标识来实现动物养殖过程的溯源？

9.1 物联网技术在农业中的应用

中国是农业大国，传统农业在国际市场上的优势主要体现在丰富的自然资源和低廉的劳动力成本上。但随着世界新技术的发展，农业科技化将会成为未来农业发展的趋势。农业科技化是指以农业科学技术为依托，开发出先进的、成熟的、能推动农业生产力发展的、有较高经济效益的农业科技成果，并及时地将科技成果转化为农业生产急需的技术产品，应用于农业生产的整个过程。农业科技化要求把农业科研、技术推广与开发和农业生产活动有机结合起来，实现由传统农业向现代化农业的转变。

建设现代化农业，应大力推进农业科技创新，促进农业技术集成化、劳动过程机械化、生产经营信息化。为适应农业规模化、精准化、设施化等要求，加快开发多功能、智能化、经济型农业装备设施，重点在田间作业、设施栽培、健康养殖、精深加工和储运保鲜等环节取得新进展。推进农业信息服务技术发展，应重点开发信息采集、精准作业、农村远程数字化，气象预报预测和灾难预警等技术，大力推进信息化与农业现代化的融合。基于信息和智能管理复杂的农业产业系统，转变农业发展方式，迫切需要将物联网技术应用于农业中。

物联网在农业领域中有着广泛的应用，农作物从种植到收获各阶段，都可以采用物联网的技术来提高工作效率，实现精细管理。

(1) 在种植准备的阶段：通过在温室里布置很多传感器，实时采集当前状态下土壤信息，来选择合适的农作物并提供科学的种植信息及数据经验。

(2) 在种植和培育阶段：利用物联网的技术手段进行实时的温度、湿度、光照、二氧化碳、土壤温度等信息采集，根据信息采集情况进行自动的现场控制，保证植物育苗在最佳环境中生长。

(3) 在农作物生长阶段：利用物联网实时监测作物生长的环境信息、养分信息和作物病虫害情况。利用相关传感器准确实时地获取土壤水分、土壤温湿度、环境温湿度、光照等情况，通过实时的数据监测和农业专家的经验相结合，配合控制系统实现智能控制灌溉、施肥、喷药等，调理作物生长环境，改善作物营养状态；及时发现作物的病虫害爆发时期，维持作物最佳生长条件。

(4) 在农产品的收获阶段：利用物联网的信息，把传输阶段、使用阶段采集来的各种数据反馈到前端，从而在种植收获阶段进行更精准的测算。

9.1.1 物联网在智慧农业中的应用

1. 智慧农业

1) 智慧农业的定义

从传统农业到现代农业转变的过程中，农业信息化的发展大致经历了电脑农业、数字农业、精准农业和智慧农业 4 个过程。智慧农业把农业看成一个有机联系的整体系统，在生产中全面综合地应用信息技术、透彻的感知技术、广泛的互联互通技术和深入的智能化技术使农业系统的运转更加有效、更加智慧和更加聪明，从而达到农产品竞争力强、农业可持续发展、有效利用农村能源和环境保护的目的。

由于智慧农业出现的时间较短，目前还没有一个公认的定义，相关定义如下：智慧农业是充分应用现代信息技术的成果，集成应用计算机与网络技术、物联网技术、音视频技术、3S 技术、无线通信技术及专家智慧与知识，实现农业可视化远程诊断、远程控制、灾变预警等智能管理。

智慧农业是农业生产的高级阶段，是集新兴的互联网、移动互联网、云计算和物联网技术为一体，依托部署在农业生产现场的各种传感节点(环境温湿度、土壤水分、二氧化碳、图像等)和无线通信网络实现农业生产环境的智能感知、智能预警、智能决策、智能分析、专家在线指导，为农业生产提供精准化种植、可视化管理、智能化决策。

“智慧农业”是云计算、传感网、3S 等多种信息技术在农业中综合全面的应用，实现更完备的信息化基础支撑、更透彻的农业信息感知、更集中的数据资源、更广泛的互联互通、更深入的智能控制、更贴心的公众服务。“智慧农业”与现代生物技术、种植技术等高新技术融合于一体，对建设世界高水平农业具有重要意义。

从以上定义和特征可以看出，物联网是智慧农业的主要技术支撑，是以自动化生产、最优化控制、智能化管理、系统化物流和电子化交易为主要生产方式的高产、高效、低耗、优质、生态和安全的现代农业发展的必然选择。

2) 智慧农业的主要内容

(1) 通过各种无线传感器实时采集农业生产现场的温湿度、光照、CO_2浓度等参数，利用视频监控设备获取农作物的生长状况等信息，远程监控农业生产环境，同时将采集的参数和获取的信息进行数字化转换和汇总后，经传输网络实时上传到相关农业智能管理系统中。系统按照农作物生长的各项指标要求，精确地控制农业设施自动开启或者关闭，如远程控制节水浇灌、节能增氧等，实现智能化的农业生产。

(2) 利用 RFID 电子标签，搭建农产品安全溯源系统，加强农业生产、加工、运输到销售等全流程数据共享与透明管理，实现农产品全流程安全溯源，促进农产品的品牌建设，提升农产品的附加值。

(3) 组建无线传感器网络，开发智能农业应用系统，对空气、土壤、作物生长状态等数据进行实时采集和分析，系统规划农业产业园分布、合理选配农作物品种、在线疾病识别和治理、科学指导生态轮作。

2. 农业物联网

农业物联网是指将各种各样的传感器节点自动组织起来构成传感网络，通过各种传感器实时采集农田信息并及时反馈给农户，使农民足不出户便可掌握监控区域的农田环境及作物信息。另外，农民也可以通过手机或者电脑远程控制设备，自动控制系统减少灌溉、作物管理的用工人数，提高生产效率。农业物联网综合了农业生产装备技术与计算机自动控制技术，使用自动化、智能化、远程控制的生产设备，将传统农业中仅仅依赖人力和简单的机械设备的生产模式转化为以信息技术和软件为中心的生产模式。

1) 农业物联网体系构架

与物联网感知层、网络层、应用层的 3 层体系架构对应，农业物联网也分为 3 个层次：信息感知层、信息传输层、信息应用层，如图 9.1 所示。

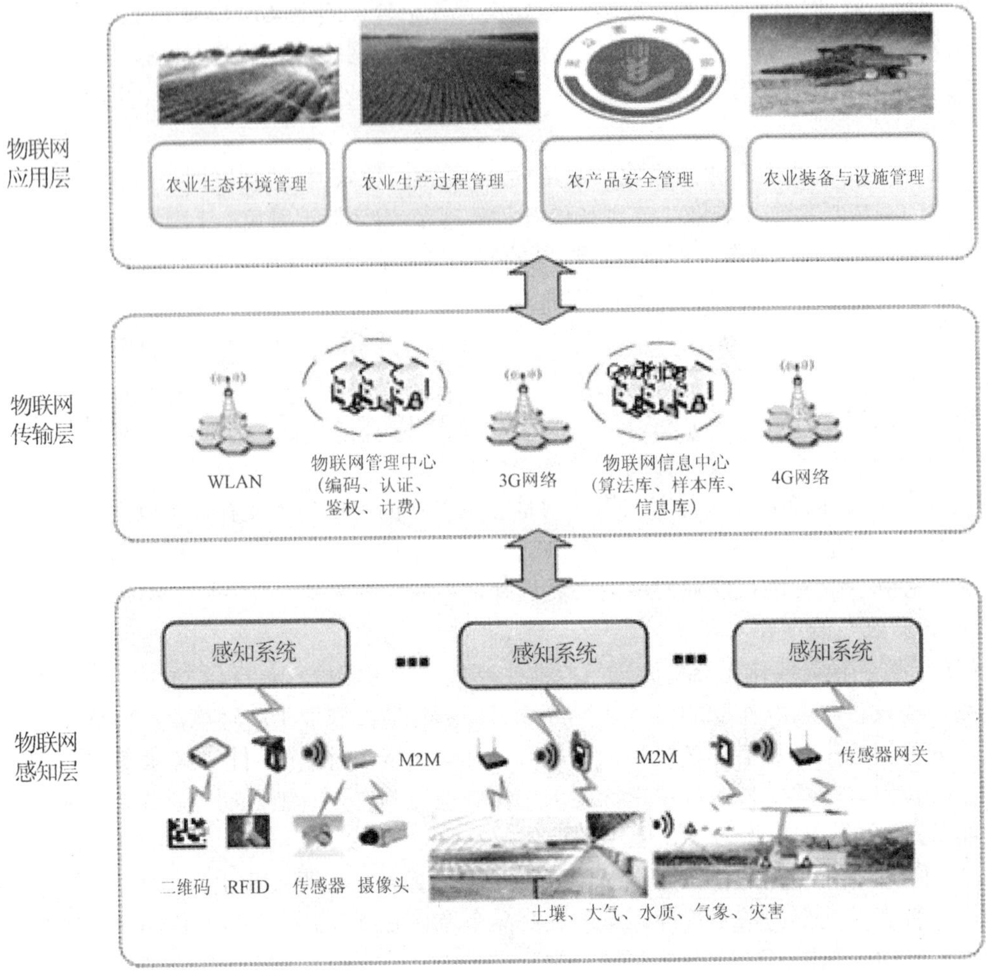

图 9.1　农业物联网体系架构

(1) 感知层：采用各种传感器感知环境温湿度、光照、二氧化碳、风向、雨量、土壤温湿度等，获取植物的各类信息。信息感知层作为农业物联网应用和发展的基础，处在 3 层架构的最底层，包括数据采集和数据短距离传输两个方面，通过各种各样的传感器、摄像头等农业设备采集环境及作物信息，然后以多种通信协议，通过 RFID 技术、WiFi 和蓝牙等短距离无线传输技术、有线传输技术等将数据信息传输至物联网关。

(2) 传输层：信息传输层的作用与人体结构中神经中枢和大脑的作用非常相似。其主要功能是处理和传递农业物联网信息感知层采集到的数据信息。信息传输层将现有的网络进行融合并进行扩展，以实现更加高效、更加可靠、更加广泛、更加安全的互联功能，比较适合远距离传输。信息通过无线网络传输系统和信息路由设备传到控制中心，各个节点可以自由配对、任意监控、互不干扰。

(3) 应用层：通过无线传感器网络(Wireless Sensor Network，WSN)获取植物实时生长环境信息，如温湿度、光照参数等。收集每个节点的数据，进行存储和管理，实现整体、测试点的信息动态显示，并根据各类信息进行自动灌溉、施肥、喷药、降温、补光等控制，对异常信息进行自动报警等。它实现了跨系统、跨行业、跨应用之间的信息互通与共享，主要功能是对感知和传输来的数据信息融合、分析、处理，并通过各种设备和终端与人交互，实现农业的自动化和智能化。

2) 农业物联网的特征

(1) 物联网在智慧农业中的基础是感知。在现代农业中引入物联网技术对智慧农业具有重要意义。传统农业中，农民仅仅依靠感觉和经验种植，农田何时浇水、浇水量的多少、何时施肥、施肥量的多少等全靠主观判断，误判不可避免，轻则可能造成资源浪费，重则可能造成很大损失。此时“感知农业”就显得非常必要。

“感知农业”通过在温室内部署各种各样的传感器及无线采集、控制节点，将传感器采集到的温度、湿度、光照强度、二氧化碳含量等数据传输到物联网关，物联网关解析处理，然后给出解决方案，管理员通过通风、灌溉、施肥等方式改善农作物的生长环境。精确的感知是物联网在农业中发挥巨大优势的基础。

(2) 物联网在智慧农业中的重点是“链条”。传感器和摄像头采集了温度、湿度、二氧化碳、光照、视频等数据后，通过无线方式传输到物联网关，物联网关通过智能分析处理，以直观的图表和曲线的方式展示给用户，并对某些异常的环境参数报警，例如当温度过高时，提醒用户打开风机，控制完成后将正确的农业设施状态反馈给用户。

上述过程即信息采集—智能决策分析—实施控制操作—后续反馈，是一条完整的“链条”，其中缺少任何一个环节都不能称为智慧农业。另外，从下位传感器到物联网关，再到服务器、中心监控平台之间都需要相应的物联网技术支撑，只有完整的一套系统才能高效的农业生产效率。

(3) 物联网在智慧农业中的关键是“武器”。物联网在智慧农业中的“武器”就是智慧农业解决方案，即物联网产品。以某地区农业大棚为例，大棚内必须安装配套的农业设施如风机、遮阳机、喷灌、卷帘等系统，当出现异常情况发出报警信息，用户可以通过手机或者电脑远程控制设备，也可实现手动控制。只有配套的设备及系统，物联网在现代农业中才能运行得更加流畅和高效，实现真正的自动化、智能化。

3. 智慧农业的典型范例

北京市延庆县经济菜种植基地是基于北京华育迪赛信息系统有限公司的远程监测、数据采集系统，为实现农业现代化，科技兴农起到了重要作用。北京华育物联网智慧农业系统，对大棚里的温度、湿度进行采集，并进行上传。蔬菜大棚里的温度、湿度对农作物的生长起到关键作用，农业专家可通过视频图像判断植株生长情况、检查是否有病虫害、大棚的温湿度是否合适，并结合土壤酸碱度等信息，对农户进行相应的指导。该系统很大程度上缓解了我国农业专家短缺、农民专业种植知识匮乏的现状，使专家足不出户，就可以为农民实时提供种植指导，极大节约了专家“出诊”成本，提高工作效率。系统的实施使得以往很多需要农业专家亲自下到田间地头工作的任务可以足不出户完成，一天可为身处不同区域的多个农户提供种植指导，改变了传统农业专家的工作模式。同时系统采集的数据也可以作为产量预测的依据，为产业宏观调控提供依据。

1) 智能温室的发展

我国是温室栽培历史悠久的国家，在两千多年前就能利用保护实施(温室的雏形)栽培多种蔬菜，20世纪50年代，我国从苏联引进的保护地栽培技术是简易的设施农业。20世纪60年代末，我国北方地区基本形成了保护地生产技术体系。20世纪70年代，地膜覆盖技术得到引进推广。20世纪80年代，以日光温室、塑料大棚和遮阳网覆盖栽培为代表的设施园艺得到发展，设施栽培发展到一个新的阶段。20 世纪 90 年代后，我国大规模引进国外大型连栋温室及配套栽培技术，中国设施农业逐步向规模化、集约化和科学化方向发展。

然而，在我国的温室大棚发展过程中，存在着许多问题，诸如设施技术水平低，环境调控能力差，机械化程度低，相关标准和规范滞后，理论和技术研究落后等，与现代智能农业的理念相差甚远，在人力、成本等因素上严格制约着温室大棚的发展。随着物联网等高新技术的出现，温室大棚开始逐渐向智能化方向发展。

智能温室系统是一种结合了计算机自控技术、智能传感技术等高科技手段的资源节约型高效设施农业技术，它主要是根据环境的温度、湿度、二氧化碳含量、光照、雨量以及土壤状况等因素，来控制温室内植物生长的各项指标和各种营养元素配方，以创造出适合作物生长的最佳环境。很显然如何能够准确、稳定、方便地得到这些环境信息就成为整套系统的关键。随着近几年短距离无线通信的发展，新兴的无线传感网技术为智能温室系统中的传感环节提供了有力的技术保障。目前国内温室整体的科技含量远低于国外，可以说我国高科技智能温室刚刚起步但其发展相当迅速，主要原因是国内对于智能温室的需求较大，并且符合现代人绿色、环保、健康的生活理念。

近年来随着智能温室的发展，国内开始发展智能温室与花卉市场相结合的模式，如图 9.2 所示。智能温室与花卉市场相结合的模式在国外早已形成规模，未来 10 年，智能温室花卉市场将在国内也将逐步形成规模。

图 9.2 智能花卉温室大棚

2) 智慧农业系统的功能分析

(1) 高精度测量温室大棚生产过程中的参数，智能控制温室内温度、湿度、通风状况等，自动实现保温、保湿和历史数据的记录，视频监测温室内部环境。

(2) 需要远程访问与控制。使用计算机能够进行远程访问温室内的相关数据，实时观察植物的长势，还可以远程控制温室内部的执行器件(风扇、加湿器、加热器)来改变温室内部环境；使用手机同样可以远程访问温室内部环境的各项数据指标，远程控制温室内部的执行器件。既具有局域网远程访问与控制功能：用户可以使用 PC 机访问物联网数据，通过操作界面远程控制温室内的执行器件，维护系统稳定；又需要具备 GPRS 网络访问功能：用户能够用手机来访问物联网数据，了解温室内部环境的各项数据指标(温度、湿度、光照度和安防信息)。

(3) 对温湿度进行监测：实时监测温室内部空气的温度和湿度。要使得测湿精度可达±4.5%RH，测温精度可达±0.5℃。

(4) 对光照度进行监测：要求实时对温室内部光照情况进行检测，其实时性强，应用电路要求简单，便于实验。

(5) 具备安防监测功能：当温室周边有人出现时，安防信息采集节点能够向主控中心发送信号，同时光报警。要求检测的最远距离为 7 米，角度在 100° 左右。

(6) 视频监测功能：要求工作人员既可以在触屏液晶显示器上看到温室内部的实时画面，又可以通过 PC 机远程访问的方式来观看温室内部的实时画面。

(7) 需具备控制风扇功能：系统能自动开启风扇加强通风，为植物提供充足的二氧化碳。

(8) 需要具备控制加湿器功能：如果温室内空气湿度小于设定值，系统需要自动启动加湿器，达到设定值后停止加湿。

(9) 能够控制加热器给环境升温功能：当温室内温度低于设定值时，系统能自动启动加热器来升温，直到温度达到设定值为止。

(10) 需要具备控制参数设定及浏览功能：客户要求对所要实现自动控制的参数(温度、湿度)进行设置，以满足自动控制的要求。

3) 智慧农业系统的设计

基于物联网的智慧农业系统采用无线传感网技术实现对数据的采集和控制，采用 Zigbee 协议组建无线传感网络，使用 Linux 操作系统的嵌入式网关技术实现 Internet 的远程访问与控制功能，GPRS 网的远程访问与控制功能、视频监测功能和数据显示功能。原理图和整体方案图分别如图 9.3 和 9.4 所示。

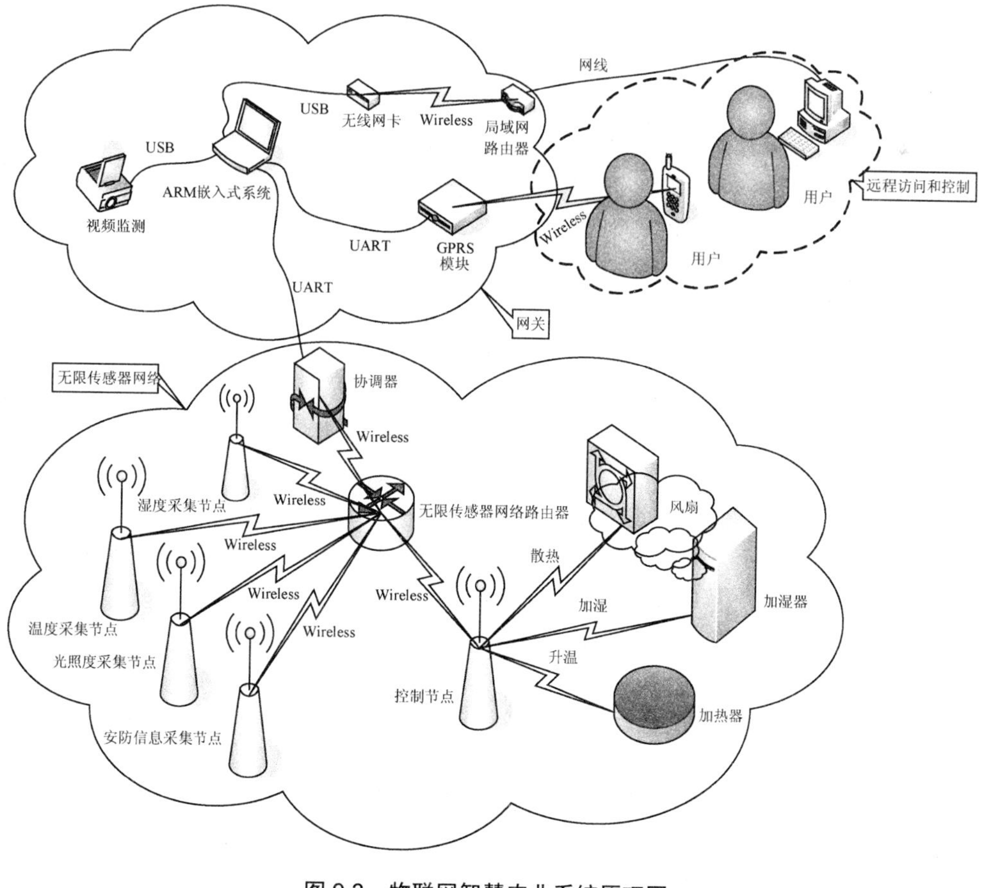

图 9.3　物联网智慧农业系统原理图

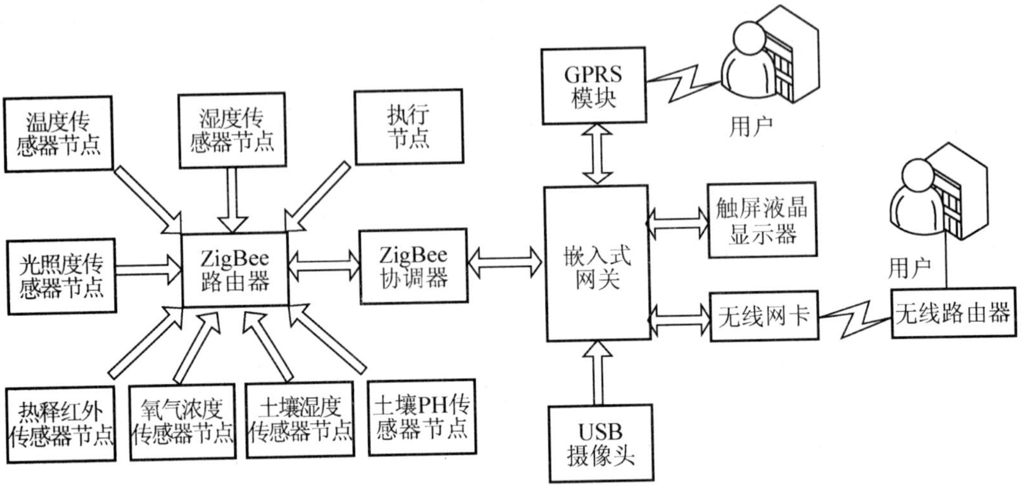

图 9.4 物联网智慧农业结构图

4) 智慧农业控制系统节点原理

(1) 工作人员可根据温度采集节点配有的温度传感器，实时监测温室内部空气的温度。温度节点工作原理如图 9.5 所示。

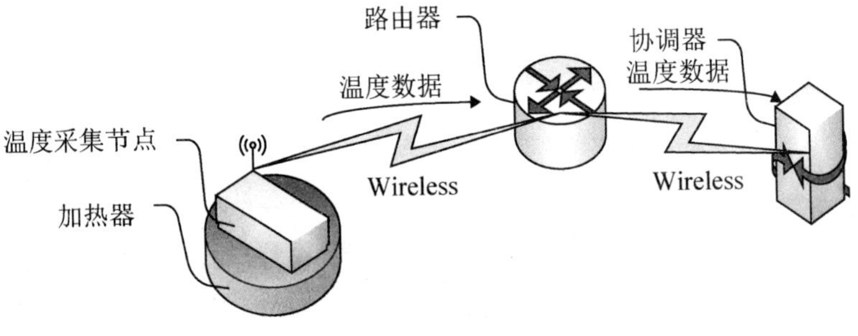

图 9.5 温度节点工作原理

(2) 工作人员可根据湿度采集节点配有的湿度传感器，实时监测温室内部空气的湿度，湿度采集节点工作原理如图 9.6 所示。

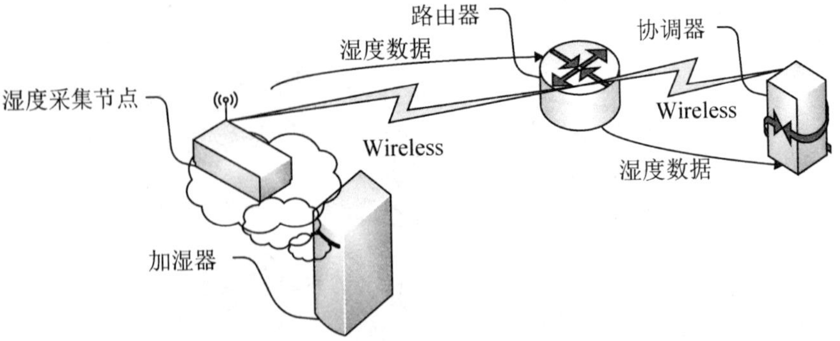

图 9.6 湿度采集节点工作原理

(3) 光照度采集节点采用光敏电阻来实现对温室内部光照情况的检测，其实时性强，应用电路简单，光照度采集节点工作原理如图 9.7 所示。

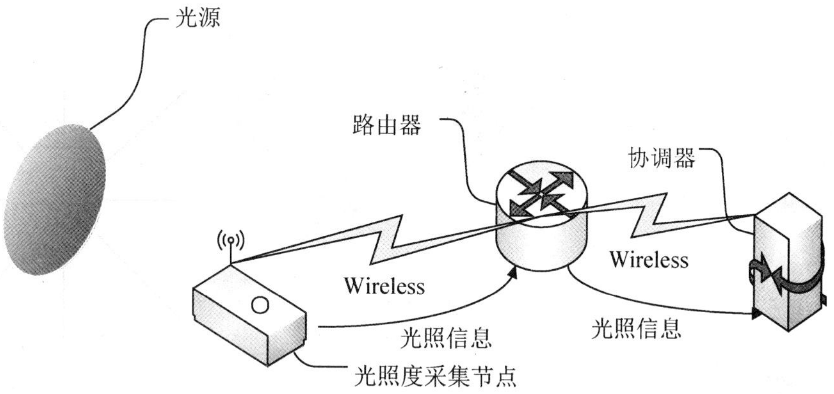

图 9.7　光照度采集节点工作原理

(4) 物联网通过网关接入 GPRS 网络。用户便可以手机来访问物联网数据，了解温室内部环境的各项数据指标：温度、湿度、光照度和安防信息等。手机远程控制原理如图 9.8 所示。

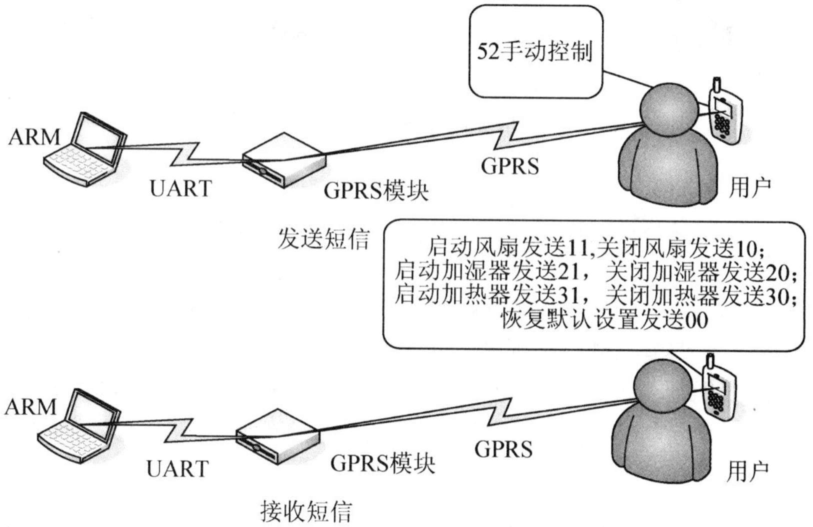

图 9.8　手机远程控制原理

5) 系统结构组成

北京华育智慧农业系统的结构组成如图 9.9 所示。

智慧农业项目通过实时采集温室内温度、土壤温度、CO_2 浓度、湿度信号以及光照、叶面湿度、露点温度等环境参数，自动开启或者关闭指定设备。根据用户需求，随时进行处理，为实施农业综合生态信息自动监测、对环境进行自动控制和智能化管理提供科学依据，该系统具备以下优点。

(1) 可在线实时 7×24 小时连续地采集和记录监测点位的温度、湿度、风速、二氧化碳、光照等各项参数情况，以数字、图形和图像等多种方式进行实时显示和记录存储监测信息，监测点位可扩充多达上千个点。

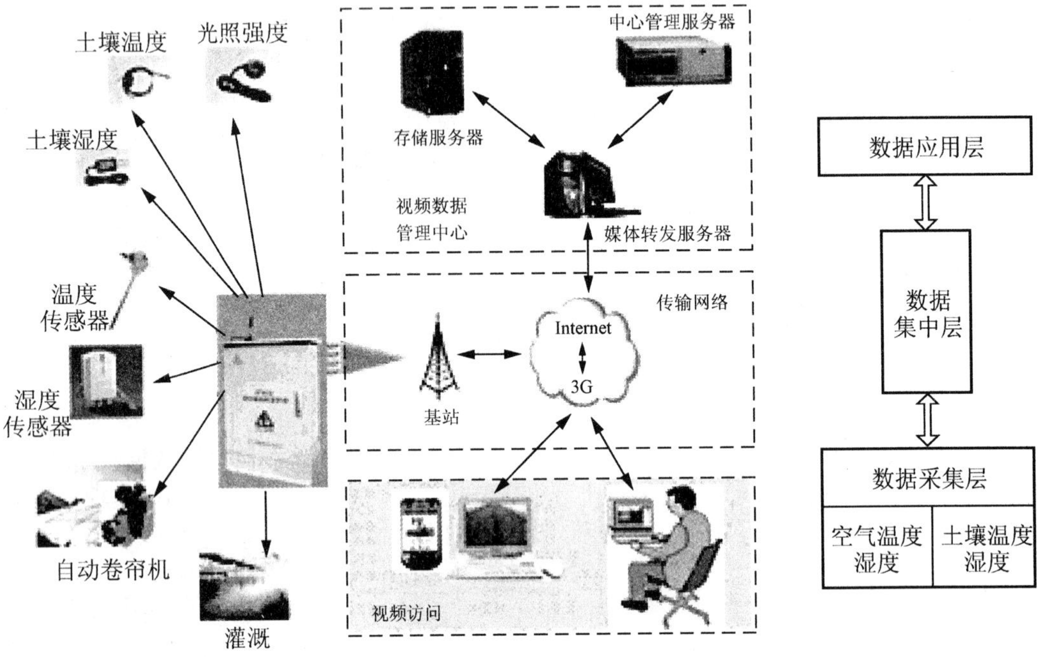

图 9.9　北京华育智慧农业系统的结构组成

(2) 系统可设定各监控点位的温湿度报警阀值，当出现被监控点位数据异常时可自动发出报警信号，报警方式包括：现场多媒体声光报警、网络客户端报警、手机短信息报警等。上传报警信息并进行本地及远程监测，系统可在不同的时刻通知不同的值班人员。

(3) 系统可对传感器采集的温湿度、光照等数据在后台实现自动处理，与设定阈值比对，并根据结果自动调节大棚内温湿度、光照控制设备，实现大棚的全自动化管理。

(4) 具有强大的数据处理与通信能力，采用计算机网络通信技术，局域网内的任何一台电脑都可以访问监控电脑，在线查看监控点位的温湿度变化情况，实现远程监测。此外，还可将监测信息实时发送到用户个人手机上。

9.1.2　物联网技术在农产品冷链物流中的应用

近年来，经济的迅猛发展改变了人们传统的饮食习惯，人们对农产品，尤其是新鲜营养的水果、蔬菜、海鲜产品、肉类等鲜活产品的需求越来越大，对其内在品质以及安全性的要求也越来越高。农产品是一类特殊的商品，这类商品具有鲜活性、易腐烂性等特点，而中国又是一个农产品生产和消费的大国，农产品在物流过程中的时效性和安全性等方面是一个特别值得关注的问题。

冷链物流的发展为农产品的质量保证提供了有效途径，采用一定的技术手段，使生鲜产品在采收、加工、包装、存储、运输及销售的整个过程中，不间断地处于一定的适宜条件，最大限度地保持生鲜产品质量的一整套综合设施和管理手段，是一种由完全低温环境下的各种物流环节组成的物流体系。由于农产品冷链物流是以保证农产品的品质为目的，以保持低温环境为核心的物流系统，在冷链中储藏、流通时间、温度及产品耐藏性方面，有着比常温物流系统更复杂的过程。

由于中国冷链物流的不完善，导致农产品在流通过程中白白浪费，据统计，中国蔬菜、水果等农产品在采摘、运输、储存等物流环节上的损失率高达 25%～30%，而发达国家的果蔬损失率则控制在 5%以下。

物联网技术的发展为农产品的冷链物流提供了更加完善的技术支撑，利用物联网进行产品追溯，可以有效地对农产品进行跟踪，使信息更加快捷有效地传递给供应链上的各个企业，使整个运输过程可靠、快速、准确、一致，使农产品的质量更加安全有保障，同时也有助于减少农产品在物流过程中的损耗。利用 RFID 技术，把农产品生产信息通过电子标签记录到食品安全数据库中；在农产品运输环节，RFID 可以为物流公司及客户提供实时监控和跟踪，方便地查找车辆所在位置和实现全程冷链，减少物流企业的人工成本；在运输过程中出现的诸如蔬菜、水果、生鲜类产品腐烂变质的问题，RFID 可以在中转过程中做到及时检测，及时剔除，减少对最终消费者的健康安全隐患。

目前，中国农产品在物流过程中的温度控制设施和技术尚比较落后，自动化、智能化的水平低，缺乏完整的冷链信息管理系统，导致我国农产品冷链物流系统的运作效率低、农产品损失严重、农产品品质低下等。物联网的出现使农产品冷链物流面临新的发展机遇，针对农产品冷链物流过程中各个环节缺乏系统化、规范化、连贯性的运作，将无线射频识别技术应用到农产品冷链物流系统中，通过 EPC 编码、RFID 电子标签、阅读器、Savant 分布式网络等对农产品实施识别、跟踪、检测的功能。

RFID 阅读器从含有 EPC 的标签上读取产品电子码 EPC，然后将其送到 Savant 系统中进行处理，处理后传送至 Internet，在这个过程中，若读取的数据量较大而 Savant 系统处理不及时时，应用 ONS 服务器来储存部分信息，另外，在 Internet 上利用 ONS 找到该产品信息所存储的位置，由 ONS 给 Savant 指明存储该产品的有关信息的服务器，并将这个文件中关于该产品的信息传递过来，完成产品的追踪、查询和更新数据，如图 9.10 所示。

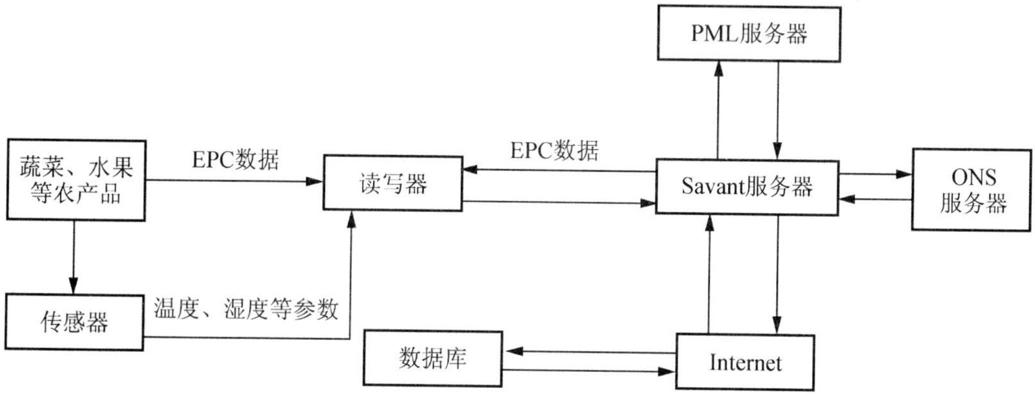

图 9.10　基于 RFID 的物联网系统架构

农产品冷链物流强调农产品从生产到消费的整个过程都必须在不间断的低温状态下进行，即农产品从收获、加工处理、储存、运输配送、销售直到消费者手中都处于低温环境。以蔬菜为例，传统的蔬菜从采摘到消费者手中的冷链运作流程如图 9.11 所示。

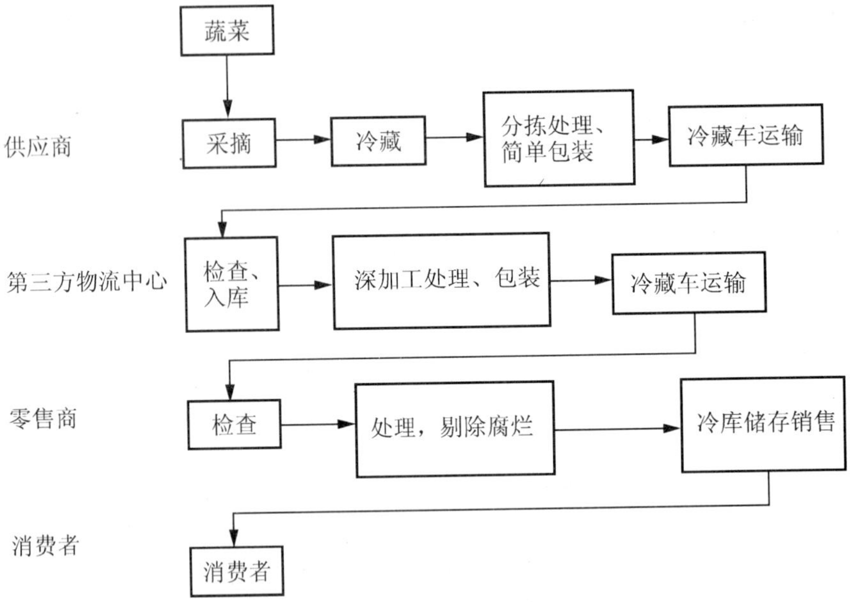

图 9.11　蔬菜冷链物流体系

引入物联网技术后，在蔬菜物流的各个阶段，通过在产地、仓库、港口、码头等安装 RFID 读写设备，采集相关蔬菜和车辆的信息存储到数据库以实现对其的跟踪，基于物联网的蔬菜冷链物流系统设计如图 9.12 所示。

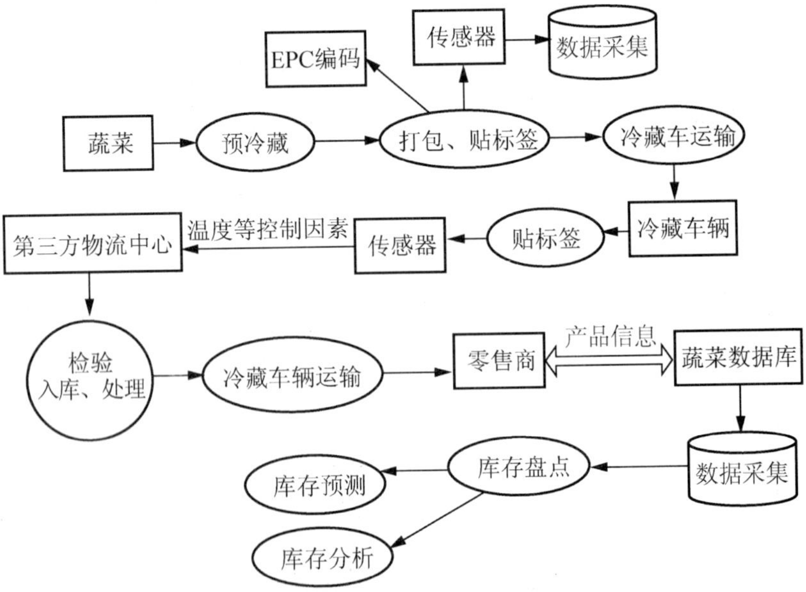

图 9.12　基于物联网的蔬菜冷链物流系统的设计

在蔬菜采摘预冷后，对其进行初加工并打包，贴上 RFID 标签，标签中编码有关蔬菜的相关信息，如产地、适宜的温度等，之后通过冷藏车辆的运输到达第三方物流中心，其中对冷藏车辆进行贴标签、控制和检测车辆运行的基本情况，在第三方物流中心对蔬菜进行处理之后再运输至零售商，零售商将通过在蔬菜标签上读取的数据信息发送到 RFID 中间系统即 Savant 系统中进行处理，以蔬菜的相关信息为信息源，获取包含该种类蔬菜的详细信息，将其详细信息以及 RFID 阅读器编号等信息存入数据库中。

在进行库存盘点时，只需将蔬菜包装上的 EPC 标签进行扫描，就能够准确地知道蔬菜的品种、采摘时间、入库时间、保质期等基本信息，降低了人工劳动强度，提高了库存盘点效率，同时也节约了人力成本。

通过数据库反映的各种信息，帮助监控蔬菜的供货数量及库存数量，做到补货及时，同时也对过期、腐烂蔬菜进行及时处理，提高零售商的效率与零售品质，保证了顾客的购买和蔬菜的健康安全。

一系列的信息跟踪和追溯，使蔬菜从采摘时就记录了与其相关的各种信息，直至最后的销售环节，一旦出现问题，则可以在较短的时间内查明是哪个环节没有控制好，同时也降低了出现问题的可能性，实现冷链过程的透明化。

物联网的发展使得全球产业的发展发生了重大的变化，RFID 技术的优良特性，使其在农产品的冷链物流中有着良好的应用前景。通过对农产品冷链系统的构建，在现有的优化冷链物流系统中加入基于 RFID 的物联网技术，设计针对农产品冷链物流信息化更加完备的物流系统，使冷藏冷冻类农产品质量安全得到信息化保障，在采摘、包装、生产加工、运输、储存、销售等各个环节都应用 RFID 技术进行数据采集，进行实时监控，最大限度地保证农产品的品质和安全。

9.1.3 物联网技术在生猪质量安全追溯中的应用

近年来，农产品安全问题突出，影响着人们的身体健康和日常生活。生猪产品作为人们重要的生活必需品，猪肉消费占肉类消费总量的 60%以上，生猪安全问题越来越引起人们的高度重视。

以广东省东莞市为例，东莞市目前每年的生猪需求量大约为 400 万头，日需生猪达 1～1.2 万头。但是由于 2005 年东莞市开展畜禽养殖业污染整治，东莞市已经不允许发展生猪养殖业，东莞生猪有 95%依靠外地，其中 80%以上来自生猪定点基地，如增城、博罗、河源、梅州、江门、阳江等地。东莞生猪养殖基地面临数量多而零散、生猪来源复杂、生猪质量参差不齐及难以监管等问题，目前东莞市已投入资金建设生猪质量安全监管体系，但针对已建的生猪安全监控基础平台，目前主要存在以下几方面的问题。

(1) 远程视频监控只能实时看到生猪检疫视频信息，而不能调用视频中所见的生猪信息。

(2) 东莞每天有 1 万多头上市生猪，但是生猪信息上传非常有限，一旦检疫或禁用药物抽检发现问题生猪，只能处理已调入的同一批次的问题生猪，而不能及时紧急禁止调运问题生猪产地养殖场的生猪。

(3) 生猪监管链条长，质量监控的难度高。产品的质量安全涉及生猪养殖、屠宰、加工、批发、零售、消费等多个环节和多个监管部门，生猪监管链条质量控制难度高。

为完善已建立的生猪安全监控基础平台，保证进入东莞生猪的质量达到安全水平的标准，针对东莞市对生猪实行质量安全监控的实际需求以及生猪质量安全监控的难度，提出适合东莞生猪供应链实际情况，基于物联网技术的生猪质量安全追溯系统。

1. 关键技术

1) 基于电子射频与远程监控相结合的生猪质量安全监控

采用电子射频与远程监控相结合的方式，对养殖、检疫、屠宰各环节质量安全信息进行管理；保障生猪质量安全信息的可信，实现监管部门对东莞基地、定点屠宰场等生猪质量安全信息的互联网同步查询；实现对生猪信息的获取与跟踪，以及对问题生猪产地、批次、数量等信息的溯源及监控视频的查证。基于电子射频与远程监控相结合的生猪质量安全监控流程如图 9.13 所示。

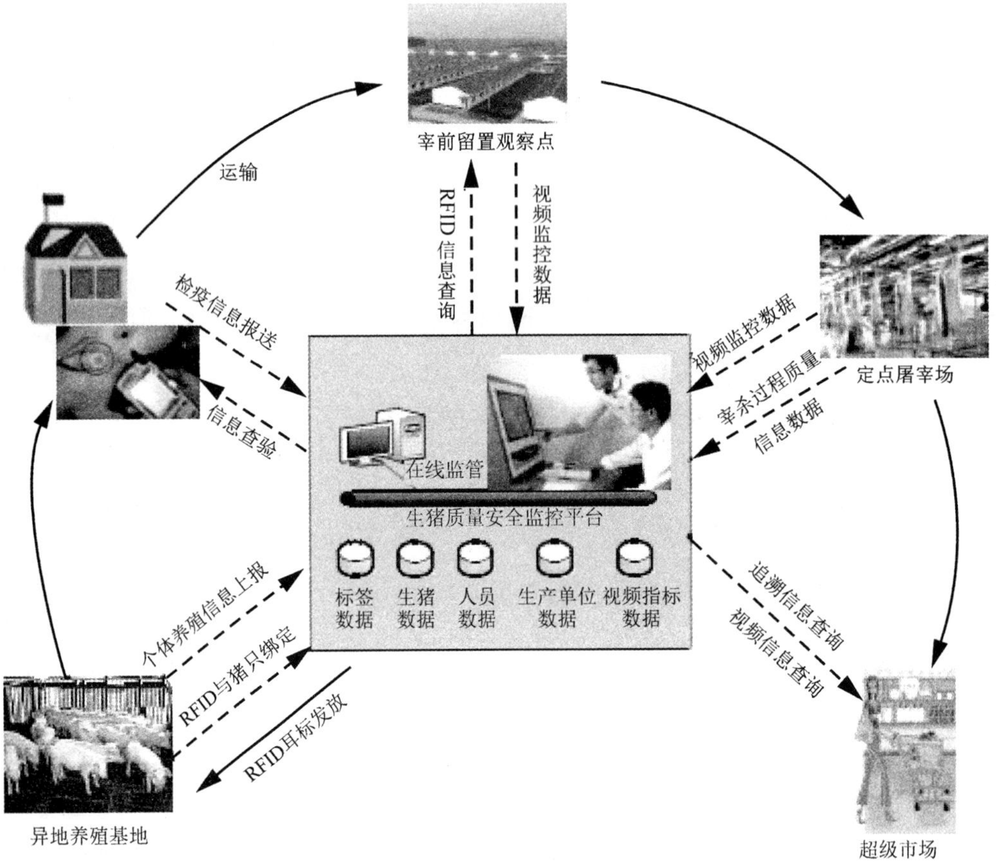

图 9.13　基于电子射频与远程监控相结合的生猪质量安全监控流程

注：———▶表示物流；------▶表示信息流。

2) 追溯数据与视频数据的对接

通过利用物联网的安全监控关键技术，研究追溯技术与视频技术相结合的生猪质量安全信息管理技术，通过视频终端数据库提供数据对接接口，为消费者进行视频信息查询提供视频资源，解决生猪产运销电子射频追溯信息与远程视频监控信息的数据管理与对接问题，数据同步对接技术如图 9.14 所示。

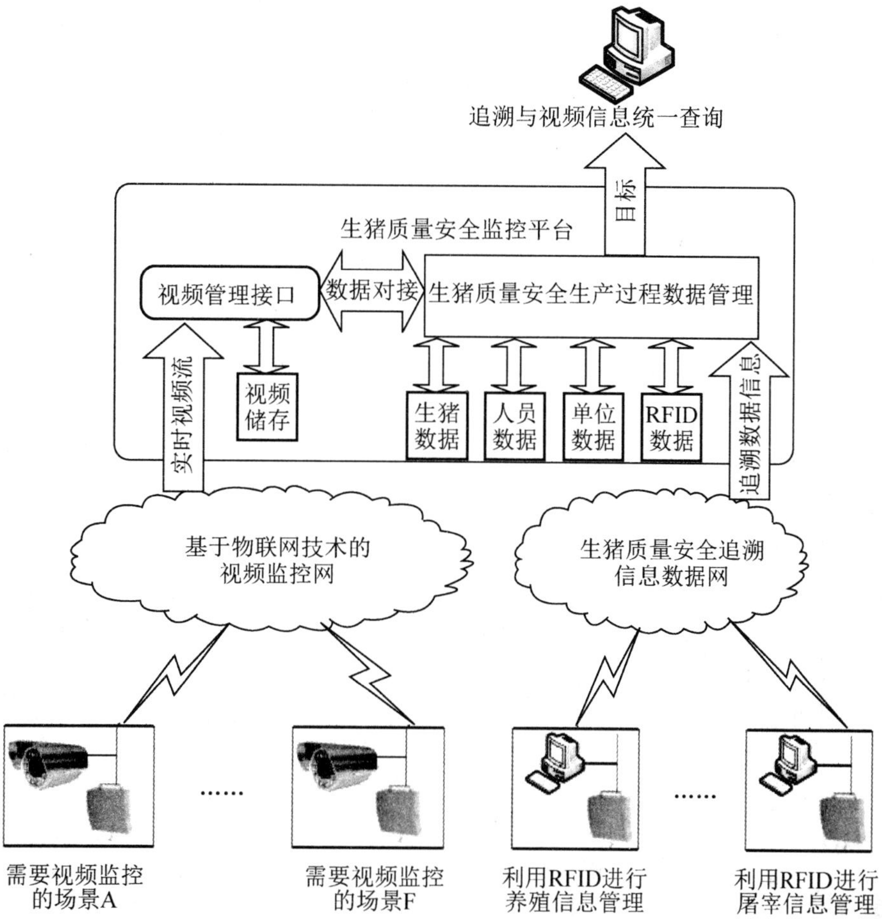

图 9.14 数据同步对接技术

3) 基于物联网的质量安全监控技术集成

在已有远程视频监控功能和视频数据库的基础上，开发基于物联网的生猪质量安全追溯平台，实现生猪信息的获取与跟踪，通过物联网技术建立质量安全数据库、动态跟踪数据库、视频数据库，对养殖、检疫、屠宰各环节质量安全信息(包括追溯信息、视频信息)进行管理，完成动态跟踪和识别，保证从生产到销售每一个环节的安全性，技术集成应用功能如图 9.15 所示。

2. 生猪质量安全追溯系统的构建

生猪质量安全追溯系统基于物联网技术总体设计，将生猪的养殖、检疫、运输、屠宰、销售等生猪流通的每一环节融入其中，每一环节均可通过物联网技术获取生猪的详细信息，进行动态跟踪管理。为已有的视频数据库提供数据交换接口，实现追溯数据与视频数据的对接，为生猪质量安全预警。消费者通过系统平台，能够查询到所购买猪肉产品从养殖到屠宰的全程信息。生猪质量安全追溯系统的总体架构如图 9.16 所示。

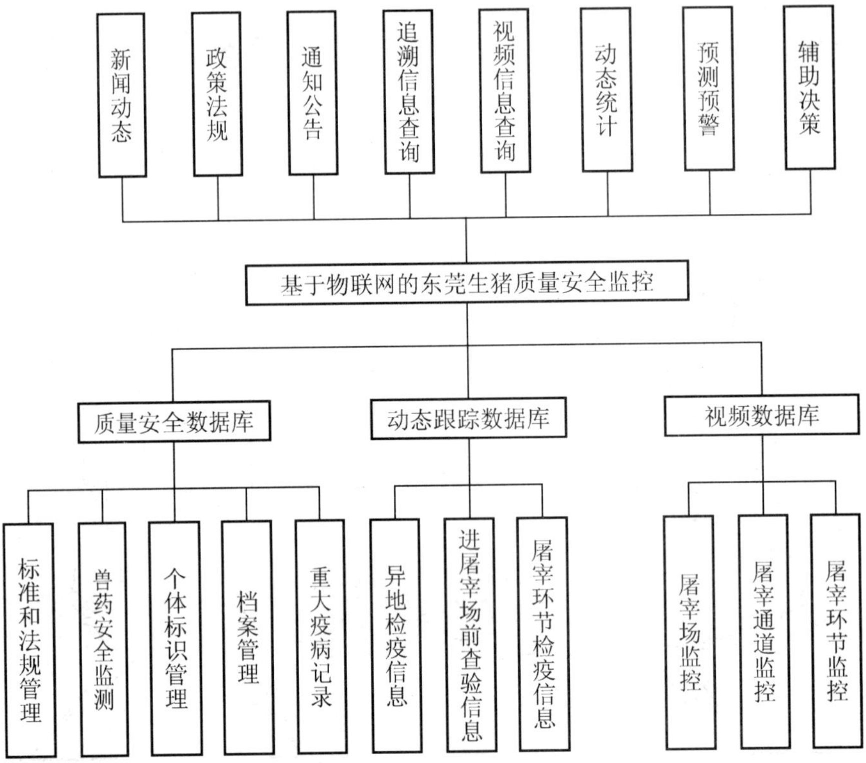

图 9.15 技术集成应用功能

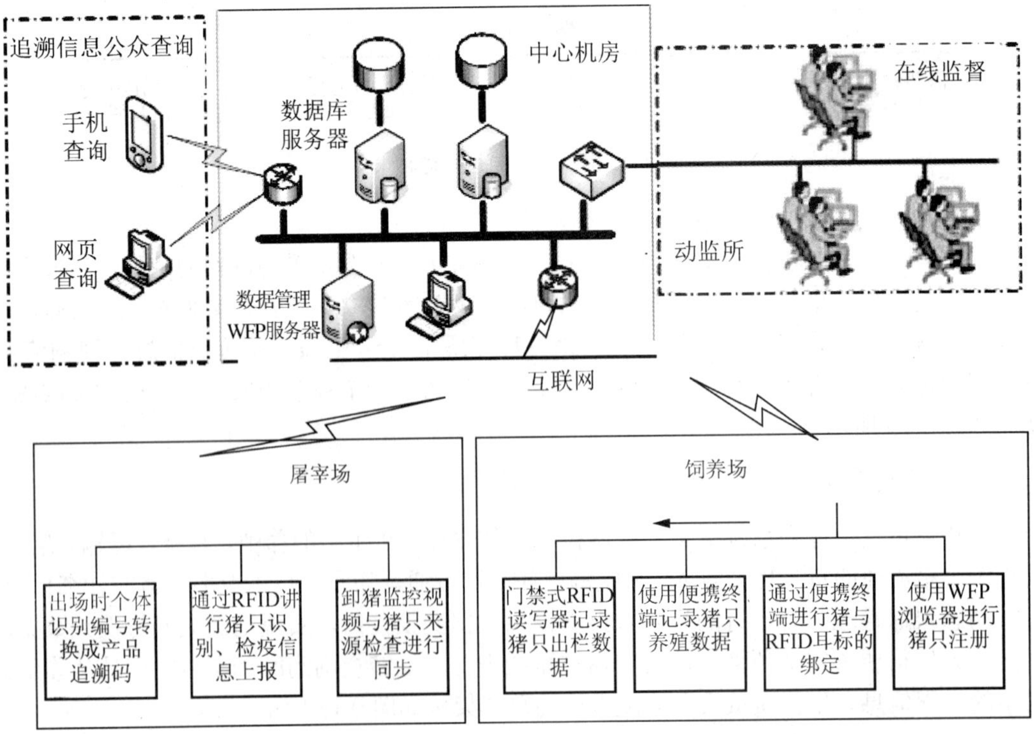

图 9.16 生猪质量安全追溯系统的架构

东莞在生猪质量安全追溯系统建设的基础上，探索出一套符合东莞市生猪质量安全监控的物联网技术应用模式。在推广应用中，提升了生猪质量安全监控的管理能力，降低了生猪质量安全问题出现的风险。

(1) 以物联网数据对接技术为核心，实现电子射频与远程监控的集成应用，实现通过远程监控视频发现的问题生猪可快速定位其产地、批次、数量等信息。发现问题生猪时可调出该批次生猪的监控视频，确认事故责任，从而实现事前预防、事后责任认定的功能统一。

(2) 不仅能迅速定位问题生猪的来源信息，也能集成远程视频监控，实现对多个屠宰场、多个检测检疫环节的实时监控，大大提高监管效率，有效遏制检疫漏洞，为监管部门快速反应和准确决策提供有力参考。

(3) 实现生猪溯源信息与远程视频信息的对接，其开展的技术服务能够为珠三角地区乃至全国提供示范参考，对提升我国生猪质量安全监控水平有重要意义。

9.2 物联网技术在工业中的典型应用

9.2.1 物联网技术在汽车制造业供应链中的应用

汽车制造业供应链是一个利益共同体，在汽车制造商的领导下，以客户需求拉动供应链的运作，服从供应链全局的需要，追求供应链整体的利益最大化。汽车制造业供应链也是一个系统，由多个利益相关的企业组成，链条上的企业就像链条一样，相互套接环扣，必须协调一致，紧密配合。汽车制造业供应链通过控制和协调供应链中各个企业实体及其行为，最大限度地发挥供应链的整体实力，保证其物流和信息流畅通和协调。汽车制造业供应链的目标和原则是满足客户的实际需求，以实现供应链群体利益为目的。

汽车制造业供应链物流有外部领域和内部领域两大范畴，处于供应链上段的零部件供应领域及原材料供应领域和处于供应链下段的整车销售领域及备件服务领域，共同组成了外部供应链；处于供应链中段的线边配送、仓储管理、物流能力匹配和标准化管理等属于内部供应链组成部分。

目前，随着国际竞争压力的不断增大，各企业间的竞争逐渐演化成供应链间的竞争，优化供应链成为各个企业发展的必经之路。随着物联网技术的不断发展，基于物联网的汽车制造业供应链物流流程优化是汽车行业面对激烈竞争的必然选择。汽车制造业供应链物流流程优化，是指根据汽车制造业的特点，遵循现代物流运作的基本规律，分析诊断汽车制造业物流的核心流程，利用信息技术，以终端用户为中心，使汽车制造业物流流程向精简化、核心化、高效化和信息化的流程转变的过程。

1. 基于物联网技术的汽车供应链物流模式

基于物联网的汽车供应链物流模式是以供应链的网链为依托，建立以整车制造企业为核心，涵盖原材料供应商、零部件供应商、整车经销商、整车零售商和终端用户的汽车供应链物流，如图 9.17 所示。

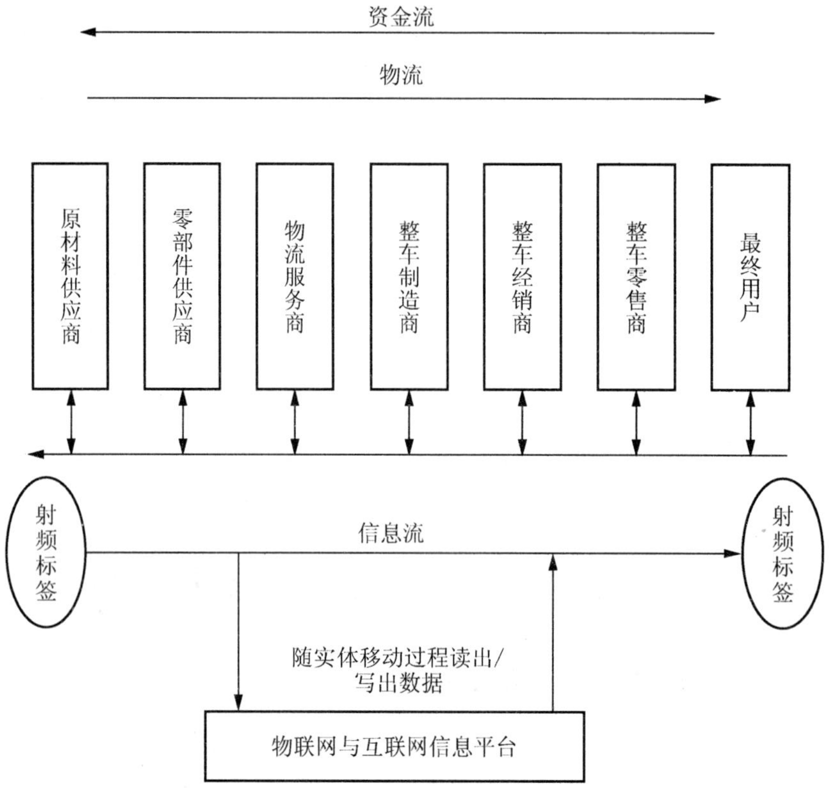

图 9.17　基于物联网的汽车供应链物流模式

2. 基于物联网技术的汽车零部件供应物流流程优化

汽车制造业零部件领域的实体物流一般独立于汽车整车制造企业的制造系统。零部件物流需求随整车市场保有量的增加而增加。在汽车制造业中，借助 RFID 技术开展供应链流程优化，应该从系统独立性、重要性、相关性、复杂性和紧迫性的角度出发。基于物联网技术的汽车零部件供应物流系统结构如图 9.18 所示。

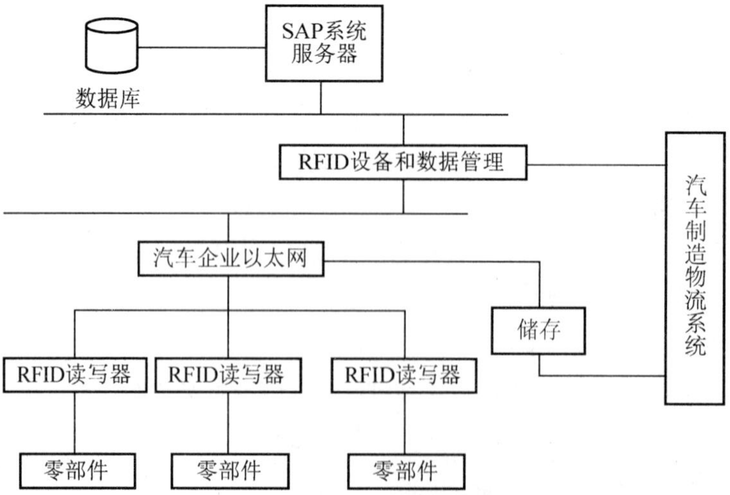

图 9.18　基于物联网的汽车零部件供应物流系统结构

汽车零部件供应物流子系统的一个完整的工作流程主要包括：客户订单产生、零部件供应商送货、库位调配、发运、补货，以及容器追踪等信息流全过程，也就是汽车零部件内部供应链的备货、装车、收货、入库、发货，以及容器返空等供应链物流的全过程。

把物联网技术应用于零部件供应物流系统，可以依据汽车市场的保有量，估算汽车备件的需求量。基于可视化技术，以 RFID 技术为核心构筑新的业务流程，确定工时表，估算劳动制造率水平，评估降低库存的贡献等。

采用 RFID 技术，明显地减少了汽车制造业供应收货的业务流程。数据实现了自动采集，运作过程实现可视化，备发货流程质量受控、各阶段业务单据可以实现电子化。基于物联网的汽车零部件供应物流优化后流程如图 9.19 所示。

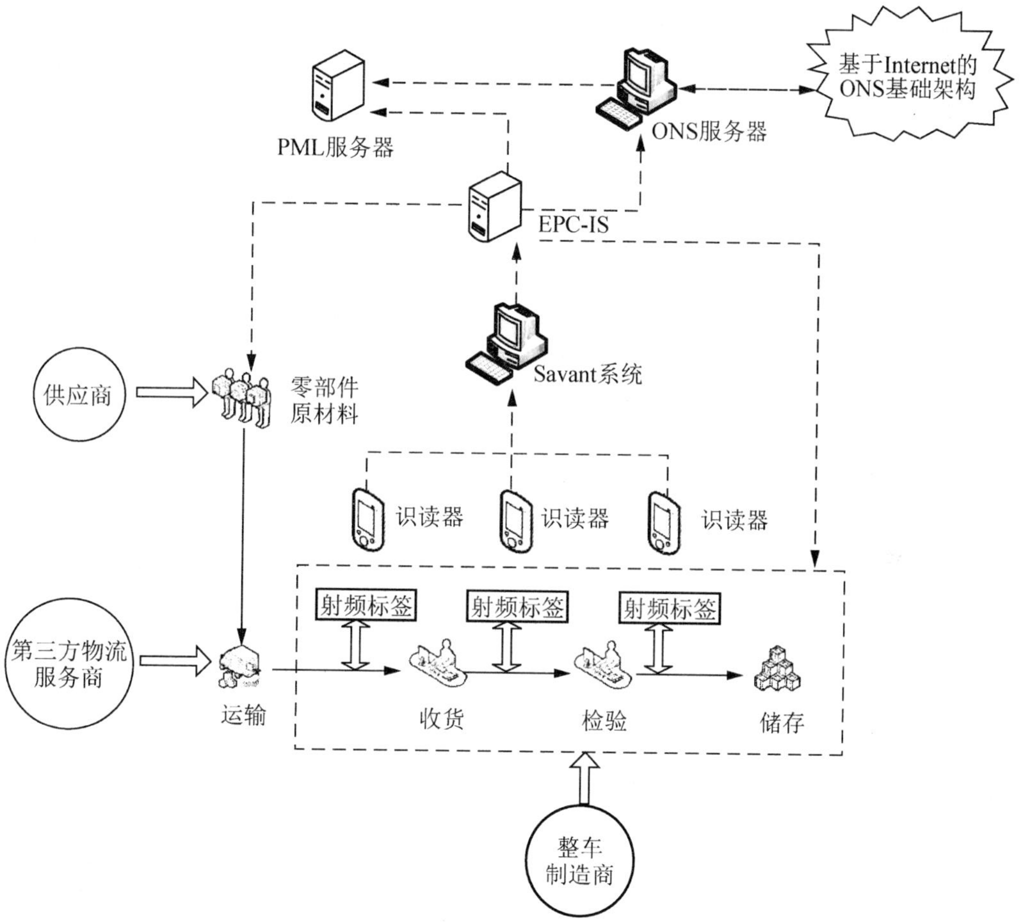

图 9.19 优化后的汽车零部件供应物流流程

汽车零部件供应商在收到整车制造企业的订单后供应某种零部件时，会根据该零部件的特点和 EPC 编码，生成一个射频识别(RFID)标签，该标签含有一个独一无二的产品电子代码，记录该种零部件的名称、制造日期、制造厂商、批号乃至适用的应用环境等详细信息。当零部件制造完毕，以大包装的形式出厂时(大包装上也会有自己的 RFID 标签)，门槽上的射频识别器发出的射频波会激活每一个大包装和单个零部件包装上的 RFID 标签，启动这些标签的同时供其电源。然后，门槽上的射频识别器依次快速地开关这些标签，直到阅读完所有的标签为止。

射频识读器与汽车整车制造企业装有 Savant 软件的电脑系统相连接，射频识读器将它收集到的该种 EPC 传递给 Savant，随后 Savant 进入工作状态，将识读器识别到的汽车零部件信息记录到本地 EPC 信息服务器(Local EPC-IS)，同时本地 EPC 信息服务器在 EPC 发现服务器(EPC Discovery Services)上注册 EPC 资源。在将零部件信息记录到本地 EPC 信息服务器的同时，Savant 系统通过 Internet 将记录信息注册到对象名解析服务器，然后通过对象名解析服务器将汽车的相关信息转化为实体标记语言(PML)，生成一一对应的 PML 文件存储在 PML 服务器上，PML 服务器由汽车整车制造企业维护并储存该汽车制造企业制造的所有汽车的文件信息。至此，对象名解析服务器将该汽车的 EPC 号码与存有大量关于汽车信息的服务器地址相匹配，保障全国甚至世界各地的 Savant 系统可以随时发出询问并读取该汽车零部件的相关信息。

当这些汽车零部件以盒、箱、托盘等包装形式被车辆运出时，每个包装上的 RFID 标签将出库的信息通过射频识读器、Savant 系统记录到 EPC 信息服务器(EPC-IS)和对象名解析服务器，以便让后两者知道货物已运出，即将运往汽车整车制造企业。

汽车整车制造企业在收到零部件供应的某种零部件后，相关的 EPC 网络结点一直在通过自己的射频识读器识别确认汽车零部件的相关信息，通过 Savant 系统与 EPC 信息服务器和对象名解析服务器连接并不断更新 RFID 上的信息。

3. 基于物联网技术的汽车制造物流流程优化

RFID 在汽车制造流水线上的运用受到了越来越多的关注，RFID 技术在制造流水线上能够实现自动控制、监视，提高制造率，改进制造方式，节约成本。

基于物联网的汽车制造物流系统功能，主要包括生产系统管理、生产线作业管理、生产线制造查询管理、生产线资源管理、生产线质量监控管理以及物料跟踪等功能模块。各个功能模块具有以下说明。

1) 生产系统管理

生产系统管理模块可以定义某车型生产线生产及物流管理信息系统用户执行功能的权限以及用户使用功能授权，并对各子系统共用的基础数据进行维护，完成数据的备份作业。

2) 生产线作业管理

该模块滚动接受生产计划，自动生成车间作业计划，系统设置的控制器会按照生产节拍触发阅读器读取装配线上的车型信息，通过 RFID 阅读器对标签的识读，实现对现场作业信息的录入，并把相关信息输入到服务器上的数据库。同时在每个工位的屏幕上实时动态显示装配线上的车型信息、选装、零部件等信息，现场操作人员不仅可以直观地了解当前该工位应该做什么事，还可以实时地向物料部门发布需求信息，以便所需配件及时送到所需工位。

3) 生产线制造查询管理

生产线制造查询管理的功能是为管理人员提供及时的生产线工作状况，以便为解决制造中的问题做好准备。它可以查询到每个工位装配的物料需求信息、每个工位装配的具体时间、以及每个工位装配的员工操作结果等非常具体的信息。

4) 生产线资源管理

生产线资源管理就是对生产线所需的一些设备进行管理，及时了解现有设备的实际使用情况，以便为安排制造或者进行采购提供参考依据，可以根据制造设备的情况制定生产线日、周、月的最大负荷，保证制造的正常进行。

5) 生产线质量监控管理

该模块对汽车总装过程中的质量信息进行全面的管理，实现质量信息采集的自动化，并通过现场总线监控服务器进行分析，以便及时作出调整，以减少废品的产生。该模块能实现统计查询，并打印相关报表。

6) 汽车制造物料跟踪

以 Savant 系统作支撑，主要包括对象名解析服务和实体标记语言(Physical Markup Language，PML)。如前所述，汽车制造企业在制造某种汽车的同时，会设计包含对应 EPC 代码的射频识别标签。在正式入库前，质检部门会对每批产品进行质量检查，对合格品进行包装，同时按照输入汽车制造企业的 PML 服务器，与其他大量产品信息一同作为单个汽车产品的初始档案。

在入库和储存过程中发生装卸搬运操作、货位仓位变化、质量变化、毁损等情况时，会通过射频识读器、Savant 系统将货物实际变化情况与对应 PML 文件信息相匹配。然后再根据企业制造的特点，更新 RFID 标签的信息，例如增加信息数据库中对应的产品信息“组装”一项，记录该汽车的品牌名称、制造日期、制造厂商乃至发动机等重要部件的详细信息。

当汽车出库时，通过射频识读器启动包装上 EPC 标签并读取标签内的信息。射频识读器与本地 Savant 系统相连接，将它收集到的该种汽车的 EPC 传递给本地服务器中的 Savant 软件。随后 Savant 进入工作状态，将射频识读器识别到的汽车信息记录到本地 EPC 信息服务器，EPC 信息服务器将收集到的信息(出库时间、汽车数量、序列号)与研发、设计、制造阶段存储在数据库里具有相同序列号的汽车信息(规格、收货单位和地址)相匹配，随后按照 PML 规格重新写入交易、出库记录，形成新的 PML 文件写入交易、出库记录，并形成新的 PML 文件存入 PML 服务器。

在将汽车交易、出库信息记录到本地 PML 服务器的同时，将该汽车 EPC 编码和 PML 服务器 IP 一块注册到对象名解析服务器，使其在 ONS 基础构架中产生对应关系。至此对象名解析服务器便将该汽车的 EPC 编码与存有大量关于汽车信息的 PML 服务器地址相匹配，通过 Internet 保障全国甚至世界各地的 Savant 系统可以随时发出询问并读取该汽车的相关信息，如图 9.20 所示。

4. 基于物联网技术的汽车销售物流流程优化

整车在下线入库后，RFID 标签安装在车的底盘或者挡风玻璃上，标签上记录车的出厂信息、制造日期等详细记录等。

当汽车被运出时，RFID 标签将出库的信息通过射射频识读器、Savant 系统记录到 EPC 信息服务器和对象名解析服务器，以便让后两者知道货物已经运出，即将运往下游经销企业或零售企业。甚至在汽车出库的同时，可以将下游到货地点、到货时间、在途时间等物流信息写入到 RFID 标签中，以更加方便地实现 EPC 网络中任意相关节点对货物的查询和跟踪。

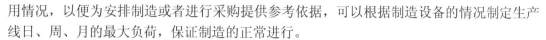

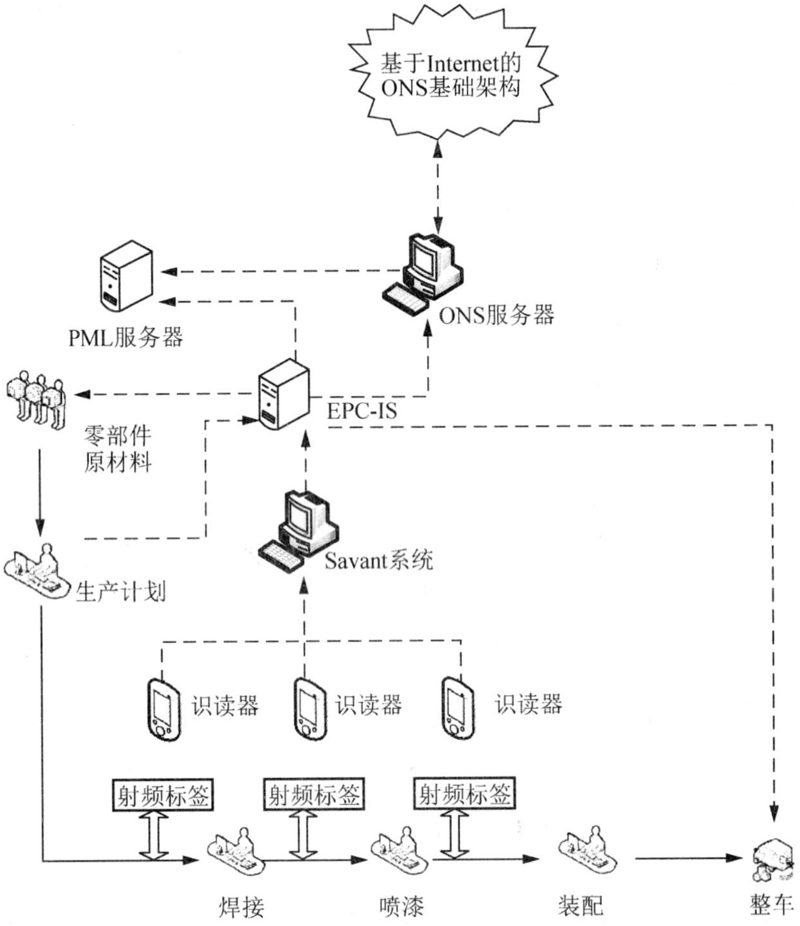

图 9.20 优化后的汽车制造物流流程

当一批汽车运送到汽车销售企业时，射频识读器会根据到货检验、装卸搬运、入库等物流作业快速读取 EPC 标签中的代码，并将数据传递给本地 Savant 系统。本地 Savant 系统将识读到的汽车 EPC 编码传送给本地对象名解析服务器。本地对象名解析服务器将该汽车 EPC 编码转换成 EPC 域名，并把 EPC 域名传递给 ONS 基础构架，请求与 EPC 域名相匹配的 PML 服务器的 IP。

ONS 基础构架中的 Savant 系统负责将这一请求与汽车制造企业的 PML 服务器相匹配，并连接通信。本地服务器通过 Internet 与远程 PML 服务器通通信，请求服务器中汽车的相关信息。汽车制造企业的 PML 服务器返回汽车的质量管理文件及相关交易记录、物流记录。本地服务器将远程 PML 服务器返回的汽车信息(汽车品牌名称、车型、规格、批准文号、制造日期)与入库质检识读器收集到的制造厂商、购进数量、购货日期等项内容，生成验收记录，存入后台的 PML 服务器。

同时本地 Savant 系统将记录汽车制造企业 PML 服务器的 IP 地址。在汽车储存期间，无论是内部装卸搬运操作、有效期检验、库存检验、盘点、货位仓位变化甚至发生毁损，射频识读器都能实时收集汽车现有物理状态，快速形成储存护养 PML 记录。同样，出库时无论是怎样出库，由于射频识读器的快速识读，出库记录也能十分便捷地建立起来，如图 9.21 所示。

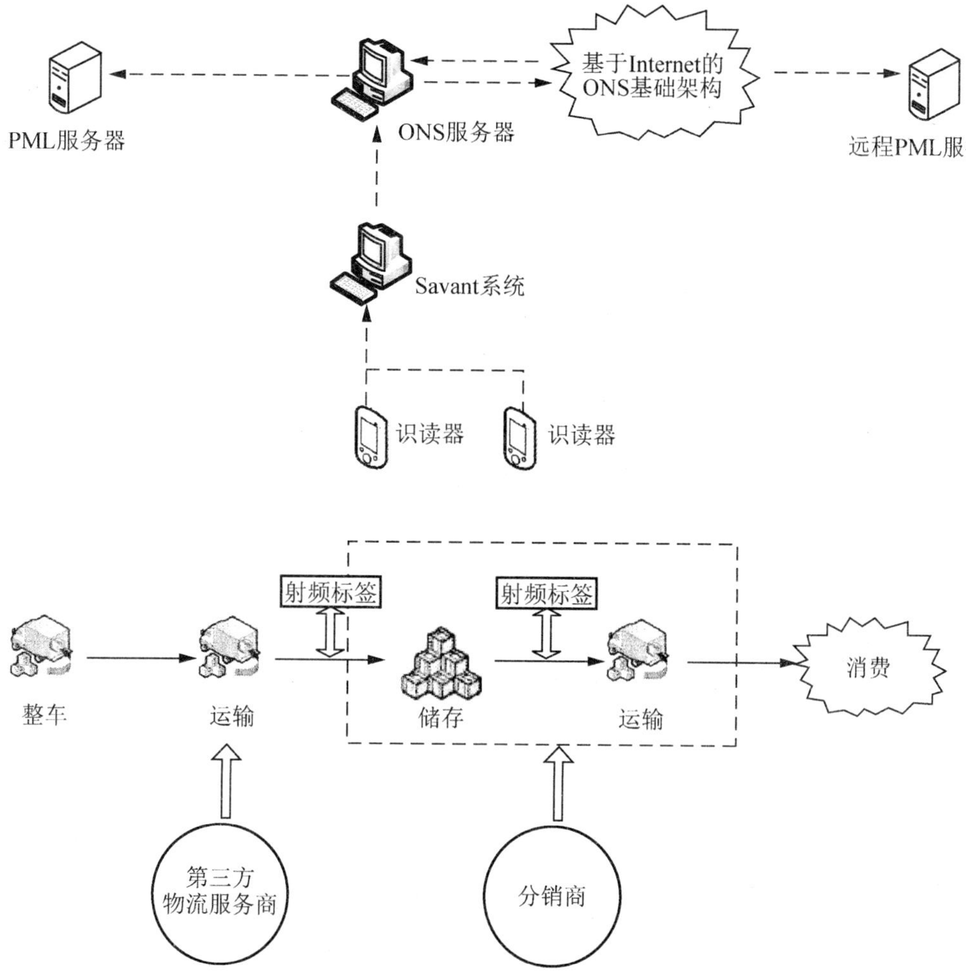

图 9.21　优化后的汽车制造业销售物流流程

当汽车经过汽车经销企业到达最终端汽车零售企业仓库的整个过程中，相关的 EPC 网络节点一直在通过自己的射频识读器识别确认汽车整车的相关信息，通过 Savant 系统与 EPC 信息服务器和对象名解析服务器连接并不断更新 RFID 上的信息。在汽车制造业物流流程的每个环节上，只要通过射频识读器就可检验货物，而不需要开包验收。这样，就能提高整个汽车制造业物流流程的运作效率，保障货物快速出入库、快速装卸搬运、快速更新库存信息并确认库存量，进而能提高仓储管理效率。此外，由于自动识别带来的信息及时性，还能够保证各环节准时地了解到自身库存的情况，对安全库存发出补货警报。

9.2.2　物联网技术在智能电网中的应用

要实现我国的节能减排目标及未来能源开发、消耗转化方式的转变，需要走出一条符合我国国情的与经济社会发展相适应的低碳电力之路。推动低碳经济发展的重要载体和有效途径是建设智能电网。智能电网是当今世界电力系统发展变革的最新动向，是 21 世纪电力系统的重大科技创新和发展趋势。

智能电网的建设，不仅指电力系统配电、输电环节的智能化，也代表着发电及用电环节的智能化。因此将物联网技术应用于电力系统的发电、输电、变电、配电、用电及电力资产管理的各个环节，才能有效提升整个电力系统实现智能化的效率。

1. 智能电网的主要特点

虽然各国建设智能电网的基础与重点相同，但是根据各国智能电网建设的内容，总结出智能电网的主要特点。

1) 自愈能力

智能电网最主要的特点是：通过自动检测装置对电力设备运行状态进行实时监控，及时发现运行过程中的异常状态，快速隔离故障，具有自愈能力，可防止电网大规模崩溃，减少因设备故障造成供电中断的现象。

2) 安全运行能力

安全性是智能电网最重要的特点。对电网的攻击可以分为两类：对电网设施的物理攻击(爆破与武器)和对智能电网的信息攻击(通过计算机或网络)。从电网遭受攻击的后果的角度又可以进一步分为直接攻击智能电网本身，或者是通过攻击智能电网，间接攻击政府、银行、军事设施。因此，智能电网必须具备发现、预测、抵御和应急处置突发事件的能力。

3) 兼容能力

智能电网不仅要接入一些大型、集中的电厂，还要能够接入小型、分布的各种太阳能、水力、风能等各种可再生能源发电与电能存储设备。因此，智能电网必须对分布的不同种类再生能源发电与储电设备有很强的兼容能力。

4) 互动能力

消费者可以在知情的情况下，与电力公司实现双向通信，选择最适合自己的供电方案，也可以向电力公司提出个性化的供电服务要求，实现较强的互动功能，以满足各种特殊的供电需求。

5) 优化管理能力

电网运行基础设施覆盖面广，设备种类繁杂、数量巨大，服务对象复杂。智能电网一般包括高级计量体系、高级配电运行体系、高级输电运行体系和高级资产管理体系，通过建设先进的电力系统管理、控制和决策体系，优化电网管理能力。

2. 智能电网建设的基本内容

智能电网建设包括以下两项基本的内容。

(1) 智能电网将能源资源开发、转换、蓄能、输电、配电、供电、售电、服务，以及与能源终端用户的各种电气设备、用能设施，通过数字化和网络通信系统互联起来，使用智能控制技术使整个系统得到优化。

(2) 智能电网能够充分利用各种能源资源，特别是天然气、风力、太阳能、水力等可再生能源、核能，以及其他各种能源资源，依靠分布式能源系统、蓄能系统的优化组合，实现精确供能，将能源利用率与能源供应安全提高到一个新的水平，使得环境污染与温室气体排放降低到一个可接受的程度，使得用户成本和效益达到一种合理的状态。

要实现智能电网的目标，必须利用先进的感知技术、网络通信技术、信息处理技术，实现对电力网络智能识别、定位、跟踪、监控和管理，因此物联网技术在推进智能电网的研究与建设中将发挥重要的作用。

3. 智能电网与物联网

作为物联网技术的典型应用，智能电网体系中各个模块之间通过物联网技术互联互通，将传统的电网系统变革成为一个完整的智能能源管理体系。整个智能电网体系可分为智能输电配电系统、信息技术支持系统、设备资产管理系统和市场运维服务系统等几大组成模块，几大模块系统之间通过物联网技术紧密相连，如图 9.22 所示。

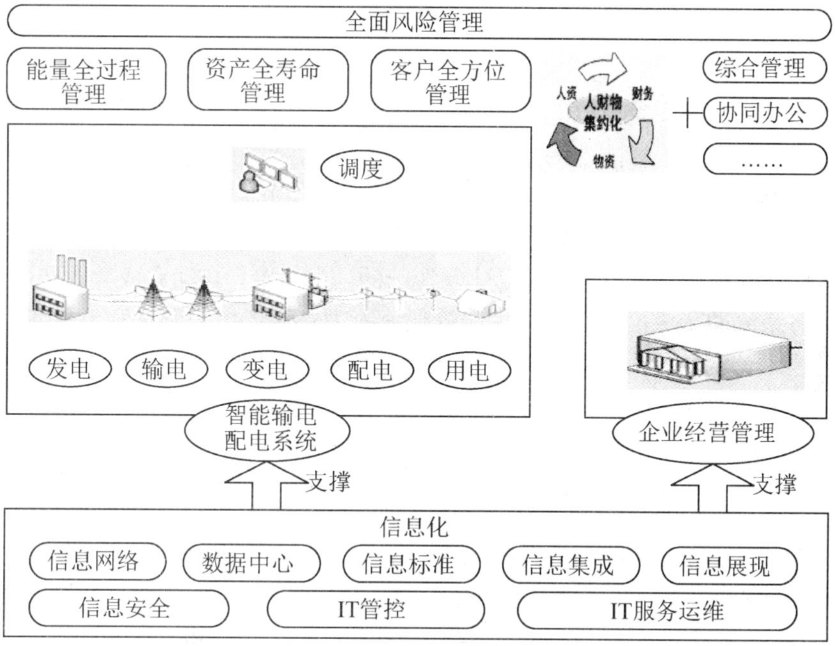

图 9.22 智能电网的组成

智能输电配电系统是整个智能电网的核心主体，包含发电、输电、变电和配电等几部分，各部分通过大量的传感器设备自组织成各种传感器网络。传感器不断收集供电设备的运行状态，通过传感器网络将收集的数据传递到信息化技术支持系统中的信息集成处理系统，供中央调度系统分析决策。

信息技术支持系统是整个智能电网体系的数据处理和决策支撑中心，该系统包含信息网络、数据中心、IT 管控和 IT 服务运维等部分，可实现信息标准化、信息集成、信息展现和信息安全等功能。信息化技术支持系统维护整个智能电网的运转状态和数据处理，它通过中央调度系统统筹支配智能输电配电系统正常运转，智能监控电力负载，统筹输电配电，同时兼顾吸收调度各种分布的电源部分，如各种分立的小型风电系统、太阳能发电系统以及消费者富余的电能资源的加入。

设备资产管理系统包括全面风险管理、能量全过程管理和资产设备全寿命管理等部分，通过信息化技术支持系统收集设备的运行健康状况，管理整个电网各部分设备，保障资产安全健康。

市场运维服务系统面向用户，根据信息化技术支持系统监控的电网负荷状态浮动调整电价，同时使用信息化技术支持系统提供的各种电力接口向用户提供管理电量资源的查询系统。电网用户通过查询系统提供的各种电力信息调配自身电力资源的使用，并可将自身富余的电力资源反过来卖给电网。此外，市场运维服务系统将在每个电网用户家中配置智能电表，供用户管理家庭电力资源的使用和家庭智能家电的运转，同时智能电表也可将用户接入到智能电网提供的四网融合方案中，使电网用户可以通过智能电表接入由智能电网承载的互联网、电信网和广播电视网系统，从而降低未来社会的基础资源冗余度，避免重复性的设备资源消耗。

基于物联网技术构建的智能电网，需要用到以下关键技术。

1. 智能化信息技术

智能化信息技术贯穿发电、输电、变电、配电、用电、调度各环节，是智能电网建设的重要内容和基础。基于智能电网的信息技术具有 3 大特征：一是数字化程度更高，内含各种智能的传感器、电力设备、控制系统、应用系统等，可以连接更多的设备，深化发电、输电、变电、配电、用电和调度环节的数据采集、传输、存储和利用；二是利用面向服务的体系结构整合相关业务数据和应用，建立统一的信息平台，自动完成数据和应用的整合，实现全部业务系统的集成；三是利用生产管理、人力资源、电力营销和调度管理等辅助决策数据，构建一个辅助分析系统，实现业务数据的集中存储、统一管理和系统分析，形成智能决策，满足跨业务系统的综合查询，为管理决策层提供有效的数据分析服务。

2. 智能化通信技术

高速、双向、实时、集成的通信系统是实现智能电网的基础。一方面，智能电网的数据获取、保护和控制都需要通信系统的支持；另一方面，建立以电网和通信紧密联系的网络是智能电网的目标和主要特征。高性能的通信系统使智能电网成为一个动态的实时信息和电力交换互动的大型基础设施，可以提高电网供电的可靠性和资产的利用率，繁荣电力市场，抵御电网受到的攻击，从而提高电网自身的价值。通信系统还可以监测各种扰动，并进行补偿，重新分配潮流，避免事故的扩大。

3. 智能化测量技术

智能化测量技术是实现智能电网的手段，随着物联网应用的深入，未来智能电网中从发电厂、输变电、配电到用电全过程电气设备中，可以使用各种传感器对从电能生产、传输、配送到用户使用的内外部环境进行实时的监控，从而快速地识别环境变化对电网的影响。通过监控各种电力设备的参数，可以及时准确地实现对从输配电到用电的全面在线的监控，实时获取电力设备的运行信息，及时发现可能出现的故障，快速管理故障点，提高系统安全性。利用网络通信技术，整合电力设备、输电线路、外部环境的实时数据，通过对信息的智能处理，提高设备的自适应能力，进而实现智能电网的自愈能力。基于微处理器的智能电表将有更多的功能，除了可以计量不同时段的电费外，还可储存电力公司下达的高峰电力价格信号及电费费率，并通知用户相应的费率政策，用户可以根据费率政策自行编制时间表，自动控制电力的使用。

4. 智能化设备技术

智能电网将广泛应用先进的设备技术，以提高输配电系统的性能。智能电网中的设备充分应用材料、超导、储能、电力电子和微电子等技术的最新研究成果，以提高功率密度、供电可靠性、电能质量和电力生产的效率。智能电网通过采用新技术以及在电网和负荷特性之间寻求最佳的平衡点来提高电能质量，通过应用和改造各种各样的先进设备，如基于电力电子技术和新型导体技术的设备，来提高电网输送容量和可靠性。配电系统中需要引进新的储能设备和电源，同时考虑采用新的网络结构，如微电网。

5. 智能化控制技术

智能化控制技术是指在智能电网中通过分析、诊断和预测电网状态，确定和采取适当的措施，以消除、减轻和防止供电中断和电能质量扰动的控制方法。智能化控制技术将优化输电、配电和用户侧的控制方法，实现电网的有功功率和无功功率的合理分配。智能化控制技术的分析和诊断功能将引进预设的专家系统，在专家系统允许的范围内采取自动控制措施，而且措施的执行将在秒一级水平上，这一自愈电网的特性将极大提高电网的可靠性。先进的控制技术需要一个集成的高速通信系统以及对应的通信标准以处理大量的数据。先进控制技术将支持分布式智能代理软件、分析工具以及其他应用软件。先进控制技术不仅给控制装置提供动作信号，而且也为运行人员提供信息。

6. 智能化决策支持技术

智能化决策支持技术将复杂的电力系统数据转化为系统运行人员可理解的信息，利用动画技术、动态着色技术、虚拟现实技术以及其他数据展示技术，帮助系统运行人员认识、分析和处理紧急问题，使系统运行人员做出决策的时间从小时级缩短到分钟级，甚至秒级。

本章小结

应用是物联网存在的理由，也是推动物流网发展的原动力。物联网是基于感知技术，融合各种应用的服务性网络系统。物联网技术在日常生产和生活中的应用非常广泛，本章仅列举了物联网技术在工农业中的几个典型例子。通过这些具体应用，分析了典型物联网系统组成与体系结构，帮助读者掌握物联网应用系统的设计思想和实现方法。

习　　题

1. 填空题

(1) 基于物联网技术构建的智能电网，需要用到________、________、________、________、________和________等关键技术。

(2) 农业信息化的发展大致经历了________、________、________和________这 4 个过程。

(3) 智能电网需要具备的主要特点有：________、________、________、________和________。

2. 简答题

(1) 物联网技术在农业中的应用体现在哪些方面？

(2) 什么叫智慧农业？智慧农业的特点有哪些？

(3) 简述农业物联网的构成及特征。

(4) 简述物联网在农产品冷链物流中的应用。

(5) 列举几个物联网在农业生产中应用的其他例子。

(6) 物联网技术在汽车制造业中的应用体现在哪几方面？

(7) 概括物联网技术在工业生产中的主要作用。

(8) 列举你身边的相关例子说明物联网技术在工业生产中的重要性。

(9) 以农产品国际冷链物流为例，试论述相关物联网技术应用及系统架构。

(10) 收集车联网的相关资料，论述物联网技术在其中的应用场合。

(11) 根据你所学物联网的相关知识，选取一个你所感兴趣的课题，按照以下要求完成物联网应用课题的概念性设计。要求：①课题名称及系统功能；②系统应用场景；③系统设计的运行框图、特点及创新；④如果你想研发这个项目，需要继续学习和掌握的知识与技能。

案例分析

RFID在石油生产中的应用

当前，各种传感器电子标签在石化行业得到广泛应用。已经有很多著名的石化单位将物联网技术推广应用到石油勘探、开采、运输等众多环节，建立起油井生产智能远程测控系统，监控油压、油温、电流、电压，生成指示图，分析油井运行情况，监控油井生产现场状态，并通过手机终端上报油井生产数据，视频展现油井监控数据，实现了对石化生产的智能测控和管理。

美国Trailblazer石油钻井公司从Merrick系统公司引入了一套嵌入式RFID标签系统。此套标签无论是在高温还是低温的环境下，还是在钻杆暴露于旋转、压力、热量、磨损的情况下，甚至在遭受油井中各种化学品的侵袭时，标签也不会脱落。这种不易脱落的RFID，内嵌符合ISO 18000-2标准的无源125kHz芯片。可支持短距读取，在高金属环境下也具有很高的抗干扰性，透过钻井液、酸化处理剂、聚合流体和水泥等化学物质依然可以顺利读取。

RFID电子标签植入油田井下管杆柱如图9.23所示。

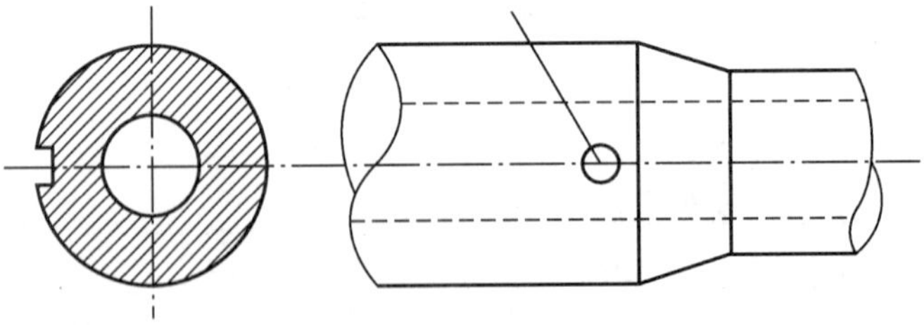

图9.23 RFID电子标签植入油田井下管杆柱示意图

此套标签系统被采用前，想找到哪个路段的管道，必须由人工使用胶带进行测量，然后在纸上记下管道规格，再将数据手动输入到计算机内。标签系统应用后，由于标签嵌入钻井管道，能准确跟踪设备位置，并保存每件设备的电子记录和记录标签暴露在温度、化学品、压力和深度环境下的时间。

钻井作业的成本相当昂贵，油管转弯和扭曲都会造成管道破坏。管孔中的温度变化幅度也非常大，会从400华氏度到-320华氏度，压力可达每平方英寸两万磅。如果有一个钻子破坏了，整个的钻柱都必须拆除，这势必会造成工时延误。

通过应用 Merrick 系统，钻探工可用电脑设计需要的钻柱，包括各种尺寸的贴有标签的管道和连接管道的接头。由于管道可用于记录管孔的角度或地质信息，Merrick 软件可帮助钻井工识别他们使用管道的具体 ID 号。使用手持阅读器，就可通过读取标签的 ID 号以找出所需要的管道和接头。每个管道上都有 3 个 RFID 标签，上面都是关于特定设备的 ID 号。和管道相关的数据，都会存储在本地服务器上，并备份到钻井公司的服务器上。标签读取后，管道或接头会一起钻入地面。在钻井设备运作之后，钻机的传感器系统就会跟踪轴向、感知井下压力和温度等数据，并将这些数据传输到存储在服务器上，通过 Merrick 软件同特定设备相连。

(资料来源：崔欣.嵌入式 RFID 标签跟踪石油管道[EB/OL].
http://www.rfidinfo.com.cn/Tech/html/n1519_1.htm.2010.8.10)

分析与讨论：

如何利用物联网技术对石油生产过程进行智能管控？

参 考 文 献

[1] 吴菁芃．2011 年物联网技术应用与 2012 年展望[J]．大陆桥视野，2012(4)：31-34．
[2] 于山山，王斯锋．基于物联网的智能物流系统分析与设计[J]．软件，2012(5)：12-14．
[3] 王喜富，苏树平．物联网与现代物流[M]．北京：电子工业出版社，2013．
[4] 喻镇．基于物联网的城市车辆监控系统的设计[D]．武汉：武汉理工大学，2012．
[5] 李晗．基于物联网的无线车辆管理系统设计与实现[D]．长沙：国防科学技术大学，2011．
[6] 程一沛．基于 GPS/GIS/GPRS 的车辆监控管理系统的设计与开发[D]．西安：西安科技大学，2009．
[7] 程旭．基于 GPS 技术的运输管理系统在钢铁企业中的应用研究[J]．科技广场，2011(3)：34-36．
[8] 陶伟．物联网条件下物流企业配送流程的重塑[J]．研究与探讨，2012(8)：223-225．
[9] 邓素霞．基于物联网的连锁零售业配送体系构建及应用——以银座集团为例[D]．济南：山东大学，2012．
[10] 王德占，王耀球．铁路物流的概念与特性分析[J]．物流技术，2008(2)：16-19．
[11] 丁小军．铁路物流的现状及发展对策研究[J]．科技信息，2008(30)：329．
[12] 李志慧．我国铁路物流现状及发展趋势的思考[J]．物流科技，2007(8)：52-53．
[13] 王军．浅析车号自动识别系统在铁路上的作用[J]．中国科技纵横，2010(14)：274-276．
[14] 刘忠东．铁路车号自动识别系统[J]．铁路计算机应用，2005(14)：90-91．
[15] 党华丽．列车车号自动识别系统研究与设计[D]．天津：河北工业大学，2008．
[16] 臧鑫．物联网在铁路集装箱运输中的应用研究[J]．铁道运输与经济，2011(3)：58-60．
[17] 赵春艳，史百战．射频识别技术在机车检修系统中的应用[J]．中国铁路，2009(4)：65-67．
[18] 蒋荟，马千里．铁路车辆运行安全监控(5T)系统的研究与应用[J]．公路交通科技，2009(S1)：1-6，18．
[19] 韩有军．基于 RFID 的铁路行包实时跟踪系统研究[J]．物流工程与管理，2011，33(4)：93-94．
[20] 海涛．铁路危险货物罐车车载动态监控系统研究[J]．铁道运输与经济，2011，33(4)：35-40．
[21] 张仁彬，李玉民．基于物联网技术仓储管理系统研究[J]．物流科技，2011(6)：35-38．
[22] Hankima Chaouchi. *The Internet of Things—Connecting Objects to the Web*[J]. *British Library Ctaloguing-in-Publication Data*, 2010.
[23] Antonio J. Jara, Miguel A. Zamora, Antonio F.G.Skarmeta. *An architecture based on Internet of Things to support mobility and security in medical environments*[R]. Consumer Communications and Networking Conference, 2010.
[24] R.W.L.Ip, H.C.W.Lau, F.T.S.Chan. *An intelligent Internet information delivery system to evaluate site preferences*[J]. *International Journal of Expert Systems With Applications*, 2010.
[25] ITU．ITU 互联网报告 2005：物联网[R]．2005．
[26] 杨永志，高建华．试论物联网及其在我国的科学发展[J]．中国流通经济，2010(2)：46-49．
[27] 朱国平．国内外物联网产业发展动态[J]．杭州科技，2010(2)：39-40．
[28] 蒋林涛．互联网与物联网[J]．电气工程技术与标准化，2010(2)：2010．
[29] 贾凯，刘慧，王保松．物联网在我国医药流通中的应用研究[J]．商业经济文荟，2005(5)：1-5．
[30] 卢云帆．我国物流信息化状况及启示[J]．武汉工程大学学报．2009(2)：41-43．
[31] 邹生，何新华．物流信息化与物联网建设[M]．北京：电子工业出版社，2010．
[32] 张福生．物联网开启全新生活的智能时代[M]．太原：山西人民出版社，2010．
[33] IBM 商业价值研究院．智慧地球[M]．北京：东方出版社，2010．
[34] 廖云帅．当前形势下的我国企业物流发展[J]．大众商务，2009(6)：14-16．
[35] 潘金生．基于物联网的物流信息增值服务[J]．现代物流，2007(9)：241-242．
[36] 张翼英，张茜，西莎，朱丽晶．智能物流[M]．北京：中国水利水电出版社，2012．

[37] 王汝林．物联网基础及应用[M]．北京：清华大学出版社，2011.
[38] 张飞舟，杨东凯，陈智．物联网技术导论[M]．北京：电子工业出版社，2010.
[39] 于英，杨扬，孙丽琴．物流技术装备[M]．北京：北京大学出版社，2010.
[40] 谢东亮，王羽．物联网与泛在智能[J]．中兴通讯技术，2010(6)，54-57.
[41] 吴晓钊，王继祥．物联网技术在物流业应用现状与发展前景[J]．物流技术与应用，2011，16(2)，52-59.
[42] Gershenfield N. *When Things Start to Think*[M]. Henry Holt and Company, New York, 1999.
[43] Uckelmann D. *A Definition Approach to Smart Logistics*[C]. Next Generation Teletraffic and Wired/Wireless Advanced Networking-7th International Conference, 2008, 273-284.
[44] Uckelmann D, Harrison M, Michahelles F. *Architecting the Internet of Things*[M], Springer, Berlin, 2011.
[45] Taylor A, Harper R, Swan L, Izadi S, Sellen A, Perry M. *Homes That Make Us Smart*[J]. *Personal and Ubiquitous Computing*, 2007, 11(5): 383-393.
[46] Weiss F.C.L, Kerschbaum F. *Industrial Privacy in RFID-based Batch Recalls*[C]. In Proceedings of In SPEC'09, 2009, 192-198.
[47] Laudon K.C, Laudon J.P. *Essentials of Management Information Systems*[M]. 8th Edition, Prentice Hall, 2007.
[48] 刘强，崔莉，陈海明．物联网关键技术与应用[J]．计算机科学，2010，37(6)：1-4.
[49] 刘云浩．物联网导论[M]．北京：科学出版社，2010.
[50] 曹自立．物联网产业发展的驱动因素研究——以通信业为例[D]．南京：南京邮电大学，2012.
[51] 田景熙．物联网概论[M]．南京：东南大学出版社，2010.
[52] 金逸超．基于物联网环境的智能家居系统的研究与实现[D]．南京：南京邮电大学，2011.
[53] 庞明．物联网条码技术与射频识别技术[M]．北京：中国财富出版社，2011.
[54] 高嵘．基于物联网的猪肉溯源及价格预警模型研究[D]．成都：电子科技大学，2010.
[55] 崔莉，鞠海玲，苗勇，等．无线传感器网络研究进展[J]．计算机研究与发展，2005，42(1)：163-174.
[56] 黎立．EPC 系统中的中间件研究[D]．成都：电子科技大学，2006.
[57] 任丰原，黄海宁，林闯．无线传感器网络[J]．软件学报，2003，14(7)：1282-1291.
[58] 孙利民，李建中，陈渝，等．无线传感器网络[M]．北京：清华大学出版社，2005.
[59] 方维维，钱德沛，刘轶．无线传感器网络传输控制协议[J]．软件学报，2008，19(6)：1439-1451.
[60] 孙红伟．基于 RFID 的新一代物流网络系统的设计与实现[D]．上海：上海交通大学，2006.
[61] 颜军．物联网概论[M]．北京：中国计量出版社，2011.
[62] 周游，方滨，王普．基于 ZigBee 技术的智能家居无线网络系统[J]．电子技术应用，2005(5)：13-18.
[63] 黄小虎．基于 RFID 技术的 EPC 网络系统研究[D]．广州：广东工业大学，2009.
[64] 梁浩．基于物联网的 EPC 接口技术研究[D]．武汉：武汉理工大学，2006.
[65] 郭跃辉，艾君锐．基于 ALE 规范的 RFID 中间件的研究与设计[J]．现代计算机，2010，3(4)：79-82.
[66] 周圆．基于物联网管理系统的 EPC 规范研究[D]．成都：西南交通大学，2007.
[67] EPCglobal Inc. *The Application Level Events(ALE)Specification, Version 1.1.1 Part I: core Specification* [EB/OL]. http://www.epcglobalinc.org/standards/ale/ale_1_1_1-standard-core-200903-13. pdf.
[68] 游战清，李苏剑．无线射频识别技术(RFID)理论与应用[M]．北京：电子工业出版社，2004.
[69] 沈大伟．基于 ZigBee 技术的无线传感器网络设计研究[J]．江苏技术师范学院学报，2007(7)：20-25.
[70] 包东智．GPRS 技术概述[J]．电信网技术，2001 (10)：4-6.
[71] 汪浩．物联网的触点：RFID 技术及专利的案例应用[M]．北京：科学出版社，2010.
[72] 张浩．物联网环境下智能交通系统模型设计及架构研究[D]．北京：北京交通大学，2011.
[73] 谢辉，董德存，欧冬秀．基于物联网的新一代智能交通[J]．交通科技与经济，2011(1)：33-46.
[74] 韩浩明，祝勇俊，束文涛．基于物联网的智能公交系统[J]．科技信息，2011(27)：460-461.
[75] 邓爱民，毛浪，田丰．我国 ITS 物联网发展策略研究[J]．中国工程科学，14(3)：83-90.

[76] 吴骏．智能交通系统中的信息处理关键技术研究[D]．天津：天津大学，2006．
[77] 于丽娜．浅谈物联网技术在我国物流领域中的应用[J]．物流技术，2012(4)：44-47．
[78] 雷花妮．物联网智能物流系统基础研究[J]．科技视界，2012，21 (7)：139-140．
[79] 武晓钊．物联网技术在仓储物流领域应用分析与展望[J]．中国流通经济，2011(7)：36-39．
[80] 杨敏，周耀烈．物联网视角下农产品流通问题与对策研究——以杭州市为例[J]．中国流通经济，2011(4)：11-14．
[81] 刘志硕．智能物流系统理论与方法研究[D]．北京：北京交通大学，2004．
[82] 吴兆薇．基于集装箱电子标签的物流信息平台规划与构建研究[D]．武汉：武汉理工大学，2009．
[83] 叶海浪．集装箱监测系统的有源 RFID 电子标签与读写器的研究[D]．长沙：中南大学，2008．
[84] 孙志军．提高集装箱码头闸口通过能力之对策研究——宁波港集装箱码头智能闸口的建设[D]．上海：上海海事大学，2006．
[85] 李雁碧．物联网建设对智能化物流配送系统的优化研究[J]．物流工程与管理，2011，33(7)：56-57．
[86] 黄志雨．物联网中的智能物流仓储系统研究[J]．自动化仪表，2011，32(3)：12-15．
[87] 李俊韬．智能物流系统实务[M]．北京：机械工业出版社，2013．
[88] 季德雨，田丰，王传云．融合 WSN 和 RFID 的智能人库管理系统设计[J]．沈阳航空航天大学学报，2011，28(2)：59-62．
[89] 李康，唐述．基于物联网的智能安控系统在仓库中的应用[J]．物流技术与应用，2012(8)：108-110．
[90] 张惠琳，孙承志，刘铭．基于 RFID 技术的智能物流系统研究与设计[J]．物流技术，2013，32(3)：445-448．
[91] 李建颖．物联网技术在智能物流中的应用——以仓储物流为例[J]．物流工程与管理，2012(12)：31-32．
[92] 赵立权．智能物流及其支撑技术[J]．情报杂志，2005(12)：49-53．
[93] 邹鹏，段正婷，操焕平．国药控股湖北物流中心：现代医药物流新典范[J]．物流技术与应用，2013(3)：70-75．
[94] 邓子云，黄友森．物流公共信息平台的层次结构与功能定位分析[J]．物流工程与管理，2009，31(10)：13-14．
[95] 李力．物流信息平台构建与应用研究[D]．武汉：武汉理工大学，2007．
[96] 纪俊．一种基于云计算的数据挖掘平台架构设计与实现[D]．青岛：青岛大学，2009．
[97] 方秋诗，王琦峰．基于 SaaS 的运输云物流平台及运作模式创新研究[J]．软件导刊，2013，12 (5)：24-26．
[98] 林云，田帅辉．物流云服务——面向供应链的物流服务新模式[J]．计算机应用研究，2012，29(1)：224-228．
[99] 王孝坤，杨东援，张锦，杨扬，等．物流公共信息平台功能定位及其体系结构研究[J]．昆明理工大学学报(理工版)，2008，33(4)：100-122．
[100] 高常水，许正中．我国物联网技术与产业发展研究[J]．中国科学基金，2012(4)：205-209．
[101] 刘兴景，戴禾，杨东援．物流共用信息平台系统分析[J]．交通与计算机，2001，1(19)：34-38．
[102] 李菁菁，邵培基．数据挖掘在中国的现状和发展研究[J]．管理工程学报，2004，18(3)：10-15．
[103] Cheng QM, Jason TL. Wang, et al. *DNA sequence classification viaan expectation maximization algorithm and neural networks: a casestudy. Systems, Man and Cybernetics, Part C: Applications andReviews*[J]. *IEEE Transactions on*, 2001, 31 (4): 468-475.
[104] Adomavicius G, Tuzhilin A. *Using data mining methods to buildcustomer profiles*[J]. *Computer*, 2001, 34 (2): 74-82.
[105] Syeda M, Yan QZ, Pan Y. *Parallel granular neural networks for fastcredit card fraud detection*. Fuzzy Systems[A]. Proceedings of the 2002 IEEE International Conference[C], 2002.1:572-577.

[106] Bhandari, Inderpal, Colet, et al. *Advanced Scount: data mining andknowledge discovery in NBA data*[J]. *Data Mining and KnowledgeDiscovery*, 1997, 1(1): 121-125.
[107] 魏凤，刘志硕．物联网与现代物流[M]，北京：电子工业出版社，2012.
[108] 白世贞，任宗伟，邱泽国．物联网管理学[M]．北京：中国财富出版社，2012.
[109] 周洪波．物联网：技术、应用、标准和商业模式[M]．北京：北京邮电大学出版社，2010.
[110] 董卫忠．物流系统规划与设计[M]．北京：电子工业出版社，2011.
[111] 杨海东，杨春．RFID 安全问题研究[J]．微计算机信息，24(3-2)：238-240.
[112] 张聚伟．无线传感器网络安全体系研究[D]．天津：天津大学，2008.
[113] 刘铭．物联网关键技术之 RFID 防碰撞算法的研究[D]．南京：南京邮电大学，2011.
[114] 胡游君．RFID 安全协议形式化分析研究及 DRAP 协议的建立与实现[D]．秦皇岛：燕山大学，2007.
[115] 宁焕生，徐群玉．全球物联网发展及中国物联网建设若干思考[J]．电子学报，2010(11)：2590-2599.
[116] 范耀东．陕西省高速公路 ETC 建设及运营体系研究[D]．长安：长安大学，2011.
[117] 边艳妮．组合式电子收费系统研究[D]．长安：长安大学，2006.
[118] 陈俊杰，山宝银．5．8 GHz 电子不停车收费技术综述[J]．同济大学学报(自然科学版)，2010，38(11)：1675-1681.
[119] 冯炎，刘宏飞．电子收费系统在国内高速公路的应用[J]．长春大学学报，2009，19(10)：39-42.
[120] 宋薇．浅议铁路物流的现状与发展[J]．甘肃科技纵横，2008，37(3)：82，136.
[121] 曾其朗，杨华荣．铁路物流发展探讨[J]．铁路采购与物流，2010(5)：41-42.
[122] 田广东．基于物联网的铁路集装箱物流管理系统研究[C]．2010 年全国工业控制计算机技术年会论文集，2010：142-146.
[123] 陈雷，赵长波．铁路货车信息化应用技术概论[M]．北京：中国铁道出版社，2010.
[124] 张诚，单圣涤．浅谈物流安全管理[J]．企业经济，2006(5)：39-40，142.
[125] 刘瑞扬．铁路货车运行故障动态图像监测系统(TFDS)原理及应用[J]．中国铁路，2005 (5)：26-27.
[126] 姚世凤，冯春贵，贺园园，等．物联网在农业领域的应用[J]．农机化研究，2011(7)：196-199.
[127] 彤丽，徐大伟．物联网在豫南地区智能农业中的应用研究[J]．信阳农业高等专科学校学报，2012(2)：126-128.
[128] 施连敏．物联网在智慧农业中的应用[J]．农机化研究，2013(6)：250-252.
[129] 彭改丽．物联网在智能农业中的应用研究[D]．郑州：郑州大学，2012.
[130] 崔健．基于 RFID 的物联网技术在农产品冷链物流中的应用[J]．科技与管理，2012(5)：152-154.
[131] 周慧．基于物联网技术的汽车制造业供应链物流流程优化研究[D]．上海：华东理工大学，2012.
[132] 贺国祥．物联网技术在石油装备制造业中的应用[J]．科技通报，2013(4)：193-195.
[133] 孙洪斌．物联网技术在电力系统中的应用[J]．中国农村水利水电，2012(3)：125-127.
[134] 罗卫强，郑业鲁．基于物联网的生猪质量安全追溯技术研究与应用[J]．农业网络信息，2011(12)：8-12.
[135] 吴功宜，吴英．物联网工程导论[M]．北京：机械工业出版社，2013.
[136] 韩毅刚，王大鹏，李琳．物联网概论[M]．北京：机械工业出版社，2012.

21 世纪全国高等院校物流专业创新型应用人才培养规划教材

序号	书　名	书　号	编著者	定价	序号	书　名	书　号	编著者	定价
1	物流工程	7-301-15045-0	林丽华	30.00	39	物流项目管理	7-301-20851-9	王道平	30.00
2	现代物流决策技术	7-301-15868-5	王道平	30.00	40	供应链管理	7-301-20901-1	王道平	35.00
3	物流管理信息系统	7-301-16564-5	杜彦华	33.00	41	现代仓储管理与实务	7-301-21043-7	周兴建	45.00
4	物流信息管理(第2版)	7-301-25632-9	王汉新	49.00	42	物流学概论	7-301-21098-7	李　创	44.00
5	现代物流学	7-301-16662-8	吴　健	42.00	43	航空物流管理	7-301-21118-2	刘元洪	32.00
6	物流英语	7-301-16807-3	阚功俭	28.00	44	物流管理实验教程	7-301-21094-9	李晓龙	25.00
7	第三方物流	7-301-16663-5	张旭辉	35.00	45	物流系统仿真案例	7-301-21072-7	赵　宁	25.00
8	物流运作管理(第2版)	7-301-26271-9	董千里	38.00	46	物流与供应链金融	7-301-21135-9	李向文	30.00
9	采购管理与库存控制	7-301-16921-6	张　浩	30.00	47	物流信息系统	7-301-20989-9	王道平	28.00
10	物流管理基础	7-301-16906-3	李蔚田	36.00	48	物料学	7-301-17476-0	肖生苓	44.00
11	供应链管理(第2版)	7-301-27313-5	曹翠珍	49.00	49	智能物流	7-301-22036-8	李蔚田	45.00
12	物流技术装备(第2版)	7-301-27423-1	于　英	49.00	50	物流项目管理	7-301-21676-7	张旭辉	38.00
13	现代物流信息技术(第2版)	7-301-23848-6	王道平	35.00	51	新物流概论	7-301-22114-3	李向文	34.00
14	现代物流仿真技术	7-301-17571-2	王道平	34.00	52	物流决策技术	7-301-21965-2	王道平	38.00
15	物流信息系统应用实例教程	7-301-17581-1	徐　琪	32.00	53	物流系统优化建模与求解	7-301-22115-0	李向文	32.00
16	物流项目招投标管理	7-301-17615-3	孟祥茹	30.00	54	集装箱运输实务	7-301-16644-4	孙家庆	34.00
17	物流运筹学实用教程	7-301-17610-8	赵丽君	33.00	55	库存管理	7-301-22389-5	张旭凤	25.00
18	现代物流基础	7-301-17611-5	王　侃	37.00	56	运输组织学	7-301-22744-2	王小霞	30.00
19	现代企业物流管理实用教程	7-301-17612-2	乔志强	40.00	57	物流金融	7-301-22699-5	李蔚田	39.00
20	现代物流管理学	7-301-17672-6	丁小龙	42.00	58	物流系统集成技术	7-301-22800-5	杜彦华	40.00
21	物流运筹学	7-301-17674-0	郝　海	36.00	59	商品学	7-301-23067-1	王海刚	30.00
22	供应链库存管理与控制	7-301-17929-1	王道平	28.00	60	项目采购管理	7-301-23100-5	杨　丽	38.00
23	物流信息系统	7-301-18500-1	修桂华	32.00	61	电子商务与现代物流	7-301-23356-6	吴　健	48.00
24	城市物流	7-301-18523-0	张　潜	24.00	62	国际海上运输	7-301-23486-0	张良卫	45.00
25	营销物流管理	7-301-18658-9	李学工	45.00	63	物流配送中心规划与设计	7-301-23847-9	孔继利	49.00
26	物流信息技术概论	7-301-18670-1	张　磊	28.00	64	运输组织学	7-301-23885-1	孟祥茹	48.00
27	物流配送中心运作管理	7-301-18671-8	陈　虎	40.00	65	物流管理	7-301-22161-7	张佺举	49.00
28	物流项目管理(第2版)	7-301-26219-1	周晓晔	40.00	66	物流案例分析	7-301-24757-0	吴　群	29.00
29	物流工程与管理	7-301-18960-3	高举红	39.00	67	现代物流管理	7-301-24627-6	王道平	36.00
30	交通运输工程学	7-301-19405-8	于　英	43.00	68	配送管理	7-301-24848-5	傅莉萍	48.00
31	国际物流管理	7-301-19431-7	柴庆春	40.00	69	物流管理信息系统	7-301-24940-6	傅莉萍	40.00
32	商品检验与质量认证	7-301-10563-4	陈红丽	32.00	70	采购管理	7-301-25207-9	傅莉萍	46.00
33	供应链管理	7-301-19734-9	刘永胜	49.00	71	现代物流管理概论	7-301-25364-9	赵跃华	43.00
34	逆向物流	7-301-19809-4	甘卫华	33.00	72	物联网基础与应用	7-301-25395-3	杨　扬	36.00
35	供应链设计理论与方法	7-301-20018-6	王道平	32.00	73	仓储管理	7-301-25760-9	赵小柠	40.00
36	物流管理概论	7-301-20095-7	李传荣	44.00	74	采购供应管理	7-301-26924-4	沈小静	35.00
37	供应链管理	7-301-20094-0	高举红	38.00	75	供应链管理	7-301-27144-5	陈建岭	45.00
38	企业物流管理	7-301-20818-2	孔继利	45.00	76	物流质量管理	7-301-27068-4	钮建伟	42.00